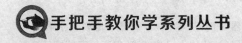
手把手教你学系列丛书

手把手教你学 ARM Cortex – M0
——基于 LPC11XX 系列

周兴华　　倪敏娜　　编著
周兴华单片机培训中心　　策划

北京航空航天大学出版社

内 容 简 介

    本书以 NXP 公司的 LPC11XX 系列 ARM 处理器为例,从零开始,手把手地教初学者学习 ARM 设计知识,在介绍 LPC11XX 各单元基本特性的同时,使用入门难度浅、程序长度较短且又能立竿见影的初级实例,循序渐进地帮助初学者逐步掌握 ARM 的设计知识,实践为主,辅以理论。本书的实例均经作者实际测试并在实验板上正常运行,实用性非常强,读者既可以拿来直接在产品中使用,也可以进一步改良升级。

    本书贯彻"手把手教你学"系列丛书相同的教学方式。本书可作为大学本科或专科、中高等职业技术学校、电视大学等的教学用书,也可作为 ARM 爱好者的入门自学用书。

图书在版编目(CIP)数据

手把手教你学 ARM Cortex - M0 :基于 LPC11XX 系列 /
周兴华,倪敏娜编著. -- 北京:北京航空航天大学出版
社,2015.12
    ISBN 978 - 7 - 5124 - 1969 - 8

    Ⅰ. ①手… Ⅱ. ①周… ②倪… Ⅲ. ①微处理器
Ⅳ. ①TP332

    中国版本图书馆 CIP 数据核字(2015)第 290931 号

手把手教你学 ARM Cortex - M0——基于 LPC11XX 系列
周兴华   倪敏娜   编著
周兴华单片机培训中心   策划
责任编辑   张冀青

*

北京航空航天大学出版社出版发行

北京市海淀区学院路 37 号(邮编 100191)   http://www.buaapress.com.cn
发行部电话:(010)82317024   传真:(010)82328026
读者信箱:emsbook@buaacm.com.cn   邮购电话:(010)82316936
北京泽宇印刷有限公司印装   各地书店经销

*

开本:710×1 000 1/16 印张:33 字数:703 千字
2016 年 1 月第 1 版 2016 年 1 月第 1 次印刷 印数:3 000 册
ISBN 978 - 7 - 5124 - 1969 - 8 定价:79.00 元

前 言

借助于手机及其他掌上电子产品的普及推广,32 位微处理器 ARM 也因此迅速发展壮大。在世界范围内,ARM 处理器正在成为工程师设计移动产品的首选。

传统的 CISC(Complex Instruction Set Computer,复杂指令集计算机)体系由于指令集庞大,指令长度不固定,指令执行周期有长有短,使指令译码和流水线的实现在硬件上非常复杂,给芯片的设计开发和降低成本带来了很大的困难。

ARM 处理器采用了当今的处理器设计主流技术 RISC,RSIC 的英文全称为 Reduced Instruction Set Computer,即精简指令集计算机。RISC 技术把设计重点放在了如何使计算机的结构更加简单合理以及提高运算速度上。RISC 结构优先选取使用频率最高的简单指令,避免复杂指令,将指令长度固定,指令格式和寻址方式种类减少,以控制逻辑为主,不用或少用微码控制等措施来达到上述目的。因此 RISC 结构的处理器的指令较少,运行速度快,抗干扰能力强。

ARM 处理器目前以 Cortex 为前缀进行命名,而且每一个大的系列里又分为若干小的系列。

ARM Cortex 处理器采用全新的 ARMv7 架构,根据使用的对象不同,划分为 3 大系列:Cortex – A 系列、Cortex – R 系列、Cortex – M 系列。

在 Cortex – M 系列里,ARM 面向微处理器产业分别推出了 Cortex – M0、Cortex – M3、Cortex – M4 三款嵌入式处理器,大部分半导体厂商主要集中于 Cortex – M3 内核的生产。Cortex – M4 是 Cortex – M3 的升级版,较于 Cortex – M3 具备更高的信号处理能力;而 Cortex – M0 则是 Cortex – M3 的精简版,它以低价格(与 8 位单片机相当)进入市场,但是其超高的性能(每秒运行近 5 000 万次)是 8 位单片机无法企及的,因此 ARM 终结 8 位单片机指日可待。

ARM 处理器的应用领域很广,由于运行快、性能强、功耗低,以前 8051 单片机不能胜任的许多领域它均可一展身手,包含工业控制领域、无线通信领域、网络应用、消费类电子产品、成像和安全产品、移动互联网、3G 领域、科研及军事等。目前 ARM 微处理器约占据了 32 位 RISC 微处理器 75% 以上的市场份额。

本书以 NXP 公司的 LPC11XX 系列 ARM 处理器为例,从零开始,手把手教初学者学习 ARM 设计知识。在介绍 LPC11XX 各单元基本特性的同时,使用入门难度浅、程序长度较短且又能立竿见影的初级实例,循序渐进地帮助初学者逐步掌握 ARM 的设计知识,实践为主,辅以理论。本书的实例均经作者实际测试并在实验板上正常运行,实用性非常强,读者既可以拿来直接在产品中使用,也可以进一步改良升级。

另外,现在 ARM 芯片及开发套件的价格已经降到了非常低的水平,并且开发软件的界面也非常友好,因此学习 ARM 的时代已经到来。

本书的编写工作得到了北京航空航天大学出版社相关领导的大力支持,在此表示衷心的感谢!

本书在编写过程中参考了相关书籍及网络的部分流通资料,在此一并致谢!

由于作者水平有限,书中必定还存在不少缺点或漏洞,诚挚欢迎广大读者提出意见并不吝赐教。

如果读者朋友需要书中介绍的学习器材或参加 ARM 的设计培训班学习,可与作者联系,联系方式如下:

地址:上海市闵行区莲花路 2151 弄 57 号 201 室

邮编:201103

电话(传真):(021)64654216　13774280345

技术支持:zxh2151@sohu.com　zxh2151@163.com

培训中心主页:http://www.hlelectron.com

周兴华

2015 年 8 月

目 录

第 1 章 概 述 ……………………………………………………………… 1

1.1 快速学会 ARM 处理器设计 ………………………………………… 2

1.2 使用 C 语言的优点 ………………………………………………… 3

1.3 开发 LPC11XX 使用的 C 编译器 ………………………………… 4

第 2 章 ARM 的发展 ……………………………………………………… 5

2.1 什么是 ARM ………………………………………………………… 5

2.2 处理器 RISC 技术简介 ……………………………………………… 5

2.3 ARM 处理器 ………………………………………………………… 6

2.4 ARM 公司的优势及前景展望 …………………………………… 12

第 3 章 ARM Cortex - M0 内核架构体系简介 ……………………… 14

3.1 LPC11XX 结构和特性 …………………………………………… 15

3.2 LPC11XX 存储器和外设地址映射 ……………………………… 17

3.3 LPC11XX 系统配置 ……………………………………………… 17

3.4 LPC11XX 中断控制 ……………………………………………… 22

第 4 章 开发/实验工具及入门程序 ………………………………… 25

4.1 CMSIS 标准简介 ………………………………………………… 25

4.2 LPC11XX 开发工具 ……………………………………………… 28

4.3 LPC11XX 实验工具 ……………………………………………… 30

4.4 LPC11XX 开发过程的文件管理及项目设置 …………………… 33

4.5 第一个 LPC11XX 入门程序 ……………………………………… 35

第 5 章 C 语言基础知识 ……………………………………………… 46

5.1 标识符与关键字 ………………………………………………… 46

5.2 数据类型 ………………………………………………………… 47

5.3 常量、变量及存储方式 ………………………………………… 48

5.4 数 组 …………………………………………………………… 49

5.5 运算符 …………………………………………………………… 52

5.6 流程控制 ………………………………………………………… 59

5.7 函 数 …………………………………………………………… 64

5.8 指 针 …………………………………………………………… 67

5.9　结构体 ･･ 71

5.10　共用体 ･･･ 77

5.11　LPC11XX 开发中 C 语言的常用方法 ････････････････････ 79

5.12　中断函数 ･･･ 80

第 6 章　LPC11XX 引脚及系统时钟应用 ････････････････････････ 82

6.1　LPC11XX 引脚功能 ･････････････････････････････････････ 82

6.2　LPC11XX 系统时钟设置 ･････････････････････････････････ 87

6.3　LPC11XX 典型系统时钟设置程序 ････････････････････････ 92

6.4　系统时钟应用实验——LPC1114 的 P0.1 引脚输出主时钟的信号频率

　　 ･･･ 95

第 7 章　GPIO 特性及应用 ･･･････････････････････････････････ 97

7.1　GPIO 介绍 ･･ 97

7.2　GPIO 寄存器 ･･ 101

7.3　GPIO 寄存器设置 ･･････････････････････････････････････ 102

7.4　GPIO 应用实验——按键控制发光二极管的亮灭 ･････････ 102

第 8 章　LPC11XX 外中断应用设计 ･･･････････････････････････ 107

8.1　嵌套向量中断控制器 ･･････････････････････････････････ 107

8.2　中断源 ･･･ 107

8.3　NVIC 控制函数 ･･･････････････････････････････････････ 108

8.4　中断函数及写法 ･･････････････････････････････････････ 109

8.5　LPC11XX 外中断相关 GPIO 寄存器 ･･････････････････････ 109

8.6　LPC11XX 外中断相关 GPIO 寄存器设置 ･･････････････････ 112

8.7　GPIO 外中断应用实验——外中断输入控制发光二极管的亮灭 ･･ 112

第 9 章　系统节拍定时器特性及应用 ･･････････････････････････ 115

9.1　系统节拍定时器相关寄存器 ････････････････････････････ 116

9.2　系统节拍定时器应用实验——精确延时 ･･････････････････ 117

第 10 章　TFT - LCD 的驱动显示 ･･････････････････････････････ 120

10.1　TFT - LCD 显示器 ･･････････････････････････････････････ 120

10.2　TFT - LCD 显示器模块的引脚功能 ･･･････････････････････ 121

10.3　ILI9325/ILI9328 的几个重要寄存器及控制命令 ････････････ 122

10.4　TFT - LCD 显示的相关设置 ･････････････････････････････ 126

10.5　TFT - LCD 应用实验——彩色液晶屏显示多种颜色及图形 ･･ 126

第 11 章　字库制作及 TFT - LCD 的中英文显示 ･･････････････････ 139

11.1　Flash 存储器 W25Q16 ･･････････････････････････････････ 139

11.2　中英文显示的原理 ････････････････････････････････････ 157

11.3　编写生成 GBK_Proj.hex 应用程序的源代码 ･･････････････ 158

11.4 中文字库的下载·······160

11.5 从 W25Q16 中提取点阵码函数及中英文显示驱动函数 ·······163

11.6 TFT‑LCD 应用实验——彩色液晶屏显示多种颜色及中英文字符 ···167

第 12 章 通用异步串口 UART 特性及应用·······170

12.1 UART 相关寄存器·······173

12.2 UART 应用实验——查询方式接收数据包·······188

12.3 UART 应用实验——中断方式接收数据包·······192

第 13 章 16 位计数器/定时器特性及应用·······195

13.1 CT16B0/1 相关寄存器·······197

13.2 CT16B0 定时中断实验——控制发光二极管闪烁·······205

13.3 CT16B1 捕获中断实验——红外遥控信号接收解调·······211

第 14 章 32 位计数器/定时器特性及应用·······218

14.1 CT32B0/1 相关寄存器·······220

14.2 CT32B0 定时查询实验——控制发光二极管闪烁·······228

14.3 CT32B0 定时中断实验——控制发光二极管闪烁·······235

14.4 CT32B0 匹配输出实验——匹配时翻转输出方波信号·······237

14.5 CT32B0 PWM 输出实验——输出调宽脉冲信号·······239

14.6 CT32B1 捕获实验——P1.0 跳变为低则捕获一次定时器的值·······242

14.7 CT32B1 外部计数实验——P1.0 跳变为低一次则定时器的值增加 1

·······245

第 15 章 模数转换器特性及应用·······248

15.1 时钟供应和功率控制·······248

15.2 ADC 相关寄存器·······249

15.3 ADC 转换及中断·······253

15.4 ADC 应用实验·······254

第 16 章 I2C 总线接口特性及应用·······264

16.1 I2C 快速模式 Plus·······265

16.2 I2C 总线接口相关寄存器·······265

16.3 I2C 总线接口实验·······273

第 17 章 SSP 总线特性及电阻式触摸屏应用·······290

17.1 SSP 相关寄存器·······291

17.2 电阻式触摸屏·······297

17.3 低电压输入/输出触摸屏控制器 XPT2046·······297

17.4 XPT2046 工作原理·······299

17.5 XPT2046 的控制字·······301

17.6 笔中断接触输出·······303

17.7　触摸屏应用实验 ·· 303

第 18 章　看门狗定时器特性及应用 ·· 324

18.1　时钟和功率控制 ·· 325

18.2　WDT 相关寄存器 ··· 326

18.3　WDT 应用实验 ··· 328

第 19 章　2.4 GHz 无线收发模块 NRF24L01 特性及应用 ············· 336

19.1　NRF24L01 结构及引脚功能 ·· 336

19.2　NRF24L01 工作模式 ··· 338

19.3　NRF24L01 工作原理 ··· 338

19.4　NRF24L01 配置字 ·· 339

19.5　NRF24L01 通信实验 ··· 339

第 20 章　FatFS 文件系统及电子书实验 ····································· 352

20.1　FatFS 文件系统分析 ··· 352

20.2　FatFS 文件系统移植 ··· 354

20.3　基于 FatFS 文件系统的 SD 卡实验 ·· 359

20.4　电子书阅读实验 ·· 377

第 21 章　电源管理特性及深度掉电与唤醒实验 ··························· 388

21.1　运行模式 ··· 389

21.2　睡眠模式 ··· 389

21.3　深度睡眠模式 ·· 390

21.4　深度掉电模式 ·· 390

21.5　电源管理相关寄存器 ··· 391

21.6　进入深度掉电与唤醒实验 ··· 393

第 22 章　数码相框显示及 GUI 实验 ··· 396

22.1　数码相框的构成和图像文件的处理 ··· 396

22.2　数码相框设计实验 ·· 397

22.3　GUI 图形界面设计实验 ·· 400

第 23 章　Flash 存储器 W25Q16 的图片存取及显示实验 ·············· 409

23.1　对图片取模生成二进制文件 ··· 409

23.2　将图片二进制文件发送到 W25Q16 中 ······································ 410

23.3　DownLoad_PIC 源程序文件及分析 ·· 411

23.4　Show_PIC 图片读取及显示源程序文件 ···································· 413

23.5　实验效果 ··· 414

第 24 章　RTX Kernel 实时操作系统 ··· 415

24.1　概　述 ·· 415

24.2　RTX Kernel 实时操作系统的基本功能及进程间的通信 ················· 417

24.3　RTX Kernel 实时操作系统的任务管理 ……………………………… 418

24.4　RTX Kernel 实时操作系统的库函数 ………………………………… 421

第 25 章　RTX Kernel 实时操作系统实验 ……………………………… 438

25.1　延时——时间间隔延迟实验 ………………………………………… 438

25.2　事件——信号标志发送/接收实验 …………………………………… 440

25.3　邮箱——内存池及邮箱实验 ………………………………………… 452

25.4　互斥——互斥体实验 ………………………………………………… 470

25.5　信号量——信号量的传送与接收实验 ……………………………… 478

第 26 章　RTX Kernel 实时操作系统应用设计实践 …………………… 482

26.1　文件系统实验 ………………………………………………………… 482

26.2　手写画板实验 ………………………………………………………… 489

26.3　数码相框实验 ………………………………………………………… 494

26.4　外部中断实验 ………………………………………………………… 498

26.5　用户定时器实验 ……………………………………………………… 504

26.6　循环定时器实验 ……………………………………………………… 507

26.7　综合实验 ……………………………………………………………… 510

参考文献 ……………………………………………………………………… 516

第1章

概 述

自从广大读者跟着"手把手教你学"系列丛书学习单片机设计后,由于教学方式新颖,入门难度低,已经有超过百万的读者学会或者基本学会了单片机的开发设计。

进入新世纪后,电子信息技术与计算机技术的发展尤其令人瞩目。当前,ARM系列处理器的价格已经降到可与8位单片机媲美的水平,而其性能却超越8位机达好几代的程度。不管是手机还是其他工业控制产品,ARM系列芯片的使用呈爆炸性增长。ARM处理器的应用领域很广,包含工业控制、无线通信、网络应用、消费类电子产品、成像和安全产品、移动互联网、3G等领域。

ARM处理器优点是体积小、功耗低、成本低、性能高,支持 Thumb(16 位)/ARM(32 位)双指令集,能很好地兼容8位/16位器件,大量使用寄存器,指令执行速度更快,大多数数据操作都在寄存器中完成,寻址方式灵活简单,执行效率高,指令长度固定。

目前,面向工业及控制领域的 ARM 嵌入式微处理器有 Cortex - M0、Cortex - M3、Cortex - M4 三款。Cortex - M0 处理器是市场上体积最小、功耗最低、最节能的ARM 处理器。该处理器拥有超小的硅片面积、低功耗和最小的代码足迹,以 8 位处理器的价位就能实现 32 位的性能,省去了使用 16 位器件的步骤。Cortex - M0 可大大节约系统成本,同时保留了 Cortex - M3 等功能较丰富处理器的工具并与二进制兼容。它在不到 12K 门的面积内,功耗仅为 85 μW/MHz (0.085 mW),可支持创建超低功耗的模拟和混合信号器件。

NXP 公司的 LPC11XX 是全球第一颗基于 Cortex - M0 的芯片,是市场定价最低的 ARM 控制器之一,LPC11XX 内核的运行频率为 50 MHz,具有嵌套向量中断控制、唤醒中断控制等中断能力,并拥有睡眠、深度睡眠和深度掉电三种模式。LPC11XX 还配备了多达 128 KB 的闪存和 16 KB 的 SRAM。另外,还有 10 位 ADC以及 UART、SPI 控制器、I2C 总线等串行接口。其他外设则包括多达 42 个 GPIO引脚、4 个通用计数器/定时器、集成的功率管理单元、时钟发生器等。NXP 公司还将提供多种封装形式供客户按需选择。

基于以上的原因,读者迫切需要在新时代的背景下快速掌握新型 ARM 处理器的设计(尤其是性价比最高的 Cortex - M0 芯片设计)。在"手把手教你学"系列丛书出版后,曾经有很多读者给笔者来信来电,表示"手把手教你学"系列丛书的教学方式很适合他们学习,跟着该教程学习实验后,渐渐地就从不理解到了解、从不懂到学会单片机的设计了。因此他们从心底是非常喜欢"手把手教你学"系列丛书的。

因此,笔者在编写的 ARM M0 培训讲义的基础上,采用"手把手教你学"系列的编写风格,编写《手把手教你学 ARM Cortex - M0——基于 LPC11XX 系列》一书,希望读者能快速、轻松地学会 ARM 处理器设计。

1.1　快速学会 ARM 处理器设计

快速学会 ARM 处理器设计最好的办法是采用 C 语言编程。

为了提高编制计算机系统和应用程序的效率,改善程序的可读性和可移植性,最好的办法是采用高级语言编程。目前,C 语言逐渐成为国内外开发单片机的主流语言。

C 语言是一种通用的编译型结构化计算机程序设计语言,在国际上十分流行,它兼顾了多种高级语言的特点,并具备汇编语言的功能。它支持当前程序设计中广泛采用的由顶向下的结构化程序设计技术。一般的高级语言难以实现汇编语言对于计算机硬件直接进行操作(如对内存地址的操作、移位操作等)的功能,而 C 语言既具有一般高级语言的特点,又能直接对计算机的硬件进行操作。C 语言有功能丰富的库函数、运算速度快、编译效率高,并且采用 C 语言编写的程序能够很容易地在不同类型的计算机之间进行移植。因此,C 语言的应用范围越来越广泛。

用 C 语言来编写目标系统软件,会大大缩短开发周期,且明显增加软件的可读性,便于改进和扩充,从而研制出规模更大、性能更完备的系统。

因此,用 C 语言进行嵌入式处理器程序设计是 ARM 开发与应用的必然趋势。采用 C 语言进行设计也不必对 ARM 芯片和硬件接口的结构有很深入的了解,编译器可以自动完成变量存储单元的分配,编程者就可以专注于应用软件部分的设计,大大加快了软件的开发速度。采用 C 语言可以很容易地进行嵌入式处理器的程序移植工作,有利于产品中嵌入式处理器的重新选型。

C 语言的模块化程序结构特点,可以使程序模块共享,不断丰富。C 语言可读性的特点,更容易借鉴前人的开发经验,提高自己的软件设计水平。采用 C 语言,可针对常用的接口芯片编制通用的驱动函数,可针对常用的功能模块、算法等编制相应的函数。这些函数经过归纳整理可形成专家库函数,供广大的工程技术人员和爱好者使用、完善,也可大大提高国内嵌入式控制器软件设计的水平。

1.2 使用 C 语言的优点

1. 语言简洁，使用方便

C 语言是现有程序设计语言中规模最小的语言之一，而小的语言体系往往能设计出较好的程序。C 语言的关键字很少，ANSI C 标准一共只有 32 个关键字、9 种控制语句，压缩了一切不必要的成分。C 语言的书写形式比较自由，表达方法简洁，使用一些简单的方法就可以构造出相当复杂的数据类型和程序结构。

2. 可移植性好

用过汇编语言的读者都知道，即使是功能完全相同的一种程序，不同的嵌入式处理器也必须采用不同的汇编语言来编写。这是因为汇编语言完全依赖于芯片硬件，而新器件的更新换代速度非常快，我们每年都要跟新的处理器打交道。如果每接触一种新的处理器就要学习一次新的汇编语言，那么我们将一事无成，因为每学一种新的汇编语言，少则几个月，多则时间更长，那么我们还有多少时间真正用于产品开发呢？

C 语言是通过编译来得到可执行代码的。统计资料表明，不同机器上的 C 语言编译程序，80％的代码是公共的，而 C 语言的编译程序便于移植，在一种处理器上使用的 C 语言程序不加修改或稍加修改即可方便地移植到另一种结构类型的处理器上去。这些都增强了我们使用各种处理器芯片进行产品开发的能力。

3. 表达能力强

C 语言具有丰富的数据结构类型，可以根据需要采用整型、实型、字符型、数组类型、指针类型、结构类型、联合类型、枚举类型等多种数据类型来实现各种复杂数据结构的运算。C 语言还具有多种运算符，灵活使用各种运算符可以实现其他高级语言难以实现的运算。

4. 表达方式灵活

利用 C 语言提供的多种运算符，可以组成各种表达式，还可采用多种方法来获得表达式的值，从而使用户在程序设计中具有更大的灵活性。C 语言的语法规则不太严格，程序设计的自由度比较大，程序的书写格式自由灵活。程序主要用小写字母来编写，而小写字母是比较容易阅读的，这些充分体现了 C 语言灵活、方便和实用的特点。

5. 可结构化程序设计

C 语言是以函数作为程序设计的基本单位的。C 语言程序中的函数相当于汇编语言中的子程序。C 语言对于输入和输出的处理也是通过函数调用来实现的。各种

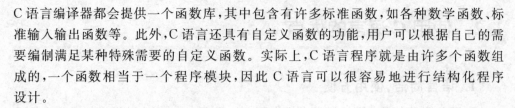

C 语言编译器都会提供一个函数库,其中包含有许多标准函数,如各种数学函数、标准输入输出函数等。此外,C 语言还具有自定义函数的功能,用户可以根据自己的需要编制满足某种特殊需要的自定义函数。实际上,C 语言程序就是由许多个函数组成的,一个函数相当于一个程序模块,因此 C 语言可以很容易地进行结构化程序设计。

6. 可直接操作计算机硬件

C 语言具有直接访问处理器物理地址的能力,可以直接访问片内或片外存储器,还可以进行各种位操作。

7. 生成的目标代码质量高

众所周知,汇编语言程序目标代码的效率是最高的,这就是为什么汇编语言仍是编写计算机系统软件的重要工具的原因。但是统计表明,对于同一个问题,用 C 语言编写的程序生成代码的效率仅比用汇编语言编写的程序低 10%～20%。

尽管 C 语言具有很多的优点,但和其他任何一种程序设计语言一样也有其自身的缺点,如不能自动检查数组的边界,各种运算符的优先级别太多,某些运算符具有多种用途等。但总的来说,C 语言的优点远远超过了它的缺点。经验表明,程序设计人员一旦学会使用 C 语言,就会对它爱不释手,尤其是单片机应用系统的程序设计人员更是如此。

1.3 开发 LPC11XX 使用的 C 编译器

开发 LPC11XX 嵌入式处理器的 C 编译器主要有 ARM Real View(简称 Real View MDK)、IAR EWARM(简称 IAREW)和 LPCXpresso。

Real View MDK 是 ARM 旗下 Keil 公司的开发工具,Real View MDK 集成了业内最领先的技术,包括 μVision4 集成开发软件与 Real View 编译器,支持目前所有的 ARM Cortex 核处理器、自动配置启动代码、集成 Flash 烧写模块、强大的 Simulation 设备模拟、性能分析等功能。

从 51 单片机开始,我们就和 Keil 公司软件打交道了,Keil 的开发软件在业内公认是使用方便、界面友好的优秀产品,因此我们的学习也采用 Real View MDK 集成开发环境。

IAREW 是瑞典 IAR SYSTEMS 公司开发的集成开发环境(IDE),包含嵌入式编译器、汇编器、连接定位器、库管理器、项目管理及调试器等。其特点是编译效率高、功能齐全,但价格高昂。

LPCXpresso 是 NXP 公司配合针对 ARM Cortex 内核的 LPC 系列处理器推出的一款低成本开发工具,全面支持 LPC11XX、LPC12XX、LPC13XX 及 LPC17XX 等系列容量不超过 128 KB 的处理器。

第 **2** 章

ARM 的发展

2.1 什么是 ARM

ARM 英文全称 Advanced RISC Machines,是英国一家电子公司的名字,该公司成立于 1990 年,是苹果公司、Acorn 计算机公司和 VLSI Technology 的合资企业。

ARM 也可以理解为是一种技术,ARM 公司是专门从事基于 RISC 技术芯片设计开发的公司,作为知识产权供应商,其本身不直接从事芯片生产,靠转让设计许可由合作公司生产各具特色的芯片,世界各大半导体生产商从 ARM 公司购买其设计的微处理器核,根据各自不同的应用领域,加入适当的外围电路,从而形成自己的 ARM 微处理器芯片进入市场。目前,全世界有几十家大的半导体公司都使用 ARM 公司的授权,因此 ARM 技术获得了更多的第三方工具、制造、软件的支持,又降低了整个系统成本,使产品更容易进入市场被消费者接受,更具有竞争力。

ARM 还可以认为是采用 ARM 技术开发的 RISC 处理器的通称。ARM 微处理器已遍及工业控制、消费类电子产品、通信系统、网络系统及无线系统等各类产品市场,基于 ARM 技术的微处理器应用约占据了 32 位 RISC 微处理器 75% 以上的市场份额,ARM 技术正在逐步渗入到我们生活的各个方面。

2.2 处理器 RISC 技术简介

传统的 CISC(Complex Instruction Set Computer,复杂指令集计算机)体系由于指令集庞大,指令长度不固定,指令执行周期有长有短,使指令译码和流水线的实现在硬件上非常复杂,给芯片的设计开发和成本的降低带来了极大困难。

随着计算机技术的发展,需要不断引入新的复杂的指令集,为支持这些新增的指令,计算机的体系结构会越来越复杂。然而,在 CISC 指令集的各种指令中,其使用频率却相差悬殊,大约有 20% 的指令会被反复使用,占整个程序代码的 80%,而余下的 80% 的指令却不经常使用,在程序设计中只占 20%。显然这种结构是不太合理的。

针对这些明显的弱点,1979 年美国加州大学伯克利分校提出了 RISC(Reduced Instruction Set Computer,精简指令集计算机)的概念。RISC 并非只是简单地减少指令,而是把着眼点放在了如何使计算机的结构更加简单合理地提高运算速度上。RISC 结构优先选取使用频率最高的简单指令,避免复杂指令,将指令长度固定,指令格式和寻址方式种类减少,以控制逻辑为主,不用或少用微码控制等来达到上述目的。

加州大学伯克利分校的 Patterson 教授领导的研究生团队设计和实现了"伯克利 RISC I"处理器,他们在此基础上又发展了后来 SUN 公司的 SPARC 系列 RISC 处理器,并使得采用该处理器的 SUN 工作站名震一时。与此同时,斯坦福大学也在 RISC 研究领域取得了重大进展,开发并产业化了 MIPS(Million Instructions Per Second)系列 RISC 处理器。

2.3　ARM 处理器

2.3.1　ARM 处理器的发展历程

1978 年 12 月 5 日,物理学家 Hermann Hauser 和工程师 Chris Curry,在英国剑桥创办了 CPU(Cambridge Processing Unit)公司,主要业务是为当地市场供应电子设备。

1979 年,CPU 公司改名为 Acorn 计算机公司。起初,Acorn 公司打算使用摩托罗拉公司的 16 位芯片,但是发现这种芯片速度太慢也太贵。一台售价 500 英镑的机器,不可能使用价格 100 英镑的 CPU! 于是他们转而向 Intel 公司索要 80286 芯片的设计资料,但是遭到拒绝,被迫自行研发。

ARM 的设计是 Acorn 计算机公司于 1983 年开始的开发计划。这个团队由 Roger Wilson 和 Steve Furber 带领,着手开发一种类似于高级 6502 架构的处理器。Acorn 有一大堆构建在 6502 处理器上的电脑,因此能设计出一颗类似的芯片则意味着对公司有很大的优势。

1985 年 4 月 26 日,Roger Wilson 和 Steve Furber 设计了他们自己的第一代 32 位、6 MHz 的处理器,用它做出了一台 RISC 指令集的计算机——ARM1(见图 2-1),简称 ARM(Acorn RISC Machine)。这就是 ARM 这个名称的由来。该计算机由美国加州 SanJose VLSI 技术公司制造,而首颗真正能量产的"ARM2"于次年投产。ARM2 具有 32 位的数据总线、26 位的寻址空间,并提供 64 MB 的寻址范围与 16 个

32 位的暂存器。暂存器中有一个作为程序计数器,其前面 6 位和后面 2 位用来保存处理器状态标记(Processor Status Flags)。ARM2 是当时最简单实用的 32 位微处理器,仅容纳了 30 000 个晶体管(6 年后摩托罗拉的 68000 包含了 70 000 个),之所以精简是因为它不含微码(这大概占了 68000 的晶体管数的 1/4~1/3),而且与当时大多数的处理器相同,它没有包含任何的高速缓存。这个精简的特色使它只需消耗很少的电能,却能发挥比 Intel 80286 更好的性能。后继的处理器"ARM3"则备有 4 KB 的高速缓存,使它能发挥更佳的性能。

图 2-1　用在 BBC Micro 上的 ARM1 第二代处理器

20 世纪 80 年代后期,Acorn 很快开发出 ARM 的台式机产品,形成英国的计算机教育基础。

1990 年 11 月 27 日,Acorn 公司正式改组为 ARM 计算机公司。苹果公司出资 150 万英镑,芯片厂商 VLSI 出资 25 万英镑,Acorn 本身则以 150 万英镑的知识产权和 12 名工程师入股。那时,公司的办公地点非常简陋,为一个谷仓(见图 2-2),图 2-3 为 ARM 工程师们当年在谷仓开会的场景。

初创时期的 ARM 没有商业经验,没有管理经验,当然也没有世界标准这种远景,运营资金紧张,工程师人心惶惶,最后 ARM 决定自己不生产芯片,转而以授权的

图 2 - 2　1990 年 ARM 公司的办公地点非常简陋

图 2 - 3　ARM 工程师们当年在谷仓开会的场景

方式将芯片设计方案转让给其他公司,即"Partnership"开放模式。公司在 1993 年实现盈利,1998 年在纳斯达克和伦敦证券交易所两地上市,同年基于 ARM 架构芯片出货达 50 00 万片。

　　ARM6 首版的样品在 1991 年发布,然后苹果电脑使用 ARM6 架构的 ARM 610 作为 Apple Newton 产品的处理器。在 1994 年,艾康电脑使用 ARM 610 作为 PC 产品的处理器。

　　在这些改进之后,内核部分却基本维持一样的大小——ARM2 有 30 000 颗晶体管,但 ARM6 却也只增长到 35 000 颗。主要概念是以 ODM 的方式,使 ARM 核心能搭配一些选配的零件而制成一颗完整的 CPU,而且可在当时的圆晶厂里制作并以低成本的方式达到较高的性能。

在 ARM 的发展历程中,从 ARM7 开始,ARM 核被普遍认可和广泛使用。1995 年 Strong ARM 问世,XScale 是下一代 Strong ARM 芯片的发展基础,ARM10TDMI 是 ARM 处理器核中的高端产品,ARM11 是 ARM 家族中性能最高的一个系列。

进入 2000 年,开始受益于手机及其他电子产品的迅速普及,ARM 系列芯片呈爆炸性增长,2001 年 11 月出货量累计突破 10 亿片,最成功的案例当属 ARM7,卖出了数亿片。基于 ARM 系列芯片,2011 年年出货 79 亿片,年营收 4.92 亿英镑(合 7.85 亿美元),净利润 1.13 亿英镑。图 2 - 4 为 2004 年 ARM 公司聚会时的热闹场景。

图 2 - 4   2004 年 ARM 公司聚会时的热闹场景

当前 ARM 处理器有 6 个产品系列:ARM7、ARM9、ARM10、ARM11、SecurCore 和 Cortex。

ARM7、ARM9、ARM10 和 ARM11 是 4 个通用处理器系列,每个系列提供一套特定的性能来满足设计者对功耗、性能和体积的需求。

SecurCore 是第 5 个产品系列,是专门为安全设备而设计的。

进入 21 世纪后,ARM 公司以全新的方式命名其产品系列,并以 Cortex 为前缀进行命名,而且每个大的系列里又分为若干小的系列。

ARM Cortex 处理器采用全新的 ARMv7 架构,根据使用的对象不同,划分为以下 3 大系列:

① Cortex - A 系列:开放式操作系统的高性能处理器;

② Cortex - R 系列：实时应用的卓越性能；

③ Cortex - M 系列：成本敏感的微处理器应用。

表 2 - 1 为 ARM 处理器内核列表。

表 2 - 1　ARM 处理器内核列表

架　构	处理器家族
ARMv1	ARM1
ARMv2	ARM2，ARM3
ARMv3	ARM6，ARM7
ARMv4	Strong ARM，ARM7TDMI，ARM9TDMI
ARMv5	ARM7EJ，ARM9E，ARM10E，XScale
ARMv6	ARM11，ARM Cortex - M
ARMv7	ARM Cortex - A，ARM Cortex - M，ARM Cortex - R
ARMv8	尚未有商品问世。预计将会支持 64 位的数据与寻址。ARM Cortex - A50

目前，在 Cortex - M 系列里，ARM 面向微处理器产业分别推出了 Cortex - M0、Cortex - M3、Cortex - M4 三款嵌入式处理器，我们可以发现，之前大部分半导体厂商将产品重点聚集在 Cortex - M3 这款内核上，有部分厂商已经开始尝试推出基于 Cortex - M4 内核的产品。Cortex - M4 是 Cortex - M3 的升级版，较于 Cortex - M3 具备更高的信号处理能力；而 Cortex - M0 则是 Cortex - M3 的精简版，以前有很多用户使用 Cortex - M3，现在可以选择 Cortex - M0 或 Cortex - M0＋，因为 Cortex - M0/M0＋比 Cortex - M3 更简洁，在价格上也更加低廉，适合对 MCU 没有太高要求的用户。而 Cortex - M4 是 Cortex - M3 的升级版，在 Cortex - M3 原有功能的基础上继续加强，适合对 MCU 有更高要求的用户。随着 Cortex - M0 和 Cortex - M4 产品的推出，会对 Cortex - M3 产品有一定的挤压，目前 Cortex - M3 厂商压力会比较大。图 2 - 5 为 NXP 公司推出的基于 Cortex - M0 的 LPC11XX 系列产品。

图 2 - 5　NXP 公司推出的基于 Cortex - M0 的 LPC11XX 系列产品

2.3.2　ARM 处理器的应用领域

ARM 处理器的应用领域很广,包含工业控制领域、无线通信领域、网络应用、消费类电子产品、成像和安全产品、移动互联网领域及 3G 领域等。

1. 工业控制领域

作为 32 位的 RISC 架构,基于 ARM 核的微控制器芯片不但占据了高端微控制器市场的大部分市场份额,同时也逐渐向低端微控制器应用领域扩展,ARM 微控制器的低功耗、高性价比,向传统的 8 位/16 位微控制器提出了挑战。汽车上使用的 ARM 设计正在进行中,包括驾驶、安全和车载娱乐等各种功能在内的设备有可能采用五六个 ARM 微处理器统一实现。

2. 无线通信领域

无线通信领域目前已有超过 85% 的无线通信设备(手机等)采用了 ARM 技术。在 PDA(Personal Digital Assistant,掌上电脑)一类的手持设备中,ARM 针对视频流进行了优化,并获得广泛的支持。ARM 已经为蓝牙的推广做好了准备,有 20 多家公司的产品采用了 ARM 技术,如爱立信、英特尔、科胜讯、朗讯、阿尔卡特、飞利浦、德州仪器等。ARM 以其高性能和低成本,在该领域的地位日益巩固。

3. 网络应用

网络应用随着宽带技术的推广,采用 ARM 技术的 ADSL 芯片正逐步获得竞争优势。此外,ARM 在语音及视频处理上进行了优化,并获得广泛支持,也对 DSP 的应用领域提出了挑战。

4. 消费类电子产品

ARM 技术在目前流行的数字音频播放器、数字机顶盒和游戏机中得到广泛采用。

5. 成像和安全产品

现在流行的数码相机和打印机中绝大部分采用 ARM 技术。GSM(全球移动通信系统)和 3G/4G 手机中的 32 位 SIM 智能卡也采用了 ARM 技术。

6. 移动互联网领域

ARM 技术打造世界级的 Web2.0 产品,目前大多数智能手机采用 ARM11 处理器,以及基于 Cortex-A 处理器的 Web2.0 手机,ARMv7 架构的设计为 Web2.0 做了专门设计,矢量浮点运算单元 Thumb-2 和 Thumb-2 EE 指令用于解释器和 JITs NEON SIMD 技术。

7. 3G 领域

ARM ＋ Android 操作系统组成的 3G 产品。

2.3.3 ARM 处理器的优点

体积小、功耗低、成本低、性能高；支持 Thumb(16 位)/ ARM(32 位)双指令集，能很好地兼容 8 位/16 位器件；大量使用寄存器，指令执行速度更快，大部分数据操作都在寄存器中完成，寻址方式灵活简单，执行效率高，指令长度固定。

最新 ARM 处理器的特点及应用：单核变双核，主频升高，多媒体性能大幅增强，内嵌的图形显示芯片越来越强劲，大数据量的存储介质支持，集成无线功能。

2.4 ARM 公司的优势及前景展望

ARM 公司是专门从事基于 RISC 技术芯片设计开发的公司，作为知识产权供应商，本身不直接从事芯片生产，靠转让设计许可由合作公司生产各具特色的芯片。目前，全世界有几十家大的半导体公司都使用 ARM 公司的授权，因此，ARM 处理器技术既获得了更多的第三方工具、制造、软件的支持，又降低了整个系统成本，使产品更容易进入市场被消费者所接受，更具有竞争力。

图 2-6 为 2010—2017 年 ARM 芯片与 Intel X86 架构芯片的出货统计及预测。

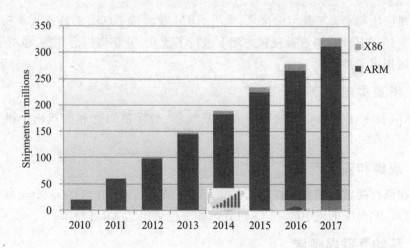

图 2-6　2010—2017 年 ARM 芯片与 Intel X86 架构芯片出货统计及预测

2011 年 1 月 10 日微软公司宣布，下一版 Windows 将正式支持 ARM 处理器，即 Windows 8 支持 ARM。这是计算机工业发展历史上的一件大事，标志着 X86 处理器的主导地位发生动摇。目前在移动设备市场，ARM 处理器的市场份额超过 90％；

在服务器市场，2011 年就有 2.5 GHz 的服务器上市；在桌面电脑市场，现在又有了微软的支持。ARM 成为主流，已是指日可待。难怪有人惊呼，Intel 公司将被击败！展望未来，即使 Intel 成功地实施了 Atom 战略，将 X86 芯片的功耗和价格大大降低，它与 ARM 竞争也将非常吃力。因为 ARM 的商业模式是开放的，任何厂商都可以购买授权，所以未来并不是 Intel vs. ARM，而是 Intel vs. 世界上所有其他半导体公司。那样的话，Intel 的胜算能有多少呢？

第 3 章

ARM Cortex – M0 内核架构体系简介

ARM Cortex – M0 处理器是 ARM 公司现有的体积最小、功耗最低、能效最高的一款处理器,它基于一个高集成度、低功耗的 32 位处理器内核,采用一个 3 级流水线冯·诺伊曼结构(von Neumann architecture)。通过简单、功能强大的指令集以及全面优化的设计(提供包括一个单周期乘法器在内的高端处理硬件),Cortex – M0 处理器可实现极高的能效。

图 3-1 为 ARM Cortex – M0 内部简化结构方框图。

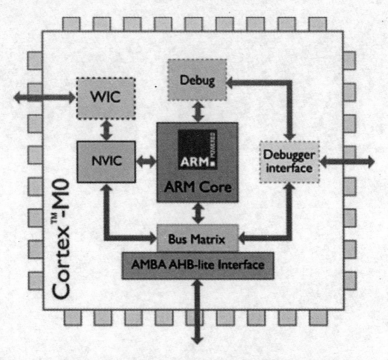

图 3-1　ARM Cortex – M0 内部简化结构方框图

Cortex - M0 处理器采用 ARMv6 - M 结构,基于 16 位的 Thumb 指令集,并包含 Thumb - 2 技术;提供了一个现代 32 位结构所希望的出色性能,代码密度比其他 8 位和 16 位微控制器都要高。

ARM Cortex - M0 处理器面向 8 位、16 位微处理应用,它以 8 位处理器的价格实现了 32 位的性能,从而直接绕过了 16 位的设备。

Cortex - M0 处理器在与像 Cortex - M3 这样多功能的处理器保持开发工具和二进制兼容性的同时,还能在系统成本上节省大量费用。这款处理器在 12k 等效门面积的基础上只有 85 mW/MHz(0.085 μW)的功耗,这使得生产极低功耗的模拟信号及混合信号设备成为可能。

3.1　LPC11XX 结构和特性

图 3 - 2 为 ARM Cortex - M0 处理器 LPC11XX 组成结构。

LPC11XX 系列微控制器是恩智浦半导体(NXP Semiconductors)推出的基于 ARM Cortex - M0 内核的微控制器系列产品,其工作频率可高达 50 MHz。LPC11XX 系列微控制器加入的外围组件包括:高达 32 KB 的 Flash 存储器,8 KB 的数据存储器,一个增强快速模式(FM+)I2C 接口,一个 RS - 485/EIA - 485 标准的通用异步串行收发器,两个具有 SSP 特性的 SPI 接口,四个通用定时器,一个 10 位 ADC 和 42 个 GPIO 引脚。其特性如下:

- 带有 SWD 调试功能(4 个断点)的 50 MHz Cortex - M0 控制器。
- ARM Cortex - M0 内嵌向量中断控制器(NVIC),具有 32 个向量中断、4 个优先级,最多具有 13 个拥有专用中断的 GPIO。
- 32 KB(LPC1114)、24 KB(LPC1113)、16 KB(LPC1112)或 8 KB(LPC1111) 片上 Flash 可编程存储器。
- 高达 8 KB 的 SRAM。
- 通过片上引导(Bootloader)软件实现现场编程(ISP)和在线编程(IAP)。
- 串行接口:有分数波特率发生器、内部 FIFO、支持 RS - 485/EIA - 485 总线和 MODEM 控制的 UART。最多可有两个具有 SSP 特性的、带 FIFO 的 SPI 控制器(第二个 SPI 只在 LQFP48 和 PLCC44 封装中存在),具有很好的多协议的兼容性。I2C 总线接口支持全速 I2C 总线规格和增强快速模式(速率可达到 1 Mb/s,具有多地址识别监听模式)。I2C 总线引脚在增强快速模式时,为大电流灌入驱动(20 mA)。
- 12 MHz 内部 RC 振荡器,在全温度及电压范围可精确到 1%。
- 电源复位(POR)、多级掉电检测(BOD)、10~50 MHz 锁相环。
- 多达 42 个带有可配置上拉/下拉电阻的 GPIO 引脚,每个引脚有大电流(20 mA)驱动输出。

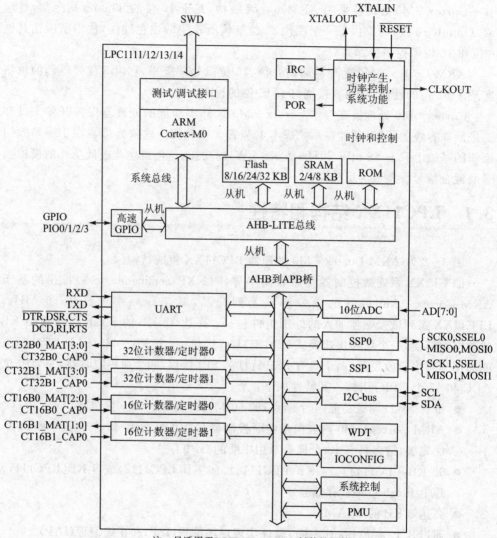

注：只适用于 LQFP48、PLCC44 封装的器件。

图 3 – 2 ARM Cortex – M0 处理器 LPC11XX 组成结构

- 具备脉宽调制/匹配/捕捉功能的 2 个 16 位通用计数器/定时器和 2 个 32 位通用计数器/定时器(共 4 个捕获输入和 13 个比较输出)。
- 具备±1LSB DNL 的 8 通道高精度 10 位 ADC。
- 看门狗定时器(WDT)。
- 系统嘀嗒定时器。
- 集成 PMU(电源管理单元)，其内部的电压调节器自适应调整,以最小化睡眠、深度睡眠和深度掉电模式期间的耗电量。
- 三种省电模式：睡眠、深度睡眠和深度掉电。

- 单一 3.3 V 供电(1.8～3.6 V);ESD 超过 5 kV,可满足苛刻的应用需求。
- 8 通道 10 位 ADC。
- GPIO 引脚可用作对边沿和电平敏感的中断源;带分频器的时钟输出功能可以反映主振荡器时钟 IRC 时钟、CPU 时钟和看门狗时钟的状态。
- 多达 13 个功能引脚可通过一个专门的启动逻辑将处理器从深度睡眠模式中唤醒。
- 掉电检测具有 4 个独立的阈值,用于产生中断和强制复位。
- 上电复位(POR)。晶体振荡器的工作频率范围为 1～25 MHz。
- 12 MHz 内部 RC 振荡器精度误差不超过 1‰,可以选择作为系统时钟使用。
- PLL 允许 CPU 达到最高工作频率而不需要外部高频振荡器,可以使用主振荡器和内部 RC 振荡器。
- 具有用于识别的唯一设备序列号。
- 可以采用 LQFP48、PLCC44 和 HVQFN33 封装。HVQFN33 封装中具有高达 28 个 5 V 耐压快速 GPIO 引脚(该引脚数在 LQFP48 封装中达到 42 个)。

3.2　LPC11XX 存储器和外设地址映射

图 3-3 为 ARM Cortex - M0 LPC11XX 的存储器和外设地址映射。AHB 外设区的大小为 2 MB,可分配多达 128 个外设。在 LPC11XX 系列中,GPIO 端口是唯一的 AHB 外设。APB 外设区的大小为 512 KB,可分配多达 32 个外设,每种类型的每一个外设空间的大小都为 16 KB,从而简化了每个外设的地址译码。

所有外设寄存器无论规格大小,都按照字地址进行分配(32 位边界)。这意味着字和半字寄存器是一次性访问。

3.3　LPC11XX 系统配置

系统配置模块控制时钟振荡器单元、复位和电源管理单元的功能。该模块还包括为 AHB 访问设置优先级的寄存器,以及一个重映射 Flash、SRAM 和 ROM 存储器区域的寄存器。

3.3.1　时钟振荡器单元

图 3-4 为 LPC11XX 的时钟振荡器单元。

LPC11XX 含有 3 个独立的振荡器:系统振荡器、内部 RC 振荡器(IRC)和看门狗振荡器。为应对特殊应用的要求,所有振荡器都可以具有多个功能。复位之后,LPC11XX 会按内部 RC 振荡器的频率运行,直到频率被软件切换。这样,系统就无

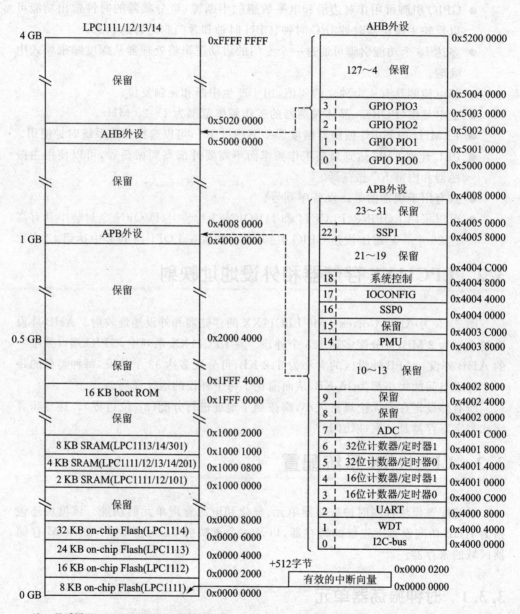

图 3 – 3　LPC11XX 的存储器和外设地址映射

注：只适用于LQFP48、PLCC44封装的器件。

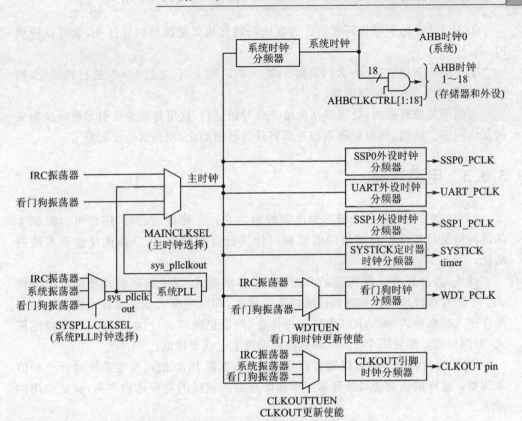

图 3 - 4 LPC11XX 的时钟振荡器单元

需根据外部晶体的频率运行,Bootloader 代码的运行频率即可知。

　　寄存器 AHBCLKCTRL 控制着各种外设和存储器的系统时钟。UART、SSP0/1 和 SysTick 定时器都有单独的时钟分频器,可以从主时钟衍生出外设所需的时钟频率。主时钟以及从 IRC、系统振荡器和看门狗振荡器输出的时钟均可以直接在 CLKOUT 引脚上观察到。

3.3.2 复　位

　　LPC11XX 上有 4 个复位源:RESET 引脚复位、看门狗复位、上电复位(POR)和 Brown Out Detect(BOD,欠压检测复位)。除了这 4 个复位源以外,还有一个软复位。

　　芯片复位可以由任意一个复位源引起,只要工作电压达到规定值,就会启动 IRC (可引起复位)来保持芯片复位状态,直到外部复位无效后,振荡器运行,Flash 控制器完成初始化。

　　当 Cortex - M0 CPU 外部复位源(POR、BOD 复位、外部复位和看门狗复位)有效时,IRC 启动。IRC 启动最多 6 μs 以后,IRC 就会输出稳定的时钟信号。

① ROM 中的引导代码启动。引导代码的作用就是执行引导任务,也可以转到 Flash。

② Flash 上电。Flash 大约需要 100 μs 的时间上电,之后 Flash 进行初始化,初始化需要大约 250 个时钟周期。

当内部复位移除时,处理器从地址 0 处开始运行,这里是最先从引导模块映射来的复位向量。这时,所有处理器和外部寄存器已初始化,预先值也设定好了。

3.3.3 电源管理

LPC11XX 系列器件支持多种电源控制方式。在器件运行时,用户可以根据实际运行情况对器件中各模块的电源和时钟进行合理的控制,从而优化整个系统的功耗。

此外,器件还有 3 种特殊的节能模式:睡眠模式、深度睡眠模式和深度掉电模式。电源管理模块可以控制器件所进入的模式,即睡眠模式或深度掉电模式。如果器件进入睡眠模式,则 ARM 内核时钟停止,外设仍继续运行;如果进入深度睡眠模式,则用户可以配置哪个 Flash 和振荡器继续上电或要掉电。

CPU 的时钟速率也可以通过改变时钟源、重置 PLL 值或改变系统时钟分频值来调整。这样的话就使得处理器速率和处理器所消耗的功率达到平衡,满足应用的需求。

器件运行时用户可以对片内的外设进行单独控制,把应用中不需要用到的外设关闭,避免不必要的动态功耗,从而更好地降低系统的功耗。为了方便对电源控制,外设(UART、SSP、ARM 跟踪时钟、SysTick 定时器、看门狗定时器和 USB)都有自己的时钟分频器。必须注意的是,器件处于节能模式时不能进行调试。

1. 运行模式

在运行模式下,ARM Cortex - M3 内核、存储器和外设都由系统时钟来计时。寄存器 AHBCLKCTRL 负责选择要运行的存储器和外设。系统时钟的频率由寄存器 AHBCLKDIV 来决定。

选定的外设(UART、SSP、ARM 跟踪时钟、USB、WDT 和 SysTick 定时器)除了有系统时钟计时以外,还有单独的外设时钟和它们自己的时钟分频器。外设时钟可以通过时钟分频寄存器来关闭。

各模拟模块(PLL、振荡器、ADC、USB PHY、BOD 电路和闪存模块)的电源可以通过寄存器 PDRUNCFG 来单独控制(提示:在运行模式下,寄存器 PDRUNCFG 中的第 9 位必须为 0)。

2. 睡眠模式

在睡眠模式下,ARM Cortex - M0 内核时钟停止。在复位或中断出现之前都不能执行指令。

进入睡眠模式的步骤如下：

① 向 ARM Cortex - M0 SCR 寄存器中的 SLEEPDEEP 位写 0。

② 使用 ARM WFI 指令进入睡眠模式。当中断到达处理器时自动退出睡眠模式。

在睡眠模式下外设的功能继续进行，并可能产生中断使处理器重新运行。睡眠模式不使用处理器自身的动态电源、存储器系统、相关控制器和内部总线。处理器的状态和寄存器、外设寄存器和内部 SRAM 的值都会保留，引脚的逻辑电平也会保留。

3. 深度睡眠模式

在深度睡眠模式下，芯片处于睡眠模式，系统时钟停止，PDSLEEPCFG 选择的模拟模块也掉电。在进入睡眠模式时，用户可以配置哪个模块掉电，以及哪个模块可以从深度睡眠模式中唤醒并运行。进入深度睡眠模式的步骤如下：

① 通过 PDSLEEPCFG 寄存器选择在深度睡眠模式下要掉电的模拟模块（振荡器、PLL、ADC、闪存和 BOD）。PDSLEEPCFG 中的第 9 位必须为 1。

② 通过 PDAWAKECFG 寄存器选择从深度睡眠模式唤醒后要上电的模拟模块。PDAWAKECFG 中的第 9 位必须为 0。

③ 向 ARM Cortex - M0 SCR 寄存器写 1。

④ 使用 ARM WFI 指令进入深度睡眠模式。

LPC11XX 可以不通过中断直接通过监控起始逻辑的输入从深度睡眠模式中唤醒。大部分的 GPIO 引脚都可以用作起始逻辑的输入引脚。起始逻辑不需要任何时钟信号，而且从深度睡眠模式唤醒后也不会产生中断。

在深度睡眠模式期间，处理器的状态和寄存器、外设寄存器以及内部 SRAM 的值都保留，而且引脚的逻辑电平也不变。

深度睡眠的优点在于可以使时钟产生模块（例如振荡器和 PLL）掉电，这样深度睡眠模式所消耗的动态功耗就比一般的睡眠模式消耗要少得多。另外，在深度睡眠模式中 Flash 可以掉电，这样静态漏电流就会减少；但唤醒 Flash 存储器的时间就要更长。

4. 深度掉电模式

在深度掉电模式下，整个芯片的电源和时钟都关闭（通过 WAKEUP 引脚）。进入深度掉电模式的步骤如下：

① 设置 PCON 寄存器中的 DPDEN 位。

② 向 ARM Cortex - M0 SCR 寄存器中的 SLEEPDEEP 位写 1。

③ 确保 IRC 上电，可以通过将寄存器 PDRUNCFG 中的 IRCOUT_PD 和 IRC_PD 位都设为 0 来实现。

④ 使用 ARM WFI 指令进入深度掉电模式。

给 WAKEUP 引脚一个脉冲信号就可以使 LPC11XX 从深度掉电模式中唤醒。在深度掉电模式期间,SRAM 中的内容会被保留,但是器件可以将数据保存在 4 个通用寄存器中。

3.4 LPC11XX 中断控制

嵌套向量中断控制器 NVIC 是 Cortex - M0 可分割的一部分,它与 CPU 的紧密结合降低了中断延时并能够有效处理即将到来的中断。Cortex - M0 将外部中断、SVC 和 Reset 等均称为异常。

LPC11XX 的 NVIC 特性:

- ARM Cortex - M0 内部包含嵌套向量中断控制器;
- 与内核紧密联系的中断控制器;
- 可支持低中断延时;
- 可对系统异常和外设中断进行控制;
- NVIC 支持 32 个向量中断;
- 4 个可编程的中断优先级级别,具有硬件优先级屏蔽;
- 可重定位的向量表;
- 不可屏蔽中断 NMI;
- 软件中断功能。

表 3 - 1 列出了每个外设功能所对应的中断源。每个外围设备可以有一条或几条中断线连接到向量中断控制器,多个中断源可以共用一条中断线,哪一条中断线连接到哪一个中断源是无关紧要的或没有优先级的(某些 ARM 的特定标准除外)。

表 3 - 1   连接到向量中断控制器的中断源

异常编号	功　能	标　志
12:0	启动逻辑唤醒中断	每一个中断都会与一个 PIO 输入引脚相连,作为从深度睡眠模式唤醒的唤醒引脚;中断 0～11 对应 PIO0_0～PIO0_11,中断 12 对应 PIO1_0
13	—	保留
14	SSP1	Tx FIFO 一半为空; Rx FIFO 一半为满; Rx 超时; Rx 溢出
15	I2C	SI(状态改变)

续表 3 – 1

异常编号	功　能	标　志
16	CT16B0	匹配 0 – 2； 捕获 0
17	CT16B1	匹配 0 – 1； 捕获 0
18	CT32B0	匹配 0 – 3； 捕获 0
19	CT32B1	匹配 0 – 3； 捕获 0
20	SSP0	Tx FIFO 一半为空； Rx FIFO 一半为满； Rx 超时； Rx 溢出
21	UART	Rx 线状态(RLS) 发送保持寄存器空(THRE) Rx 数据可用(RDA) 字符超时指示(CTI) MODEM 控制改变 自动波特率结束(ABEO) 自动波特率超时(ABTO)
22	—	保留
23	—	保留
24	ADC	ADC 结束转换
25	WDT	看门狗中断(WDINT)
26	BOD	Brown – out 检测
27	—	保留
28	PIO_3	端口 3 的 GPIO 中断状态
29	PIO_2	端口 2 的 GPIO 中断状态
30	PIO_1	端口 1 的 GPIO 中断状态
31	PIO_0	端口 0 的 GPIO 中断状态

　　2012 年 3 月，ARM 公司又发布了一款 ARM Cortex – M0 的改进产品——ARM Cortex – M0 + 处理器(拥有全球最低功耗效率的微处理器)。它支持 ARMv6M 指令集，而且经过优化的 Cortex – M0 + 处理器可针对家用电器、白色商品、医疗监控、电子测量、照明设备以及汽车控制器件等智能传感器与智能控制系统，

提供超低功耗、低成本微控制器(MCU)。

  作为 ARM Cortex 处理器系列的最新成员,32 位 Cortex - M0＋处理器采用了低成本 90 nm 低功耗(LP)工艺,耗电量仅 9 μA/MHz,约为目前主流 8 位或 16 位处理器的三分之一,却能提供更高的性能。它的出现将促成智能、低功耗微控制器产品的面市,并为物联网中大量的无线连接设备提供高效的沟通、管理和维护,为物联网技术的发展奠定了扎实的基础,因为物联网产品在许多方面依赖于电池供电。

  低功耗联网功能深具潜能,可驱动各种节能和生活关键应用,包括从无线方式分析住宅或办公大楼性能与控制的感测器,到以电池运作、通过无线方式连接健康监控设备的身体感测器。而现有的 8 位或 16 位微控制器(MCU)缺少足够的智能和功能来实现这些应用。

  这种行业领先的低功耗和高性能的结合为仍在使用 8 位或 16 位架构的用户提供了一个转型开发 32 位器件的理想机会,从而在不牺牲功耗和面积的情况下,提高日常设备的智能化程度。

第 **4** 章

开发 /实验工具及入门程序

4.1 CMSIS 标准简介

　　学习一种新的处理器设计,实验与实践是必不可少的,否则只能是纸上谈兵。本章我们要介绍 ARM Cortex – M0 的开发工具及使用,但首先有必要让读者了解 ARM 的 CMSIS 标准。

　　CMSIS 标准即 Cortex 微控制器软件接口标准(Cortex Microcontroller Software Interface Standard),是 ARM 公司和一些编译器厂家以及半导体厂家共同遵循的一套标准,是由 ARM 公司提出,专门针对 Cortex – M 系列的标准。在该标准的约定下,ARM 公司和芯片厂商会提供一些通用的 API 接口来访问 Cortex 内核和一些专用外设,以减少更换芯片及开发工具等移植工作所带来的金钱和时间上的消耗。只要都是基于相同内核的芯片,代码均是可以复用的。

　　近期的研究调查发现,在嵌入式开发领域,软件的花费在不断提高,而硬件的花费却逐年降低。图 4 – 1 为软硬件的花费成本对照图。因此,嵌入式领域的公司,越来越多地把精力放在软件上,但软件在更换芯片或开发工具的更新换代中,代码的重用性不高,随着 Cortex – M 处理器大量投放市场,ARM 公司意识到建立一套软件开发标准的重要性,因此 CMSIS 应运而生。

4.1.1 CMSIS 的架构

　　CMSIS 可以分为以下 3 个基本功能层:
● 核内外设访问层 Core Peripheral Access Layer (CPAL);
● 中间件访问层 Middleware Access Layer (MWAL);
● 设备访问层 Device Peripheral Access Layer (DPAL)。

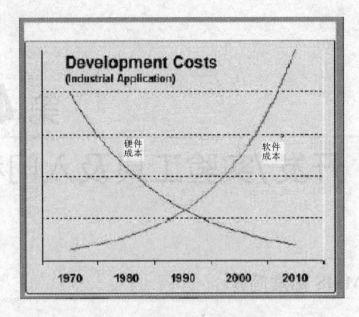

图 4 - 1　软硬件的花费成本对照图

CMSIS 的软件架构如图 4 - 2 所示。

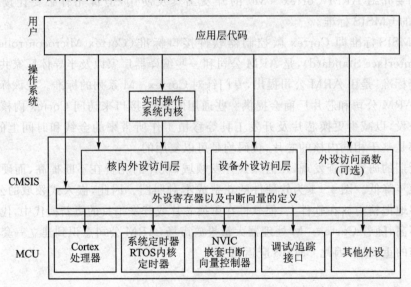

图 4 - 2　CMSIS 的软件架构

　　Core Peripheral Access Layer（CPAL）层用来定义一些 Cortex - M 处理器内部的寄存器地址及功能函数，如对内核寄存器、NVIC、调试子系统的访问。一些对特殊用途寄存器的访问被定义成内联函数或者内嵌汇编的形式。该层的实现由 ARM 提供。

Middleware Access Layer（MWAL）层定义访问中间件的一些通用 API，该层也由 ARM 负责实现，但芯片厂商需要根据自己的设备特性进行更新。目前该层仍在开发中，还没有更进一步的消息。

Device Peripheral Access Layer（DPAL）层和 CPAL 层类似，用来定义一些硬件寄存器的地址及对外设的访问函数。另外，芯片厂商还需要对异常向量表进行扩展，以实现对自己设备的中断处理。该层可引用 CPAL 层定义的地址和函数，该层由具体的芯片厂商提供。

4.1.2　CMSIS 文件结构

不同芯片的 CMSIS 头文件有区别，但基本结构是一致的。首先对文件名的定义给出了标准，以 LPC11XX 系列为例，图 4-3 为其 CMSIS 头文件结构组成。

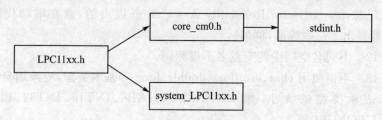

图 4-3　LPC11XX 系列 CMSIS 头文件结构组成

图 4-3 中，stdint. h 包含对 8、16、32 位等数据类型指示符的定义，主要用来屏蔽不同编译器之间的差异；core_cm0. h 和 core_cm0. c 中包含了 Cortex-M0 核的全局变量的声明和定义，并定义了一些静态功能函数；system_LPC11xx. h 和 system_LPC11xx. c 定义的是不同芯片厂商定义的系统初始化函数及一些系统时钟的定义配置和时钟变量等。CMSIS 提供的文件比较多，但使用时一般只包含 LPC11xx. h 和 system_lpc11xx. h 即可。

4.1.3　CMSIS 支持的工具链

CMSIS 目前支持三大主流工具链，即 ARM RealView（armcc）、IAR EWARM（iccarm）和 GNU Compiler Collection（gcc）。通过在 core_cm0. h 中屏蔽下面的关键字即可使用不同的编译器。

在 core_cm0. h 中有如下定义：

```
/* define compiler specific symbols */
# if defined ( __CC_ARM )
    # define __ASM __asm   /* !< asm keyword for armcc */
    # define __INLINE __inline   /* !< inline keyword for armcc */
```

```
#elif defined ( __ICCARM__ )
    #define __ASM __asm   /*!< asm keyword for iarcc */
    #define __INLINE inline  /*!< inline keyword for iarcc. Only avaiable in High
                                optimization mode! */
    #define __nop __no_operation  /*!< no operation intrinsic in iarcc */
#elif defined ( __GNUC__ )
    #define __ASM asm  /*!< asm keyword for gcc */
    #define __INLINE inline  /*!< inline keyword for gcc */
#endif
```

4.1.4 CMSIS 与 MISRA – C 规范的兼容要求

CMSIS 要求定义的 API 及编码与 MISRA – C 2004 规范兼容。MISRA – C 是由 Motor Industry Software Reliability Association 提出的,意在增加代码的安全性。该规范提出了一些标准,例如:

规则 12 不同名空间中的变量名不得相同。

规则 13 不得使用 char、int、float、double、long 等基本类型,应该用自己定义的类型显示表示类型的大小, 如 CHAR8、UCHAR8、INT16、INT32、FLOAT32、LONG64、ULONG64 等。

规则 37 不得对有符号数施加位操作,例如 1<<4 被禁止,必须写 1UL<<4 等。

4.2 LPC11XX 开发工具

目前,支持 Cortex – M0 的开发环境很多,如:
● Real View MDK 开发环境＋ULINK2 仿真调试器;
● IAR 开发环境＋JLINK 仿真调试器;
● CodeWarrior 开发环境;
● 开源的 Arm – none – eabi 系列工具链(GCC 的 ARM 版本)等,调试口使用 SWD 方式。

国内单片机爱好者在学习 8051 单片机时,使用最多的开发环境就是德国的 Keil。ARM 公司的产品流行后,Keil 推出了针对 ARM 芯片的编译环境 Keil for ARM。2005 年年底,ARM 公司收购了 Keil 公司,作为官方 ARM 开发平台,推出了新一代的开发环境 Real View MDK(简称 MDK)。

Keil 公司的开发环境在业内公认是使用方便、界面友好的优秀产品,因此我们的学习也采用 Keil 公司的 Real View MDK 集成开发环境。Real View MDK 集成了业内最领先的技术,包括 μVision4 集成开发环境与 Real View 编译器,支持目前所有的 ARM Cortex 核处理器,自动配置启动代码,集成 Flash 烧写模块,具有强大的 Simulation 设备模拟、性能分析等功能。Real View MDK 的突出特性如下:

1. 启动代码生成向导并自动引导

启动代码和系统硬件结合紧密,必须用汇编语言编写,因而成为许多工程师难以跨越的门槛。Real View MDK 开发工具可以自动生成完善的启动代码,并提供图形化的窗口,供开发者轻松修改。无论对于初学者还是有经验的开发工程师,都能大大节省时间,提高开发效率。

2. 内嵌功能强大的软件模拟器

当前多数基于 ARM 的开发工具都有仿真功能,但是大多仅仅局限于对 ARM 内核指令集的仿真。

Real View MDK 拥有无与伦比的系统仿真工具,支持外部信号与 I/O、快速指令集仿真、中断仿真、片上外设(ADC、DAC、EBI、Timers、UART、CAN、I2C 等)仿真等功能。开发工程师在无硬件仿真器的情况下即可开始软件开发和调试,使软硬件开发同步进行,大大缩短开发周期。而一般的 ARM 开发工具仅提供指令集模拟器,只能支持 ARM 内核模拟调试。当然,如有需要,也可使用硬件仿真器进行调试。

3. 内嵌性能分析器及逻辑分析器

Real View MDK 的性能分析器好比天文上的哈雷望远镜,让开发者看得更远、更准。它可以辅助查看代码覆盖情况、程序运行时间、函数调用次数等高端控制功能,指导开发者轻松进行代码优化,成为嵌入式开发高手。μVision4 逻辑分析仪可以将指定变量或 VTREGs 值的变化以图形方式表示出来。通常这些功能只有价值数千美元的 Trace 工具才能提供。

4. 配备 Flash 编程模块

Real View MDK 无需寻求第三方编程软件与硬件支持,通过配套的 ULINK2 仿真器与 Flash 编程工具,轻松实现 CPU 片内 Flash、外扩 Flash 烧写,并支持用户自行添加 Flash 编程算法,而且能支持 Flash 整片删除、扇区删除、编程前自动删除以及编程后自动校验等功能。

5. 内嵌 RTX 实时内核

针对复杂的嵌入式应用,Real View MDK 内部集成了由 ARM 开发的实时操作系统(RTOS)内核 RTX,它可以帮助用户解决多时序安排、任务调度、定时等工作。RTX 是一款需要授权的、无版税的 RTOS。RTX 可以灵活地使用系统资源,比如 CPU 和内存,同时提供多种方式,以实现任务间通信。RTX 内核同时是一个强大的实时操作系统,它使用简便,可以支持基于 ARM7TDMI/ARM9/Cortex - M 系列的微控制器。RTX 程序采用标准 C 语言编写,由 RVCT 编译器进行编译。

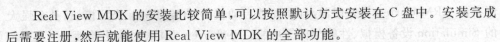

Real View MDK 的安装比较简单,可以按照默认方式安装在 C 盘中。安装完成后需要注册,然后就能使用 Real View MDK 的全部功能。

下载程序可以在 Real View MDK 开发环境中使用 ULINK2 或 JLINK 仿真器实现,也可以使用 NXP 公司的 Flash Magic 软件通过串口下载方式实现。Flash Magic 软件的安装也很简单,可按默认方式安装,一直单击 Next 按钮就可以了。注意:如果电脑没有串口,那么需要一条 USB 转串口的通信转换线来实现虚拟串口,当然也需要安装相应的 USB 驱动软件。

4.3 LPC11XX 实验工具

实验工具使用 Mini LPC11XX DEMO 开发板,可进行 LPC11XX 处理器的学习及设计。图 4-4 为 Mini LPC11XX DEMO 开发板外形。

图 4-4 Mini LPC11XX DEMO 开发板外形

Mini LPC11XX DEMO 为多功能实验板,对入门实习及学成后开发产品很有帮助,其主要的学习实验功能有:

① LPC11XX 输入/输出设计实验。

② LPC11XX 中断应用设计实验。

③ 彩色液晶屏(TFT - LCD)驱动显示实验。

④ 通用异步串口(UART)应用实验。

⑤ 计数器/定时器应用实验。

⑥ PWM 数/模输出实验。

⑦ ADC 设计实验。

⑧ I2C 总线接口实验。

⑨ 触摸芯片 XPT2046(SPI 总线)实验。

⑩ SD 卡读写实验。

⑪ 看门狗定时器(WDT)实验。

⑫ 2.4 GHz 无线收发模块 NRF24L01 通信实验。

⑬ FatFS 文件系统及电子书设计实验。

⑭ BMP 位图结构及数码相框实验。

⑮ RTX Kernel 实时操作系统实验。

图 4-5 为 Mini LPC11XX DEMO 开发板电路原理图微缩图。

原理图各单元部分的功能简介如下:

① U1 为 ARM Cortex-M0 处理器 LPC1114_301。

② R3、C5 及轻触按键开关 RST 构成主复位电路。

③ Y1、C6、C7 为外部晶振电路,它们与 LPC1114 一起构成 12 MHz 主振电路。

④ 带锁定按键开关 S2 为程序下载使能电路,按下 S2 后,LPC1114 可以通过串口下载程序;再次按动 S2 后弹起,此刻处于正常串口通信状态。

⑤ 带锁定按键开关 S1 为电源开关,按下 S1 闭合后,Mini LPC11XX DEMO 开发板上电工作。

⑥ 轻触按键开关 K1、K2 与 LPC1114 的 P1_0、P1_1 连接,可做开关量的输入实验。

⑦ 轻触按键开关 WAKUP 与 LPC1114 的 P1_4 连接,可做深度睡眠唤醒实验。

⑧ J1~J4 为 2.54 mm 间距的单排针,它将 LPC1114 芯片的所有引脚引出,便于外扩其他器件。

⑨ LED1 和 LED2 为 2 个发光二极管,与 LPC1114 的 P1_9、P1_10 连接,可指示开关量的输出。

⑩ U3 是一个 2×4、间距为 2.54 mm 的双排座,可外接 2.4 GHz 无线收发模块 NRF24L01,便于做各类数据的无线收发实验。

⑪ SWD 是一个 2×5、间距为 2.54 mm 的双排针,它作为调试接口,需要时可以 SWD 方式调试 LPC1114。

⑫ TFT-LCD 为驱动 240×320 彩色液晶的接口,是一个 2×20、间距为 2.54 mm 的双排座,这里我们外接一块 2.4 寸的带触摸功能及 SD 卡座的彩色液晶。使用彩色液晶后,不仅人机互动功能大大加强,而且可以做一些比较时髦的学习实验,如数码相框、电子书等。

⑬ U4 为 I2C 总线接口的 EEPROM,可通过短路帽与 P0_4、P0_5 连接,便于做 I2C 总线实验。

⑭ VR 为精密多圈式电位器,它得到的模拟电压送 LPC1114 的 P1_11,可做 A/D 实验。

⑮ U7 为通信芯片 MAX3232,它通过按键开关 S3 与 LPC1114 的 P1_6、P1_7 连接,方便与 PC 机连接做 RS-232 通信实验。当然程序下载也通过它实现。另外,通

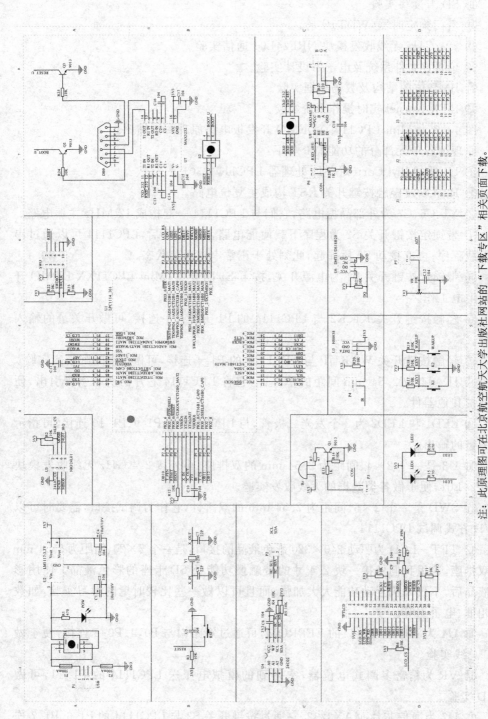

注：此原理图可在北京航空航天大学出版社网站的"下载专区"相关页面下载。

图4-5 Mini LPC11XX DEMO开发板电路原理图微缩图

过 S3 的选择连接 U8,可以实现 RS - 485 远程通信。

⑯ Q1 通过短路帽连接 LPC1114 的 P1_2,可以做音频信号输出实验。

⑰ U5 为红外接收器,通过短路帽与 LPC1114 的 P1_8 连接,方便做红外接收及控制实验。

⑱ U6 为一个 4 芯圆孔的插座,通过短路帽与 LPC1114 的 P0_11 连接。U6 可以外接 DS18B20 温度传感器,做温度测量实验;也可外接 DHT11 温湿度传感器,做温度与湿度的实验。

⑲ P1 为 USB 型插口,通过它从电脑上取电,然后再由 U2 稳压输出 3.3 V 供开发板使用。发光管 POWER 为电源指示。

4.4 LPC11XX 开发过程的文件管理及项目设置

4.4.1 文件管理

每次开发新建一个设计文件夹(例如 LPC11XX_test)来存放整个工程项目,在该项目文件夹下建立 Out、User、System、Drive 四个不同的子文件夹,用来存放不同类别的文件(见图 4 - 6)。

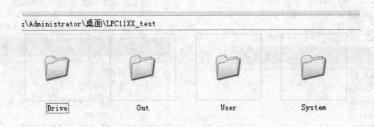

图 4-6 文件管理

Out:存放编译输出文件。

User:存放用户源代码文件 main. c 和配置头文件(config. h)。

System:存放系统文件(system_LPC11XX. c、system_LPC11XX. h 及 LPC11XX. h 文件)。

Drive:存放设计中使用的其他与硬件相关的驱动文件,必须同时有配套的 c 文件及 h 文件。

注意:除 system_LPC11XX. c 外,所有的其他 c 文件在头部必须包含 config. h 文件(例如:建立 gpio. c 和 gpio. h 文件后,在 gpio. c 文件头部,包含 config. h 文件,同时也包含自身的 gpio. h 头文件)。

4.4.2 项目管理与选项设置

① 打开 Real View MDK,在 Project 菜单下新建工程,项目名最好与文件夹名相同(例如 LPC11XX_test. uvproj),单击"保存"按钮后弹出选择器件窗口,选择使用的 ARM 器件型号(选择 NXP 的 LPC1114x301);单击"确定"按钮后弹出是否添加启动代码的对话框,这个时候选择"是"按钮,项目建立成功。

② 在项目窗口中选择 Target1 并右击,在快捷菜单中选择 Add Group,建立 Startup、System、User、Drive 四个新组,用来放置不同类型的文件;也可以根据个人编程习惯取不同的名字,当然也可以删除原来的 Source Group 组(见图 4 - 7)。

③ 将 LPC1114 启动文件添加到 Startup 组中。

④ 在 File 菜单下新建源文件 main. c,编写源程序代码后保存在 User 文件夹下,再把 main. c 文件添加到 User 组中(Add File to Group " User ")。

⑤ 将 Drive 文件夹中的应用文件(例如 gpio. c)添加到 Drive 组中(Add File to Group "Drive ")。

以上文件添加见图 4 - 8。

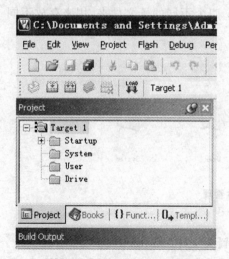

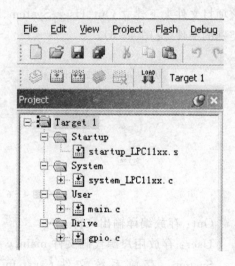

图 4 - 7　建立 Startup、System、
User、Drive 四个新组

图 4 - 8　文件添加

⑥ 在编译之前还应该对工程选项做些设置,当然,这些设置也可以在建立工程后马上进行;在工程上右击,选择 Options for Target,打开选项窗口:

a. Device 标签为器件选择;这里选择 NXP 的 LPC1114x301。

b. Target 标签为目标设置;这里晶振频率改为 48 MHz。

c. Output 标签为输出设置,单击 Select Folder for Objects,选择输出文件存放

路径为 Out 子文件夹；勾选 Create HEX File，可以产生 HEX 文件。

　　d. Listing 标签为列表页，单击 Select Folder for Listing，选择列表输出文件存放路径为 Out 子文件夹。

　　e. C/C++标签为编译器设置，单击 Include Paths 右边的按钮，选择编译器包含路径为 User、Drive 和 System 文件夹（见图 4-9）。

　　我们可以勾选 One ELF Section per Function，那么未使用的函数最终不编译，可大大减少编译生成的代码量。

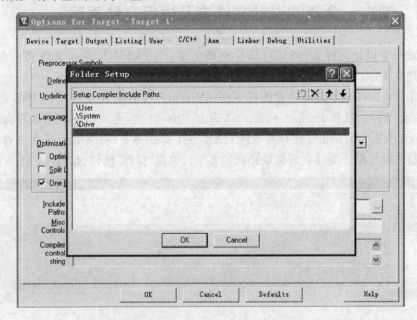

图 4-9　选择编译器包含路径为 User、Drive 和 System 文件夹

　　f. Debug 标签为 Debug 调试设置，默认状态为软件调试，也可以选择其他硬件仿真器（如果使用硬件仿真器的话），选择 Run to main 是为了进入调试状态后直接进入主函数。

　　g. Utilities 标签是程序下载设置。

4.5　第一个 LPC11XX 入门程序

归纳出 ARM Cortex-M0 LPC11XX 的开发流程如下：

① 建立一个新的设计文件夹及进行文件管理。

② 创建一个新项目并进行项目管理及选项设置。

③ 输入 C 源文件并向工程项目中添加源文件。

④ 编译源文件。如编译不成功，则必须修改 C 源文件并重新编译，直到成功为止。

⑤ 进行软件模拟仿真或实时在线仿真以初步验证功能是否达到设计要求。

⑥ 使用 Flash Magic 软件将生成的 HEX 文件下载到 LPC11XX 中,验证功能是否达到设计要求。

⑦ 如功能未达到设计要求,则回到③,修改源程序后重新进行,直到达到设计要求为止。

接下来我们做第一个 LPC11XX 程序,让程序"跑"起来,控制 Mini LPC11XX DEMO 开发板上的 LED1、LED2,让它们进行亮、灭闪烁。

4.7.1　建立一个新的设计文件夹及进行文件管理

新建一个设计文件夹(例如可以在桌面上建立 LPC11XX_test 文件夹),在该文件夹下建立 Out、User、System、Drive 四个不同的子文件夹。

单击 Real View MDK 启动图标 Keil μVision4,将出现 Real View MDK 启动界面(见图 4 - 10)。选择 Project→New uVision Project 项,出现创建新项目界面后,将项目 LPC11XX_test. uvproj 保存在 LPC11XX_test 文件夹下(初学时为了便于管理,最好将项目名称与设计文件夹名称取相同的名字),单击"保存"按钮,如图 4 - 11 所示。

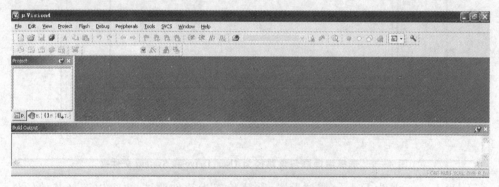

图 4 - 10　Real View MDK 启动界面

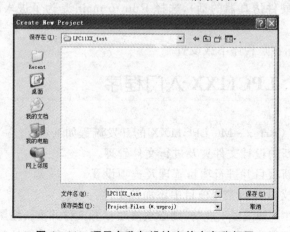

图 4 - 11　项目名称与设计文件夹名称相同

随后屏幕会弹出选择芯片的对话框,我们选择 NXP 公司的 LPC1114/301,如图 4-12 所示。单击 OK 按钮后,屏幕弹出是否添加启动代码到项目的提示(见图 4-13),单击"是"按钮添加启动代码,建立项目完成后的界面如图 4-14 所示。

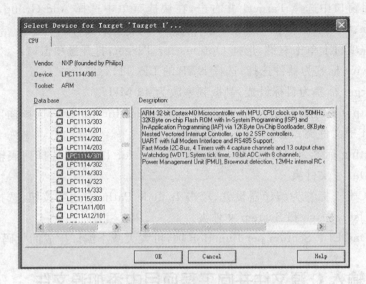

图 4-12 屏幕会弹出选择芯片的对话框

图 4-13 屏幕弹出是否添加启动代码到项目的提示

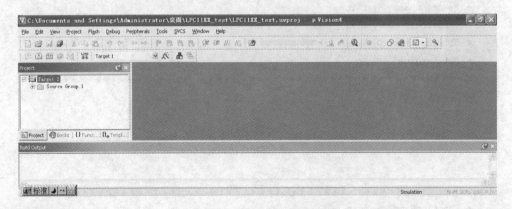

图 4-14 建立项目完成后的界面

4.7.2 创建一个新项目并进行项目管理及选项设置

在项目窗口中选择 Target1 并右击,在快捷菜单中选择 Add Group,建立 Startup、System、User、Drive 四个新组,用来放置不同类型的文件。

在工程项目上单击右键,选择 Options for Target,打开选项窗口:

① Device 标签为器件选择;选择 NXP 的 LPC1114x301。

② Target 标签为目标设置;晶振频率改为 48 MHz。

③ Output 标签为输出设置,单击 Select Folder for Objects,选择输出文件存放路径为 Out 子文件夹;勾选 Create HEX File。

④ Listing 标签为列表页,单击 Select Folder for Listing,选择列表输出文件存放路径为 Out 子文件夹。

⑤ C/C++标签为编译器设置,单击 Include Paths 右边的按钮,选择编译器包含路径为 User、Drive 和 System 文件夹。

勾选 One ELF Section per Function 项,可大大减小编译生成的代码量。

4.7.3 输入 C 源文件并向工程项目中添加源文件

将 LPC1114 启动文件添加到 Startup 组中。

在 File 菜单下新建如下源文件 main.c,编写源程序代码后保存在 User 文件夹下,再把 main.c 文件添加到 User 组中(Add File to Group " User ")。

```
# include "config.h"          //芯片的配置文件
# include "gpio.h"            //包含硬件驱动的头文件
/* *******************************************************
 * FunctionName   : Init
 * Description    : 初始化系统
 * EntryParameter : None
 * ReturnValue    : None
 ********************************************************/
void Init(void)
{
    SystemInit();              //系统初始化
    GPIO_Init();               //GPIO 初始化
}


/* *******************************************************
 * FunctionName   : main
 * Description    : 主函数
 * EntryParameter : None
```

```
*  ReturnValue    : None
********************************************************/
int main(void)                    //主函数
{
    Init();                       //芯片初始化
    while(1)                      //无限循环
    {
        LED_flash();              //闪烁发光管
    }
}

/ *************************************************************
                        End Of File
 ********************************************************/
```

在 File 菜单下新建如下源文件 gpio.c,编写完成后保存在 Drive 文件夹下,随后将 Drive 文件夹中的应用文件 gpio.c 添加到 Drive 组中。

```
include "config.h"
# include "gpio.h"
/ *************************************************************
*  FunctionName   : GPIO_Init
*  Description     : GPIO 初始化
*  EntryParameter  : None
*  ReturnValue    : None
********************************************************/
void GPIO_Init(void)
{
    LPC_SYSCON - >SYSAHBCLKCTRL |= (1<<16);  //使能 LPC_IOCON 时钟(bit16)
    LPC_IOCON - >PIO1_9 = 0XD0;    //把 P1.9 设置为数字 IO 引脚
    LPC_IOCON - >PIO1_10 = 0XD0;   //把 P1.10 设置为数字 IO 引脚
    LPC_SYSCON - >SYSAHBCLKCTRL &= ~(1<<16);//禁能 LPC_IOCON 时钟(bit16)
                                   //(引脚配置完成后关闭该时钟)

    LPC_GPIO1 - >DIR |= (1<<9);   //把 P1.9 和 P1.10 引脚设置为输出
    LPC_GPIO1 - >DIR |= (1<<10);

    LPC_GPIO1 - >DATA |= (1<<9);   //关 LED1,LED2:输出高电平
    LPC_GPIO1 - >DATA |= (1<<10);
}

/ *************************************************************
*  FunctionName   : LED_flash
*  Description     : LED 闪烁
*  EntryParameter  : None
```

```
*  ReturnValue     : None
***********************************************************/
void LED_flash(void)
{
        LPC_GPIO1 - >DATA & =  ~(1<<9);              //点亮 LED1
        LPC_GPIO1 - >DATA & =  ~(1<<10);             //点亮 LED2
        Delay();                                     //延时
        LPC_GPIO1 - >DATA |=  (1<<9);                //熄灭 LED1
        LPC_GPIO1 - >DATA |=  (1<<10);               //熄灭 LED2
        Delay();                                     //延时
}

/************************************************************
*  FunctionName   : Delay
*  Description    : 延时 0.6 s
*  EntryParameter : 无
*  ReturnValue    : None
***********************************************************/
void Delay(void)
{
    uint32 i;
    for (i = 0;i<0x003FFFFF;i + + );
}
```

在 File 菜单下新建如下源文件 gpio. h,编写完成后保存在 Drive 文件夹下。

```
#ifndef __GPIO_H
#define __GPIO_H
void GPIO_Init(void);
void LED_flash(void);
void Delay(void);
#endif
```

config. h 文件包含对 8、16、32 位等数据类型指示符的定义,该文件可以引用
NXP 公司提供的 LPC11XX 例程中的文件,将 config. h 直接复制到 User 文件夹中
使用。

源程序输入及添加完成后如图 4 - 15 所示。

4.7.4 编译源文件

选择 Project→Rebuild all Target Files 项,这时输出窗口出现源程序的编译结
果,如图 4 - 16 所示。如果编译出错,将提示错误 Error(s)的类型和行号。如果有错

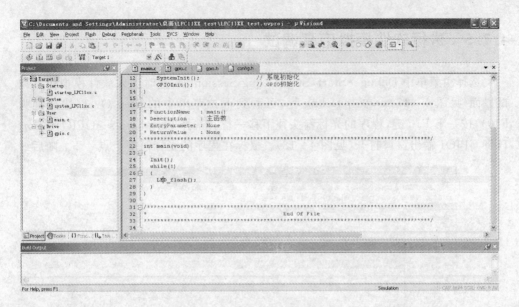

图 4-15　源程序输入及添加完成

误,可以根据输出窗口的错误或警告提示重新修改源程序,直至编译通过为止。编译通过后将输出一个以 hex 为后缀名的目标文件,如 LPC11XX_test.hex。

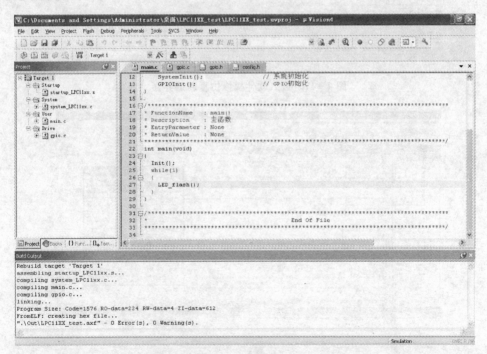

图 4-16　编译源文件

4.7.5 进行软件模拟仿真调试

选择主菜单中 Debug→Start/Stop Debug Session 项,这时进入软件模拟仿真调试界面(见图 4 - 17)。单击 Debug 栏,可看到下拉菜单中的 Step Over(快捷键为 F10),按一下 F10 键,程序的光标箭头往下移一行。选择 Peripherals→GPIOs→Port 1,将 GPIO1 输出窗口打开(见图 4 - 18)。鼠标在程序的光标箭头上点一下,随后继

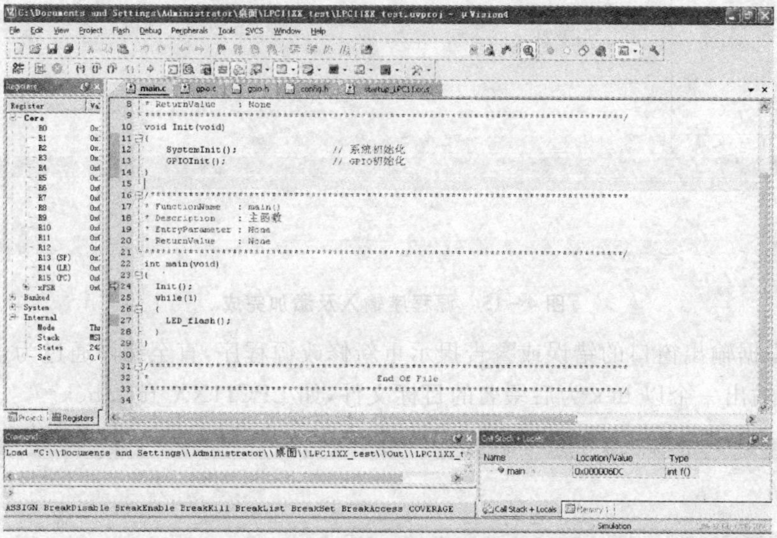

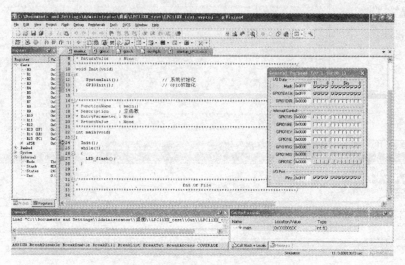

图 4 - 17   进入软件模拟仿真调试界面

图 4 - 18   将 GPIO1 输出窗口打开

续按动 F10 键,可发现 GPIO1 的 P1_9、P1_10 位变为低电平(对勾消失),此时接在 P1_9、P1_10 的发光管 LED1、LED2 点亮(见图 4-19);再继续按动 F10 键,P1_9、P1_10 位又变为高电平(对勾出现)。同时注意观察左边寄存器窗口中的 sec(时间)数值,可发现,输出低电平或高电平的时间约为 0.6 s(见图 4-20),反复循环。仿真调试通过后,可以退出调试界面。

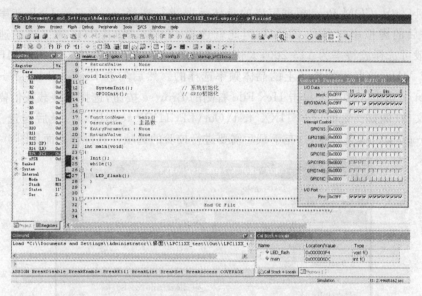

图 4-19　GPIO1 的 P1_9、P1_10 位变为低电平(对勾消失)

图 4-20　输出低电平或高电平的时间约为 0.6 s

4.7.6 使用 Flash Magic 软件将生成的 HEX 文件下载到 LPC1114 中

双击 Flash Magic 快捷图标后打开下载软件界面,在 Select Device 栏选择 LPC1114/301;COM Port 根据串口的具体情况进行选择,笔者安装 USB 转串口驱动软件后的虚拟串口号是 COM3,因此就选择 COM3;Baud Rate 为下载的速度选择,一般可选择波特率为 115 200,太快则容易产生不稳定现象;Oscillator(MHz)选择为 12 MHz,这是根据板子上的晶体频率选择的。然后勾选 Erase all Flash+Code Rd Prot 复选框。接下来单击 Hex File 右侧的 Browse 按钮,选择并装载我们需要的 HEX 文件(例如:桌面\LPC11XX_test\Out\LPC11XX_test. hex)。最后勾选 Verify after programming 复选框,这是下载后需要进行校验的选项。其操作界面见图 4-21。

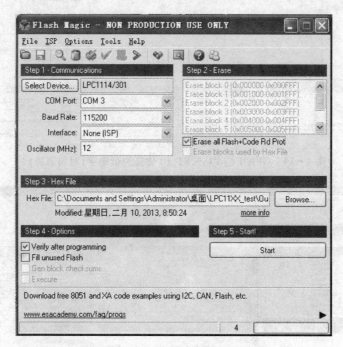

图 4-21　Flash Magic 软件的操作界面

在程序下载之前需要打开开发板的电源,并且按下 S2 下载开关,单击 Start 按钮即可将 HEX 文件下载到 LPC1114 中了,如图 4-22 所示。

如果一切正常,则下载完成后,Mini LPC11XX DEMO 开发板上的 ARM 芯片 LPC1114 会立即进入工作状态。这时 LED1、LED2 发光二极管开始闪烁,亮灭的时间在 0.6 s 左右,如图 4-23 所示。

尽管过程比较繁琐,但初学时,每步都有其必要性,如果动手实践一下,相信你也能达到这个效果。如果你对学习 ARM 有信心,那么赶快行动,随着本书继续学习、实践,直至掌握 ARM 的设计。

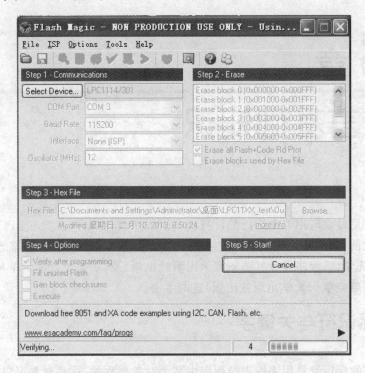

图 4－22　将 HEX 文件下载到 LPC1114 中

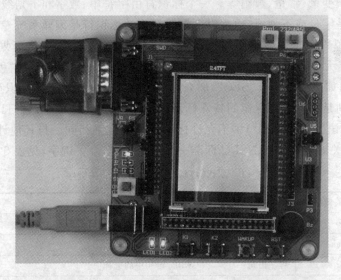

图 4－23　LED1、LED2 发光二极管闪烁

第 **5** 章

C 语言基础知识

　　C 语言是目前应用非常广泛的计算机高级程序设计语言,在学习 LPC11XX 的 C 语言设计之前,我们需要先简单复习一下 C 语言的基本语法。如果读者没有学过 C 语言,建议先学《C 程序设计》(清华大学出版社出版)及《手把手教你学单片机 C 程序设计》(北京航空航天大学出版社出版)这两本书。

5.1　标识符与关键字

　　C 语言的标识符是用来标识源程序中某个对象名称的,这些对象可以是语句、数据类型、函数、变量、常量、数组等。一个标识符由字符串、数字和下划线等组成,第一个字符必须是字母或下划线,通常以下划线开头的标识符是编译系统专用的,因此在编写 C 语言源程序时一般不要使用以下划线开头的标识符,而将下划线用作分段符。C 语言是大小写敏感的一种高级语言,如果我们要定义一个时间“秒”标识符,可以写做“sec”;如果程序中有“SEC”,那么这两个是完全不同定义的标识符。

　　关键字则是编程语言保留的特殊标识符,有时又称为保留字,它们具有固定名称和含义,在 C 语言的程序编写中不允许标识符与关键字相同。与其他计算机语言相比,C 语言的关键字较少,ANSI C 标准一共规定了 32 个关键字,见表 5-1。

表 5-1　ANSI C 标准规定的 32 个关键字

关键字	用　　途	说　　明
auto	存储种类说明	用以说明局部变量,缺省值为此
break	程序语句	退出最内层循环体
case	程序语句	switch 语句中的选择项
char	数据类型说明	单字节整型数或字符型数据
const	存储类型说明	在程序执行过程中不可更改的常量值

关键字	用　途	说　明
continue	程序语句	转向下一次循环
default	程序语句	switch 语句中的失败选择项
do	程序语句	构成 do - while 循环结构
double	数据类型说明	双精度浮点数
else	程序语句	构成 if - else 选择结构
enum	数据类型说明	枚举
extern	存储种类说明	在其他程序模块中说明了的全局变量
float	数据类型说明	单精度浮点数
for	程序语句	构成 for 循环结构
goto	程序语句	构成 goto 转移结构
if	程序语句	构成 if - else 选择结构
int	数据类型说明	基本整型数
long	数据类型说明	长整型数
register	存储种类说明	使用 CPU 内部寄存器的变量
return	程序语句	函数返回
short	数据类型说明	短整型数
signed	数据类型说明	有符号数,二进制数据的最高位为符号位
sizeof	运算符	计算表达式或数据类型的字节数
static	存储种类说明	静态变量
struct	数据类型说明	结构类型数据
switch	程序语句	构成 switch 选择结构
typedef	数据类型说明	重新进行数据类型定义
union	数据类型说明	联合类型数据
unsigned	数据类型说明	无符号数据
void	数据类型说明	无类型数据
volatile	数据类型说明	该变量在程序执行中可被隐含地改变
while	程序语句	构成 while 和 do - while 循环结构

5.2　数据类型

　　计算机的程序设计离不开对数据的处理,数据在处理器芯片内存中的存放情况由数据结构决定。C 语言的数据结构是以数据类型出现的,数据类型可分为基本数据类型和复杂数据类型,复杂数据类型由基本数据类型构造而成。C 语言中的基本数据类型有 char、int、short、long、float 和 double。表 5‑2 为 Real View MDK 编译器所支持的基本数据类型。

表 5‑2　Real View MDK 编译器支持的数据类型

数据类型	长　度	值　域
char	单字节	$0 \sim 255$
unsigned char	单字节	$0 \sim 255$
signed char	单字节	$-128 \sim 127$
short	双字节	$-32\,768 \sim 32\,767$
unsigned short	双字节	$0 \sim 65\,535$
signed short	双字节	$-32\,768 \sim 32\,767$
int	双字节	$-32\,768 \sim 32\,767$
unsigned int	双字节	$0 \sim 65\,535$
signed int	双字节	$-32\,768 \sim 32\,767$
long	四字节	$-2^{31} \sim 2^{31}-1$
unsigned long	四字节	$0 \sim 2^{32}-1$
signed long	四字节	$-2^{31} \sim 2^{31}-1$
float	三字节	浮点数
double	三或四字节	浮点数

5.3　常量、变量及存储方式

所谓常量,就是在程序运行过程中,其值不能改变的数据。同理,所谓变量,就是在程序运行过程中,其值可以被改变的数据。

如果我们在每个变量定义前不加任何关键字进行限定,那么编译器默认将该变量存放在 RAM 中。例如,设计一个计时装置时需用到时间变量,那么我们在定义时将其定位于 RAM 中,可以这样定义:

```
char sec,min,hour;
```

对于在程序运行中不需改变的字符串、数据表格等,存放在 Flash 中比存放在 RAM 中更合适,在变量名前使用"const"进行限定的,表示此变量(实际上为一常量)存放在 Flash 中。如定义 LED 数码管的字形码表为

```
const unsigned char
SEG7[10] = {0x3f,0x06,0x5b,0x4f,0x66,0x6d,0x7d,0x07,0x7f,0x6f};
```

或

```
unsigned char const
SEG7[10] = {0x3f,0x06,0x5b,0x4f,0x66,0x6d,0x7d,0x07,0x7f,0x6f};
```

因此在设计程序时,应当将频繁使用的变量存放在内部数据存储器 RAM 中,而把不变的常量存放在 Flash 中。

5.4　数　组

基本数据类型(如字符型、整型、浮点型)的一个重要特征是只能具有单一的值。然而,许多情况下我们需要一种类型可以表示数据的集合,例如:如果使用基本类型表示整个班级学生的数学成绩,则 30 个学生需要 30 个基本类型变量。如果可以构造一种类型来表示 30 个学生的全部数学成绩,将会大大简化操作。

C 语言中除了基本的数据类型(例如整型、字符型、浮点型数据等属于基本数据类型)外,还提供了构造类型的数据。构造类型数据是由基本类型数据按一定规则组合而成的,因此也称为导出类型数据。C 语言提供了三种构造类型:数组类型、结构体类型和共用体类型。构造类型可以更为方便地描述现实问题中各种复杂的数据结构。

数组是一组有序数据的集合,数组中的每一个数据都属于同一个数据类型。

数组类型的所有元素都属于同一种类型,并且是按顺序存放在一个连续的存储空间中,即最低的地址存放第一个元素,最高的地址存放最后的一个元素。

数组类型的优点主要有两个:

① 让一组同一类型的数据共用一个变量名,而不需要为每一个数据都定义一个名字。

② 由于数组的构造方法采用的是顺序存储,极大地方便了对数组中元素按照同一方式进行的各种操作。此外,需要说明的是,数组中元素的次序是由下标来确定的,下标从 0 开始顺序编号。

数组中的各个元素可以用数组名和下标来唯一地确定。数组可以是一维数组、二维数组或者多维数组。常用的有一维数组、二维数组和字符数组等。一维数组只有一个下标,多维数组有两个以上的下标。在 C 语言中数组必须先定义,然后才能使用。

5.4.1　一维数组的定义

一维数组的定义形式如下:

数据类型　数组名　[常量表达式];

其中,"数据类型"说明了数组中各个元素的类型。"数组名"是整个数组的标识符,它的命名方法与变量的命名方法一样。"常量表达式"说明了该数组的长度,即该数组中的元素个数。常量表达式必须用方括号"[]"括起来,而且其中不能含有变量。

例如定义数组"char math[30];",该数组可以用来描述 30 个学生的数学成绩。

5.4.2 二维及多维数组的定义

定义多维数组时,只要在数组名后面增加相应于维数的常量表达式即可。二维数组的定义形式如下:

数据类型、数组名 [常量表达式 1][常量表达式 2];

例如,要定义一个 3 行 5 列共 3×5＝15 个元素的整数矩阵 first,可以采用如下定义方法:

int first[3][5];

再如,要在点阵液晶上显示"爱我中华"四个汉字,可这样定义点阵码:

```
char Hanzi[4][32]＝
{
0x00,0x40,0x40,0x20,0xB2,0xA0,0x96,0x90,0x9A,0x4C,0x92,0x47,0xF6,0x2A,0x9A,0x2A,
0x93,0x12,0x91,0x1A,0x99,0x26,0x97,0x22,0x91,0x40,0x90,0xC0,0x30,0x40,0x00,0x00,
  /*"爱"*/
0x20,0x04,0x20,0x04,0x22,0x42,0x22,0x82,0xFE,0x7F,0x21,0x01,0x21,0x01,0x20,0x10,
0x20,0x10,0xFF,0x08,0x20,0x07,0x22,0x1A,0xAC,0x21,0x20,0x40,0x20,0xF0,0x00,0x00,
  /*"我"*/
0x00,0x00,0x00,0x00,0xFC,0x07,0x08,0x02,0x08,0x02,0x08,0x02,0x08,0x02,0xFF,0xFF,
0x08,0x02,0x08,0x02,0x08,0x02,0x08,0x02,0xFC,0x07,0x08,0x00,0x00,0x00,0x00,0x00,
  /*"中"*/
0x20,0x00,0x10,0x04,0x08,0x04,0xFC,0x05,0x03,0x04,0x02,0x04,0x10,0x04,0x10,0xFF,
0x7F,0x04,0x88,0x04,0x88,0x04,0x84,0x04,0x86,0x04,0xE4,0x04,0x00,0x04,0x00,0x00
  /*"华"*/
}
```

数组的定义要注意以下几个问题:

① 数组名的命名规则同变量名的命名规则,要符合 C 语言标识符的命名规则。

② 数组名后面的"[]"是数组的标志,不能用圆括号或其他符号代替。

③ 数组元素的个数必须是一个固定的值,可以是整型常量、符号常量或者整型常量表达式。

5.4.3 字符数组

基本类型为字符类型的数组称为字符数组。字符数组是用来存放字符的。字符数组是 C 语言中常用的一种数组。字符数组中的每个元素都是一个字符,因此可用字符数组来存放不同长度的字符串。字符数组的定义方法与一般数组相同,下面是定义字符数组的例子:

```
char second[6] = {'H','E','L','L','O','\0'};
char third[6] = {"HELLO"};
```

在 C 语言中字符串是作为字符数组来处理的。一个一维的字符数组可以存放一个字符串,这个字符串的长度应小于或等于字符数组的长度。为了测定字符串的实际长度,C 语言规定以 '\0' 作为字符串结束标志,对字符串常量也自动加一个 '\0' 作为结束符。因此字符数组 char second[6]或 char third[6]可存储一个长度小于或等于 5 的不同长度的字符串。在访问字符数组时,遇到 '\0' 就表示字符串结束,因此在定义字符数组时,应使数组长度大于它允许存放的最大字符串的长度。

对于字符数组的访问可以通过数组中的元素逐个进行访问,也可以对整个数组进行访问。

5.4.4　数组元素赋初值

数组的定义方法可以在存储器空间中开辟一个相应于数组元素个数的存储空间,数组的赋值除了可以通过输入或者赋值语句为单个数组元素赋值来实现,还可以在定义的同时给出元素的值,即数组的初始化。如果希望在定义数组的同时给数组中各个元素赋以初值,可以采用如下方法:

数据类型　数组名　[常量表达式]={常量表达式表};

其中,“数据类型”指出数组元素的数据类型。“常量表达式表”中给出各个数组元素的初值。

例如:

```
char SEG7[10] = {0x3f,0x06,0x5b,0x4f,0x66,0x6d,0x7d,0x07,0x7f,0x6f};
```

有关数组初始化的说明如下:

① 元素值表列,可以是数组所有元素的初值,也可以是前面部分元素的初值。例如:

```
int a[5] = {1,2,3};
```

数组 a 的前三个元素 a[0]、a[1]、a[2]分别等于 1、2、3,后两个元素未说明。但是系统约定:当数组为整型时,数组在进行初始化时未明确设定初值的元素,其值自动被设置为 0。所以 a[3]、a[4]的值为 0。

② 当对全部数组元素赋初值时,元素个数可以省略,但“[]”不能省。例如:

```
char c[] = {'a','b','c'};
```

此时,系统将根据数组初始化时花括号内值的个数决定该数组的元素个数,所以上例数组 c 的元素个数为 3。但是,如果提供的初值小于数组希望的元素个数,则方括号内的元素个数不能省。

5.4.5　数组作为函数的参数

除了可以用变量作为函数的参数之外,还可以用数组名作为函数的参数。一个数组的数组名表示该数组的首地址。当数组名作为函数的参数时,形式参数和实际参数都是数组名,传递的是整个数组,即形式参数数组和实际参数数组完全相同,是存放在同一空间的同一个数组。这样调用的过程中参数传递方式实际上是地址传递,将实际参数数组的首地址传递给被调函数中的形式参数数组。当修改形式参数数组时,实际参数数组也同时被修改了。

用数组名作为函数的参数,应该在主调函数和被调函数中分别进行数组定义,而不能只在一方定义数组;而且在两个函数中定义的数组类型必须一致,如果类型不一致,将导致编译出错。实参数组和形参数组的长度可以一致,也可以不一致,编译器对形参数组的长度不作检查,只是将实参数组的首地址传递给形参数组。如果希望形参数组能得到实参数组的全部元素,则应使两个数组的长度一致。定义形参数组时可以不指定长度,

只在数组名后面跟一个空的方括号"[]",但为了被调函数中处理数组元素的需要,应另外设置一个参数来传递数组元素的个数。

5.5　运算符

C 语言对数据有很强的表达能力,具有十分丰富的运算符,利用这些运算符可以组成各种表达式及语句。运算符就是完成某种特定运算的符号。表达式则是由运算符及运算对象所组成的具有特定含义的一个式子。由运算符或表达式可以组成 C 语言程序的各种语句。C 语言是一种表达式语言,在任意一个表达式的后面加一个分号";"就构成了一个表达式语句。

按照运算符在表达式中所起的作用,可分为算术运算符、关系运算符、逻辑运算符、赋值运算符、增量与减量运算符、逗号运算符、条件运算符、位运算符、指针与地址运算符、强制类型转换运算符及 sizeof 运算符等。运算符按其在表达式中与运算对象的关系,又可分为单目运算符、双目运算符和三目运算符等。单目运算符只需要有一个运算对象,双目运算符要求有两个运算对象,三目运算符要求有三个运算对象。

1.　算术运算符

C 语言中提供的算术运算符如下:

　＋　　加或取正值运算符,如：1＋2 的结果为 3。

　一　　减或取负值运算符,如：4－3 的结果为 1。

　＊　　乘运算符,如：2＊3 的结果为 6。

　/　　除运算符,如：6/3 的结果为 2。

　％　　模运算符,或称取余运算符,如：7％3 的结果为 1。

上面这些运算符中,加、减、乘、除为双目运算符,它们要求有两个运算对象。取余运算要求两个运算对象均为整型数据,如果不是整型数据,则可以采用强制类型转换。例如：8％3 的结果为 2。取正值和取负值为单目运算符,它们的运算对象只有一个,分别是取运算对象的正值和负值。

2. 关系运算符

C 语言中提供的关系运算符如下：

　＞　　大于,如：x＞y。

　＜　　小于,如：a＜4。

　＞＝　大于或等于,如：x＞＝2。

　＜＝　小于或等于,如：a＜＝5。

　＝＝　测试等于,如：a＝＝b。

　!＝　测试不等于,如：x!＝5。

前 4 种关系运算符(＞、＜、＞＝、＜＝)具有相同的优先级,后两种关系运算符(＝＝、!＝)也具有相同的优先级,但前 4 种的优先级高于后 2 种。

关系运算符通常用来判别某个条件是否满足,关系运算的结果只有“真”和“假”两种值。当所指定的条件满足时结果为 1,条件不满足时结果为 0。1 表示“真”,0 表示“假”。

3. 逻辑运算符

C 语言中提供的逻辑运算符如下：

　‖　　逻辑或

　＆＆　逻辑与

　!　　逻辑非

逻辑运算的结果也只有两个：“真”为 1,“假”为 0。

逻辑表达式的一般形式如下：

```
条件式 1＆＆条件式 2          /＊逻辑与＊/
条件式 1‖条件式 2            /＊逻辑或＊/
!条件式                      /＊逻辑非＊/
```

4. 赋值运算符

在 C 语言中,最常见的赋值运算符为“＝”,赋值运算符的作用是将一个数据的值赋给一个变量,利用赋值运算符将一个变量与一个表达式连接起来的式子称为赋值表达式,在赋值表达式的后面加一个分号";"便构成了赋值语句。例如:"x=5;"。

在赋值运算符"="的前面加上其他运算符,就构成了所谓的复合赋值运算符。具体如下:

+=	加法赋值运算符
-=	减法赋值运算符
*=	乘法赋值运算符
/=	除法赋值运算符
%=	取模(取余)赋值运算符
>>=	右移位赋值运算符
<<=	左移位赋值运算符
&=	逻辑与赋值运算符
|=	逻辑或赋值运算符
^=	逻辑异或赋值运算符
~=	逻辑非赋值运算符

复合赋值运算首先对变量进行某种运算,然后将运算的结果再赋给该变量。复合运算的一般形式:

变量 复合赋值运算符 表达式

例如:a+=5 等价于 a=a+5。

采用复合赋值运算符,可以使程序简化,同时还可以提高程序的编译效率。

5. 自增和自减运算符

自增和自减运算符是 C 语言中特有的一种运算符,它们的作用是对运算对象作加 1 和减 1 运算,其功能如下:

++ 自增运算符,如:a++、++a。

-- 自减运算符,如:a--、--a。

a++和++a 的作用都是使变量 a 的值加 1,但是由于运算符"++"所处的位置不同,使用变量 a+1 的运算过程也不同。++a(或--a)是先执行 a+1(或 a-1)操作,再使用 a 的值,而 a++(或 a--)则是先使用 a 的值,再执行 a+1(或 a-1)操作。

自增运算符"++"和自减运算符"--"只能用于变量,不能用于常数或表达式。

6. 逗号运算符

在 C 语言中,逗号运算符","可以将两个(或多个)表达式连接起来,称为逗号表达式。逗号表达式的一般形式如下:

表达式 1,表达式 2,…,表达式 n

逗号表达式的运算过程是：先算表达式 1，再算表达式 2，……依次算到表达式 n。

7．条件运算符

条件运算符是 C 语言中唯一的一个三目运算符。它要求有三个运算对象，用它可以将三个表达式连接构成一个条件表达式。条件表达式的一般形式如下：

表达式 1? 表达式 2：表达式 3

其功能是首先计算表达式 1，当其值为真（非 0 值）时，将表达式 2 的值作为整个条件表达式的值；当逻辑表达式的值为假（0 值）时，将表达式 3 的值作为整个条件表达式的值。

例如：max＝(a＞b)? a：b

当 a＞b 成立时，max＝a；否则 a＞b 不成立，max＝b。

8．位运算符

能对运算对象进行按位操作是 C 语言的一大特点，正是由于这一特点使 C 语言具有了汇编语言的一些功能，从而使之能对计算机的硬件直接进行操作。C 语言中共有 6 种位运算符。

位运算符的作用是按位对变量进行运算，并不改变参与运算的变量的值。若希望按位改变运算变量的值，则应利用相应的赋值运算。另外，位运算符不能用来对浮点型数据进行操作。

位运算符的优先级从高到低依次是：

按位取反（～）→左移（＜＜）和右移（＞＞）→按位与（＆）→按位异或（^）→按位或（|）。

表 5-3 列出了按位取反、按位与、按位或及按位异或的逻辑真值。

表 5-3   按位取反、按位与、按位或及按位异或的逻辑真值

x	y	～x	～y	x＆y	x|y	x^y
0	0	1	1	0	0	0
0	1	1	0	0	1	1
1	0	0	1	0	1	1
1	1	0	0	1	1	0

对位操作可以有多种选择，例如可以使用 ANSI C 的位运算功能。

(1) 输出操作

① 清零寄存器或变量的某一位可使用按位与运算符（＆）。例如：要将变量 a 的第 1 位清零而其他位不变，则

```
a& = 0xfd;
```

或

```
a& = ~(1<<1);
```

② 置位寄存器或变量的某一位可使用按位或运算符(|)。例如：要将变量 b 的第 3 位置位而其他位不变,则

```
b|= 0x08;
```

或

```
b|= (1<<3);
```

③ 翻转寄存器或变量的某一位可使用按位异或运算符(^)。例如：要将变量 c 的第 7 位翻转而其他位不变,则

```
c^ = 0x80;
```

或

```
c^ = 1<<7;
```

(2) 读取某一位的操作

读取寄存器或变量的某一位可使用如下方法。例如：如果读取的变量 d 的第 1 位为 0,则执行程序语句 1,否则执行程序语句 2。

```
if((d&0x02) == 0) 程序语句 1;
else  程序语句 2;
```

或

```
if(d&(1<<1) == 0) 程序语句 1;
else  程序语句 2;
```

除此之外,还可以用结构体或宏定义来实现位定义。例如：

```
struct data
{
unsigned bit0:1;
unsigned bit1:1;
unsigned bit2:1;
unsigned bit3:1;
unsigned bit4:1;
unsigned bit5:1;
unsigned bit6:1;
unsigned bit7:1;
}a,b;
```

位成员 bit0~bit7 存放在一个字节中,定义以后就能直接使用位变量了,例如:
a. bit2＝0; b. bit7＝1; if(a. bit5)等。

在工程中常用的便捷方法还有:

① ＃define CPL_BIT(x,y) (x＾＝(1＜＜y))

如:CPL_BIT(a,2)　//将变量 a 的第 2 位取反而其他位不变

② ＃define SET_BIT(x,y) (x|＝(1＜＜y))

如:SET_BIT(b,RC4)　//将变量的第 4 位置位而其他位不变

③ ＃define CLR_BIT(x,y) (x&＝~(1＜＜y))

如:CLR_BIT(c,6)　//将变量 c 的第 6 位清零而其他位不变

④ ＃define GET_BIT(x,y) (x&(1＜＜y))

如:if(!GET_BIT(if (d,1))　//读取 d 的第 1 位状态
　　{程序 1}　//如果第 1 位为 0,则执行程序 1
　　else　　　//否则,如果第 1 位不为 0,则执行程序 2
　　{程序 2}

实际上,由于 ARM 芯片的开发过程大量使用结构体类型,因此工程上更实用的方法是作如下的宏定义:

```
#define CPL_BIT(x,y,z) (x->y^=(1<<z))
#define SET_BIT(x,y,z) (x->y|=(1<<z))
#define CLR_BIT(x,y,z) (x->y&=~(1<<z))
#define GET_BIT(x,y,z) (x->y&(1<<z))
```

使用例举:

CLR_BIT(LPC_GPIO1,DATA,9);　将结构体 LPC_GPIO1 中的成员变量 DATA 的第 9 位清零而其他位不变。

SET_BIT(LPC_GPIO1,DATA,9);　将结构体 LPC_GPIO1 中的成员变量 DATA 的第 9 位置位而其他位不变。

下面语句的作用:如果读取的结构体 LPC_GPIO1 中的成员变量 DATA 的第 0 位是 0,则执行将结构体 LPC_GPIO1 中的成员变量 DATA 的第 10 位清零而其他位不变。

```
if(GET_BIT(LPC_GPIO1,DATA,0)==0)
{
    CLR_BIT(LPC_GPIO1,DATA,10);
}
```

(3) 采用 C 语言的内存管理

在多路工业控制上,前端需要分别收集多路信号,然后再设定控制多路输出。如:有两路控制,每一路的前端信号有温度、电压、电流,后端控制有电机、喇叭、继电器、LED,那么用 C 语言实现就比较方便。

我们可以采用如下结构：

```
struct control{
        struct out{
                unsigned motor_flag:1;          //电机
                unsigned relay_flag:1;          //继电器
                unsigned speaker_flag:1;        //喇叭
                unsigned led1_flag:1;           //指示灯
                unsigned led2_flag:1;           //指示灯
                }out;
        struct in{
                unsigned temperature_flag:1;    //温度
                unsigned voltage_flag:1;        //电压
                unsigned current_flag:1;        //电流
                }in;
        char x;
    };
struct control ch1;
struct control ch2;
```

上面的结构除了细分信号的路数 ch1 和 ch2 外，还细分了每一路信号的类型（是前向通道信号 in 还是后向通道信号 out）：

```
ch1.in ;
ch1.out;
ch2.in;
ch2.out;
```

然后又细分了每一路信号的具体含义，例如：

```
ch1.in.temperature_flag;
ch1.out.motor_flag;
ch2.in.voltage_flag;
ch2.out.led2_flag;
    ⋮
```

这样的结构很直观地在 2 个内存中表示了 2 路信号，并且可以极其方便地进行扩充。在设计复杂的系统中，是非常有用的。

9. sizeof 运算符

C 语言中提供了一种用于求取数据类型、变量以及表达式的字节数的运算符 sizeof，该运算符的一般使用形式如下：

sizeof(表达式)

或

sizeof(数据类型)

例如：sizeof(char) 结果得到 1；sizeof(int) 结果得到 2。

注意，sizeof 是一种特殊的运算符，不要认为它是一个函数。实际上，字节数的计算在编译时就完成了，而不是在程序执行的过程中才计算出来的。

5.6　流程控制

计算机软件工程师通过长期的实践，总结出一套良好的程序设计规则和方法，即结构化程序设计。按照这种方法设计的程序，结构清晰、层次分明、易于阅读修改和维护。

结构化程序设计的基本思想是：任何程序都可以用三种基本结构的组合来实现。这三种基本结构是顺序结构、选择结构和循环结构，如图 5-1～图 5-3 所示。

图 5-1　顺序结构

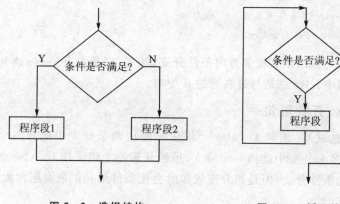

图 5-2　选择结构　　　　　　图 5-3　循环结构

顺序结构的程序流程是按照书写顺序依次执行的程序。

选择结构则是对给定的条件进行判断，再根据判断的结果决定执行哪一个分支。

循环结构是在给定条件成立时反复执行某段程序。

这三种结构都具有一个入口和一个出口。三种结构中，顺序结构是最简单的，它可以独立存在，也可以出现在选择结构或循环结构中。总之，程序都存在顺序结构。在顺序结构中，函数、一段程序或者语句是按照出现的先后顺序执行的。

5.6.1　条件语句与控制结构

条件语句又称为分支语句，它是由关键字 if 构成的。C 语言提供了 3 种形式的条件语句。

> if(条件表达式) 语句

其含义为：若"条件表达式"的结果为真（非 0 值），就执行后面的"语句"；反之，若"条件表达式"的结果为假（0 值），就不执行后面的"语句"。这里的"语句"也可以是复合语句。

> if(条件表达式) 语句 1
> else 语句 2

其含义为：若"条件表达式"的结果为真（非 0 值），就执行"语句 1"；反之，若"条件表达式"的结果为假（0 值），就执行"语句 2"。这里的"语句 1"和"语句 2"均可以是复合语句。

> if(条件表达式 1) 语句 1
> else if (条件式表达 2) 语句 2
> else if(条件式表达 3) 语句 3
>   ⋮
>   else if(条件表达式 n) 语句 m
>   else 语句 n

这种条件语句常用来实现多方向条件分支，其实，它是由 if - else 语句嵌套而成的。在此种结构中，else 总是与最临近的 if 配对。

switch/case 开关语句

"if(条件表达式) 语句 1 else 语句 2"能从两条分支中选择一个。但有时候，我们需要从多个分支中选择一个分支，虽然从理论上讲采用 if - else 条件语句也可以实现多方向条件分支，但是当分支较多时会使条件语句的嵌套层次太多，程序冗长，可读性降低。

switch/case 开关语句是一种多分支选择语句，是用来实现多方向条件分支的语句。开关语句可直接处理多分支选择，使程序结构清晰，使用方便。

开关语句是用关键字 switch 构成的，它的一般形式如下：

> switch(表达式)
> {
> case 常量表达式 1：{语句 1；} break;
> case 常量表达式 2：{语句 2；} break;
> ⋮
> case 常量表达式 n：{语句 n；} break;
> default： {语句 d；} break;
> }

开关语句的执行过程：

① 当 switch 后面"表达式"的值与某一 case 后面的"常量表达式"的值相等时，就执行该 case 后面的语句，然后遇到 break 语句而退出 switch 语句。若所有 case 中常量表达式的值都没有与表达式的值相匹配，就执行 default 后面的"语句 d"。

② switch 后面括号内的表达式，可以是整型或字符型表达式，也可以是枚举类型数据。

③ 每个 case 常量表达式的值必须不同，否则就会出现自相矛盾的现象（对同一个值，有两种或者多种解决方案提供）。

④ 每个 case 和 default 的出现次序不影响执行结果，可先出现 default 再出现其他的 case。

⑤ 假如在 case 语句的最后没有加"break;"，则流程控制转移到下一个 case 继续执行。因此，在执行一个 case 分支后，使流程跳出 switch 结构，即终止 switch 语句的执行，可用一个 break 语句完成。

5.6.2　循环语句

在许多实际问题中，需要程序进行有规律的重复执行，这时可以用循环语句来实现。在 C 语言中，用来实现循环的语句有 while 语句、do - while 语句、for 语句及 goto 语句等。

1. while 语句

while 语句构成循环结构的一般形式如下：

```
while(条件表达式) {语句;}
```

其执行过程是：当条件表达式的结果为真（非 0 值）时，程序就重复执行后面的语句，一直执行到条件表达式的结果变化为假（0 值）时为止。这种循环结构是先检查条件表达式所给出的条件，再根据检查的结果决定是否执行后面的语句。如果条件表达式的结果一开始就为假，则后面的语句一次也不会被执行。这里的语句可以是复合语句。图 5 - 4 为 while 语句的流程图。

2. do - while 语句

do - while 语句构成循环结构的一般形式如下：

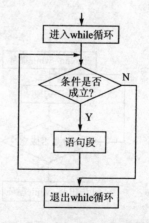

图 5 - 4　while 语句的流程图

do

｛语句；｝

while(条件表达式)；

其执行过程是：先执行给定的循环体语句,然后再检查条件表达式的结果。当条件表达式的值为真(非 0 值)时,则重复执行循环体语句,直到条件表达式的值变为假(0 值)时为止。因此,用 do‑while 语句构成的循环结构,在任何条件下循环体语句至少会被执行一次。

对于同一个循环问题,可以用 while 语句处理,也可以用 do‑while 结构处理。do‑while 结构等价为一个语句加上一个 while 结构。do‑while 结构适用于需要循环体语句执行至少一次以上的循环的情况。while 语句构成循环结构可以用于循环体语句一次也不执行的情况。图 5‑5 为 do‑while 语句的流程图。

3. for 语句

for 语句构成循环结构的一般形式如下：

for([初值设定表达式 1]；[循环条件表达式 2]；[更新表达式 3]) ｛语句；｝

其执行过程是：先计算出"初值设定表达式 1"的值作为循环控制变量的初值,再检查"循环条件表达式 2"的结果,当满足循环条件时就执行循环体语句并计算"更新表达式 3",然后再根据"更新表达式 3"的计算结果来判断"循环条件表达式 2"是否满足……一直进行到"循环条件表达式 2"的结果为假(0 值)时,退出循环体。图 5‑6 为 for 语句的流程图。

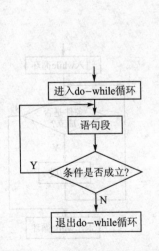

图 5‑5 do‑while 语句的流程图

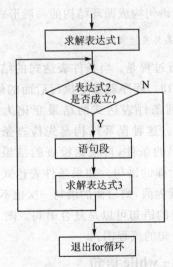

图 5‑6 for 语句的流程图

在 C 语言程序的循环结构中,for 语句的使用最为灵活,它不仅可以用于循环次数已经确定的情形,而且可以用于循环次数不确定只给出循环结束条件的情况。另外,for 语句中的 3 个表达式是相互独立的,并不一定要求 3 个表达式之间有依赖关系;并且 for 语句中的 3 个表达式都可能缺省,但无论缺省哪一个表达式,其中的两个分号都不能缺省。

例如,我们要把 50～100 之间的偶数取出相加,用 for 语句就显得十分方便。

4. goto 语句

goto 语句是一个无条件转向语句,它的一般形式如下:

```
goto    语句标号;
```

其中“语句标号”是一个带冒号“:”的标识符,标识符用于标识语句的地址。当执行跳转语句时,使控制跳转到标识符指向的地址,从该语句继续执行程序。将 goto 语句和 if 语句一起使用,可以构成一个循环结构。但更常见的是在 C 语言程序中采用 goto 语句来跳出多重循环,需要注意的是,只能用 goto 语句从内层循环跳到外层循环,而不允许从外层循环跳到内层循环。

5. break 语句和 continue 语句

前面介绍的三种循环结构都是当循环条件不满足时结束循环的。如果循环条件不止一个或者需要中途退出循环,那么实现起来比较困难。此时可以考虑使用 break 语句或 continue 语句。

break 语句除了可以用在 switch 语句中,还可以用在循环体中。在循环体中遇见 break 语句,立即结束循环,跳到循环体外,执行循环结构后面的语句。break 语句的一般形式如下:

```
break;
```

break 语句只能跳出它所处的那一层循环,而不像 goto 语句可以直接从最内层循环中跳出来。由此可见,要退出多重循环时,采用 goto 语句比较方便。需要指出的是,break 语句只能用于开关语句和循环语句之中,它是一种具有特殊功能的无条件转移语句。

continue 语句也是一种中断语句,它一般用在循环结构中,其功能是结束本次循环,即跳过循环体中下面尚未执行的语句,把程序流程转移到当前循环语句的下一个循环周期,并根据循环控制条件决定是否重复执行该循环体。continue 语句的一般形式如下:

```
continue;
```

continue 语句和 break 语句的区别在于,continue 语句只结束本次循环而不是终止整个循环的执行;break 语句则是结束整个循环,不再进行条件判断。

5.7 函 数

函数是 C 语言中的一种基本模块，即 C 语言程序是由函数构成的，一个 C 源程序至少包括一个名为 main() 的函数（主函数），也可能包含其他函数。

C 语言程序总是由主函数 main() 开始执行的，main() 函数是一个控制程序流程的特殊函数，它是程序的起点。

所有函数在定义时是相互独立的，它们之间是平行关系，所以不能在一个函数内部定义另一个函数，即不能嵌套定义。函数之间可以互相调用，但不能调用主函数。

从使用者的角度来看，有两种函数：标准库函数和用户自定义功能子函数。标准库函数是编译器提供的，用户不必自己定义这些函数。C 语言系统能够提供功能强大、资源丰富的标准函数库，作为使用者，在进行程序设计时应善于利用这些资源，以提高效率，节省开发时间。

5.7.1 函数定义的一般形式

函数定义的一般形式如下：

```
函数类型标识符  函数名 （形式参数）
形式参数类型说明表列
{
    局部变量定义
    函数体语句
}
```

ANSI C 标准允许在"形式参数"中对形式参数的类型进行说明，因此也可这样定义：

```
函数类型标识符  函数名 （形式参数类型说明表列）
{
    局部变量定义
    函数体语句
}
```

其中，"函数类型标识符"说明了函数返回值的类型，当"函数类型标识符"缺省时默认为整型。"函数名"是程序设计人员自己定义的函数名称。"形式参数类型说明表列"中列出的是在主调用函数与被调用函数之间传递数据的形式参数，如果定义的是无参函数，则形式参数类型说明表列用 void 来注明。"局部变量定义"是对在函数内部使用的局部变量进行定义。"函数体语句"是为完成该函数的特定功能而设置的各种语句。

5.7.2　函数的参数和函数返回值

C语言采用函数之间的参数传递方式,使一个函数能对不同的变量进行处理,从而大大提高了函数的通用性与灵活性。在函数调用时,通过主调函数的实际参数与被调函数的形式参数之间进行数据传递来实现函数间参数的传递。在被调函数最后,通过 return 语句返回函数的返回值给主调函数。

return 语句形式如下:

return　(表达式);

对于不需要有返回值的函数,可以将该函数定义为 void 类型。void 类型又称"空类型"。这样,编译器会保证在函数调用结束时不使函数返回任何值。为了使程序减少出错,保证函数的正确调用,凡是不要求有返回值的函数,都应将其定义成 void 类型。

在定义函数中指定的变量,当未出现函数调用时,它们并不占用内存中的存储单元。只有在发生函数调用时,函数的形参才被分配内存单元。在调用结束后,形参所占的内存单元也被释放。实参可以是常量、变量或表达式,要求实参必须有确定的值。在调用时将实参的值赋给形参变量(如果形参是数组名,则传递的是数组首地址而不是变量的值)。

从函数定义的形式看,又可划分为无参数函数、有参数函数及空函数三种。

1. 无参数函数

此种函数在被调用时无参数,主调函数并不将数据传送给被调用函数。无参数函数可以返回或不返回函数值,一般以不带返回值的居多。

2. 有参数函数

调用此种函数时,在主调函数和被调函数之间有参数传递。也就是说,主调函数可以将数据传递给被调函数使用,被调函数中的数据也可以返回供主调函数使用。

3. 空函数

如果定义函数时只给出一对大括号"{}",不给出其局部变量和函数体语句(即函数体内部是"空"的),则该函数为"空函数"。这种空函数开始时只设计最基本的模块(空架子),其他作为扩充功能在以后需要时再加上,这样可使程序的结构清晰,可读性好,而且易于扩充。

5.7.3　函数调用的三种方式

C语言程序中函数是可以互相调用的。所谓函数调用,就是在一个函数体中引

用另外一个已经定义了的函数,前者称为主调用函数,后者称为被调用函数。主调用函数调用被调用函数的一般形式如下:

函数名（实际参数表列）

其中,"函数名"指出被调用的函数。"实际参数表列"中可以包含多个实际参数,各个参数之间用逗号隔开。实际参数的作用是将它的值传递给被调用函数中的形式参数。需要注意的是,函数调用中的实际参数与函数定义中的形式参数必须在个数、类型及顺序上严格保持一致,以便将实际参数的值正确地传递给形式参数;否则在函数调用时会产生意想不到的错误结果。如果调用的是无参函数,则可以没有实际参数表列,但圆括号不能省略。

C 语言中可以采用三种方式完成函数的调用。

1. 函数语句调用

在主调函数中将函数调用作为一条语句。例如:

fun1();

这是无参调用,它不要求被调函数返回一个确定的值。

2. 函数表达式调用

只要求它完成一定的操作。

在主调函数中将函数调用作为一个运算对象直接出现在表达式中,这种表达式称为函数表达式。例如:

c = power(x,n) + power(y,m);

这其实是一个赋值语句,它包括两个函数调用,每个函数调用都有一个返回值,将两个返回值相加的结果,赋值给变量 c。因此这种函数调用方式要求被调函数返回一个确定的值。

3. 作为函数参数调用

在主调函数中将函数调用作为另一个函数调用的实际参数。例如:

m = max(a,max(b,c));

max(b,c)是一次函数调用,它的返回值作为函数 max 另一次调用的实参。最后,m 为变量 a、b、c 三者中最大者。

这种在调用一个函数的过程中又调用了另外一个函数的方式,称为嵌套函数调用。

说明:在一个函数中调用另外一个函数(即被调函数),需要具备如下条件:

① 被调用的函数必须是已经存在的函数(库函数或者用户自定义过的函数)。

② 如果程序使用了库函数,或者使用不在同一文件中的另外的自定义函数,则

要程序的开头用♯include 预处理命令将调用有关函数时所需要的信息包含到本文中。对于自定义函数,如果不是在本文件中定义的,那么在程序开始要用 extern 修饰符进行原型声明。使用库函数时,用♯include<***.h>的形式;使用自己编辑的函数头文件等时,用♯include"***.h/c"的形式。

5.8　指　针

指针是 C 语言中的一个重要概念,指针类型数据在 C 语言程序中的使用十分普遍。C 语言区别于其他程序设计语言的主要特点就是处理指针时所表现出的能力和灵活性。正确使用指针类型数据,可以有效地表示复杂的数据结构,直接处理内存地址,而且可以更为有效合理地使用数组。

5.8.1　指针与地址

计算机程序的指令、常量和变量等都要存放在以字节为单位的内存单元中,内存的每个字节都具有一个唯一的编号,这个编号就是存储单元的地址。

各个存储单元中所存放的数据,称为该单元的内容。计算机在执行任何一个程序时都要涉及许多的单元访问,就是按照内存单元的地址来访问该单元中的内容,即按地址来读或写该单元中的数据。由于通过地址可以找到所需要的单元,因此这种访问是"直接访问"方式。

另外一种访问是"间接访问",它首先将欲访问单元的地址存放在另一个单元中,访问时,先找到存放地址的单元,从中取出地址,然后才能找到需访问的单元,再读或写该单元的数据。在这种访问方式中使用了指针。

C 语言中引入了指针类型的数据,指针类型数据是专门用来确定其他类型数据地址的,因此一个变量的地址就称为该变量的指针。例如,有一个整型变量 i 存放在内存单元 60H 中,则该内存单元地址 60H 就是变量 i 的指针。

如果有一个变量专门用来存放另一个变量的地址,则该变量称为指向变量的指针变量(简称指针变量)。例如,如果用另一个变量 pi 存放整型变量 i 的地址 60H,则 pi 即为一个指针变量。

5.8.2　指针变量的定义

指针变量与其他变量一样,必须先定义后使用。

指针变量定义的一般形式:

数据类型　指针变量名;

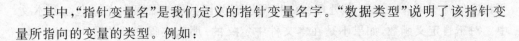

其中,"指针变量名"是我们定义的指针变量名字。"数据类型"说明了该指针变量所指向的变量的类型。例如:

```
int * pt;
```

定义一个指向对象类型为 int 的指针。

特别要注意,变量的指针和指针变量是两个不同的概念。变量的指针就是该变量的地址,而一个指针变量里面存放的内容是另一个变量在内存中的地址,拥有这个地址的变量则称为该指针变量所指向的变量。每一个变量都有它自己的指针(即地址),而每一个指针变量都是指向另一个变量的。为了表示指针变量和它所指向的变量之间的关系,C 语言中用符号"＊"来表示"指向"。例如,整型变量 i 的地址 60H 存放在指针变量 pi 中,则可用 ＊pi 来表示指针变量 pi 所指向的变量,即 ＊pi 也表示变量 i。

5.8.3　指针变量的引用

指针变量是指含有一个数据对象地址的特殊变量,指针变量中只能存放地址。在实际的编程和运算过程中,变量的地址和指针变量的地址是不可见的。因此,C 语言提供了一个取地址运算符"&",使用取地址运算符"&"和赋值运算符"＝"就可以使一个指针变量指向一个变量。例如:

```
int t;
int * pt;
pt = &t;
```

通过取地址运算和赋值运算后,指针变量 pt 就指向了变量 t。

当完成了变量、指针变量的定义以及指针变量的引用后,就可以对内存单元进行间接访问了。此时,需用到指针运算符"＊",又称间接运算符。

例如:需将变量 t 的值赋给变量 x。

```
int x;
int t;
```

直接访问方式为"x＝t;",间接访问方式为"int x;"。

```
int t;
int * pt;
pt = &t;
x = * pt;
```

有关的运算符有两个,它们是"&"和"＊"。在不同的场合所代表的含义是不同的,这一定要搞清楚。例如:

int ＊ pt;　进行指针变量的定义,此时,＊ pt 中的"＊"为指针变量说明符。

pt＝&t;　此时,&t 中的"&"为取 t 的地址并赋给 pt(取地址)。

x＝＊ pt;　此时,＊ pt 中的"＊"为指针运算符,即将指针变量 pt 指向的变量值赋给 x(取内容)。

5.8.4　数组指针与指向数组的指针变量

任何变量都占有存储单元,都有地址。数组及其元素同样占有存储单元,都有相应的地址。因此,指针既然可以指向变量,当然也可以指向数组。其中,指向数组的指针是数组的首地址,指向数组元素的指针则是数组元素的地址。

例如:定义一个数组 x[10]和一个指向数组的指针变量 px。

```
int x[10];
int ＊ px;
```

当未对指针变量 px 进行引用时,px 与 x[10]毫不相干,即此时指针变量 px 并未指向数组 x[10]。

当将数组的第一个元素的地址 &x[0]赋予 px 时,"px＝&x[0];"指针变量 px 即指向数组 x[]。这时,可以通过指针变量 px 来操作数组 x 了,即 ＊px 代表x[0], ＊(px+1)代表 x[1],…,＊(px+i)代表 x[i](i＝1,2,…)。

C 语言规定,数组名代表数组的首地址,也是第一个数组元素的地址,因此上面的语句也可改写为:

```
int x[10];
int ＊ px;
px ＝ x;
```

这在形式上更简单一些。

5.8.5　指针变量的运算

若先使指针变量 px 指向数组 x[](即 px＝x;),则:

① "px++(或 px+＝1);"将使指针变量 px 指向下一个数组元素,即 x[1]。

② "＊px++;"因为"++"与"＊"运算符优先级相同,结合方向自右向左,因此,＊px++等价于 ＊(px++)。

③ "＊++px;"先使 px 自加 1,再取 ＊px 值。若 px 的初值为 &x[0],则执行 y＝＊++px 时,y 的值为 a[1]的值。而执行 y＝＊px++后,等价于先取 ＊px 的值,后使 px 自加 1。

④ "(＊px)++;"表示 px 指向的元素值加 1。要注意的是元素值加 1 而不是指

针变量值加 1。

要特别注意对 px+i 的含义的理解。C 语言规定：px+1 指向数组首地址的下一个元素，而不是将指针变量 px 的值简单地加 1。例如：若数组的类型是整型（int），每个数组元素占 2 字节，则对于整型指针变量 px 来说，px+1 意味着使 px 的原值（地址）加 2 字节，使它指向下一个元素。px+2 则使 px 的原值（地址）加 4 字节，使它指向下下个元素。

5.8.6　指向多维数组的指针和指针变量

指针除了可以指向一维数组外，也可以指向多维数组。下面以二维数组为例进行说明。

假定我们已定义了一个三行四列的二维数组：

```
int x[3][4] = {   {1,3,5,7},
                  {9,11,13,15},
                  {17,19,21,23}};
```

对这个数组的理解：x 是数组名，数组包含 3 个元素，即 x[0]、x[1]、x[2]。

每个元素又是一个一维数组，包含 4 个元素。例如，x[0] 代表的一维数组包含 x[0][0]={1}，x[0][1]={3}，x[0][2]={5}，x[0][3]={7}。

从二维数组的地址角度看，x 代表整个数组的首地址，也就是第 0 行的首地址。x+1 代表第 1 行的首地址，即数组名为 x[1] 的一维数组首地址。

根据 C 语言的规定，由于 x[0]、x[1]、x[2] 都是一维数组，因此它们分别代表了各个数组的首地址，即 x[0]=&x[0][0]，x[1]=&x[1][0]，x[2]=&x[2][0]。

我们同时定义一个指针变量"int (* p)[4];"，其含义是 p 指向一个包含 4 个元素的一维数组。

当 p=x 时，指向数组 x[3][4] 的第 0 行首址。

p+1 和 x+1 等价，指向数组 x[3][4] 的第 1 行首址。

p+2 和 x+2 等价，指向数组 x[3][4] 的第 2 行首址。

* (p+1)+3 和 &x[1][3] 等价，指向数组 x[1][3] 的地址。

* (* (p+1)+3) 和 x[1][3] 等价，表示 x[1][3] 的值。

……

一般地，对于数组元素 x[i][j] 来讲：

* (p+i)+j 就相当于 &x[i][j]，表示数组第 i 行第 j 列的元素的地址。

* (* (p+i)+j) 就相当于 x[i][j]，表示数组第 i 行第 j 列的元素的值。

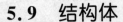

5.9　结构体

前面介绍了 C 语言的基本数据类型,但在实际设计一个较复杂程序时,仅有这些基本类型的数据是不够的,有时需要将一批各种类型的数据放在一起使用,因此引入了所谓构造类型的数据。例如前面介绍的数组就是一种构造类型的数据,一个数组实际上是将一批相同类型的数据顺序存放。这里我们还要介绍 C 语言中另一类更为常用的构造类型数据:结构体、共用体及枚举。

结构体是一种构造类型的数据,它是将若干个不同类型的数据变量有序地组合在一起而形成的一种数据的集合体。组成该集合体的各个数据变量称为结构成员,整个集合体使用一个单独的结构变量名。一般来说,结构中的各个变量之间是存在某些关系的,例如时间数据中的时、分、秒,日期数据中的年、月、日等。由于结构是将一组相关联的数据变量作为一个整体来进行处理,因此在程序中使用结构将有利于对一些复杂而又具有内在联系的数据进行有效的管理。

5.9.1　结构体类型变量的定义

1. 先定义结构体类型再定义变量名

结构体类型的一般格式如下:

```
struct  结构体名
{
    成员表列
};
```

其中,"结构体名"用作结构体类型的标志。"成员表列"为该结构体中的各个成员,由于结构体可以由不同类型的数据组成,因此对结构体中的各个成员都要进行类型说明。

例如:定义一个日期结构体类型 date,它可由 6 个结构体成员 year、month、day、hour、min、sec 组成。

```
struct date
{
    int year;
    char month;
    char day;
    char hour;
    char min;
    char sec;
};
```

定义好一个结构体类型之后，就可以用它来定义结构体变量。一般格式如下：

struct 结构体名 结构体变量名 1，结构体变量名 2，…，结构体变量名 n；

例如，可以用结构体 date 来定义两个结构体变量 time1 和 time2：

struct date time1,time2;

这样结构体变量 time1 和 time2 都具有 struct date 类型的结构，即它们都是由 1 个整型数据和 5 个字符型数据所组成的。

2. 定义结构体类型的同时定义结构体变量名

一般格式如下：

struct 结构体名
    {
        成员表列
    }结构体变量名 1，结构体变量名 2，…，结构体变量名 n；

例如，对于上述日期结构体变量，也可按以下格式定义：

```
struct date
{
  int year;
  char month;
  char day;
  char hour;
  char min;
  char sec;
}time1,time2;
```

3. 直接定义结构体变量

一般格式如下：

struct
    {
        成员表列
    }结构体变量名 1，结构体变量名 2，…，结构体变量名 n；

第 3 种方法与第 2 种方法十分相似，不同的是第 3 种方法中省略了"结构体名"。这种方法一般只用于定义几个确定的结构变量的场合。例如，如果只需要定义 time1 和 time2 而不打算再定义任何其他结构变量，则可省略掉结构体名 date。

不过为了便于记忆和以备将来进一步定义其他结构体变量的需要，一般还是不要省略结构体名为好。

5.9.2　结构体类型需要注意的地方

结构体类型与结构体变量是两个不同的概念。定义一个结构体类型时只是给出了该结构体的组织形式,并没有给出具体的组织成员。因此结构体名不占用任何存储空间,也不能对一个结构体名进行赋值、存取和运算。

而结构体变量则是一个结构体中的具体对象,编译器会给具体的结构体变量名分配确定的存储空间,因此可以对结构体变量名进行赋值、存取和运算。

将一个变量定义为标准类型与定义为结构体类型有所不同。前者只需要用类型说明符指出变量的类型即可,如"int x;"。后者不仅要求用 struct 指出该变量为结构体类型,而且还要求指出该变量是哪种特定的结构类型,即要指出它所属的特定结构类型的名字。如上面的 date 就是这种特定的结构体类型(日期结构体类型)的名字。

一个结构体中的成员还可以是另外一个结构体类型的变量,即可以形成结构体的嵌套。

5.9.3　结构体变量的引用

定义了一个结构体变量之后,就可以对它进行引用,即可以进行赋值、存取和运算。一般情况下,结构体变量的引用是通过对其成员的引用来实现的。

① 引用结构体变量中成员的一般格式如下:

结构体变量名. 成员名

其中,"."是存取成员的运算符。例如:"time1. year＝2006;"表示将整数 2006 赋给 time1 变量中的成员 year。

② 如果一个结构体变量中的成员又是另外一个结构体变量,即出现结构体的嵌套时,则需要采用若干个成员运算符,一级一级地找到最低一级的成员,而且只能对这个最低级的结构元素进行存取访问。

③ 对结构体变量中的各个成员可以像普通变量一样进行赋值、存取和运算。

time2. sec ++ ;

④ 可以在程序中直接引用结构体变量和结构体成员的地址。结构体变量的地址通常用作函数参数,用来传递结构体的地址。

5.9.4　结构体变量的初始化

和其他类型的变量一样,对结构体类型的变量也可以在定义时赋初值进行初始化。例如:

```
struct date
{
    int year;
    char month;
    char day;
    char hour;
    char min;
    char sec;
}time1 = {2006,7,23,11,4,20};
```

5.9.5　结构体数组

一个结构体变量可以存放一组数据(如一个时间点 time1 的数据),在实际使用中,结构体变量往往不止一个(例如我们要对 20 个时间点的数据进行处理),这时可将多个相同的结构体组成一个数组,这就是结构体数组。

结构体数组的定义方法与结构体变量完全一致。例如:

```
struct date
{
    int year;
    char month;
    char day;
    char hour;
    char min;
    char sec;
};
struct date time[20];
```

这就定义了一个包含有 20 个元素的结构体数组变量 time,其中每个元素都是具有 date 结构体类型的变量。

5.9.6　指向结构体类型数据的指针

一个结构体变量的指针,就是该变量在内存中的首地址。我们可以设一个指针变量,将它指向一个结构体变量,则该指针变量的值是它所指向的结构体变量的起始地址。

指向结构体变量指针的一般格式如下:

struct　结构体类型名　*指针变量名;

或

```
struct
{
    成员表列
} * 指针变量名;
```

与一般指针相同,对于指向结构体变量的指针也必须先赋值才能引用。

5.9.7　用指向结构体变量的指针引用结构体成员

通过指针来引用结构体成员的一般格式如下:

```
指针变量名->结构体成员
```

例如:

```
struct date
{
    int year;
    char month;
    char day;
    char hour;
    char min;
    char sec;
};
struct date time1;
struct date * p;
p = &time1;
p->year = 2006;
```

5.9.8　指向结构体数组的指针

我们已经了解,一个指针变量可以指向数组。同样,指针变量也可以指向结构体数组。

指向结构体数组的指针变量的一般格式如下:

```
struct  结构体数组名  * 指针变量名;
```

5.9.9　将结构体变量和指向结构体的指针作为函数参数

结构体既可作为函数的参数,也可作为函数的返回值。当结构体被用作函数的参数时,其用法与普通变量作为实际参数传递一样,属于"传值"方式。

当一个结构体较大时,若将该结构体作为函数的参数,那么由于参数传递采用值传递方式,所以需要较大的存储空间(堆栈)来将所有的成员压栈和出栈。此外,还影响程序的执行速度。

这时我们可以用指向结构体的指针来作为函数的参数,此时参数的传递是按地址传递方式进行的。由于采用的是"传址"方式,只需要传递一个地址值。与前者相比,大大节省了存储空间,同时还加快了程序的执行速度。其缺点是在调用函数时对指针所作的任何变动都会影响到原来的结构体变量。

5.9.10　指针指向其他

此外,指针也可以指向函数及指针指向指针等。指向函数的指针包含了函数的地址,可以通过它来调用函数。声明格式如下:

类型说明符(＊函数名)(参数)

例如:

```
void (＊fptr)();
```

把函数的地址赋值给函数指针:

```
fptr = &Function;
```

或

```
fptr = Function;
```

通过指针调用函数:

```
x = (＊fptr)();
```

或

```
x = fptr();
```

"x＝fptr();"看上去和函数调用无异。这里建议初学者使用"x＝(＊fptr)();"这样的方式,因为它明确指出是通过指针而非函数名来调用函数的。

指针指向指针看上去比较令人费解,它们的声明有两个星号。例如:

```
char ＊ ＊ cp;
```

使用例子:

```
char c = 'A'; char ＊p = &c; char ＊ ＊cp = &p;
```

通过指针的指针,不仅可以访问它指向的指针,还可以访问它指向的指针所指向的数据:

```
char * p1 = * cp;   char c1 = **cp;
void FindCredit(int * * );   main()
{
    int vals[] = {7,6,5, - 4,3,2,1,0};
    int * fp = vals;   FindCredit(&fp);
    printf(" % d\n", * fp);
}

void FindCredit(int ** fpp)
{
    while(**fpp! = 0)
    {
        if(**fpp<0) break;
        else ( * fpp) ++ ;
    }
}
```

　　首先用一个数组的地址初始化指针 fp,然后把该指针的地址作为实参传递给函数 FindCredit()。FindCredit()函数通过表达式**fpp 间接得到数组中的数据。为在数组找到一个负值,FindCredit()函数进行自增运算的对象是调用者的指向数组的指针,而不是它自己的指向调用者指针的指针。语句(* fpp)＋＋就是对形参指针指向的指针进行自增运算的。

5.10　共用体

　　结构体变量占用的内存空间大小是其各成员所占长度的总和,如果同一时刻只存放其中一个成员的数据,那么对内存空间是很大的浪费。共用体也是 C 语言中一种构造类型的数据结构,它所占内存空间的长度是其中最长的成员长度。各个成员的数据类型及长度虽然可能都不同,但都从同一个地址开始存放,即采用了所谓的"覆盖技术"。这种技术可使不同的变量分时使用同一个内存空间,有效地提高了内存的利用效率。

5.10.1　共用体类型变量的定义

　　共用体类型变量的定义方式与结构体类型变量的定义相似,也有 3 种方法。

1. 先定义共用体类型再定义变量名

共用体类型的一般格式:

```
union   共用体名
{
    成员表列
```

```
);
```

定义好一个共用体类型之后,就可以用它来定义共用体变量。一般格式如下:

union　共用体名　共用体变量名1,共用体变量名2,…,共用体变量名 n;

2. 定义共用体类型的同时定义共用体变量名

一般格式如下:

```
union　共用体名
{
    成员表列
}共用体变量名1,共用体变量名2,…,共用体变量名 n;
```

3. 直接定义共用体变量

一般格式如下:

```
union
{
    成员表列
}共用体变量名1,共用体变量名2,…,共用体变量名 n;
```

可见,共用体类型与结构体类型的定义方法是很相似的,只是将关键字 struct 改成了 union,但是在内存的分配上两者却有着本质的区别。结构体变量所占用的内存长度是其中各个元素所占用内存长度的总和,而共用体变量所占用的内存长度是其中最长的成员长度。

例如:

```
struct exmp1
{
    int a;
    char b;
};
```

"struct exmp1 x;"结构体变量 x 所占用的内存长度是成员 a、b 长度的总和,a 占用 2 字节,b 占用 1 字节,总共占用 3 字节。

再如:

```
union exmp2
{
    int a;
    char b;
};
```

"union exmp2 y;"共用体变量 y 所占用的内存长度是最长的成员 a 的长度,a 占用 2 字节,故总共占用 2 字节。

5.10.2　共用体变量的引用

与结构体变量类似,对共用体变量的引用也是通过对其成员的引用来实现的。引用共用体变量成员的一般格式如下:

共用体变量名.共用体成员

结构体变量、共用体变量都属于构造类型数据,都用于计算机工作时的各种数据存取。但很多刚学单片机的读者搞不明白,什么情况下要定义为结构体变量? 什么情况下要定义为共用体变量? 这里我们打一通俗比方帮助大家加深理解。

假定甲方和乙方都购买了两辆汽车(一辆大汽车、一辆小汽车),大汽车停放时占地 10 m²,小汽车停放时占地 5 m²。现在他们都要为新买的汽车建造停放的车库(相当于定义构造类型数据),但甲方和乙方的状况不一样。甲方的运输工作白天就结束了,每天晚上两辆车(大、小汽车)同时停放车库内;而乙方由于产品关系,同一时刻只有一辆车停放车库内(大汽车运货时小汽车停车库内,或小汽车运货时大汽车停车库内)。显然,甲方的车库要建 15 m²(相当于定义结构体变量);而乙方的车库只要建 10 m² 就足够了(相当于定义共用体变量),建得再大也是浪费。

5.11　LPC11XX 开发中 C 语言的常用方法

通常在开发软件自带的头文件中定义了以下数据类型:

```
#define __IO volatile            //见 core_cm0.h
typedef unsigned int uint32_t;   //见 stdint.h
```

所以可以定义此结构体类型为:

```
typedef struct            //见 LPC11xx.h
{
    __IO uint32_t MOD;
    __IO uint32_t TC;
    __O uint32_t FEED;
    __I uint32_t TV;
} LPC_WDT_TypeDef;
```

APB0 的固定地址由芯片的 datasheet 已知,这样就可以进行常量定义:

```
#define LPC_APB0_BASE (0x40000000UL)   //后缀 UL 表示此数是无符号长整型数据
                                       //unsigned long int
```

常量再加上常量,宏定义后还是常量:

```
#define LPC_WDT_BASE (LPC_APB0_BASE + 0x04000)
```

如果已知指针的值(即已知具体地址常量),可以将指向固定地址及类型的指针变量宏定义为一个固定名称 LPC_WDT:

```
#define LPC_WDT ((LPC_WDT_TypeDef * ) LPC_WDT_BASE )
```

这样,在程序中可以用指针方式对结构体的成员进行读写操作,这是 ARM 的常见开发方式:

```
LPC_WDT - > MOD = 0x01;
```

5.12　中断函数

什么是"中断"?顾名思义,中断就是中断某一工作过程去处理一些与本工作过程无关或间接相关或临时发生的事件,处理完后,则继续原工作过程。比如:你在看书,电话响了,你在书上做个记号后去接电话,接完后在原记号处继续往下看书。如有多个中断发生,依优先法则,中断还具有嵌套特性。又比如:看书时,电话响了,你在书上做个记号后去接电话,你拿起电话和对方通话,这时门铃响了,你让打电话的对方稍等一下,你去开门,并在门旁与来访者交谈,谈话结束,关好门,回到电话机旁,拿起电话,继续通话,通话完毕,挂上电话,从做记号的地方继续往下看书。由于一个人不可能同时完成多项任务,因此只好采用中断方法,一件一件地做。

类似的情况在单片机中也同样存在,通常单片机中只有一个 CPU,但却要应付诸如运行程序、数据输入输出以及特殊情况处理等多项任务,为此也只能采用停下一个工作去处理另一个工作的中断方法。

在单片机中,"中断"是一个很重要的概念。中断技术的进步使单片机的发展和应用大大地推进了一步。因此,中断功能的强弱已成为衡量单片机功能完善与否的重要指标。

单片机采用中断技术后,大大提高了它的工作效率和处理问题的灵活性,主要表现在三个方面:

① 解决了快速 CPU 和慢速外设之间的矛盾,可使 CPU、外设并行工作(宏观上看)。

② 可及时处理控制系统中许多随机的参数和信息。

③ 具备了处理故障的能力,提高了单片机系统自身的可靠性。

中断处理程序类似于程序设计中的调用子程序,但它们又有区别,主要是:

中断产生是随机的,它既保护断点,又保护现场,主要为外设服务和为处理各种事件服务。保护断点是由硬件自动完成的,保护现场须在中断处理程序中用相应的指令完成。

调用子程序是程序中事先安排好的,它只保护断点,主要为主程序服务(与外设无关)。

编写 LPC11XX 的中断函数时应严格遵循的规则:

① 在 LPC11XX 芯片设计时,中断处理函数名称有系统约定的格式,不能自己取,具体可参阅 startup_LPC11xx.s 启动文件。例如 GPIO1 口的中断函数形式如下:

```
void PIOINT1_IRQHandler(void)
{
    /**** 中断服务程序中的程序代码 ****/
}
```

② 中断函数可以被放置在源程序的任意位置。

③ 中断函数不能进行参数传递,如果中断函数中包含任何参数声明都将导致编译出错。

④ 中断函数没有返回值,如果企图定义一个返回值,将得到不正确的结果。因此最好在定义中断函数时将其定义为 void 类型,以明确说明没有返回值。

⑤ 在任何情况下都不能直接调用中断函数,否则会产生编译错误。

第**6**章

LPC11XX 引脚及系统时钟应用

6.1 LPC11XX 引脚功能

LPC11XX 目前有 3 种形式的封装,分别是 LQFP48、PLCC44 和 HVQFN33。其引脚封装见图 6-1～图 6-3。

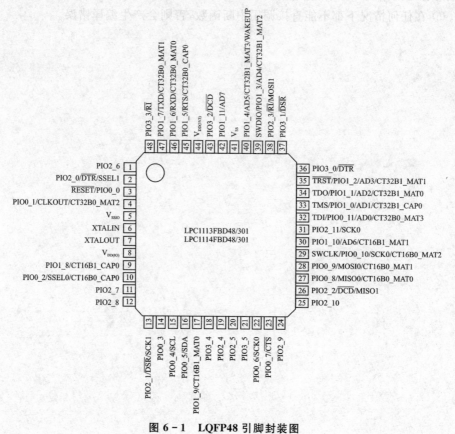

图 6-1 LQFP48 引脚封装图

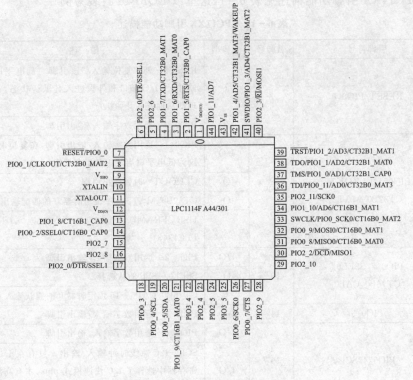

图 6 - 2　PLCC44 引脚封装图

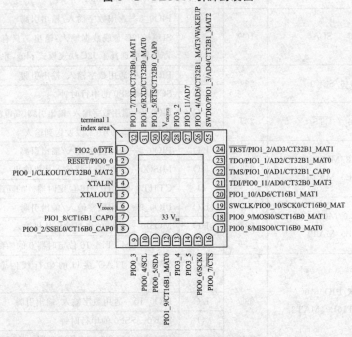

图 6 - 3　HVQFN33 引脚封装图

LPC11XX 引脚功能描述见表 6 - 1,这里以 LQFP48 封装为例。

表 6 - 1 LPC11XX 引脚功能描述

引脚符号	引脚号	类型	描述
$\overline{\text{RESET}}$/PIO0_0	3	I	$\overline{\text{RESET}}$—外部复位输入:该引脚为低电平时复位器件,使 I/O 端口和外设进入其默认状态,并且处理器从地址 0 开始执行
		I/O	PIO0_0—通用数字输入/输出引脚
PIO0_1/CLKOUT/CT32B0_MAT2	4①	I/O	PIO0_1—通用数字输入/输出引脚,在复位时,该引脚为低电平就启动 ISP 指令处理
		O	CLKOUT—时钟输出引脚
		O	CT32B0_MAT2—32 位定时器 0 的匹配输出 2
			USB_FRAME_TOGGLE—<待定>(只用于 LPC1343)
PIO0_2/SSEL0/CT16B0_CAP0	10①	I/O	PIO0_2—通用数字输入/输出引脚
		O	SSEL0—SSP 的从选择
		I	CT16B0_CAP0—16 位定时器 0 的捕获输入 0
PIO0_3	14①	I/O	PIO0_3—通用数字输入/输出引脚
PIO0_4/SCL	15②	I/O	PIO0_4—通用数字输入/输出引脚
		I/O	SCL—I2C 总线时钟输入/输出。只有在 I/O 配置寄存器中选择了 I2C 快速模式 plus,才有高灌电流(High-current sink)
PIO0_5/SDA	16②	I/O	PIO0_5—通用数字输入/输出引脚
		I/O	SDA—I2C 总线数据输入/输出。只有在 I/O 配置寄存器中选择了 I2C 快速模式 plus,才有高灌电流
PIO0_6/SCK0	22①	I/O	PIO0_6—通用数字输入/输出引脚
		I/O	SCK0—SSP0 的串行时钟
PIO0_7/$\overline{\text{CTS}}$	23①	I/O	PIO0_7—通用数字输入/输出引脚(高电流输出驱动)
		I	$\overline{\text{CTS}}$—清除 UART 以发送到输入
PIO0_8/MISO0/CT16B0_MAT0	27①	I/O	PIO0_8—通用数字输入/输出引脚
		I/O	MISO0—SSP0 的主机输入从机输出
		O	CT16B0_MAT0—16 位定时器 0 的匹配输出 0
PIO0_9/MOSI0/CT16B0_MAT1	28①	I/O	PIO0_9—通用数字输入/输出引脚
		I/O	MOSI0—SSP0 的主机输出从机输入
		O	CT16B0_MAT1—16 位定时器 0 的匹配输出 1
SWCLK/PIO0_10/SCK0/CT16B0_MAT2	29①	I	SWCLK—JTAG 接口的串行线时钟和测试时钟 TCK
		I/O	PIO0_10—通用数字输入/输出引脚
		O	SCK0—SSP0 的串行时钟
		O	CT16B0_MAT2—16 位定时器 0 的匹配输出 2

续表 6-1

引脚符号	引脚号	类　型	描　述
TDI/PIO0_11/ AD0/CT32B0_MAT3	32③	I	TDI—JTAG 接口的测试数据输入
		I/O	PIO0_11—通用数字输入/输出引脚
		I	AD0—A/D 转换器,输入 0
		O	CT32B0_MAT3—32 位定时器 0 的匹配输出 3
TMS/PIO1_0/ AD1/CT32B1_CAP0	33③	I	TMS—JTAG 接口的测试模式选择
		I/O	PIO1_0—通用数字输入/输出引脚
		I	AD1—A/D 转换器,输入 1
		I	CT32B1_CAP0—32 位定时器 1 的捕获输入 0
TDO/PIO1_1/ AD2/CT32B1_MAT0	34③	O	TDO—JTAG 接口的测试数据输出
		I/O	PIO1_1—通用数字输入/输出引脚
		I	AD2—A/D 转换器,输入 2
		O	CT32B1_MAT0—32 位定时器 1 的匹配输出 0
$\overline{\text{TRST}}$/PIO1_2/ AD3/CT32B1_MAT1	35③	I	$\overline{\text{TRST}}$—JTAG 接口的测试复位
		I/O	PIO1_2—通用数字输入/输出引脚
		I	AD3—A/D 转换器,输入 3
		O	CT32B1_MAT1—32 位定时器 1 的匹配输出 1
SWDIO/PIO1_3/AD4/ CT32B1_MAT2	39③	I/O	SWDIO—串行线调试输入/输出
		I/O	PIO1_3—通用数字输入/输出引脚
		1	AD4—A/D 转换器,输入 4
		O	CT32B1_MAT2—32 位定时器 1 的匹配输出 2
PIO1_4/AD5/ CT32B1_MAT3/WAKEUP	40③	I/O	PIO1_4—通用数字输入/输出引脚
		I	AD5—A/D 转换器,输入 5
		O	CT32B1_MAT3—32 位定时器 1 的匹配输出 3
			WAKEUP—从深度掉电模式唤醒的引脚
PIO1_5/$\overline{\text{RTS}}$/ CT32B0_CAP0	45①	I/O	PIO1_5—通用数字输入/输出引脚
		O	$\overline{\text{RTS}}$—UART 请求发送到输出
		I	CT32B0_CAP0—32 位定时器 0 的捕获输入 0
PIO1_6/RXD/ CT32B0_MAT0	46①	I/O	PIO1_6—通用数字输入/输出引脚
		I	RXD—UART 的接收器输入
		O	CT32B0_MAT0—32 位定时器 0 的匹配输出 0

引脚符号	引脚号	类 型	描 述
PIO1_7/TXD/ CT32B0_MAT1	47①	I/O	PIO1_7—通用数字输入/输出引脚
		O	TXD—UART 的发送器输出
		O	CT32B0_MAT1—32 位定器 0 的匹配输出 1
PIO1_8/CT16B1_CAP0	9①	I/O	PIO1_8—通用数字输入/输出引脚
		I	CT16B1_CAP0—16 位定位器 1 的捕获输入 0
PIO1_9/CT16B1_MAT0	17①	I/O	PIO1_9—通用数字输入/输出引脚
		O	CT16B1_MAT0—16 位定时器 1 的匹配输出 0
PIO1_10/AD6/ CT16B1_MAT1	30③	I/O	PIO1_10—通用数字输入/输出引脚
		I	AD6—A/D 转换器,输入 6
		O	CT16B1_MAT1—16 位定时器 1 的匹配输出 1
PIO1_11/AD7	42③	I/O	PIO1_11—通用数字输入/输出引脚
		I	AD7—A/D 转换器,输入 7
PIO2_0/$\overline{DTR}$/SSEL1	2①	I/O	PIO2_0—通用数字输入/输出引脚
		O	$\overline{DTR}$—UART 数据终端就绪输出
		O	SSEL1—SSP1 的从机选择
PIO2_1/$\overline{DSR}$/SCK1	13①	I/O	PIO2_1—通用数字输入/输出引脚
		I	$\overline{DSR}$—UART 数据设置就绪输入
		I/O	SCK1—SSSP1 的串行时钟
PIO2_2/$\overline{DCD}$/MISO1	26①	I/O	PIO2_2—通用数字输入/输出引脚
		I	$\overline{DCD}$—UART 数据载波检测输入
		I/O	MISO1—SSP1 的主机输入从机输出
PIO2_3/$\overline{RI}$/MOSI1	38①	I/O	PIO2_3—通用数字输入/输出引脚
		I	$\overline{RI}$—UART 铃响指示器输入
		I/O	MOSI1—SSP1 的主机输出从机输入
PIO2_4	19①	I/O	PIO2_4—通用数字输入/输出引脚
PIO2_5	20①	I/O	PIO2_4—通用数字输入/输出引脚
PIO2_6	1①	I/O	PIO2_6—通用数字输入/输出引脚
PIO2_7	11①	I/O	PIO2_7—通用数字输入/输出引脚
PIO2_8	12①	I/O	PIO2_8—通用数字输入/输出引脚
PIO2_9	24①	I/O	PIO2_9—通用数字输入/输出引脚
PIO2_10	25①	I/O	PIO2_10—通用数字输入/输出引脚

续表 6 - 1

引脚符号	引脚号	类　型	描　述
PIO2_11/SCK0	31①	I/O	PIO2_11—通用数字输入/输出引脚
		I/O	SCK0—SSP0 的串行时钟
PIO3_0/$\overline{DTR}$	36①	I/O	PIO3_0—通用数字输入/输出引脚
		O	$\overline{DTR}$—UART 数据就绪输出
PIO3_1/$\overline{DSR}$	37①	I/O	PIO3_1—通用数字输入/输出引脚
		I	$\overline{DSR}$—UART 数据设置就绪输入
PIO3_2/$\overline{DCD}$	43①	I/O	PIO3_2—通用数字输入/输出引脚
		I	$\overline{DCD}$—UART 数据载波检测输入
PIO3_3/$\overline{RI}$	48①	I/O	PIO3_3—通用数字输入/输出引脚
		I	$\overline{RI}$—UART 铃响指示器输入
PIO3_4	18①	I/O	PIO3_4—通用数字输入/输出引脚
PIO3_5	21①	I/O	PIO3_5—通用数字输入/输出引脚
$V_{DD(IO)}$	8④	I	3.3 V 的输入/输出供电电压
$V_{DD(3V3)}$	44④	I	供给内部稳压器和 ADC 的 3.3 V 电压,也用作 ADC 参考电压
V_{SSIO}	5	I	地
XTALIN	6⑤	I	振荡器电路和内部时钟发生器电路的输入。输入电压必须超过 1.8 V
XTALOUT	7⑤	O	振荡器放大器的输出
V_{SS}	41	I	地

① 5 V 容差引脚,提供带可配置滞后的上拉/下拉电阻的数字 I/O 功能。

② I2C 总线引脚符合 I2C 标准模式和 I2C 快速模式 plus 的 I2C 总线规格。

③ 5 V 容差引脚,提供带可配置滞后上拉/下拉电阻和模拟输入(当配置为 ADC 输入时)的数字 I/O 功能,引脚的数字部分被禁能并且引脚不是 5 V 的容差。

④ 外部 $V_{DD(3V3)}$ 和 $V_{DD(IO)}$ 的组合,如果 $V_{DD(3V3)}$ 和 $V_{DD(IO)}$ 使用不同的电源,需要保证这两个电源电压的差要小于或等于 0.5 V。

⑤ 不使用系统振荡器时,XTALIN 和 XTALOUT 连接方法如下:XTALIN 可以悬空或接地(接地更好,可以减小噪声干扰),XTALOUT 应该悬空。

6.2　LPC11XX 系统时钟设置

现在我们要熟悉 LPC11XX 的系统时钟设置,事实上,第 4 章的第一个 LPC11XX 入门程序中,系统时钟已经在"跑"了,但我们并不知道此时处理器以多少速度在"跑"。处理器"跑"多快是一件非常重要的事,这里我们首先要了解系统时钟的设置。

LPC11XX 系列属于 ARM Cortex – M0 系列内核,时钟频率最快可达 50 MHz。其内核时钟是如何产生的? 请看图 6 – 4 时钟结构图。

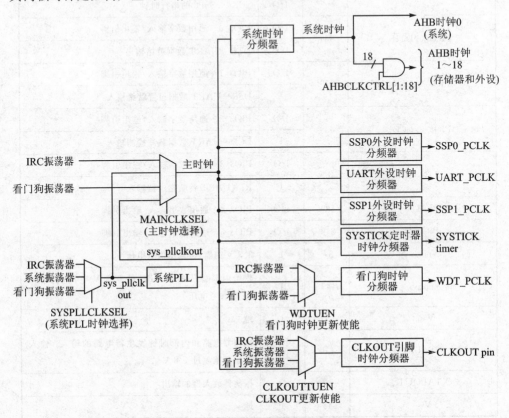

图 6 – 4　LPC11XX 系列的时钟结构图

从图 6 – 4 可以看到,LPC11XX 的时钟实际上是有多种选择途径的,既可以采用外部高速晶振时钟,也可以采用内部的高速时钟,最终都要通过一个 PLL 进行倍频,倍频之后再分频提供给 AHB 总线,AHB 总线上挂了系统 CPU,AHB 分频后的时钟就是 CPU 的工作时钟了。之后还要通过 APB 时钟分频提供给其他的外设使用。

请看图 6 – 4 左侧,LPC11XX 内部含有 3 个时钟振荡器:系统振荡器、IRC 振荡器和看门狗振荡器。系统振荡器即外部振荡器(可以和晶振搭配构成晶体振荡器);IRC 振荡器就是内部 RC 振荡器,默认频率为 12 MHz;看门狗振荡器就是给看门狗定时器提供时钟的振荡器。

我们可以选择这 3 个时钟振荡器中的 1 个作为芯片的工作时钟。通常为了取得高精度、高稳定的振荡频率,我们的主时钟选择一般都是晶体振荡器构成的系统振荡器。Mini LPC11XX DEMO 开发板的晶振频率为 12 MHz。

主时钟可以经过系统 PLL 倍频之后使用，也可以直通使用，具体通过 PLL 倍频选择寄存器（SYSPLLCLKSEL）进行选择（见表 6 - 2），SYSPLLCLKSEL 寄存器共有 32 位，这里只用到了两位。主时钟选择还必须通过主时钟源选择寄存器（MAIN-CLKSEL）进行选择（见表 6 - 3），经过它选择后，我们得到了芯片工作的主时钟。MAINCLKSEL 寄存器共有 32 位，这里也只用到了两位。

表 6 - 2　SYSPLLCLKSEL 寄存器位描述（地址 0x4004 8040）

位	符　号	描　　述	复位值
1:0	SEL	系统 PLL 时钟源。 00：IRC 振荡器； 01：系统振荡器； 10：WDT 振荡器； 11：保留	00
31:2	—	保留	0x00

表 6 - 3　MAINCLKSEL 寄存器位描述（地址 0x4004 8070）

位	符　号	描　　述	复位值
1:0	SEL	主时钟的时钟源。 00：IRC 振荡器； 01：输入时钟到系统 PLL； 10：WDT 振荡器； 11：系统 PLL 时钟输出	0x00
31:2	—	保留	0x00

　　如图 6 - 4 "主时钟" 右边部分所示，先看右上方，是 "系统时钟分频器"，由它分频出的时钟信号提供 AHB 总线使用，此外还给内核、存储器以及 APB 总线提供时钟。
　　系统时钟分频由寄存器 SYSAHBCLKDIV 控制，表 6 - 4 为 SYSAHBCLKDIV 寄存器位描述。

表 6 - 4　SYSAHBCLKDIV 寄存器位描述（地址 0x4004 8078）

位	符　号	描　　述	复位值
7:0	DIV	系统 AHB 时钟分频器值。 0：门； 1：用 1 除； ⋮ 255：用 255 除	0x01
31:8	—	保留	0x00

　　通常，为了发挥出 CPU 的高性能，主时钟可以工作于较高频率，例如当外部晶

体取 10 MHz 时,我们可以用 SYSPLLCLKSEL 寄存器对晶振信号进行 5 倍频作为主时钟(50 MHz)。但如果有外设不能适应如此高的频率(例如外接的无线通信模块),此时就可通过寄存器 SYSAHBCLKDIV 进行分频,使之能适应较低频率的外设工作。

再从图 6 - 4 往下看,有 SSP0 外设时钟分频器(SSP0CLKDIV)、UART 外设时钟分频器(UARTCLKDIV)、SSP1 外设时钟分频器(SSP1CLKDIV)、SYSTICK 定时器时钟分频器(SYSTICKCLKDIV)、看门狗时钟分频器(WDTCLKDIV)和 CLK-OUT 引脚时钟分频器(CLKOUTCLKDIV),共 6 个分频器。

表 6 - 5～表 6 - 10 分别是这 6 个寄存器的位描述。

表 6 - 5　SSP0CLKDIV 位描述(地址 0x4004 8094)

位	符　号	描　　述	复位值
7:0	DIV	SSP0_PCLK 时钟分频器值。 0:禁能 SSP0_PCLK; 1:用 1 除; ⋮ 255:用 255 除	0x00

表 6 - 6　UARTCLKDIV 位描述(地址 0x4004 8098)

位	符　号	描　　述	复位值
7:0	DIV	UART_PCLK 时钟分频器值。 0:禁能 UART_PCLK; 1:用 1 除; ⋮ 255:用 255 除	0x00
31:8	—	保留	0x00

表 6 - 7　SSP1CLKDIV 位描述(地址 0x4004 809C)

位	符　号	描　　述	复位值
7:0	DIV	SSP1_PCLK 时钟分频器值。 0:禁能 SSP1_PCLK; 1:用 1 除; ⋮ 255:用 255 除	0x00
31:8	—	保留	0x00

表 6 - 8　SYSTICKCLKDIV 位描述（地址 0x4004 80B0）

位	符　号	描　　述	复位值
7:0	DIV	SYSTICK 时钟分频器值。 0：禁能 SYSTICK 定时器时钟； 1：用 1 除； ⋮ 255：用 255 除	0x00
31:8	—	保留	0x00

表 6 - 9　WDTCLKDIV 位描述（地址 0x4004 80D8）

位	符　号	描　　述	复位值
7:0	DIV	WDT 时钟分频器值。 0：门； 1：用 1 除； ⋮ 255：用 255 除	0x00
31:8	—	保留	0x00

表 6 - 10　CLKOUTCLKDIV 位描述（地址 0x4004 80E8）

位	符　号	描　　述	复位值
7:0	DIV	CLKOUT 时钟分频器值。 0：门； 1：用 1 除； ⋮ 255：用 255 除	0x00
31:8	—	保留	0x00

　　仔细看图 6 - 4，看门狗的时钟源可以有 3 个来源，除"看门狗振荡器"可以给它提供时钟外，还可以用主时钟或是 IRC 振荡器，非常灵活。由看门狗时钟更新使能寄存器（WDTUEN）选择更新。表 6 - 11 为 WDTUEN 位描述。

表 6 - 11　WDTUEN 位描述（地址 0x4004 80D4）

位	符　号	描　　述	复位值
0	ENA	使能 WDT 时钟源更新。 0：不改变时钟源； 1：更新时钟源	0
31:1	—	保留	0x00

LPC11XX 的 P0.1 引脚还可以输出主时钟的信号频率,故又名 CLKOUT。它可以输出一个时钟频率给其他需要时钟的芯片使用。由 CLKOUT 时钟源更新使能寄存器(CLKOUTUEN)进行选择更新。表 6-12 为 CLKOUTUEN 位描述。

表 6-12 CLKOUTUEN 位描述

位	符 号	描 述	复位值
0	ENA	使能 CLKOUT 时钟源更新。 0:不改变时钟源; 1:更新时钟源	0
31:1	—	保留	0x00

6.3 LPC11XX 典型系统时钟设置程序

下面为典型的系统时钟设置程序,具体可参考 NXP 的例程。

```
void SystemInit (void)
{
    uint8 I;
    SYSCON - >PDRUNCFG & = ~(1<<5);          //系统振荡器上电
    SYSCON - >SYSOSCCTRL = 0x00000000;        //第 0 位默认为晶振旁路;第 1 位
                                              //0 = 0~20 MHz 晶振输入,
                                              // 1 = 15~50 MHz 晶振输入
    for(i = 0;i<200;l ++)   nop();            //等待振荡器稳定
    SYSCON - >SYSPLLCLKSEL = 0x00000001;      // PLL 时钟源选择"系统振荡器"
    SYSCON - >SYSPLLCLKUEN = 0x01;            //更新 PLL 选择时钟源
    SYSCON - >SYSPLLCLKUEN = 0x00;            //先写 0
    SYSCON - >SYSPLLCLKUEN = 0x01;            //再写 1 达到更新时钟源的目的(数据手册
                                              //规定)
    while(!(SYSCON - >sYsPLLcLKuEN&0x01));    //确定时钟源更新后向下执行
    SYSCON - >SYSPLLCTRL = 0x00000024;        //对晶体(10 MHz)5 倍频后主时钟为 50 MHz
    SYSCON - >PDRUNCFG & = ~(1<<7);           //PLL 上电
    while(!(SYSCON - >SYSPLLSTAT&0x01));       //确定 PLL 锁定后向下执行
    SYSCON - >MAINCLKSEL = 0x00000003;        //主时钟源选择 PLL 后的时钟
    SYSCON - >MAINCLKUEN = 0x01;              //更新主时钟源
    SYSCON - >MAINCLKUEN = 0x00;              //先写 0
    SYSCON - >MAINCLKUEN = 0x01;              //再写 1 达到更新时钟源的目的(数据手册
                                              //规定)
    while(!(SYSCON - >MAINCLKUEN&Ox01));      //确定主时钟锁定后向下执行
    SYSCON - >SYSAHBCLKDIV = 0x01;            //AHB 时钟分频值为 1,即 AHB 时钟为 50 MHz
    SYSCON - >SYSAHBCLKCTRL|= (1<<6);         //使能 GPIO 时钟
}
```

最后一条语句"SYSCON->SYSAHBCLKCTRL|=(1<<6);"的作用是使能GPIO时钟。用到了系统AHB时钟控制寄存器(AHBCLKCTRL),该寄存器控制着系统和外设寄存器接口时钟的使能,换言之,若要打开某外设的时钟,对应的控制位必须置位;若要关闭某外设的时钟,则应将对应的控制位清零。不过,系统默认所有的时钟是开启的。在设计节能应用产品时,需要关闭不使用的外设,这时就可通过该寄存器关闭不用的外设时钟。表6-13为系统AHB时钟控制寄存器位描述。系统时钟配置完成后,还可以在Real View MDK集成开发环境中通过图形方式观察。以第一个LPC11XX入门程序为例,打开仿真调试界面后,再从菜单栏打开Peripherals→Clocking & Power Control→Clock Generation Schematic观察(见图6-5)。

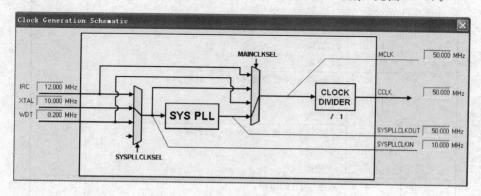

图6-5　图形方式观察系统时钟配置

表6-13　系统AHB时钟控制寄存器位描述(地址0x4004 8080)

位	符　号	描　　述	复位值
0	SYS	为AHB到APB桥、AHB矩阵、Cortex-M3 FCLK和HCLK、SysCon和PMU使能时钟,该位是只读位。 0:保留; 1:使能	1
1	ROM	使能ROM的时钟。 0:禁能; 1:使能	1
2	RAM	使能RAM的时钟。 0:禁能; 1:使能	1
3	FLASH1	使能Flash1的时钟。 0:禁能; 1:使能	1
4	FLASH2	使能Flash2的时钟。 0:禁能; 1:使能	1

位	符 号	描 述	复位值
5	I2C	使能 I2C 的时钟。 0：禁能； 1：使能	0
6	GPIO	使能 GPIO 的时钟。 0：禁能； 1：使能	0
7	CT16B0	使能 16 位计数器/定时器 0 的时钟。 0：禁能； 1：使能	0
8	CT16B1	使能 16 位计数器/定时器 1 的时钟。 0：禁能； 1：使能	0
9	CT32B0	使能 32 位计数器/定时器 0 的时钟。 0：禁能； 1：使能	0
10	CT32B1	使能 32 位计数器/定时器 1 的时钟。 0：禁能； 1：使能	0
11	SSP0	使能 SSP0 的时钟。 0：禁能； 1：使能	0
12	UART	使能 UART 的时钟。注意：使能 UART 时钟之前必须 将 UART 引脚配置好。 0：禁能； 1：使能	0
13	ADC	使能 ADC 的时钟。 0：禁能； 1：使能	0
14	—	保留	0
15	WDT	使能 WDT 的时钟。 0：禁能； 1：使能	0
16	IOCON	使能 IO 配置块的时钟。 0：禁能； 1：使能	0
17	—	保留	0
18	SSP1	使能 SSP1 的时钟。 0：禁能； 1：使能	0
31:19	—	保留	0x00

6.4 系统时钟应用实验——LPC1114 的 P0.1 引脚输出主时钟的信号频率

1. 实验要求

通过示波器观察 LPC1114 的 P0.1 引脚输出的主时钟 50 MHz 信号频率。

2. 实验电路原理

参考 Mini LPC11XX DEMO 开发板电路原理图,P0.1——大于 60 MHz 示波器探头。

3. 源程序文件及分析

新建一个文件目录 CLKOUT,在 Real View MDK 集成开发环境中创建一个工程项目 CLKOUT. uvproj 于此目录中。

在 File 菜单下新建如下源文件 main. c,编写源程序代码后保存在 User 文件夹下,再把 main. c 文件添加到 User 组中。

```
# include "config. h"
# define div    48
/***********************************************************
* FunctionName   : Init
* Description    :初始化系统
* EntryParameter : None
* ReturnValue    : None
***********************************************************/
void Init(void)
{
    SystemInit();                              //系统初始化
}

/***********************************************************
* FunctionName   : CLKOUT_EN
* Description    : 使能 CLKOUT 引脚输出频率
* EntryParameter : CLKOUT_DIV,即 CLKOUT 分频值,1~255
* ReturnValue    : None
***********************************************************/
void CLKOUT_EN(uint8 CLKOUT_DIV)
{
    LPC_SYSCON - >SYSAHBCLKCTRL |= (1<<16);      //使能 IOCON 时钟
    LPC_IOCON - >PIO0_1 = 0XD1;                  //P0.1 引脚设置为 CLKOUT 引脚
    LPC_SYSCON - >SYSAHBCLKCTRL & = ~(1<<16);    //禁止 IOCON 时钟
    LPC_SYSCON - >CLKOUTDIV = CLKOUT_DIV;        //CLKOUT 时钟值为 48/CLKOUT_DIV
```

```
        LPC_SYSCON - >CLKOUTCLKSEL = 0X00000003;          //CLKOUT 时钟源选择为主时钟
        LPC_SYSCON - >CLKOUTUEN = 0X01;
        LPC_SYSCON - >CLKOUTUEN = 0X00;
        LPC_SYSCON - >CLKOUTUEN = 0X01;
        while (!(LPC_SYSCON - >CLKOUTUEN & 0x01));        //确定时钟源更新后向下执行
}

/ * * * * * * * * * * * * * * * * * * * * * * * * * * * * * * * * * * * * * * * * * * *
 *  FunctionName   : main
 *  Description    : 主函数
 *  EntryParameter : None
 *  ReturnValue    : None
 * * * * * * * * * * * * * * * * * * * * * * * * * * * * * * * * * * * * * * * * * * */

int main(void)
{
        Init();                                           //时钟配置
        CLKOUT_EN(div);                                   //使能 CLKOUT 引脚输出时钟频率
        while(1)
        {
            ;
        }
}

/ * * * * * * * * * * * * * * * * * * * * * * * * * * * * * * * * * * * * * * * * * * *
 *                      End Of File
 * * * * * * * * * * * * * * * * * * * * * * * * * * * * * * * * * * * * * * * * * * */
```

4. 实验效果

编译通过后下载程序,用一台频率大于 60 MHz 的示波器进行测试,示波器探头连接 P0.1,可以看到,频率显示为稳定的 50 MHz,图 6 - 6 为实验照片。

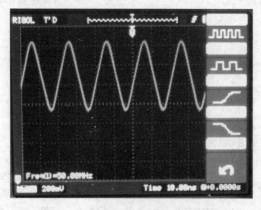

图 6 - 6　频率显示为稳定的 50 MHz

第 7 章

GPIO 特性及应用

7.1 GPIO 介绍

图 7 - 1 为 LPC11XX 系列产品的标准引脚配置。大部分的引脚具有复用功能，可以通过 I/O 配置寄存器设置引脚功能、内部上拉/下拉电阻或总线保持功能、滞后功能、A/D 模拟输入或数字模式、I2C 模式等。

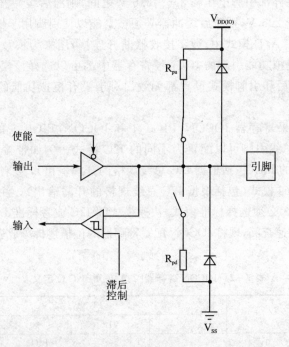

图 7 - 1 LPC11XX 系列产品的标准引脚配置

每一条 I/O 引脚功能的配置是通过配置寄存器（IOCON_PIOn_m，简称为 IOCON寄存器）实现的，表 7－1 为 IOCON_PIOn_m 位描述。

表 7－1　IOCON_PIOn_m 位描述

位	31:10	9:8	7	6	5	4:3	2:0
符 号	—	I2CMODE	ADMODE	—	HYS	MODE	FUNC
位描述	保留	选择 I2C 模式	选择模拟/数字模式	保留	滞后作用	选择功能模式	选择引脚功能

引脚功能：IOCON 寄存器的 FUNC 位可以设为 GPIO（FUNC＝000）或者一种外设功能。如果引脚用作 GPIO，那么 GPIOnDIR 寄存器确定哪个引脚配置为输入或输出。

引脚模式：IOCON 寄存器的 MODE 位允许为每个引脚选择片内上拉/下拉寄存器或者选择中继模式（repeater mode）。片内电阻配置有上拉使能、下拉使能及无上拉/下拉。缺省值是上拉使能。如果引脚处于逻辑高电平，则中继模式使能上拉电阻；如果引脚处于逻辑低电平，则中继模式使能下拉电阻。如果引脚配置为输入并且不被外部驱动，那么它可以保持上一种已知状态。这种状态的保持不适用于深度掉电模式。中继模式可防止在暂时不被驱动时引脚悬空。

滞后作用：数字功能的输入缓冲可以通过 IOCON 寄存器配置为滞后或用作普通的缓冲器。如果外部引脚电压在 2.5～3.6 V 之间，则滞后缓冲器可以被使能或禁能。如果电压低于 2.5 V，则滞后缓冲器必须被禁能以使引脚用于输入模式。

A/D 模式：在 A/D 模式中，数字接收器断开连接，用来为模数转换获取精确的输入电压。具有模拟功能引脚的 IOCON 寄存器中都可以选择该模式。如果选择了 A/D 模式，那么滞后和引脚模式设置都无效。对于没有模拟功能的引脚，A/D 模式设置无效。

I2C 模式：如果寄存器 IOCON_PIO0_4 和 IOCON_PIO0_5 的 FUNC 位选择 I2C 功能，则 I2C 总线引脚可以配置为不同的 I2C 模式。例如带输入干扰滤波的标准模式/快速模式的 I2C（包括根据 I2C 总线规格的开漏输出），或者带输入干扰滤波的 Fast - mode Plus 模式（包括根据 I2C 总线规格的开漏输出）。注意：如果引脚用作 GPIO 功能，那么必须选择标准模式/快速模式的 I2C 或者标准 I/O 功能。

为便于读者快速查阅，现将 IOCON 配置寄存器的位描述拆分成表 7－2～表 7－6，供大家参考。

表 7－2　IOCON 寄存器[2:0]位 FUNC 位定义

IOCON	FUNC 位定义			
	011	010	001	000
IOCON_RESET_PIO0_0	—	—	PIO0_0	RESET
IOCON_PIO0_1	—	CT32B0_MAT2	CLKOUT	PIO0_1

IOCON	FUNC 位定义			
	011	010	001	000
IOCON_PIO0_2	—	CT16B0_CAP0	SSEL0	PIO0_2
IOCON_PIO0_3	—	—	—	PIO0_3
IOCON_PIO0_4	—	—	SCL	PIO0_4
IOCON_PIO0_5	—	—	SDA	PIO0_5
IOCON_PIO0_6	—	SCK0	—	PIO0_6
IOCON_PIO0_7	—	—	CTS	PIO0_7
IOCON_PIO0_8	—	CT16B0_MAT0	MISO0	PIO0_8
IOCON_PIO0_9	—	CT16B0_MAT0	MISI0	PIO0_9
IOCON_JTAG_TCK_PIO0_10	CT16B0_MAT2	SCK0	PIO0_10	SWCLK
IOCON_JTAG_TDI_PIO0_11	CT32B0_MAT3	AD0	PIO0_11	TDI
IOCON_JTAG_TMS_PIO1_0	CT32B1_CAP0	AD1	PIO1_0	TMS
IOCON_JTAG_TDO_PIO1_1	CT32B1_MAT0	AD2	PIO1_1	TDO
IOCON_JTAG_nTRST_PIO1_2	CT32B1_MAT1	AD3	PIO1_2	TRST
IOCON_SWDIO_PIO1_3	CT32B1_MAT2	AD4	PIO1_3	SWDIO
IOCON_PIO1_4	—	CT32B1_MAT3	AD5	PIO1_4
IOCON_PIO1_5	—	CT32B0_CAP0	RTS	PIO1_5
IOCON_PIO1_6	—	CT32B0_MAT0	RXD	PIO1_6
IOCON_PIO1_7	—	CT32B0_MAT1	TXD	PIO1_7
IOCON_PIO1_8	—	—	CT16B1_CAP0	PIO1_8
IOCON_PIO1_9	—	—	CT16B1_MAT0	PIO1_9
IOCON_PIO1_10	—	CT16B1_MAT1	AD6	PIO1_10
IOCON_PIO1_11	—	—	AD7	PIO1_11
IOCON_PIO2_0	—	SSEL1	DTR	PIO2_0
IOCON_PIO2_1	—	SCK1	DSR	PIO2_1
IOCON_PIO2_2	—	MISO1	DCD	PIO2_2
IOCON_PIO2_3	—	—	RI	PIO2_3
IOCON_PIO2_4	—	—	—	PIO2_4
IOCON_PIO2_5	—	—	—	PIO2_5
IOCON_PIO2_6	—	—	—	PIO2_6
IOCON_PIO2_7	—	—	—	PIO2_7
IOCON_PIO2_8	—	—	—	PIO2_8
IOCON_PIO2_9	—	—	—	PIO2_9
IOCON_PIO2_10	—	—	—	PIO2_10
IOCON_PIO2_11	—	—	SCK0	PIO2_11
IOCON_PIO3_0	—	—	DTR	PIO3_0
IOCON_PIO3_1	—	—	—	PIO3_1

续表 7 - 2

IOCON	FUNC 位定义			
	011	010	001	000
IOCON_PIO3_2	—	—	DCD	PIO3_2
IOCON_PIO3_3	—	—	RI	PIO3_3
IOCON_PIO3_4	—	—	—	PIO3_4
IOCON_PIO3_5	—	—	—	PIO3_5

表 7 - 3   IOCON 寄存器[4:3]位 MODE 功能描述

位	符 号	描 述	复位值
4:3	MODE	00：无效(无下拉/上拉电阻使能)； 01：下拉电阻使能； 10：上拉电阻使能； 11：中继模式	10

表 7 - 4   IOCON 寄存器[5]位 HYS 功能描述

位	符 号	描 述	复位值
5	HYS	0：禁能； 1：使能	0

表 7 - 5   IOCON 寄存器[7]位 ADMODE 位定义

IOCON	ADMODE 位定义	
	1	0
IOCON_PIO0_11	数字输入模式	模拟输入模式
IOCON_PIO1_0	数字输入模式	模拟输入模式
IOCON_PIO1_1	数字输入模式	模拟输入模式
IOCON_PIO1_2	数字输入模式	模拟输入模式
IOCON_PIO1_3	数字输入模式	模拟输入模式
IOCON_PIO1_4	数字输入模式	模拟输入模式
IOCON_PIO1_10	数字输入模式	模拟输入模式
IOCON_PIO1_11	数字输入模式	模拟输入模式

表 7 - 6   IOCON 寄存器[9:8]位 I2CMODE 位定义

IOCON	I2CMODE 位定义			
	11	10	01	00
IOCON_PIO0_4	保留	快速模式 Plus I2C	标准 I/O 功能	标准模式/快速模式 I2C
IOCON_PIO0_5	保留	快速模式 Plus I2C	标准 I/O 功能	标准模式/快速模式 I2C

7.2　GPIO 寄存器

　　LPC11XX 的 GPIO 作为数字端口使用时可由软件配置为输入/输出,所有 GPIO 引脚默认方式为输入。每个引脚可单独被用作外部中断输入,可配置为下降沿、上升沿或边沿产生中断,还可单独对中断级别进行设置。所有 GPIO 寄存器都为 32 位,可以字节、半字和字的形式访问。单个位(例如 GPIO 端口)也可通过直接写入端口引脚地址而设置。表 7 - 7 为 GPIO 寄存器总览。

表 7 - 7　GPIO 寄存器总览

名　　称	访　问	地址偏移量	描　　述	复位值
GPIOnDATA	R/W	0x0000～0x3FFC	端口 n 数据寄存器,其中 PIOn_0～PIOn_11 引脚可用;4 096 个位置;每个数据寄存器都是 32 位宽	0x00
—	—	0x4000～0x7FFC	保留	—
GPIOnDIR	R/W	0x8000	端口 n 的数据方向寄存器	0x00
GPIOnIS	R/W	0x8004	端口 n 的中断感应寄存器	0x00
GPIOnIBE	R/W	0x8008	端口 n 的中断边沿寄存器	0x00
GPIOnIEV	R/W	0x800C	端口 n 的中断事件寄存器	0x00
GPIOnIE	R/W	0x8010	端口 n 的中断屏蔽寄存器	0x00
GPIOnRIS	R	0x8014	端口 n 的原始中断状态寄存器	0x00
GPIOnMIS	R	0x8018	端口 n 的屏蔽中断状态寄存器	0x00
GPIOnIC	W	0x801C	端口 n 的中断清除寄存器	0x00
—	—	0x8020～0x8FFF	保留	0x00

　　注:基址端口 0,0x5000 0000;端口 1,0x5001 0000;端口 2,0x5002 0000;端口 3,0x5003 0000。

1. 端口 n 数据寄存器(GPIOnDATA)

　　端口 n 数据寄存器允许在设置为输入的引脚上读取数据,并且对配置为输出的引脚进行输出。在 GPIO 地址空间的 4 096 个位置均有同样的数据寄存器。表 7 - 8 为 GPIOnDATA 位描述。

表 7 - 8　GPIOnDATA 位描述

位	符　号	访　问	描　　述	复位值
11:0	DATA	R/W	引脚 PIOn_0～PIOn_11 输入数据(读)或输出数据(写)	0x00
31:12	—	—	保留	0x00

　　注:GPIO0DATA 地址 0x5000 0000～0x5000 3FFC;GPIO1DATA 地址 0x5001 0000～0x5001 3FFC;GPIO2DATA 地址 0x5002 0000～0x5002 3FFC;GPIO3DATA 地址 0x5003 0000～0x5003 3FFC。

2. 端口 n 数据方向寄存器(GPIOnDIR)

在对端口 n 数据寄存器(GPIOnDATA)进行操作前,必须先通过端口 n 数据方向寄存器(GPIOnDIR)设定方向。表 7 - 9 为 GPIOnDIR 位描述。

表 7 - 9 GPIOnDIR 位描述

位	符 号	访 问	描 述	复位值
11:0	IO	R/W	选择引脚 x 作为输入或输出(x=0～11)。 0:引脚 PIOn_x 配置为输入; 1:引脚 PIOn_x 配置为输出	0x00
31:12	—	—	保留	—

注:IGPIO0DIR 地址 0x5000 800C⋯⋯GPIO3DIR 地址 0x5003 8000。

其他几个 GPIO 寄存器都与中断有关,所以我们就放到与中断相关的内容再介绍。

7.3 GPIO 寄存器设置

为了实现对外部设备的读写,我们需要对 GPIO 相关寄存器进行设置。设置步骤如下:

① 引脚功能设置(数字 I/O 或其他);

② 引脚方向设置(输入或输出);

③ 输出数据(高/低电平)或读入数据。

7.4 GPIO 应用实验——按键控制发光二极管的亮灭

1. 实验要求

按下键 KEY1,LED1、LED2 亮;按下键 KEY2,LED1、LED2 灭。

2. 实验电路原理

参考 Mini LPC11XX DEMO 开发板电路原理图:

P1.0——KEY1;

P1.1——KEY2;

P1.9——LED1;

P1.10——LED2。

3. 源程序文件及分析

为了巩固大家设计 LPC11XX 的熟练度,再次重温一下 LPC11XX 开发流程,希望以后可以记牢。

① 建立一个新的设计文件夹及进行文件管理。

② 创建一个新项目并进行项目管理及选项设置。

③ 输入 C 源文件并向工程项目中添加源文件。

④ 编译源文件。如果编译不成功,必须修改 C 源文件并重新编译,直到成功为止。

⑤ 进行软件模拟仿真或实时在线仿真以初步验证功能是否达到设计要求。

⑥ 使用 Flash Magic 软件将生成的 HEX 文件下载到 LPC11XX 中,验证功能是否达到设计要求。

⑦ 如果功能未达到设计要求,则回到③修改源程序后重新进行,直到满足设计要求为止。

每次开发都要做第①步"建立一个新的设计文件夹及进行文件管理"这些重复性的工作,岂不是效率太低了? 我们可以事先做一个开发 LPC11XX 的模板文件夹,里面建立 Out、User、System、Drive 四个子文件夹,把相关的库文件和已经使用过的驱动文件全部放在对应的子文件夹中,那么,以后每次开发使用时,只需将模板文件夹改名即可,也就省去了第①步"建立一个新的设计文件夹及进行文件管理"这个重复的工作,也可大大提高开发的速度。说到做到,马上行动,创建一个自己的模板文件夹。

通用 I/O 的主要作用就是输出信号或输入信号。输出信号即通过引脚对驱动对象输出高电平或低电平,属于大信号(大电流)工作过程;输入信号即通过引脚读入外部对象的高电平或低电平信号,属于小信号(小电流)工作过程。

新建一个文件目录 IO_inout,在 Real View MDK 集成开发环境中创建一个工程项目 IO_inout. uvproj 于此目录中。

在 File 菜单下新建如下源文件 main. c,编写源程序代码后保存在 User 文件夹下,再把 main. c 文件添加到 User 组中。

```
# include "config.h"
# include "gpio.h"

/*******************************************************
* FunctionName    : Init
* Description     : 初始化系统
* EntryParameter  : None
* ReturnValue     : None
*******************************************************/
void Init(void)
{
    SystemInit();           //系统初始化
    GPIO_Init();            //GPIO 初始化
```

```
    }
/* *********************************************************
 * FunctionName   : main
 * Description    : 主函数
 * EntryParameter : None
 * ReturnValue    : None
 ********************************************************/
int main(void)
{
    Init();
    while(1)
    {
        KEY_LED_flash();
    }
}

/* *********************************************************
 *                    End Of File
 ********************************************************/
```

在 File 菜单下新建如下源文件 gpio.c,编写完成后保存在 Drive 文件夹下,随后将文件 gpio.c 添加到 Drive 组中。

```
#include "config.h"
#include "gpio.h"
/* *********************************************************
 * FunctionName   : GPIO_Init
 * Description    : GPIO 初始化
 * EntryParameter : None
 * ReturnValue    : None
 ********************************************************/
void GPIO_Init(void)
{
    //第 1 步,引脚功能设置(数字 IO 或其他)
    SET_BIT(LPC_SYSCON,SYSAHBCLKCTRL,16);  //使能 IOCON 时钟(bit16)
    LPC_IOCON->PIO1_9 = 0XD0;  //把 P1.9 设置为数字 IO 引脚(字节操作)
    LPC_IOCON->PIO1_10 = 0XD0;  //把 P1.10 设置为数字 IO 引脚(字节操作)
    LPC_IOCON->JTAG_TMS_PIO1_0 = 0XD1;  //把 P1.0 设置为数字 IO 引脚(字节操作)
    LPC_IOCON->JTAG_TDO_PIO1_1 = 0XD1;  //把 P1.1 设置为数字 IO 引脚(字节操作)
    CLR_BIT(LPC_SYSCON,SYSAHBCLKCTRL,16);  //禁止 IOCON 时钟(bit16)(引脚配置完成后
                                           //关闭该时钟)

    //第 2 步,引脚方向设置(输入或输出)
```

```
    SET_BIT(LPC_GPIO1,DIR,9);    //把 P1.9 和 P1.10 引脚设置为输出
    SET_BIT(LPC_GPIO1,DIR,10);
    CLR_BIT(LPC_GPIO1,DIR,0);    //把 P1.0 和 P1.1 引脚设置为输入
    CLR_BIT(LPC_GPIO1,DIR,1);

    //第 3 步,输出数据(高/低电平)
    SET_BIT(LPC_GPIO1,DATA,9);    //关 LED1,LED2:输出高电平
    SET_BIT(LPC_GPIO1,DATA,10);
}

/ *************************************************************
 * FunctionName   : KEY_LED_flash
 * Description    : 按键后 LED 亮、灭
 * EntryParameter : None
 * ReturnValue    : None
 *************************************************************/
void KEY_LED_flash(void)
{
    if(GET_BIT(LPC_GPIO1,DATA,0) == 0)        //如果是 KEY1 键被按下
    {
        CLR_BIT(LPC_GPIO1,DATA,9);            //开 LED1,LED2:输出低电平
        CLR_BIT(LPC_GPIO1,DATA,10);
    }
    else if(GET_BIT(LPC_GPIO1,DATA,1) == 0)    //如果是 KEY2 键被按下
    {
        SET_BIT(LPC_GPIO1,DATA,9);            //关 LED1,LED2:输出高电平
        SET_BIT(LPC_GPIO1,DATA,10);
    }
}
```

在 File 菜单下新建如下源文件 gpio.h,编写完成后保存在 Drive 文件夹下。

```
#ifndef __GPIO_H
#define __GPIO_H
void GPIO_Init(void);
void KEY_LED_flash(void);
#endif
```

4. 实验效果

编译通过后下载程序,按下 Mini LPC11XX DEMO 开发板上的按键 KEY1,这时 LED1、LED2 亮;再按下按键 KEY2,这时 LED1、LED2 灭。实验照片见图 7-2,达到掌握设计 GPIO 输入或输出的目的。

图 7 - 2　按键控制发光二极管的亮灭

第 **8** 章

LPC11XX 外中断应用设计

8.1 嵌套向量中断控制器

介绍中断,就要先介绍嵌套向量中断控制器(NVIC),它是 Cortex - M0 的一个重要组成部分。NVIC 与 CPU 处理器内核紧密耦合,实现低的中断延迟以及对新到中断的有效处理。另外,Cortex - M 系列处理器将外部中断、SVC 和 Reset 均称为异常,Cortex - M0 在异常处理机制方面有了很大的改进,处理时间只要 12 个时钟周期。

NVIC 特性:

- NVIC 是 ARM Cortex - M0 内部的一个组成部分;
- 紧耦合方式使中断延迟大大缩短;
- 可对系统的异常及外设中断进行控制;
- 在 LPC11XX 系列中,NVIC 支持 32 路向量中断;
- 4 个可编程中断优先级,带硬件优先级屏蔽;
- 可重定位的向量表;
- 不可屏蔽中断(NMI);
- 可产生软件中断。

8.2 中断源

表 8 - 1 列出了 LPC11XX 每一个外设中断源的功能。每一个外设可能有一个或多个中断线连接到中断向量控制器。每一条中断线可代表一个以上的中断源(即多个中断源可以共用一个中断线),除了某些 ARM 公司确定的标准外,连接线的位置没有优先级和重要性的区别。

表 8 - 1　LPC11XX 中断源

异常编号	功　能	标　志
12:0	启动逻辑唤醒中断	每个中断都会与一个 PIO 输入引脚相连,作为从深度睡眠模式唤醒的唤醒引脚,中断 0～11 对应 PIO0_0～PIO0_11,中断 12 对应 PIO_1_0
13	—	保留
14	SSP1	Tx FIFO 一半为空;Rx FIFO 一半为满;Rx 超时;Rx 溢出
15	I2C	SI(状态改变)
16	CT16B0	匹配 0～2;捕获 0
17	CT16B1	匹配 0～1;捕获 0
18	CT32B0	匹配 0～3;捕获 0
19	CT32B1	匹配 0～3;捕获 0
20	SSP0	Tx FIFO 一半为空;Rx FIFO 一半为满;Rx 超时;Rx 溢出
21	UART	Rx 线状态(RLS);发送保持寄存器空(THRE);Rx 数据可用(RDA);字符超时指示(CTI);Modem 控制改变;自动波特率结束(ABEO);自动波特率超时(ABTO)
22	—	保留
23	—	保留
24	ADC	ADC 结束转换
25	WDT	看门狗中断(WDINT)
26	BOD	Brown - out 检测
27	—	保留
28	PIO_3	端口 3 的 GPIO 中断状态
29	PIO_2	端口 2 的 GPIO 中断状态
30	PIO_1	端口 1 的 GPIO 中断状态
31	PIO_0	端口 0 的 GPIO 中断状态

8.3　NVIC 控制函数

　　CMSIS 标准已经提供了对 NVIC 进行操作的控制函数,具体可以参考 core_cm0. h 文件,应用时只要直接操作这些函数即可。下面列出 NVIC 的控制函数。

● __STATIC_INLINE void NVIC_EnableIRQ(IRQn_Type IRQn)　使能 NVIC 中断控制寄存器中一个相应的设备,IRQn 指异常编号(即中断向量号)。

● __STATIC_INLINE void NVIC_DisableIRQ(IRQn_Type IRQn)　禁能

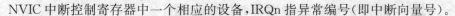

NVIC 中断控制寄存器中一个相应的设备，IRQn 指异常编号（即中断向量号）。

- __STATIC_INLINE uint32_t NVIC_GetPendingIRQ(IRQn_Type IRQn) 获取中断悬起状态。
- __STATIC_INLINE void NVIC_SetPendingIRQ(IRQn_Type IRQn)　将某个外部中断设置为悬起位（待定位）。
- __STATIC_INLINE void NVIC_ClearPendingIRQ(IRQn_Type IRQn)　清除某个外部中断悬起位。
- __STATIC_INLINE void NVIC_SetPriority(IRQn_Type IRQn，uint32_t priority)　设置中断优先级。
- __STATIC_INLINE uint32_t NVIC_GetPriority(IRQn_Type IRQn)　获取中断优先级。
- __STATIC_INLINE void NVIC_SystemReset(void)　初始化系统请求去复位 CPU。

8.4　中断函数及写法

在 Real View MDK 的启动文件 startup_LPC11xx.s 中，NXP 公司已经为我们规定了中断函数名的写法，具体可参考 startup_LPC11xx.s 中第 77～108 行。

以我们实验所用的中断函数为例，其写法为：

```
void PIOINT1_IRQHandler(void){ }
```

其中，中断函数名符合 startup_LPC11xx.s 中第 107 行之规定。

8.5　LPC11XX 外中断相关 GPIO 寄存器

1. 中断触发寄存器（GPIOnIS）

该寄存器是设置边沿触发还是电平触发的寄存器。表 8 - 2 为 GPIOnIS 位描述。

表 8 - 2　GPIOnIS 位描述

(IGPIO0IS 地址 0x5000 8004……GPIO3IS 地址 0x5003 8004)

位	符　号	访　问	描　述	复位值
11:0	ISENSE	R/W	在引脚 x 下选择中断作为电平或边沿触发（x=0~11）。 0：PIOn_x 引脚上的中断配置为边沿触发； 1：PIOn_x 引脚上的中断配置为电平触发	0x00
31:12	—	—	保留	—

2. 中断双边沿触发寄存器(GPIOnIBE)

该寄存器是设置低电平触发还是高电平触发,或者是下降沿触发还是上升沿触发,或者是双边沿触发的寄存器。表8-3为GPIOnIBE位描述。

表8-3 GPIOnIBE 位描述

(IGPIO0IBE 地址 0x5000 8008……GPIO3IBE 地址 0x5003 8008)

位	符　号	访　问	描　述	复位值
11:0	IBE	R/W	在引脚 x 上选择在双边沿上触发的中断(x=0~11)。 0:通过寄存器 GPIOnIEV 控制引脚 PIOn_x 上的中断; 1:引脚 PIOn_x 上双边沿触发中断	0x00
31:12	—	—	保留	—

3. 中断事件寄存器(GPIOnIEV)

该寄存器负责开启或屏蔽对应引脚中断。表8-4为GPIOnIEV位描述。

表8-4 GPIOnIEV 位描述

(IGPIO0IEV 地址 0x5000 800C……GPIO3IEV 地址 0x5003 800C)

位	符　号	访　问	描　述	复位值
11:0	IEV	R/W	在引脚 x 上选择要触发的上升沿或下降沿中断(x=0~11)。 0:根据 GPIOnIS 的设置,上升沿或引脚 PIOn_x 的高电平触发中断; 1:根据 GPIOnIS 的设置,下降沿或引脚 PIOn_x 的低电平触发中断	0x00
31:12	—	—	保留	—

4. 中断屏蔽寄存器(GPIOnIE)

如果 GPIOnIE 寄存器中的位设为高电平,对应的引脚就会使能各自的中断。清除该位就会禁止对应引脚的中断触发。表8-5为GPIOnIE位描述。

表8-5 GPIOnIE 位描述

(IGPIO0IE 址址 0x5000 8010……GPIO3IE 地址 0x5003 8010)

位	符　号	访　问	描　述	复位值
11:0	MASK	R/W	选择引脚 x 上要被屏蔽的中断(x=0~11)。 0:引脚 PIOn_x 上的中断被屏蔽; 1:引脚 PIOn_x 上的中断不被屏蔽	0x00
31:12	—	—	保留	—

5. 原始中断状态寄存器(GPIOnIRS)

该寄存器的位读出为高电平时反映了对应引脚上的原始(屏蔽之前)中断状态,

表示在触发 GPIOnIE 之前所有的要求都满足。位读出为 0 时表示对应的输入引脚还未启动中断。该寄存器为只读。表 8 - 6 为 GPIOnIRS 位描述。

表 8 - 6　GPIOnIRS 位描述

(GPIO0IRS 地址 0x5000 8014……GPIO3IRS 地址 0x5003 8014)

位	符　号	访　问	描　述	复位值
11:0	MASK	R	选择引脚 x 上要屏蔽的中断(x＝0～11)。 0：引脚 PIOn_x 上无中断； 1：引脚 PIOn_x 上满足的中断要求	0x00
31:12	—	—	保留	—

6. 屏蔽中断状态寄存器(GPIOnMIS)

该寄存器中的位读出为高电平时反映了输入线的状态触发中断,读出为低电平时表示对应的输入引脚没有中断产生,或者中断被屏蔽。GPIOnMIS 是屏蔽后的中断状态。该寄存器为只读。表 8 - 7 为 GPIOnMIS 位描述。

表 8 - 7　GPIOnMIS 位描述

(GPIO0MIS 地址 0x5000 8018……GPIO3MIS 地址 0x5003 8018)

位	符　号	访　问	描　述	复位值
11:0	MASK	R	选择引脚 x 上要屏蔽的中断(x＝0～11)。 0：引脚 PIOn_x 上无中断或中断屏蔽； 1：引脚 PIOn_x 上的中断	0x00
31:12	—	—	保留	—

7. 中断清除寄存器(GPIOnIC)

表 8 - 8 为 GPIOnIC 位描述。

表 8 - 8　GPIOnIC 位描述

(GPIO0IC 地址 0x5000 801C……GPIO3IC 地址 0x5003 801C)

位	符　号	访　问	描　述	复位值
11:0	CLR	W	选择引脚 x 上要清除的中断(x＝0～11)。清除中断边沿检测逻辑。该寄存器为只写。 注：GPIO 和 NVIC 块之间的同步装置产生 2 个时钟的延时。建议在清除中断边沿检测逻辑之后,退出中断服务程序之前增加 2 个 NOP。 0：无影响； 1：清除 PIOn_x 上的边沿检测逻辑	0x00
31:12	—	—	保留	—

8.6　LPC11XX 外中断相关 GPIO 寄存器设置

中断方式读取端口输入的步骤设置如下：
① 引脚功能设置（数字 IO）；
② 引脚方向设置（输入）；
③ 选择中断源及触发方式；
④ 开相应的中断；
⑤ 中断服务函数处理（中断函数名不能自己命名，需按照系统的约定）。

8.7　GPIO 外中断应用实验——外中断输入控制发光二极管的亮灭

1. 实验要求

按下按键 KEY1，LED1 亮，释放按键 KEY1，LED1 灭；按下按键 KEY2，LED2 亮，释放按键 KEY2，LED2 灭。

2. 实验电路原理

参考 Mini LPC11XX DEMO 开发板电路原理图：

P1.0——KEY1；

P1.1——KEY2；

P1.9——LED1；

P1.10——LED2。

3. 源程序文件及分析

这里只分析 main.c 文件，完整程序请登录北京航空航天大学出版社网站下载。

新建一个文件目录 Ext_inout，在 Real View MDK 集成开发环境中创建一个工程项目 Ext_inout.uvproj 于此目录中。

在 File 菜单下新建如下源文件 main.c，编写源程序代码后保存在 User 文件夹下，再把 main.c 文件添加到 User 组中。

```
#include "config.h"
#include "gpio.h"
/***************************************************************
* FunctionName   : Init
* Description    : 初始化系统
* EntryParameter : None
* ReturnValue    : None
```

```
**********************************************************/
void Init(void)
{
    SystemInit();                //系统初始化
    GPIO_Init();                 //GPIO 初始化
}

/ * * * * * * * * * * * * * * * * * * * * * * * * * * * * * * * * * * * * * * * * * *
* FunctionName    : main
* Description     : 主函数
* EntryParameter  : None
* ReturnValue     : None
* * * * * * * * * * * * * * * * * * * * * * * * * * * * * * * * * * * * * * * * * * */
int main(void)
{
    Init();
    while(1)
    {
        ;
    }
}

/ * * * * * * * * * * * * * * * * * * * * * * * * * * * * * * * * * * * * * * * * * *
* FunctionName    : PIOINT1_IRQHandler
* Description     : GPIO1 中断服务函数
* EntryParameter  : None
* ReturnValue     : None
* * * * * * * * * * * * * * * * * * * * * * * * * * * * * * * * * * * * * * * * * * */
void PIOINT1_IRQHandler(void)
{
    if(GET_BIT(LPC_GPIO1,MIS,0)!=0)              //检测 P1.0 引脚产生的中断
    {
        CLR_BIT(LPC_GPIO1,DATA,9);               //开 LED1
        while((GET_BIT(LPC_GPIO1,DATA,0)==0));   //等待按键释放
        SET_BIT(LPC_GPIO1,DATA,9);               //关 LED1
    }
    else if(GET_BIT(LPC_GPIO1,MIS,1)!=0)         //检测 P1.1 引脚产生的中断
    {
        CLR_BIT(LPC_GPIO1,DATA,10);              //开 LED2
        while((GET_BIT(LPC_GPIO1,DATA,1)==0));   //等待按键释放
        SET_BIT(LPC_GPIO1,DATA,10);              //关 LED2
    }
    LPC_GPIO1->IC = 0x3FF;                       //清除 GPIO1 上的中断
}
```

4. 实验效果

编译通过后下载程序,按下 Mini LPC11XX DEMO 开发板上的按键 K1,这时 LED1 亮;释放 K1,LED1 灭。按下按键 K2,LED2 亮;释放 K2,LED2 灭。实现了中断方式处理按键输入的实践。图 8 - 1 为外中断输入控制发光二极管亮灭的实验照片。

图 8 - 1   外中断输入控制发光二极管亮灭的实验照片

第 **9** 章
系统节拍定时器特性及应用

系统节拍定时器(Sys Tick timer)是 ARM Cortex - M0 内核的组成部分,所有 LPC11XX 系列产品都包含一个相同的系统节拍定时器。系统节拍定时器为操作系统或其他系统管理软件提供固定 10 ms 的中断。

LPC11XX 的系统节拍定时器是 24 位定时器,采用倒计时计数,当倒计时值达到 0 时产生一个中断。系统节拍定时器的作用就是为每次中断之间提供默认 10 ms 的固定时间间隔,其时钟信号由 CPU 时钟提供。要在指定时间间隔重复产生中断,就必须使用指定的时间间隔值对 STRELOAD 寄存器进行初始化。默认值保存在 STCALIB 寄存器中,可通过软件改变默认值,默认时间间隔为 10 ms。

图 9-1 为系统节拍定时器结构图。

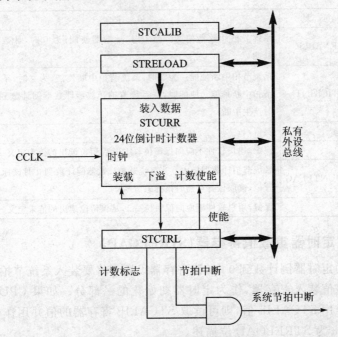

图 9-1　系统节拍定时器结构图

系统节拍定时器特性：

- 10 ms 时间间隔（可以重新设定其他时间值）；
- 专用的异常向量；
- 由专门的系统节拍定时器时钟提供内部时钟。

9.1 系统节拍定时器相关寄存器

表 9 - 1 列出了与系统节拍定时器相关的寄存器。

表 9 - 1 与系统节拍定时器相关的寄存器

名 称	访 问	地址偏移量	描 述	复位值
STCTRL	R/W	0x010	系统定时器控制和状态寄存器	0x4
STRELOAD	R/W	0x014	系统定时器重载值寄存器	0
STCURR	R/W	0x018	系统定时器当值寄存器	0
STCALIB	R/W	0x01C	系统定时器校准值寄存器	＜待定＞

注：复位值只反映使用位中存放的数据，不包括保留位的内容。

1. 系统定时器控制和状态寄存器（STCTRL）

该寄存器包含系统节拍定时器的控制信息，并提供状态标志。表 9 - 2 为 STCTRL 位描述。

表 9 - 2 STCTRL 位描述（地址 0xE000 E010）

位	符 号	描 述	复位值
0	ENABLE	系统节拍计数器使能。为 1 时，计数器使能；为 0 时，计数器禁能	0
1	TICKINT	系统节拍中断使能。为 1 时，系统节拍中断使能；为 0 时，系统节拍中断禁能。使能时，在系统节拍计数器计数器倒计数到 0 时产生中断	0
2	—	保留	1
15:3	—	保留，用户软件不应向保留位写 1，从保留位读出的值未定义	NA
16	COUNTFLAG	系统节拍计数器标志。当系统节拍计数器倒计数到 0 时该标志置位，读取该寄存器时该标志清零	0
31:17	—	保留，用户软件不应向保留位写 1，从保留位读出的值未定义	NA

2. 系统定时器重载值寄存器（STRELOAD）

系统节拍定时器倒计数到 0 时，该寄存器设置为将要装入系统节拍定时器的值。使用软件将该值装入寄存器，作为定时器初始化的一部分。如果 CPU 或外部时钟运行频率适合用 STCALIB 值，则可读取 STCALIB 寄存器的值并用作 STRELOAD 的值。表 9 - 3 为 STRELOAD 位描述。

表 9 - 3　STRELOAD 位描述(地址 0xE000 E014)

位	符　号	描　述	复位值
23:0	RELOAD	该值在系统节拍计数器倒计数到 0 时装入该计数器	0
31:24	—	保留,用户软件不应向保留位写1,从保留位读出的值未定义	NA

3. 系统定时器当前值寄存器(STCURR)

当软件读系统节拍计数器值时,该寄存器将返回系统节拍计数器的当前计数值。表 9 - 4 为 STCURR 位描述。

表 9 - 4　STCURR 位描述(地址 0xE000 E018)

位	符　号	描　述	复位值
23:0	CURRENT	读该寄存器会返回系统节拍计数器的当前值。写任意位都可清零系统节拍计数器和 STCTRL 中的 COUNTFLAG 位	0
31:24	—	保留,用户软件不应向保留位写1,从保留位读出的值未定义	NA

4. 系统定时器校准值寄存器(STCALIB)

表 9 - 5 为 STCALIB 位描述。

表 9 - 5　STCALIB 位描述(地址 0xE000 E01C)

位	符　号	描　述	复位值
23:0	TENMS	<待定>	<待定>
29:24	—	保留,用户软件不应向保留位写1。从保留位读出的值未定义	NA
30	SKEW	<待定>	0
31	NOREF	<待定>	0

9.2　系统节拍定时器应用实验——精确延时

前面做的实验,使用的延时都是由软件延时函数实现的,延时的精确性不好。这里我们使用系统节拍定时器的精确定时功能来实现精确的延时。

1. 实验要求

LED1 亮 1 s 灭 1 s 的精确闪烁。

2. 实验电路原理

参考 Mini LPC11XX DEMO 开发板电路原理图:P1.9——LED1。

3. 源程序文件及分析

这里只分析 main.c 文件,完整程序请登录北京航空航天大学出版社网站下载。

新建一个文件目录 TickDelay,在 Real View MDK 集成开发环境中创建一个工程项目 TickDelay. uvproj 于此目录中。

在 File 菜单下新建如下源文件 main. c,编写源程序代码后保存在 User 文件夹下,再把 main. c 文件添加到 User 组中。

```c
# include "config. h"
# include "gpio. h"
# include "SysTick. h"

/ **************************************************************
* FunctionName   : Delay_1ms
* Description    : 软件延时 1 ms
* EntryParameter : None
* ReturnValue    : None
*************************************************************/
void Delay_1ms(void)
{
    uint8 i,t = 20;

    while (t --)
    {
        for (i = 0; i < 98; i ++);
    }
}


/ **************************************************************
* FunctionName   : Delay_Nms
* Description    : 软件延时 N ms
* EntryParameter : N—时间参数
* ReturnValue    : None
*************************************************************/
void Delay_Nms(uint32 N)
{
    while (N --)
    {
        Delay_1ms();
    }
}

/ **************************************************************
* FunctionName   : Init
* Description    : 初始化系统
* EntryParameter : None
* ReturnValue    : None
*************************************************************/
void Init(void)
{
    SystemInit();                       //系统初始化
    GPIO_Init();                        //GPIO 初始化
```

```
        SysTickInit(10);                        //初始化系统节拍定时器
        Delay_Nms(50);                          //适当延时,让硬件初始化完成
}

/ ********************************************************
*   FunctionName   : main
*   Description     : 主函数
*   EntryParameter : None
*   ReturnValue    : None
******************************************************** /
int main(void)
{
        Init();                                 //初始化系统

        while (1)
        {
            CLR_BIT(LPC_GPIO1,DATA,9);          //点亮 LED1
            SysTickDelay(100);                  //系统节拍定时器延时 1 s
            SET_BIT(LPC_GPIO1,DATA,9);          //熄灭 LED1
            SysTickDelay(100);                  //系统节拍定时器延时 1 s
        }
}

/ ********************************************************
*                        End Of File
******************************************************** /
```

4. 实验效果

编译通过后下载程序,Mini LPC11XX DEMO 开发板上的 LED1 开始闪烁,亮灭间隔时间为 1 s,时间非常准确。图 9 - 2 为精确延时的实验照片。

图 9 - 2　精确延时的实验照片

第 10 章

TFT-LCD 的驱动显示

10.1　TFT-LCD 显示器

　　TFT-LCD(Thin Film Transistor-Liquid Crystal Display,薄膜晶体管液晶显示器),俗称为彩屏。TFT-LCD 与无源 TN-LCD、STN-LCD 的简单矩阵不同,它在液晶显示屏的每一个像素上都设置有一个薄膜晶体管(TFT),可有效地克服非选通时的串扰,使显示液晶屏的静态特性与扫描线数无关,因此大大提高了图像质量。TFT-LCD 的用途非常广泛,可用于一切需要高品质显示的场合,如液晶电视、手机、医疗仪器等。

　　TFT-LCD 可依显示屏的尺寸大小分类,这里我们使用 2.4 寸的 TFT-LCD 进行学习实验,它具有 320×240 的分辨率,16 位真彩显示。驱动控制器为 ILI9325 或 ILI9328,基本功能都是一样的,采用 8 位或 16 位的并口与微处理器通信。

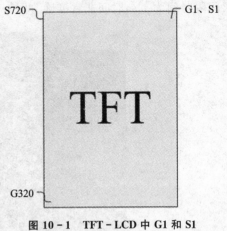

图 10-1　TFT-LCD 中 G1 和 S1
开始的位置示意图

　　TFT-LCD 有一个用字母 G1 和 S1 表示开始的位置,我们可以称它为物理起始地址。图 10-1 为其示意图。每一行中用三个 S 表示一个点,720/3=240,所以每一行是从 S1 到 S720。每一列中用一个 G 表示一个点,所以是从 G1 到 G320。整个屏幕正好是 320×240。

　　驱动 TFT-LCD 时,每个点用 2 个字节表示颜色,按设定的方向刷新 320×240 个点,就可以显示一张图片(见图 10-2)。

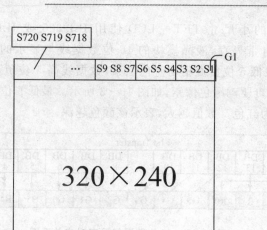

图 10 - 2　320×240 个点可以显示一张图片

10.2　TFT - LCD 显示器模块的引脚功能

LCD_RS：TFT - LCD 命令/数据选择(0 为读写命令,1 为读写数据);

LCD_CS：TFT - LCD 片选信号;

LCD_WR：向 TFT - LCD 写入数据;

LCD_RD：从 TFT - LCD 读取数据;

DB[15:0]：16 位双向数据线,如以 8 位方式连接,则使用 DB[15:8]分两次传送;

RESET：复位信号;

F_CS：W25Q16 Flash 存储器的片选信号;

MISO0：W25Q16 Flash 存储器的串行信号输出引脚,同时也作为 SD 卡的串行信号输出引脚;

MOSI0：W25Q16 Flash 存储器的串行信号输入引脚,同时也作为 SD 卡的串行信号输入引脚;

SCK0：W25Q16 Flash 存储器的时钟信号引脚,同时也作为 SD 卡的时钟信号引脚;

SCK1：触摸芯片 XTP2046 的时钟信号;

T_CS：触摸芯片 XTP2046 的片选信号;

MOSI1：触摸芯片 XTP2046 的串行信号输入引脚;

MISO1：触摸芯片 XTP2046 的串行信号输出引脚;

SD_CS：SD 卡的片选信号。

目前,大部分的小尺寸 TFT - LCD 使用 ILI9325 或 ILI9328 作为控制器,ILI9325/ILI9328 自带显存,液晶模块的 16 位数据线与显示的对应关系可以采用 565 方式,即数据线低 5 位负责驱动蓝色像素,数据线高 5 位负责驱动红色像素,中间的 6 位数据线负责驱动绿色像素,如图 10-3 所示。最低 5 位代表蓝色,中间 6 位为绿色,最高 5 位为红色。数值越大,表示该颜色越深。

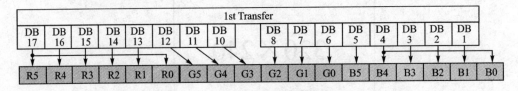

图 10-3　16 位数据与显存对应关系图

10.3　ILI9325/ILI9328 的几个重要寄存器及控制命令

ILI9325/ILI9328 的控制寄存器及控制命令很多,有兴趣的读者可以看一下 ILI9325/ILI9328 的 datasheet。这里只介绍以下几个重要控制寄存器及控制命令。

1. R0 寄存器

该寄存器命令有两个功能。如果对它写,则最低位为 OSC,用于开启或关闭振荡器;如果对它读操作,则返回的是控制器的型号。这个命令最大的功能就是通过读它可以得到控制器的型号,而代码在知道了控制器的型号之后,可以针对不同型号的控制器,进行不同的初始化。因为 ILI93XX 系列的初始化都比较类似,我们完全可以用一个代码兼容几个控制器。

2. R1 寄存器

驱动器控制输出 1 命令。

SS:源驱动器选择输出的方向。

当 SS=0 时,输出方向是从 S1 到 S720;当 SS=1 时,输出方向是从 S720 到 S1。

3. R3 寄存器

入口模式命令。需要重点关注下面几个位。

AM:控制 GRAM 更新方向。当 AM=0 时,地址以行方向(水平方向)更新;当 AM=1 时,地址以列方向(垂直方向)更新。

I/D[1:0]:控制扫描方式。当更新了一个数据之后,根据这两个位的设置来控制显存 GRAM 地址计数器自动加 1 或减 1,其关系如图 10-4 所示。

ORG:当一个窗口(需要进行显示的屏幕的某一区域称为窗口)的地址区域确定以后,根据上面 I/D 的设置来移动原始地址。当高速写窗口地址域时,这个功能将被

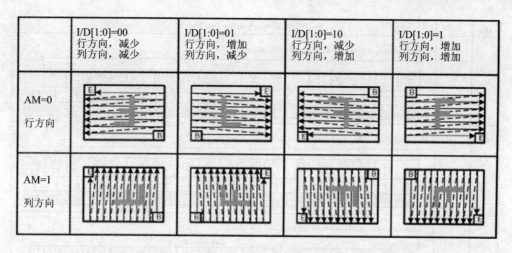

图 10‑4　GRAM 显示方向设置图

使能。ORG＝0,原始地址是不移动。这种情况下,是通过指定 GRAM 地址来进行写操作的。ORG＝1,原始地址是通过 I/D 的设置进行相应的移动。注意:① 当 ORG＝1 时,设置 R20H、R21H 原始地址的时候,只能设置 0x0000。② 在进行读操作时,要保证 ORG＝0。

BGR:交换写数据中红和蓝。BGR＝0,根据 RGB 顺序写像素点的数据;BGR＝1,交换 RGB 数据为 BGR,写入 GRAM。

TRI:当 TRI＝1 时,在 8 位数据模式下,以 8 位×3 传输,也就是传输 3 字节到 TFT‑LCD。当 TRI＝0 时,以 16 位数据模式传输。

DFI:设置 TFT‑LCD 内部传输数据的的模式。该位要和 TRI 联合起来使用。

通过这几个位的设置,就可以控制屏幕的显示方向了。

图 10‑5 是 16 位数据传送与显存对应关系图。图 10‑6 是 8 位数据传送与显存对应关系图。

4. R4 寄存器

调整大小控制命令。

RSZ[1:0]:设置调整参数。

当设置 RSZ 后,ILI9325 将会根据 RSZ 设置的参数来调整显示区域大小,这时水平和垂直方向的区域都会改变。

RSZ[1:0]	Resizing factor
00	No resizing(x1)
01	x 1/2
10	Setting prohibited
11	x 1/4

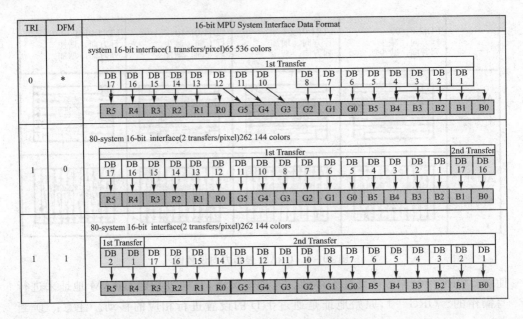

图 10 - 5   16 位数据传送与显存对应关系图

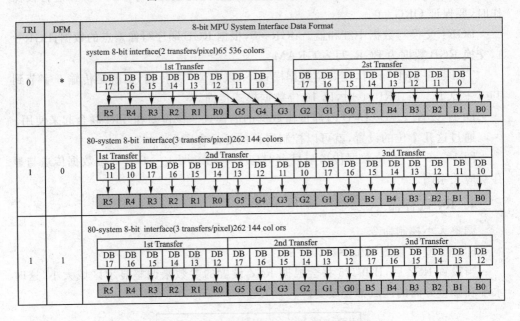

图 10 - 6   8 位数据传送与显存对应关系图

RCH[1:0]：调整图像大小时设置水平余下的像素点的个数。实际上就是拿当前的图像的水平像素个数和缩小后水平像素个数取模，原因是原始图像不可能正好能被缩小 1/2，或者 1/4。比如，图像水平像素点是 15 个，如果要缩小为 1/2，而 15 除以 2 余数为 1，则 RCH[1:0]这时就设置为 1。实际上就是保证原始图像水平减去几个像素点正好能被 RSZ 除尽。

RCV[1:0]：同 RCH 原理一样，这个是来保证垂直方向上减去几个像素点正好能被 RSZ 除尽。

5. R7 寄存器

显示控制命令。

CL 位用来控制是 8 位彩色，还是 26 万色。CL 为 0 时，为 26 万色；CL 为 1 时，为 8 位彩色。

D1、D0、BASEE 三位用来控制显示开关与否。当全部设置为 1 时开启显示，全部为 0 时关闭。一般通过该命令的设置来开启或关闭显示器，以降低功耗。

6. R32 和 R33 寄存器

设置 GRAM 的行地址和列地址命令。

R32 用于设置列地址（X 坐标，0～239），R33 用于设置行地址（Y 坐标，0～319）。当要在某个指定点写入一个颜色时，先通过这两个命令设置到新的点，然后写入颜色值即可。

7. R34 寄存器

写数据到 GRAM 命令，当写入了这个命令之后，地址计数器才会自动增加或减少。该命令是我们介绍的这几个控制命令中唯一的单操作命令：只需要写入数值即可。而其他的控制命令都是要先写入命令编号，然后写入操作数。

8. R60 寄存器

驱动器控制输出 2 命令。

GS：源驱动器选择输出的方向。当 GS＝0 时，输出方向是从 G1 到 G320；当 GS＝1 时，输出方向是从 G320 到 G1。因此坐标点位置的扫描由 SS 和 GS 确定，对应 R1 和 R60 的命令，见图 10－7。

9. R80～R83 寄存器

行列 GRAM 地址位置设置。

这几个命令用于设定要显示的区域的大小，整个屏的大小为 240×320，但是有时只需要在其中一部分区域（窗口）写

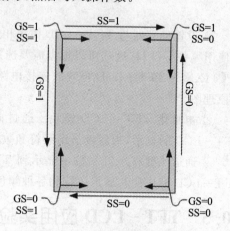

图 10－7　坐标点位置的扫描由 SS 和 GS 确定

入数据，如果用先写坐标后写数据的方式来实现，则速度会大打折扣。此时就可以使用这几个命令，在其中开辟一个区域，然后不停地传送数据，地址计数器就会根据 R3 的设置自动增加/减少。这样就不需要频繁地写地址了，大大提高了刷新的速度。

比较常用的几个命令如表 10 - 1 所列。

表 10 - 1 ILI9325/ILI9328 常用命令表

编号	指令HEX	各位描述																命令
		D15	D14	D13	D12	D11	D10	D9	D8	D7	D6	D5	D4	D3	D2	D1	D0	
R0	0x00	1	*	*	*	*	*	*	*	*	*	*	*	*	*	*	OSC	打开振荡器/ 读取控制器型号
		1	0	0	1	0	0	1	0	1	0	0	1	0	0	0	0	
R3	0x03	TRI	DFM	0	BGR	0	0	HWV	0	ORG	0	I/D1	I/D0	AM	0	0	0	入口模式
R7	0x07	0	0	PTDE1	PTDE0	0	0	0	BASEE	0	0	GON	DTE	CL	0	D1	D0	显示控制
R32	0x20	0	0	0	0	0	0	0	0	AD7	AD6	AD5	AD4	AD3	AD2	AD1	AD0	行地址(X)设置
R33	0x21	0	0	0	0	0	0	0	AD16	AD15	AD14	AD13	AD12	AD11	AD10	AD9	AD8	列地址(Y)设置
R34	0x22	NC	NC	NC	NC	NC	NC	NC	NC	NC	NC	NC	NC	NC	NC	NC	NC	写数据到 GRAM
R80	0x50	0	0	0	0	0	0	0	0	HSA7	HSA6	HSA5	HSA4	HSA3	HSA2	HSA1	HSA0	行起始地址(X)设置
R81	0x51	0	0	0	0	0	0	0	0	HEA7	HEA6	HEA5	HEA4	HEA3	HEA2	HEA1	HEA0	行结束地址(X)设置
R82	0x52	0	0	0	0	0	0	0	VSA8	VSA7	VSA6	VSA5	VSA4	VSA3	VSA2	VSA1	VSA0	列起始地址(Y)设置
R83	0x53	0	0	0	0	0	0	0	VSE8	VSE7	VSE6	VSE5	VSE4	VSE3	VSE2	VSE1	VSE0	列结束地址(Y)设置

10.4 TFT - LCD 显示的相关设置

① 设置处理器与 TFT - LCD 模块相连接的 I/O 口线。使用什么类型的处理器及使用哪些 I/O 口,这些可以根据需要选择处理器芯片及 TFT - LCD 模块来确定。LPC11XX 与 TFT - LCD 模块的连接电路可参考 Mini LPC11XX DEMO 开发板电路原理图。

② 初始化 TFT - LCD 模块。通过向 TFT - LCD 写入一系列的命令来启动 TFT - LCD 的显示,为后续显示字符和数字做准备。

③ 通过函数将字符和数字显示到 TFT - LCD 模块上。将要显示的数据送到 TFT - LCD 模块使其显示字符和各种颜色的图案。

10.5 TFT - LCD 应用实验——彩色液晶屏显示多种颜色及图形

1. 实验要求

使彩色液晶屏显示多种颜色及图形,熟练掌握 TFT - LCD 的显示驱动。

2. 实验电路原理

参考 Mini LPC11XX DEMO 开发板电路原理图：

P3.0——LCD_RS,命令/数据选择(0 为读写命令,1 为读写数据);

P3.1——LCD_CS,TFT－LCD 片选;

P3.2——LCD_WR,向 TFT－LCD 写入数据;

P3.3——LCD_RD,从 TFT－LCD 读取数据;

P2.11～P2.4——DB[15:8],8 位双向数据线,分两次传送 16 位数据;

P0.0——RESET,复位信号。

3. 源程序文件及分析

这里只分析 main.c 文件和 ili9325.c 文件,完整程序请登录北京航空航天大学出版社网站下载。

新建一个文件目录 TFTLCD_test1,在 Real View MDK 集成开发环境中创建一个工程项目 TFTLCD_test1.uvproj 于此目录中。

在 File 菜单下新建如下源文件 main.c,编写源程序代码后保存在 User 文件夹下,再把 main.c 文件添加到 User 组中。

```
# include "config.h"
# include "ili9325.h"

/*****************************************************************
* FunctionName  : Init
* Description   : 初始化系统
* EntryParameter : None
* ReturnValue   : None
*****************************************************************/
void Init(void)
{
    SystemInit();        //系统初始化
    LCD_Init();          //液晶显示器初始化
}

/*****************************************************************
* FunctionName  : main
* Description   : 主函数
* EntryParameter : None
* ReturnValue   : None
*****************************************************************/
int main()
{
    Init();
```

```
LCD_Clear(WHITE);          //全屏显示白色

POINT_COLOR = BLACK;                      //定义笔的颜色为黑色
BACK_COLOR = WHITE;                       //定义笔的背景色为白色

LCD_Fill(0, 0, 239, 19, RED);             //画彩条
LCD_Fill(0, 20, 239, 39, ORANGE);
LCD_Fill(0, 40, 239, 59, YELLOW);
LCD_Fill(0, 60, 239, 79, GREEN);
LCD_Fill(0, 80, 239, 99, LGRAYBLUE);
LCD_Fill(0, 100, 239, 119, BLUE);
LCD_Fill(0, 120, 239, 139, PORPO);

LCD_DrawLine(30, 150, 210, 140);          //画斜线
LCD_DrawLine(30, 150, 210, 150);          //画直线
LCD_DrawLine(30, 150, 210, 160);          //画斜线

LCD_DrawRectage(60, 170, 180, 210, DARKBLUE);   //画一个深蓝色边框的矩形
LCD_Fill(61, 171, 179, 209, PINK);        //画填充矩形

POINT_COLOR = RED;                        //定义笔的颜色为红色
LCD_DrawCircle(68, 265, 25);              //画一个圆
LCD_DrawCircle(168, 265, 25);             //画一个圆
while(1)
{
    ;
}
}
```

在 File 菜单下新建如下源文件 ili9325.c，编写完成后保存在 Drive 文件夹下，随后将文件 ili9325.c 添加到 Drive 组中。

```
# include "config.h"
# include "ili9325.h"

uint16   POINT_COLOR = BLACK;
uint16   BACK_COLOR = WHITE;

/******************************************************************
* FunctionName   : delay
* Description    : 短暂延时，为 LCD 初始化时序服务
* EntryParameter : i—延时长度
* ReturnValue    : None
******************************************************************/
void delay(uint32 i)
{
    i = i * 1000;
```

```
    while(i>0)
    {
        i--;
    }
}

/ ***********************************************************
 * FunctionName   : LCD_WR_DATA
 * Description    : 对 ILI9325/ILI9328 寄存器写数据
 * EntryParameter : val—16 位数据。由于 Mini LPC11XX DEMO 开发板上的 TFT-LCD
 *                  采用 8 位连接,所以 16 位数据分两次写进寄存器,先写高位,再写低位
 * ReturnValue    : None
 ***********************************************************/
void LCD_WR_DATA(uint16 val)
{
    LPC_GPIO3 - >DATA |= (1<<0);      //RS = 1;
    LPC_GPIO3 - >DATA & = ~(1<<1);    //CS = 0;
    OUT_DATA(val>>8);
    LPC_GPIO3 - >DATA & = ~(1<<2);    //WR = 0;
    LPC_GPIO3 - >DATA |= (1<<2);      //WR = 1;
    OUT_DATA(val);
    LPC_GPIO3 - >DATA & = ~(1<<2);    //WR = 0;
    LPC_GPIO3 - >DATA |= (1<<2);      //WR = 1;
    LPC_GPIO3 - >DATA |= (1<<1);      //CS = 1;
}

/ ***********************************************************
 * FunctionName   : LCD_WR_REG
 * Description    : 选定往 ILI9325/ILI9328 哪个寄存器写
 * EntryParameter : reg—选择的寄存器(需要写两次)
 * ReturnValue    : None
 ***********************************************************/
void LCD_WR_REG(uint16 reg)
{
    LPC_GPIO3 - >DATA & = ~(1<<0);    //RS = 0;
    LPC_GPIO3 - >DATA & = ~(1<<1);    //CS = 0;
    OUT_DATA(reg>>8);
    LPC_GPIO3 - >DATA & = ~(1<<2);    //WR = 0;
    LPC_GPIO3 - >DATA |= (1<<2);      //WR = 1;
    OUT_DATA(reg);
    LPC_GPIO3 - >DATA & = ~(1<<2);    //WR = 0;
    LPC_GPIO3 - >DATA |= (1<<2);      //WR = 1;
    LPC_GPIO3 - >DATA |= (1<<0);      //RS = 1;
```

```
}

/* * * * * * * * * * * * * * * * * * * * * * * * * * * * * * * * * * * * * * * * * * * *
 *  FunctionName    : LCD_WR_REG_DATA
 *  Description      : 先选择寄存器号，再写数据到里面
 *  EntryParameter  : REG—寄存器号；  VALUE—数据值
 *  ReturnValue     : None
 * * * * * * * * * * * * * * * * * * * * * * * * * * * * * * * * * * * * * * * * * * * */
void LCD_WR_REG_DATA(uint16 REG, uint16 VALUE)
{
    LCD_WR_REG(REG);
    LCD_WR_DATA(VALUE);
}

/* * * * * * * * * * * * * * * * * * * * * * * * * * * * * * * * * * * * * * * * * * * *
 *  FunctionName    : LCD_RD_DATA
 *  Description      : 读寄存器 16 位数据
 *  EntryParameter  : None
 *  ReturnValue     : value—16 位寄存器的值
 * * * * * * * * * * * * * * * * * * * * * * * * * * * * * * * * * * * * * * * * * * * */
uint16 LCD_RD_DATA(void)
{
    uint16 value1,value2,value;

    LPC_GPIO3 - >DATA |= (1<<0);   //RS = 1;
    LPC_GPIO3 - >DATA & = ~(1<<1);//CS = 0;
    LPC_GPIO3 - >DATA & = ~(1<<3);//RD = 0;
    value1 = LPC_GPIO2 - >DATA;
    value1 = ( (value1<<4)&(0xFF00) );
    LPC_GPIO3 - >DATA |= (1<<3);   //RD = 1;

    LPC_GPIO3 - >DATA & = ~(1<<3);//RD = 0;
    value2 = LPC_GPIO2 - >DATA;
    value2 = ( (value2>>4)&(0x00FF) );
    LPC_GPIO3 - >DATA |= (1<<3);   //RD = 1;

    value = value1 + value2;
    LPC_GPIO3 - >DATA |= (1<<1);   //CS = 1;
    return value;
}

/* * * * * * * * * * * * * * * * * * * * * * * * * * * * * * * * * * * * * * * * * * * *
 *  FunctionName    : LCD_RD_REG_DATA
 *  Description      : 先选择寄存器号，再从里面读数据
 *  EntryParameter  : REG—寄存器号；VALUE—数据值
 *  ReturnValue     : None
```

```
**************************************************************/
uint16 LCD_RD_REG_DATA(uint16 REG)
{
    uint16 value;

    LCD_WR_REG(REG);
    LPC_GPIO2 - >DIR = 0x000;
    value = LCD_RD_DATA();
    LPC_GPIO2 - >DIR = 0xFF0;
    return value;
}

/ **************************************************************
* FunctionName : LCD_Init
* Description    : 初始化 LCD
* EntryParameter : None
* ReturnValue    : None
**************************************************************/
void LCD_Init(void)
{
    LPC_GPIO2 - >DIR|= 0xFF0;    //设置 P2 口高 8 位引脚为输出,用作 TFT－LCD 8 位并行数据
    LPC_GPIO2 - >DATA |= 0xFF0;   //P2 口高 8 位引脚置高电平
    LPC_GPIO3 - >DIR|= 0x00F;      //P3 口 P3.0～P3.3 为输出,用作 LCD 控制引脚
    LPC_GPIO3 - >DATA |= 0x00F;   //P3 口 P3.0～P3.3 置高电平
    delay(60);

// ************* Start Initial Sequence ***********//
    LCD_WR_REG_DATA(0x0001, 0x0100);
    LCD_WR_REG_DATA(0x0002, 0x0700);
    LCD_WR_REG_DATA(0x0003, 0x1030);
    LCD_WR_REG_DATA(0x0004, 0x0000);
    LCD_WR_REG_DATA(0x0008, 0x0202);
    LCD_WR_REG_DATA(0x0009, 0x0000);
    LCD_WR_REG_DATA(0x000A, 0x0000);
    LCD_WR_REG_DATA(0x000C, 0x0000);
    LCD_WR_REG_DATA(0x000D, 0x0000);
    LCD_WR_REG_DATA(0x000F, 0x0000);
// ************* Power on Sequence ***************//
    LCD_WR_REG_DATA(0x0010, 0x0000);
    LCD_WR_REG_DATA(0x0011, 0x0007);
    LCD_WR_REG_DATA(0x0012, 0x0000);
    LCD_WR_REG_DATA(0x0013, 0x0000);
    LCD_WR_REG_DATA(0x0007, 0x0001);
    delay(60);
```

```
    LCD_WR_REG_DATA(0x0010, 0x1690);
    LCD_WR_REG_DATA(0x0011, 0x0227);
    delay(50);
    LCD_WR_REG_DATA(0x0012, 0x001A);
    delay(50);
    LCD_WR_REG_DATA(0x0013, 0x1400);
    LCD_WR_REG_DATA(0x0029, 0x0024);
    LCD_WR_REG_DATA(0x002B, 0x000C);
    delay(50);
    LCD_WR_REG_DATA(0x0020, 0x0000);
    LCD_WR_REG_DATA(0x0021, 0x0000);
// ----------- Adjust the Gamma Curve ----------//
    LCD_WR_REG_DATA(0x0030, 0x0000);
    LCD_WR_REG_DATA(0x0031, 0x0707);
    LCD_WR_REG_DATA(0x0032, 0x0307);
    LCD_WR_REG_DATA(0x0035, 0x0200);
    LCD_WR_REG_DATA(0x0036, 0x0008);
    LCD_WR_REG_DATA(0x0037, 0x0004);
    LCD_WR_REG_DATA(0x0038, 0x0000);
    LCD_WR_REG_DATA(0x0039, 0x0707);
    LCD_WR_REG_DATA(0x003C, 0x0002);
    LCD_WR_REG_DATA(0x003D, 0x1D04);
//------------------- Set GRAM Area ----------------//
    LCD_WR_REG_DATA(0x0050, 0x0000);
    LCD_WR_REG_DATA(0x0051, 0x00EF);
    LCD_WR_REG_DATA(0x0052, 0x0000);
    LCD_WR_REG_DATA(0x0053, 0x013F);
    LCD_WR_REG_DATA(0x0060, 0xA700);
    LCD_WR_REG_DATA(0x0061, 0x0001);
    LCD_WR_REG_DATA(0x006A, 0x0000);
//------------- Partial Display Control ---------//
    LCD_WR_REG_DATA(0x0080, 0x0000);
    LCD_WR_REG_DATA(0x0081, 0x0000);
    LCD_WR_REG_DATA(0x0082, 0x0000);
    LCD_WR_REG_DATA(0x0083, 0x0000);
    LCD_WR_REG_DATA(0x0084, 0x0000);
    LCD_WR_REG_DATA(0x0085, 0x0000);
//------------- Panel Control --------------------//
    LCD_WR_REG_DATA(0x0090, 0x0010);
    LCD_WR_REG_DATA(0x0092, 0x0600);
    LCD_WR_REG_DATA(0x0007, 0x0133);
    delay(60);
```

```
}

/***********************************************************
* FunctionName   : LCD_DisplayOn
* Description    : 开启显示
* EntryParameter : None
* ReturnValue    : None
***********************************************************/
void LCD_DisplayOn(void)
{
    LCD_WR_REG_DATA(0x0007, 0x0133);
}

/***********************************************************
* FunctionName   : LCD_DisplayOff
* Description    : 关闭显示
* EntryParameter : None
* ReturnValue    : None
***********************************************************/
void LCD_DisplayOff(void)
{
    LCD_WR_REG_DATA(0x0007, 0x0);
}

/***********************************************************
* FunctionName   : LCD_XYRAM
* Description    : 设置显存区域
* EntryParameter : xstart,ystart,xend,yend—设置将要显示的显存 X、Y 起始和结束坐标
* ReturnValue    : None
***********************************************************/
void LCD_XYRAM(uint16 xstart ,uint16 ystart ,uint16 xend ,uint16 yend)
{
    LCD_WR_REG_DATA(0x0050, xstart);   //设置横坐标 GRAM 起始地址
    LCD_WR_REG_DATA(0x0051, xend);     //设置横坐标 GRAM 结束地址
    LCD_WR_REG_DATA(0x0052, ystart);   //设置纵坐标 GRAM 起始地址
    LCD_WR_REG_DATA(0x0053, yend);     //设置纵坐标 GRAM 结束地址
}

/***********************************************************
* FunctionName   : LCD_SetC
* Description    : 设置 TFT 屏起始坐标
* EntryParameter : x,y—起始坐标
* ReturnValue    : None
***********************************************************/
```

```
void LCD_SetC(uint16 x, uint16 y)
{
    LCD_WR_REG_DATA(0x0020,x);    //设置 X 坐标位置
    LCD_WR_REG_DATA(0x0021,y);    //设置 Y 坐标位置
}
/***********************************************************
* FunctionName   : LCD_Clear
* Description    : 用颜色填充 TFT - LCD
* EntryParameter : color—颜色值
* ReturnValue    : None
***********************************************************/
void LCD_Clear(uint16 color)
{
    uint32 temp;
    LCD_WR_REG_DATA(0x0020,0);    //设置 X 坐标位置
    LCD_WR_REG_DATA(0x0021,0);    //设置 Y 坐标位置
    LCD_WR_REG(0x0022);                //指向 RAM 寄存器,准备写数据到 RAM
    for(temp = 0;temp<76800;temp ++ )
    {
        LCD_WR_DATA(color);
    }
}
/***********************************************************
* FunctionName   : LCD_DrawPoint
* Description    : 画一个像素的点
* EntryParameter : x,y—像素点坐标
* ReturnValue    : None
***********************************************************/
void LCD_DrawPoint(uint16 x,uint16 y)
{
    LCD_WR_REG_DATA(0x0020,x);    //设置 X 坐标位置
    LCD_WR_REG_DATA(0x0021,y);    //设置 Y 坐标位置
    LCD_WR_REG(0x0022);                //开始写入 GRAM
    LCD_WR_DATA(POINT_COLOR);
}
/***********************************************************
* FunctionName   : LCD_ReadPoint
* Description    : 读 TFT - LCD 某一点的颜色
* EntryParameter : x,y—像素点坐标
* ReturnValue    : color—像素点颜色值
***********************************************************/
```

```
uint16 LCD_ReadPoint(uint16 x,uint16 y)
{

    uint16   color;

    LCD_WR_REG_DATA(0x0020,x);      //设置 X 坐标位置
    LCD_WR_REG_DATA(0x0021,y);      //设置 Y 坐标位置
    LCD_WR_REG(0x0022);             //开始写入 GRAM
    LPC_GPIO2 - >DIR = 0x000;       //把 TFT 数据引脚设置为输入
    color = LCD_RD_DATA();          //读出 GRAM 值(注意:GRAM 值必须读取两次)
    color = LCD_RD_DATA();          //读出 GRAM 值
    LPC_GPIO2 - >DIR = 0xFF0;       //恢复数据引脚为输出

    return color;

}

/ * * * * * * * * * * * * * * * * * * * * * * * * * * * * * * * * * * * * * * * * * * * *
* FunctionName   : LCD_DrawLine
* Description    : 在 TFT – LCD 上画直线
* EntryParameter : x1,y1,x2,y2—起始点和结束点坐标
* ReturnValue    : None
  * * * * * * * * * * * * * * * * * * * * * * * * * * * * * * * * * * * * * * * * * * * * */
void LCD_DrawLine(uint16 x1, uint16 y1, uint16 x2, uint16 y2)
{

    uint16 t;
    int xerr = 0,yerr = 0,delta_x,delta_y,distance;
    int incx,incy,uRow,uCol;

    delta_x = x2 - x1;   //计算坐标增量
    delta_y = y2 - y1;
    uRow = x1;
    uCol = y1;
    if(delta_x>0)incx = 1;   //设置单步方向
    else if(delta_x == 0)incx = 0;   //垂直线
    else {incx = - 1;delta_x = - delta_x;}
    if(delta_y>0)incy = 1;
    else if(delta_y == 0)incy = 0;   //水平线
    else{incy = - 1;delta_y = - delta_y;}
    if( delta_x>delta_y)distance = delta_x;   //选取基本增量坐标轴
    else distance = delta_y;
    for(t = 0;t< = distance + 1;t ++ )   //画线输出
    {
        LCD_DrawPoint(uRow,uCol);//画点
        xerr + = delta_x ;
        yerr + = delta_y ;
```

```
            if(xerr>distance)
            {
                xerr - = distance;
                uRow + = incx;
            }
            if(yerr>distance)
            {
                yerr - = distance;
                uCol + = incy;
            }
        }
}


/* ************************************************************
* FunctionName    : LCD_DrawRectage
* Description     : 在 TFT – LCD 上画矩形
* EntryParameter  : xstart,ystart,xend,yend,color—起始和结束坐标及边框颜色
* ReturnValue     : None
************************************************************/
void LCD_DrawRectage(uint16 xstart,uint16 ystart,uint16 xend,uint16 yend,uint16 color)
{
    POINT_COLOR = color;
    LCD_DrawLine(xstart, ystart, xend, ystart);
    LCD_DrawLine(xstart, yend, xend, yend);
    LCD_DrawLine(xstart, ystart, xstart, yend);
    LCD_DrawLine(xend, ystart, xend, yend);
}


/* ************************************************************
* FunctionName    : LCD_Fill
* Description     : 用颜色填充矩形
* EntryParameter  : xstart,ystart,xend,yend,color—起始和结束坐标,填充颜色
* ReturnValue     : None
************************************************************/
void LCD_Fill(uint16 xstart ,uint16 ystart ,uint16 xend ,uint16 yend ,uint16 color)
{
    uint32 max;
    LCD_XYRAM(xstart ,ystart ,xend ,yend);   //设置 GRAM 坐标
    LCD_WR_REG_DATA(0x0020,xstart);          //设置 X 坐标位置
    LCD_WR_REG_DATA(0x0021,ystart);          //设置 Y 坐标位置
    LCD_WR_REG(0x0022);                      //指向 RAM 寄存器,准备写数据到 RAM
    max = (uint32)((xend - xstart + 1) * (yend - ystart + 1));
    while(max -- )
```

```
        {
            LCD_WR_DATA(color);
        }
    LCD_XYRAM(0x0000 ,0x0000 ,0x00EF ,0X013F);   //恢复 GRAM 整屏显示
}

/* *****************************************************************
 * FunctionName   : LCD_DrawCircle
 * Description    : 在 TFT－LCD 上画圆
 * EntryParameter : x0,y0,r—圆心坐标及半径(单位:像素)
 * ReturnValue    : None
   ***************************************************************** */
void LCD_DrawCircle(uint8 x0, uint16 y0, uint8 r)
{
    int a,b;
    int di;
    a = 0;b = r;
    di = 3 - (r<<1);                //判断下个点位置的标志
    while(a< = b)
    {
        LCD_DrawPoint(x0 - b,y0 - a);            //3
        LCD_DrawPoint(x0 + b,y0 - a);            //0
        LCD_DrawPoint(x0 - a,y0 + b);            //1
        LCD_DrawPoint(x0 - b,y0 - a);            //7
        LCD_DrawPoint(x0 - a,y0 - b);            //2
        LCD_DrawPoint(x0 + b,y0 + a);            //4
        LCD_DrawPoint(x0 + a,y0 - b);            //5
        LCD_DrawPoint(x0 + a,y0 + b);            //6
        LCD_DrawPoint(x0 - b,y0 + a);
        a + +;
        //使用 Bresenham 算法画圆
        if(di<0)di + = 4 * a + 6;
        else
        {
            di + = 10 + 4 * (a - b);
            b - -;
        }
        LCD_DrawPoint(x0 + a,y0 + b);
    }
}

/* *****************************************************************
 * FunctionName   : mypow
```

```
* Description    :数学功能实现,求 m 的 n 次方
* EntryParameter : m,n
* ReturnValue    :数学运算的结果
*****************************************************************/
uint32 mypow(uint8 m,uint8 n)
{
    uint32 result = 1;
    while(n -- )result * = m;
    return result;
}
```

4. 实验效果

编译通过后下载程序,这时 Mini LPC11XX DEMO 开发板 TFT - LCD 上显示出多种颜色组成的图形。液晶屏显示多种颜色及图形的实验照片见图 10 - 8。

图 10 - 8 液晶屏显示多种颜色及图形的实验照片

第 **11** 章

字库制作及 TFT – LCD 的中英
文显示

11.1　Flash 存储器 W25Q16

　　W25Q16、W25Q32、W25Q64 等 Flash 串行存储器(简称为 W25Q 系列存储器)可以为用户提供存储解决方案,具有芯片面积小、引脚数量少、功耗低等特点。与普通串行 Flash 存储器相比,使用更灵活,性能更出色,非常适合存储声音、文本和数据等。W25Q 系列存储器工作电压为 2.7～3.6 V,正常工作状态下电流消耗 0.5 mA,掉电状态下电流消耗 1 μA。鉴于以上优点,我们使用 W25Q16 来制作中英文字库。

　　W25Q16、W25Q32 和 W25Q64 分别有 8192、16384 和 32768 可编程页,每页 256 字节。用"页编程指令"每次就可以编程 256 字节。用"扇区(sector)擦除指令"每次可以擦除 16 页,用"块(block)擦除指令"每次可以擦除 256 页,用"整片擦除指令"可以擦除整个芯片。W25Q16、W25Q32 和 W25Q64 分别有 512/1 024/2 048 个可擦除"扇区"及 32/64/128 个可擦除"块"。图 11 – 1 为 W25Q 系列存储器内部结构模块图。

　　W25Q16、W25Q32 和 W25Q64 支持标准的 SPI 接口,最高时钟频率 75 MHz,采用四线制方式:

- 串行时钟引脚 CLK;
- 芯片选择引脚 CS;
- 串行数据输出引脚 DO;
- 串行数据输入/输出引脚 DIO。

　　DIO 的解释是:在普通情况下,该引脚是"串行输入引脚(DI);当使用了"快读双输出指令(fast read dual output instruction)"时,该引脚就变成了 DO 引脚。这种情况下,芯片就有了两个 DO 引脚了,所以叫做双输出,与其他芯片通信的速率之比,相当于翻了一倍,传输速度更快了。

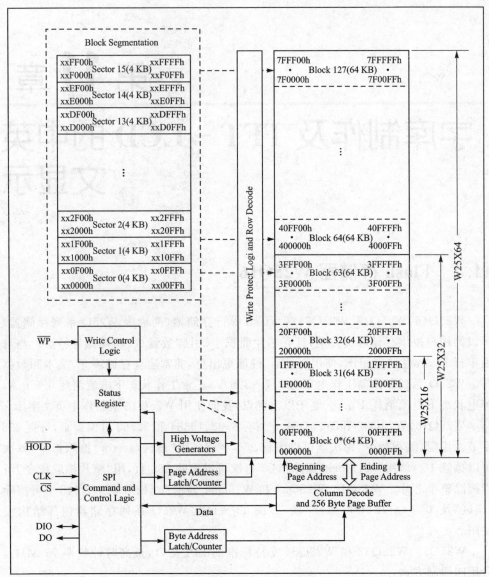

图 11-1　W25Q 系列存储器内部结构模块图

此外，芯片还具有保持引脚（HOLD）、写保护引脚（WP）、可编程写保护位（位于状态寄存器 bit1）、顶部和底部块的控制等特征，使得控制芯片更具灵活性。W25X 系列存储器符合 JEDEC 工业标准。

W25Q 系列存储器的特点：

① W25Q 系列存储器容量：

● W25Q16：16 Mb/2 MB。

● W25Q32：32 Mb/4 MB。

● W25Q64：64 Mb/8 MB。

● 每页 256 字节。

● 统一的 4 KB 扇区(Sectors)和 64 KB 块区(Blocks)。

② 单输出和双输出的 SPI 接口：时钟引脚(Clock)、芯片选择引脚(CS)、数据输入/输出引脚(DIO)、数据输出引脚 DO)。HOLD 引脚功能可以灵活控制 SPI。

③ 数据传输速率最大 150 Mb/s。

● 时钟运行频率 75 MHz；

● 快读双输出指令；

● 读指令地址自动增加。

④ 灵活的 4 KB 扇区结构：

● 扇区删除(4 KB)；

● 块区擦除(64 KB)；

● 页编程(256 B)<2 ms；

● 最大 10 万次擦写周期；

● 20 年存储。

⑤ 低能耗及宽温度范围：

● 单电源供电：2.7～3.6 V。

● 正常工作状态下,0.5 mA,掉电状态下,1 μA。

● 工作温度范围：－40～＋85 ℃。

⑥ 软件写保护和硬件写保护：

● 部分或全部写保护；

● WP 引脚使能和关闭写保护；

● 顶部和底部块保护。

⑦ 小空间封装：

● 8 引脚 SOIC 208 mil 封装(W25X16/X32)；

● 8 引脚 PDIP 300 mil 封装(W25X16/X32/X64)；

● 16 引脚 SOIC 300 mil 封装(W25X16/32/X64)；

● 8 引脚 WSON 6 mm×5 mm 封装(W25X16)；

● 8 引脚 WSON 8 mm×6 mm 封装(W25X32/X64)。

11.1.1　W25Q 系列存储器引脚封装及配置

SOIC 208 mil 封装引脚配置见图 11 – 2。

WSON 6 mm×5 mm 封装引脚配置见图 11 – 3。

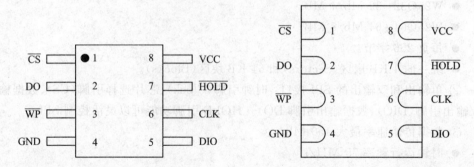

图 11 - 2　SOIC 208 mil 封装引脚配置　　图 11 - 3　WSON 6 mm×5 mm 封装引脚配置

SOIC 208 mil 封装、PDIP 300 mil 封装、WSON 6 mm×5 mm 封装的引脚功能描述见表 11 - 1。

表 11 - 1　SOIC、PDIP、WSON 封装的引脚功能描述

引脚号	引脚名称	输入/输出类型	功　　能
1	$\overline{CS}$	I	芯片选择
2	DO	O	数据输出
3	$\overline{WP}$	I	写保护
4	GND		地
5	DIO	I/O	数据输入/输出
6	CLK	I	串行时钟
7	$\overline{HOLD}$	I	保持
8	VCC		电源

PDIP 300 mil 封装引脚配置见图 11 - 4，SOIC 300 mil 封装引脚配置见图 11 - 5。

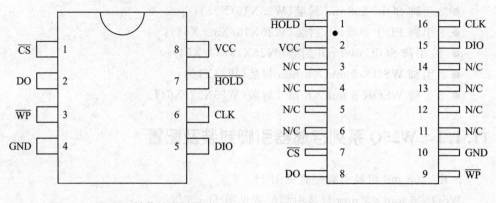

图 11 - 4　PDIP 封装引脚配置　　　　　图 11 - 5　SOIC 封装引脚配置

SOIC 300 mil 封装的引脚功能描述见表 11 - 2。

表 11 - 2　SOIC 封装的引脚功能描述

引脚号	引脚名称	输入/输出类型	功　能
1	$\overline{\text{HOLD}}$	I	保持
2	VCC		电源
3	N/C		空脚
4	N/C		空脚
5	N/C		空脚
6	N/C		空脚
7	$\overline{\text{CS}}$	I	芯片选择
8	DO	O	数据输出
9	$\overline{\text{WP}}$	I	写保护
10	GND		地
11	N/C		空脚
12	N/C		空脚
13	N/C		空脚
14	N/C		空脚
15	DIO	I/O	数据输出
16	CLK	I	串行时钟

11.1.2　W25Q 系列存储器引脚功能

- 芯片选择引脚($\overline{\text{CS}}$)：引脚$\overline{\text{CS}}$使能和禁能芯片。当$\overline{\text{CS}}$为高电平时,芯片被禁能,DO 引脚高阻抗。此时,如果器件内部没有擦除、编程或处于状态寄存器周期进程,器件功耗将处于待机水平;当$\overline{\text{CS}}$为低电平时,使能芯片,此时功耗增加到激活水平,就可以进行芯片的读写操作了。上电之后,执行一条新指令之前必须使$\overline{\text{CS}}$引脚先有一个下降沿。$\overline{\text{CS}}$引脚可以根据需要加上拉电阻。
- 数据输出引脚(DO)：下降沿输出数据。
- 写保护引脚($\overline{\text{WP}}$)：写保护引脚可以保护状态寄存器不被意外改写。$\overline{\text{WP}}$为低电平处于保护状态。
- 保持引脚($\overline{\text{HOLD}}$)：当$\overline{\text{CS}}$为低电平,且$\overline{\text{HOLD}}$为低电平时,DO 引脚将处于高阻抗状态,此刻同时也忽略 DIO 和 CLK 引脚上的信号。把$\overline{\text{HOLD}}$引脚拉高,器件恢复正常工作。当芯片与多个其他芯片共享微控制器上同一个 SPI

接口时,此引脚就会显得很有作用。

- 串行时钟引脚(CLK):SPI 时钟引脚,为输入/输出提供时序。
- 串行数据输入/输出引脚(DIO):数据、地址和命令从 DIO 引脚送到芯片内部,在 CLK 引脚的上升沿捕获。当使用"快读双输出指令(fast fead dual output)"时,此引脚作为输出引脚使用。

11.1.3　W25Q 系列存储器控制状态寄存器

表 11 - 3 为 W25Q 系列存储器控制和状态寄存器。通过"读状态寄存器指令"读出的状态数据可以知道芯片存储器阵列是否可写或不可写,或是否处于写保护状态。通过"写状态寄存器指令"可以配置芯片写保护特征。

表 11 - 3　W25Q 系列存储器控制和状态寄存器

S7	S6	S5	S4	S3	S2	S1	S0
SRP	(Reserved)	TB	BP2	BP1	BP0	WEL	BUSY

1. 忙位(BUSY)

BUSY 位是个只读位,位于状态寄存器中的 S0。当器件在执行"页编程"、"扇区擦除"、"块区擦除"、"芯片擦除"、"写状态寄存器"指令时,该位自动置 1。这时,除了"读状态寄存器"指令外,其他指令都忽略。当编程、擦除和写状态寄存器指令执行完毕之后,该位自动变为 0,表示芯片可以接收其他指令了。

2. 写保护位(WEL)

WEL 位是个只读位,位于状态寄存器中的 S1。执行完"写使能"指令后,该位置 1。当芯片处于"写保护状态"下,该位为 0。在下面两种情况下,会进入"写保护状态":掉电后或者执行写禁能、页编程、扇区擦除、块区擦除、芯片擦除和写状态寄存器指令后。

3. 块区保护位(BP2/BP1/BP0)

BP2/BP1/BP0 位是可读可写位,分别位于状态寄存器的 S4/S3/S2,可以用"写状态寄存器"命令置位这些块区保护位。在默认状态下,这些位都为 0(即块区处于未保护状态下)。可以设置块区为没有保护、部分保护或者全部处于保护状态下。当 SRP 位为 1 或 $\overline{WP}$ 引脚为低电平时,这些位不可以被更改。

4. 底部和顶部块区保护位(TB)

TB 位是可读可写位,位于状态寄存器的 S5。该位默认为 0,表明顶部和底部块区处于未被保护状态下,可以用"写状态寄存器"命令置位该位。当 SRP 位为 1 或 $\overline{WP}$ 引脚为低电平时,这些位不可以被更改。

5. 保留位

状态寄存器的 S6 为保留位,读出状态寄存器值时,该位为 0。建议读状态寄存器值用于测试时将该位屏蔽。

6. 状态寄存器保护位(SRP)

SRP 位是可读可写位,位于状态寄存器的 S7。该位结合 $\overline{WP}$ 引脚可以实现禁能写状态寄存器功能。该位默认值为 0。当 SRP=0 时,$\overline{WP}$ 引脚不能控制状态寄存器的"写禁能";当 SRP=1,$\overline{WP}$=0 时,"写状态寄存器"命令失效;当 SRP=1,$\overline{WP}$=1 时,可以执行"写状态寄存器"命令。

11.1.4　W25Q 系列存储器状态寄存器保护模块

表 11 – 4 为 W25Q64 状态寄存器存储保护模块。表 11 – 5 为 W25Q32 状态寄存器存储保护模块。表 11 – 6 为 W25Q16 状态寄存器存储保护模块。

表 11 – 4　W25Q64 状态寄存器存储保护模块

状态寄存器				W25X64(64 Mb)存储保护			
TB	BP2	BP1	BP0	BLOCK(S)	ADDRESSES	DENSITY/Mb	PORTION
x	0	0	0	NONE	NONE	NONE	NONE
0	0	0	1	126,127	7E0000h~7FFFFFh	1	Upper 1/64
0	0	1	0	124,127	7C0000h~7FFFFFh	2	Upper 1/32
0	0	1	1	120~127	780000h~7FFFFFh	4	Upper 1/16
0	1	0	0	112~127	700000h~7FFFFFh	8	Upper 1/8
0	1	0	1	96~127	600000h~7FFFFFh	16	Upper 1/4
0	1	1	0	64~127	400000h~7FFFFFh	32	Upper 1/12
1	0	0	1	0,1	000000h~01FFFFh	1	Lower 1/64
1	0	1	0	0~3	000000h~03FFFFh	2	Lower 1/32
1	0	1	1	0~7	000000h~07FFFFh	4	Lower 1/16
1	1	0	0	0~15	000000h~0FFFFFh	8	Lower 1/8
1	1	0	1	0~31	000000h~1FFFFFh	16	Lower 1/4
1	1	1	0	0~63	000000h~3FFFFFh	16	Lower 1/2
x	1	1	1	0~127	000000h~7FFFFFh	64	ALL

表 11 – 5　W25Q32 状态寄存器存储保护模块

状态寄存器				W25X32(32 Mb)存储保护			
TB	BP2	BP1	BP0	BLOCK(S)	ADDRESSES	DENSITY	PORTION
x	0	0	0	NONE	NONE	NONE	NONE
0	0	0	1	63	3F0000h~3FFFFFh	512 Kb	Upper 1/64
0	0	1	0	62,63	3E0000h~3FFFFFh	1 Mb	Upper 1/32
0	0	1	1	60~63	3C0000h~3FFFFFh	2 Mb	Upper 1/16
0	1	0	0	56~63	380000h~3FFFFFh	4 Mb	Upper 1/8
0	1	0	1	48~63	300000h~3FFFFFh	8 Mb	Upper 1/4
0	1	1	0	32~63	200000h~3FFFFFh	16 Mb	Upper 1/2
1	0	0	1	0	000000h~00FFFFh	512 Kb	Lower 1/64
1	0	1	0	0,1	000000h~01FFFFh	1 Mb	Lower 1/32
1	0	1	1	0~3	000000h~03FFFFh	2 Mb	Lower 1/16
1	1	0	0	0~7	000000h~07FFFFh	4 Mb	Lower 1/8
1	1	0	1	0~15	000000h~0FFFFFh	8 Mb	Lower 1/4
1	1	1	0	0~31	000000h~1FFFFFh	16 Mb	Lower 1/2
x	1	1	1	0~63	000000h~3FFFFFh	32 Mb	ALL

表 11 – 6　W25Q16 状态寄存器存储保护模块

状态寄存器				W25X16(16 Mb)存储保护			
TB	BP2	BP1	BP0	BLOCK(S)	ADDRESSES	DENSITY	PORTION
x	0	0	0	NONE	NONE	NONE	NONE
0	0	0	1	31	1F0000h~1FFFFFh	512 Kb	Upper 1/32
0	0	1	0	30,31	1E0000h~1FFFFFh	1 Mb	Upper 1/16
0	0	1	1	28~31	1C0000h~1FFFFFh	2 Mb	Upper 1/8
0	1	0	0	24~31	180000h~1FFFFFh	4 Mb	Upper 1/4
0	1	0	1	16~31	100000h~1FFFFFh	8 Mb	Upper 1/2
1	0	0	1	0	000000h~00FFFFh	512 Kb	Lower 1/32
1	0	1	0	0,1	000000h~01FFFFh	1 Mb	Lower 1/16
1	0	1	1	0~3	000000h~03FFFFh	2 Mb	Lower 1/8
1	1	0	0	0~7	000000h~07FFFFh	4 Mb	Lower 1/4
1	1	0	1	0~15	000000h~0FFFFFh	8 Mb	Lower 1/2
x	1	1	x	0~31	000000h~1FFFFFh	16 Mb	ALL

11.1.5　W25Q 系列存储器操作指令

W25Q16/Q32/Q64 包括 15 个基本的指令。这 15 个基本指令可以通过 SPI 总线完全控制芯片。指令在$\overline{CS}$引脚的下降沿开始传送,DIO 引脚上数据的第一个字节就是指令代码。在时钟引脚的上升沿采集 DIO 数据,高位在前。

指令的长度从一个字节到多个字节,有时还会跟随地址字节、数据字节、伪字节(dummy bytes),有时候还会是它们的组合。在$\overline{CS}$引脚的上升沿完成指令传输。所有的读指令都可以在任意的时钟位完成,而所有的写、编程和擦除指令在一个字节的边界后才能完成;否则指令将不起作用。这个特征可以保护芯片被意外写入。当芯片正在被编程、擦除或写状态寄存器时,除了"读状态寄存器"指令,其他所有的指令都会被忽略。表 11 – 7 为 W25Q 系列存储器指令表,数据传输高位在前,带括号的数据表示数据从 DO 引脚读出。

表 11 – 7　W25Q 系列存储器指令表

指令名称	字节 1	字节 2	字节 3	字节 4	字节 5	字节 6	下一个字节
写使能	06h						
写禁能	04h						
读状态寄存器	05h	(S7～S0)					
写状态寄存器	01h	S7～S0					
读数据	03h	A23～A16	A15～A8	A7～A0	(D7～D0)	下一个字节	继续
快读	0Bh	A23～A16	A15～A8	A7～A0	伪字节	D7～D0	下一个字节
快读双输出	3Bh	A23～A16	A15～A8	A7～A0	伪字节	I/O＝(D6,D4,D2,D0 O＝(D7,D5,D3,D1)	每 4 个时钟一个字节
页编程	02h	A23～A16	A15～A8	A7～A0	(D7～D0)	下个字节	直到 256 个字节
块擦除(64K)	D8h	A23～A16	A15～A8	A7～A0			
扇区擦除(4K)	20h	A23～A16	A15～A8	A7～A0			
芯片擦除	C7h						
掉电	B9h						
释放掉电/器件 ID	ABh	伪字节	伪字节	伪字节	(ID7～ID0)		
制造/器件 ID	90h	伪字节	伪字节	00h	(M7～M0)	(ID7～ID0)	
JEDEC ID	9Fh	(M7～M0)	(ID15～ID8)	(ID7～ID0)			

1. 写使能指令(06h)

"写使能"指令将会使"状态寄存器"WEL 位置位。在执行每个"页编程"、"扇区擦除"、"块区擦除"、"芯片擦除"和"写状态寄存器"命令之前,都要先置位 WEL。$\overline{CS}$ 引脚先拉低之后,"写使能"指令代码 06h 从 DI 引脚输入,在 CLK 上升沿采集,然后再拉高 $\overline{CS}$ 引脚。图 11 – 6 为"写使能"指令时序。

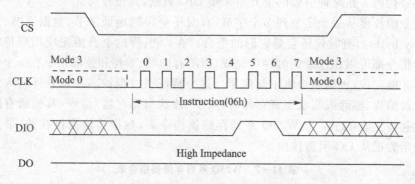

图 11 – 6 "写使能"指令时序

2. 写禁能指令(04h)

"写禁能"指令将会使 WEL 位变为 0。$\overline{CS}$ 引脚拉低之后,把 04h 从 DIO 引脚送到芯片之后,拉高 $\overline{CS}$,就完成了这个指令。在执行完"写状态寄存器"、"页编程"、"扇区擦除"、"块区擦除"和"芯片擦除"指令之后,WEL 位就会自动变为 0。图 11 – 7 为"写禁能"指令时序。

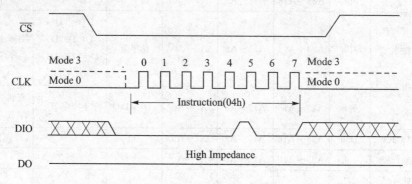

图 11 – 7 "写禁能"指令时序

3. 读状态寄存器指令(05h)

当 $\overline{CS}$ 拉低之后,开始把 05h 从 DIO 引脚送到芯片,在 CLK 的上升沿数据被芯片采集,当芯片认出采集到的数据是 05h 时,芯片就会把"状态寄存器"的值从 DO 引脚输出,数据在 CLK 的下降沿输出,高位在前。

"读状态寄存器"指令在任何时候都可以用,甚至在编程、擦除和写状态寄存器的过程中也可以用。这样,就可以从状态寄存器的 BUSY 位判断编程、擦除和写状态寄存器周期有没有结束,从而让我们知道芯片是否可以接收下一条指令。如果$\overline{CS}$不被拉高,状态寄存器的值将一直从 DO 引脚输出。$\overline{CS}$拉高之后,读指令结束。图 11 – 8 为"读状态寄存器"指令时序。

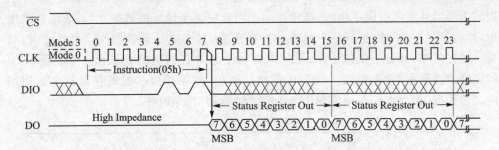

图 11 – 8　"读状态寄存器"指令时序

4. 写状态寄存器指令(01h)

在执行"写状态寄存器"指令之前,需要先执行"写使能"指令。先拉低$\overline{CS}$引脚,然后把 01h 从 DIO 引脚送到芯片,然后再把想要设置的状态寄存器值通过 DIO 引脚送到芯片,拉高$\overline{CS}$引脚,指令结束,如果此时没有把$\overline{CS}$引脚拉高,或者拉得晚了,值将不会被写入,指令无效。

只有"状态寄存器"当中的 SRP、TB、BP2、BP1、BP0 位可以被写入,其他"只读位"值不会变。在该指令执行的过程中,状态寄存器中的 BUSY 位为 1,这时可以用"读状态寄存器"指令读出状态寄存器的值判断。当指令执行完毕,BUSY 位将自动变为 0,WEL 位也自动变为 0。

通过对 TB、BP2、BP1 和 BP0 位写 1,就可以实现将芯片的部分或全部存储区域设置为只读。通过对"SRP 位"写 1,再把$\overline{WP}$引脚拉低,就可以实现禁止写入状态寄存器的功能。图 11 – 9 为"写状态寄存器"指令时序。

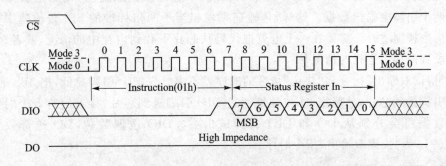

图 11 – 9　"写状态寄存器"指令时序

5. 读数据指令(03h)

"读数据"指令允许读出一个字节或一个以上的字节被读出。先把$\overline{CS}$引脚拉低，然后把03h通过DIO引脚送到芯片，之后再送入24位的地址。这些数据在CLK的上升沿被芯片采集。芯片接收完24位地址之后，就会把相应地址的数据在CLK引脚的下降沿从DO引脚送出去，高位在前。当读完这个地址的数据之后，地址自动增加，然后通过DO引脚把下一个地址的数据送出去，形成一个数据流。也就是说，只要时钟在工作，通过一条读指令，就可以把整个芯片存储区的数据读出来。把$\overline{CS}$引脚拉高，"读数据"指令结束。当芯片在执行编程、擦除和读状态寄存器指令的周期内，"读数据"指令不起作用。图 11 - 10 为"读数据"指令时序。

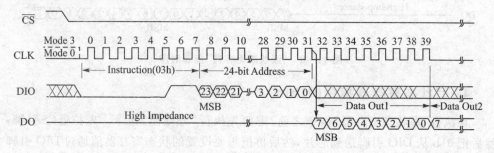

图 11 - 10 "读数据"指令时序

6. 快读指令(0Bh)

"快读"指令和"读数据"指令很相似，不过，"快读"指令可以运行在更高的传输速率下。先把$\overline{CS}$引脚拉低，把0Bh通过引脚DIO送到芯片，然后把24位地址通过DIO引脚送到芯片，接着等待8个时钟，之后数据将会从DO引脚送出去。图 11 - 11 为"快读"指令时序。

7. 快读双输出指令(3Bh)

"快读双输出"指令和"快读"指令很相似，不过，"快读双输出"指令是从 DI 和 DIO 两个引脚上输出数据。这样，传输速率就相当于两倍标准的 SPI 传输速率了。这个指令特别适合于需要在一上电就把代码从芯片下载到内存中的情况，或者缓存代码段到内存中运行的情况。

"快读双输出"指令和"快读"指令的时序差不多。先把$\overline{CS}$引脚拉低，把3Bh通过DIO引脚送到芯片，然后把24位地址通过DIO引脚送到芯片，接着等待8个时钟，之后数据将会分别从 DO 和 DIO 引脚送出去。DIO 送偶数位，DO 送奇数位。图 11 - 12 为"快读双输出"指令时序。

8. 页编程指令(02h)

执行"页编程"指令之前，需要先执行"写使能"指令，而且要求待写入的区域位都

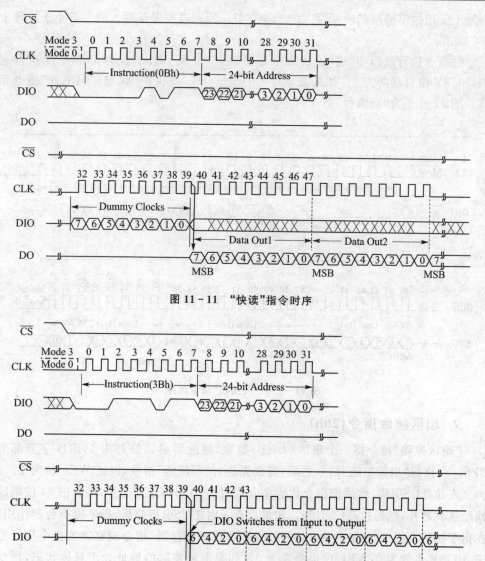

图 11 - 11　"快读"指令时序

图 11 - 12　"快读双输出"指令时序

为 1,也就是需要先把待写入的区域擦除。先把 $\overline{CS}$ 引脚拉低,把代码 02h 通过 DIO 引脚送到芯片,然后再把 24 位地址送到芯片,接着送要写的字节到芯片。在写完数据之后,把 $\overline{CS}$ 引脚拉高。

写完一页(256 个字节)之后,必须把地址改为 0,不然的话,如果时钟还在继续,地址将自动变为页的开始地址。在某些时候,需要写入的字节如果不足 256 个字节,则其他写入的字节都是无意义的。如果写入的字节大于 256 字节,则多余的字节将会加上无用的字节覆盖刚刚写入的 256 字节。所以需要保证写入的字节小于或等于 256 字节。

在指令执行过程中,用"读状态寄存器"可以发现 BUSY 位为 1,当指令执行完毕,BUSY 位自动变为 0。如果需要写入的地址处于"写保护"状态,"页编程"指令无效。图 11 - 13 为"页编程"指令时序。

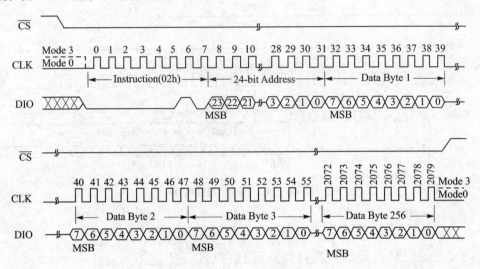

图 11 - 13 "页编程"指令时序

9. 扇区擦除指令(20h)

"扇区擦除"指令将一个扇区(4 KB)擦除,擦除后扇区位都为 1,扇区字节都为 FFh。在执行"扇区擦除"指令之前,需要先执行"写使能"指令,保证 WEL 位为 1。

先拉低$\overline{CS}$引脚,然后把指令代码 20h 通过 DIO 引脚送到芯片,接着把 24 位扇区地址送到芯片,然后拉高$\overline{CS}$引脚。如果没有及时把$\overline{CS}$引脚拉高,指令将不会起作用。在指令执行期间,BUSY 位为 1,可以通过"读状态寄存器"指令观察。当指令执行完毕,BUSY 位变为 0,WEL 位也会变为 0。如果需要擦除的地址处于只读状态,指令将不会起作用。图 11 - 14 为"扇区擦除"指令时序。

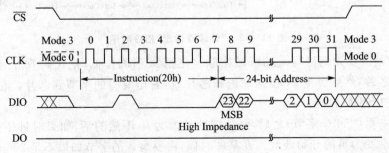

图 11 - 14 "扇区擦除"指令时序

10. 块擦除指令(D8h)

"块擦除"指令将一个块(64K)全部变为 1,即字节都变为 FFh。在"块擦除"指令执行前需要先执行"写使能"指令。

先拉低$\overline{CS}$引脚,把指令代码 D8h 通过 DIO 引脚送到芯片,然后把 24 位块区地址送到芯片,把$\overline{CS}$引脚拉高。如果没有及时把$\overline{CS}$引脚拉高,指令将不会起作用。在指令执行周期内,可以执行"读状态寄存器"指令,可以看到 BUSY 位为 1,当"块擦除指令"执行完毕,BUSY 位为 0,WEL 位也变为 0。如果需要擦除的地址处于只读状态,指令将不会起作用。图 11 - 15 为"块擦除"指令时序。

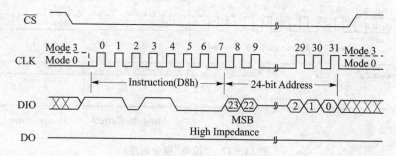

图 11 - 15 "块擦除"指令时序

11. 芯片擦除指令(C7h)

"芯片擦除"指令将会使整个芯片的存储区位都变为 1,即字节都变位 FFh。在执行"芯片擦除"指令之前需要先执行"写使能"指令。

先把$\overline{CS}$引脚拉低,再把指令代码 C7h 通过 DIO 引脚送到芯片,然后拉高$\overline{CS}$引脚。如果没有及时拉高$\overline{CS}$引脚,则指令无效。在"芯片擦除"指令执行周期内,可以执行"读状态寄存器"指令访问 BUSY 位,这时 BUSY 位为 1,当"芯片擦除"指令执行完毕,BUSY 变为 0,WEL 位也变为 0。任何一个块处于保护状态(BP2/BP1/BP0),指令都会失效。图 11 - 16 为"芯片擦除"指令时序。

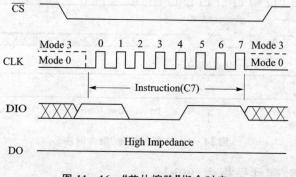

图 11 - 16 "芯片擦除"指令时序

12. 掉电指令(B9h)

尽管在待机状态下的电流消耗已经很低了,但"掉电"指令可以使得待机电流消耗更低。这个指令很适合在电池供电的场合。

先把$\overline{CS}$引脚拉低,再把指令代码 B9h 通过 DIO 引脚送到芯片,然后把$\overline{CS}$引脚拉高,指令执行完毕。如果没有及时拉高,则指令无效。执行完"掉电"指令之后,除了"释放掉电/器件 ID"指令,其他指令都无效。图 11 - 17 为"掉电"指令时序。

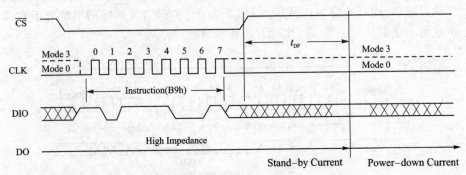

图 11 - 17 "掉电"指令时序

13. 释放掉电/器件 ID 指令(ABh)

该指令有两个作用。一个是"释放掉电",另外一个是读出"器件 ID"。

当只需要发挥"释放掉电"用途时,指令时序是:先把$\overline{CS}$引脚拉低,把代码 ABh 通过 DIO 引脚送到芯片,然后拉高$\overline{CS}$引脚。经过 t_{RES1} 时间间隔,芯片恢复正常工作状态。在编程、擦除和写状态寄存器指令执行周期内,执行该指令无效。图 11 - 18 为"释放掉电"指令时序。图 11 - 19 为"释放掉电/器件 ID"指令时序。

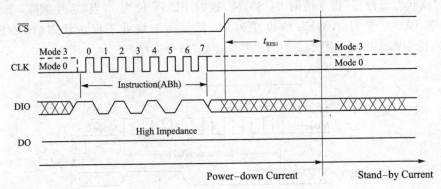

图 11 - 18 "释放掉电"指令时序

14. 读制造/器件号指令(90h)

"读制造/器件号"指令不同于"释放掉电/器件 ID"指令,"读制造/器件号"指令

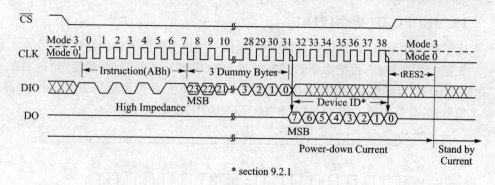

图 11 – 19　"释放掉电/器件 ID"指令时序

读出的数据包含 JEDEC 标准制造号和特殊器件 ID 号。

　　先把 $\overline{CS}$ 引脚拉低,把指令 90h 通过 DIO 引脚送到芯片,接着把 24 位地址 000000h 送到芯片,芯片会先后把"生产 ID"和"器件 ID"通过 DO 引脚在 CLK 的上升沿发送出去。如果把 24 位地址写为 000001h,则 ID 号的发送顺序会颠倒,即先发"器件 ID"后发"生产 ID"。ID 号都是 8 位数据。图 11 – 20 为"读制造/器件号"指令时序。

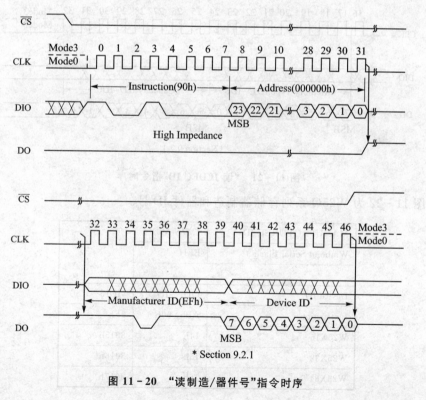

图 11 – 20　"读制造/器件号"指令时序

15. JEDEC ID 指令(9Fh)

出于兼容性考虑,W25Q16/Q32/Q64 提供一些指令供电子识别器件 ID 号。

先把CS引脚拉低,再把指令码 9Fh 通过 DIO 引脚发送到芯片,然后"制造 ID"、"存储器 ID"、"兼容性 ID"将会依次从 DO 引脚在 CLK 的下降沿送出去。每个 ID 都是 8 位数据,高位在前。图 11 - 21 为"读 JEDEC ID"指令时序。

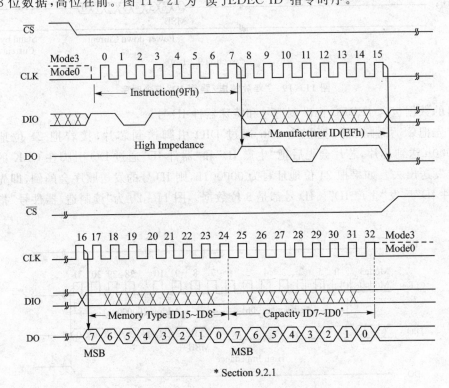

图 11 - 21 "读 JEDEC ID"指令时序

图 11 - 22 为 W25Q 系列存储器制造和器件 ID 号。

MANUFACTURER ID	(M7～M0)	
Winbond Serial Flash	EFH	
Device ID	(ID7～ID0)	(ID15～ID0)
Instruction	ABh，90h	9Fh
W25X16	14h	3015h
W25X32	15h	3016h
W25X64	16h	3017h

图 11 - 22 W25Q 系列存储器制造和器件 ID 号

11.2   中英文显示的原理

我们以中文宋体字库为例,每一个字由 16×16 的点阵组成显示,即国标汉字库中的每一个字均由 256 点阵来表示。我们可以把每一个点理解为一个像素,而把每一个字的字形理解为一幅图像。事实上这个汉字屏不仅可以显示汉字,也可以显示在 256 像素范围内的任何图形。

以显示汉字“大”为例,来说明其扫描原理。图 11‑23 为汉字“大”的点阵组成。

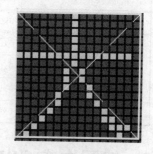

256 像素中,假定高电平点亮像素,低电平熄灭像素,从右上角开始向左扫描,一行完毕,再转下一行扫描。每行有 16 个点,那么每一行就可以用 2 个字节表示(共 16 个像素点)。这样,一个汉字就需要 32 个字节来表示。

英文显示也类同,只是英文由 8×16 的点阵组成。

图 11‑23   汉字“大”的点阵组成

中文的每个汉字像素为 16×16,即每个汉字需要 32 个字节的存储空间,GBK 收录了中文 2 万多个,如果全部显示,需要 700 多 KB 的存储空间。

GBK 字库是当今使用最广泛的中文字库,包含了所有的简体中文、繁体中文、中日韩的标点符号。

W25Q16 Flash 存储器的存储容量达 2 MB,放入 700 多 KB 的中英文字库完全足够。如果有需要,还可以放入彩色照片的文件。

我们自己不可能用手工的方法,对这 2 万多个汉字进行编码,但借助于软件工具(例如牧码字模软件 Mold.exe),我们可以将 GBK 中所有的汉字在几十秒内生成汉字库码。

通过参考相关的网络资源,我们制作中文字库需要如下文件。

1. stziku16.bin 和 htziku16.bin

这两个是已经制作好宋体 16×16 像素 GBK 字库和黑体 16×16 像素 GBK 字库,使用 ziku.exe、gbk_ziku.txt 和 Mold.exe 制作完成。这两个 exe 程序由 ourAVR 网站的阿莫制作。

2. GBK_Proj.hex

将字库下载到 W25Q16 中的应用程序。

英文单词由 26 个字母构成,加上大小写的区别和其他如标点符号、数字等一些字符,也不过 95 个,这些符号,称为 ASCII 码。假如显示的像素为 8×16,每个字符需要 16 字节的存储空间,95 个字符即 95×16=1 520 字节。ASCII 码位于 0x20～

0x7E 的 95 个英文字母和符号。

存储 ASCII 码的字库,称为 ASCII 字库。ASCII 字库占用 1 520 字节,可以直接生成二进制文件放到 W25Q16 存储器上使用,也可以生成一个二维数组放置在程序文件中。

W25Q16 内部需要存储的文件排布及用途如表 11 - 8 所列。

表 11 - 8 W25Q16 内部需要存储的文件排布及用途

块	地址范围	用 途
BLOCK0～BLOCK11	0x000100～0x0BD100	GBK 字库
BLOCK12	0x0C0000～0x0CA34C	uni2gbk 转换表
BLOCK13	0x0D0000～0x0DBD00	gbk2uni 转换表
BLOCK14	0x0E0000～0x0E05F0	ASCII 字库(95 个:字母＋符号)
BLOCK15～BLOCK31	0x0F0000～0x1FFFFF	空(即都为 0xFF),可以存图片

11.3　编写生成 GBK_Proj. hex 应用程序的源代码

这里只给出 main. c 文件,完整程序请登录北京航空航天大学出版社网站下载。

新建一个文件目录 GBK_Proj,在 Real View MDK 集成开发环境中创建一个工程项目 GBK_Proj. uvproj 于此目录中。

在 File 菜单下新建如下源文件 main. c,编写源程序代码后保存在 User 文件夹下,再把 main. c 文件添加到 User 组中。

```
# include "config.h"
# include "ili9325.h"
# include "uart.h"
# include "w25Q16.h"
# include "gpio.h"

uint32 flash_addr;

/*******************************************************
* FunctionName    : Init
* Description     : 初始化系统
* EntryParameter  : None
* ReturnValue     : None
*******************************************************/
void Init(void)
{
    SystemInit();                    //系统初始化
    GPIO_Init();                     //GPIO初始化
```

```
    LCD_Init();                              //液晶显示器初始化
    W25Q16_Init();                           //W25Q16 初始化
    UART_init(115200);
}

/********************************************************
* FunctionName   : main
* Description    : 主函数
* EntryParameter : None
* ReturnValue    : None
********************************************************/
int main(void)
{
    uint8 i;
    Init();

    LPC_UART->IER = 0x01;                    //只允许接收中断,关闭其他中断
    NVIC_EnableIRQ(UART_IRQn);               //开启串口中断

    LCD_Clear(WHITE);                        //整屏显示白色
    POINT_COLOR = BLACK;                     //定义笔的颜色为黑色
    BACK_COLOR = WHITE;                      //定义笔的背景色为白色

    flash_addr = 0x000100;                   //从 W25X16 的地址 0x100 开始存放数据
    W25Q16_Init();                           //初始化字库芯片 W25Q16
    W25Q16_Write_Enable();                   //允许写 W25Q16

    while(1)
    {
        if((LPC_GPIO1->DATA&(1<<0))!=(1<<0))          //如果是 KEY1 键被按下
        {
            LPC_GPIO1->DATA &= ~(1<<9);               //开 LED1
            while((LPC_GPIO1->DATA&(1<<0))!=(1<<0));//等待按键释放
            for(i=0;i<12;i++)
            {
                W25Q16_Erase_Block(i);                //循环擦除前 11 个 BLOCK
            }
            LPC_GPIO1->DATA |= (1<<9);                //关 LED1
        }
        else if((LPC_GPIO1->DATA&(1<<1))!=(1<<1))     //如果是 KEY2 键被按下
        {
            LPC_GPIO1->DATA &= ~(1<<10);              //开 LED2
            while((LPC_GPIO1->DATA&(1<<1))!=(1<<1));//等待按键释放
            LCD_ShowString(2,50,"看到这些中文,就说明汉字库下载成功!");
            LPC_GPIO1->DATA |= (1<<10);               //关 LED2
        }
```

```
    }
}

/*****************************************************************
 * FunctionName   : UART_IRQHandler
 * Description    : 串口中断函数
 * EntryParameter : None
 * ReturnValue    : None
 *****************************************************************/
void UART_IRQHandler(void)
{
    uint32 IRQ_ID;                              //定义读取中断 ID 号变量
    uint8 buf[1] = {0x00};                      //定义接收数据变量数组

    IRQ_ID = LPC_UART->IIR;                     //读中断 ID 号
    IRQ_ID = ((IRQ_ID>>1)&0x7);                 //检测 bit[4:1]
    if(IRQ_ID == 0x02 )                         //检测是不是接收数据引起的中断
    {
        buf[0] = LPC_UART->RBR;                 //从 RXFIFO 中读取接收到的数据
        W25Q16_Write_Page(buf,flash_addr,1);    //把数据写到 W25Q16 中
        flash_addr ++ ;
    }
}
```

11.4　中文字库的下载

11.4.1　LPC1114 烧入 GBK_Proj. hex 应用程序

　　LPC1114 烧入 GBK_Proj. hex 应用程序后,我们就可以将字库 stziku16. bin 下载到板子上的 W25Q16 中了。

　　LPC1114 烧入 GBK_Proj. hex 应用程序后,先做一下测试,按动 K2 键,我们看到 TFT - LCD 上只有几条黑影,并没有中文出现,说明此刻 W25Q16 中还没有中文字库(见图 11 - 24)。

11.4.2　下载中文字库 stziku16. bin 到 W25Q16 中

　　打开串口调试软件,波特率设置为 115 200。开关 S2 处于正常串口通信位置,单击"选择发送文件",选择 stziku16. bin 或 htziku16. bin,然后单击"发送文件"按钮(见图 11 - 25)。耐心等待 1 分 5 秒,等待期间,不要按动 Mini LPC11XX DEMO 开

图 11 – 24　此刻 W25Q16 中还没有中文字库

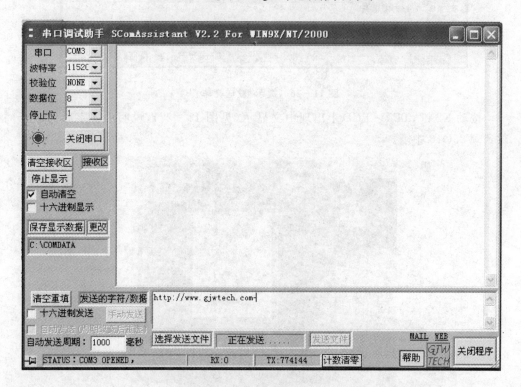

图 11 – 25　单击"选择发送文件"按钮

发板上的任何键。直到发送界面的下方提示"发送完毕！"，见图 11 - 26。注意：如果需要下载中文字库到 W25Q16 中，那么首先应该按动一下 K1 键，以便将原来的字库擦除干净，否则会发生无法下载的情况。ASCII 码字库比较小，所占空间不大，我们可以写在程序中（见 ascii.h 文件），因此不需要另外下载到 W25Q16 中了。

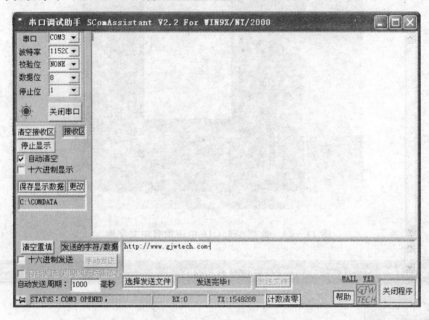

图 11 - 26   提示"发送完毕！"

按动 K2 键，TFT - LCD 上出现中文显示（见图 11 - 27），说明中文字库已经下载到 W25Q16 中了。

图 11 - 27   TFT - LCD 上出现中文显示

注意：绝对不能按 K1 键！按 K1 键的作用是擦除字库。擦除时间只需要几秒钟。

11.5　从 W25Q16 中提取点阵码函数及中英文显示驱动函数

11.5.1　从 W25Q16 中提取点阵码的函数

```
/ ***********************************************************
 * FunctionName    : Get_GBK_DZK
 * Description     : 从 W25Q16 中提取点阵码
 * EntryParameter  : code—GBK 码第一个字节；
 *                   dz_data—存放点阵码的数组
 * ReturnValue     : None
 ***********************************************************/
void Get_GBK_DZK(uint8 * code, uint8 * dz_data)
{
    uint8 GBKH,GBKL;              //GBK 码高位与低位
    uint32 offset;               //点阵偏移量

    GBKH = * code;
    GBKL = * (code + 1);         //GBKL = * (code + 1);
    if(GBKH>0XFE||GBKH<0X81)return;
    GBKH - = 0x81;
    GBKL - = 0x40;
    offset = ((uint32)192 * GBKH + GBKL) * 32;   //得到字库中的字节偏移量
    W25X16_Read(dz_data,offset + 0x100,32);
    return;
}
```

11.5.2　显示 8×16 点阵英文字符的函数

```
/ ***********************************************************
 * FunctionName    : LCD_ShowChar
 * Description     : 显示 8×16 点阵英文字符
 * EntryParameter  : x,y—起点坐标(x 取值 0～240,y 取值 0～320)；
 *                   num—字母或符号
 * ReturnValue     : None
 ***********************************************************/
```

```
void LCD_ShowChar(uint16 x,uint16 y,uint16 num)
{
    uint8 temp;
    uint8 pos,t;

    LCD_WR_REG_DATA(0x0020,x);    //设置 X 坐标位置
    LCD_WR_REG_DATA(0x0021,y);    //设置 Y 坐标位置
    /* 开辟显存区域 */
    LCD_XYRAM(x,y,x + 7,y + 15);    //设置 GRAM 坐标
    LCD_WR_REG(0x0022);            //指向 RAM 寄存器,准备写数据到 RAM

    num = num - ' ';              //得到偏移后的值
    for(pos = 0;pos<16;pos ++ )
    {
        temp = ascii_16[num][pos];
        for(t = 0;t<8;t ++ )
        {
            if(temp&0x80)LCD_WR_DATA(POINT_COLOR);
            else LCD_WR_DATA(BACK_COLOR);
            temp<< = 1;
        }
    }
    /* 恢复显存显示区域 240×320 */
    LCD_XYRAM(0x0000 ,0x0000 ,0x00EF ,0X013F);    //恢复 GRAM 整屏显示
    return;
}
```

11.5.3　显示 16×16 点阵中文字符的函数

```
/* ***********************************************************
 * FunctionName   : LCD_Show_hz
 * Description    : 显示 16×16 点阵中文字符
 * EntryParameter : x,y—起点坐标(x 取值 0~240,y 取值 0~320);
 *                  hz—需显示的汉字
 * ReturnValue    : None
 *********************************************************** */
void LCD_Show_hz(uint16 x,uint16 y,uint8 * hz)
{
    uint8 i,j,temp;
    uint8 dz_data[32];

    Get_GBK_DZK(hz, dz_data);
```

```
LCD_WR_REG_DATA(0x0020,x);    //设置 X 坐标位置
LCD_WR_REG_DATA(0x0021,y);    //设置 Y 坐标位置
/* 开辟显存区域 */
LCD_XYRAM(x,y,x + 15,y + 15); //设置 GRAM 坐标
LCD_WR_REG(0x0022);               //指向 RAM 寄存器,准备写数据到 RAM

for(i = 0;i<32;i ++ )
{
    temp = dz_data[i];
    for(j = 0;j<8;j ++ )
    {
        if(temp&0x80)LCD_WR_DATA(POINT_COLOR);
        else LCD_WR_DATA(BACK_COLOR);
        temp<< = 1;
    }
}

/* 恢复显存显示区域 240×320 */
LCD_XYRAM(0x0000 ,0x0000 ,0x00EF ,0X013F);    //恢复 GRAM 整屏显示

return;
}
```

11.5.4　显示 8×8 点阵数字的函数

```
/********************************************************
* FunctionName    : LCD_ShowNum
* Description      : 显示 8×8 点阵数字
* EntryParameter : x,y—起点坐标(x 取值 0～240,y 取值 0～320);
*                    num—数值(0～4 294 967 295);
*                    len—数字的位数
* ReturnValue      : None
********************************************************/
void LCD_ShowNum(uint8 x,uint16 y,uint32 num,uint8 len)
{
    uint8 t,temp;
    uint8 enshow = 0;   //此变量用来去掉最高位的 0

    for(t = 0;t<len;t ++ )
    {
        temp = (num/mypow(10,len - t - 1))% 10;
        if(enshow == 0&&t<(len - 1))
        {
```

```
            if(temp == 0)
            {
                LCD_ShowChar(x + 8 * t,y,' ');
                continue;
            }else enshow = 1;
        }
        LCD_ShowChar(x + 8 * t,y,temp + '0');
    }
}
```

11.5.5   显示中英文字符串的函数

```
/*************************************************************
* FunctionName   : LCD_ShowString
* Description    : 显示中英文字符串
* EntryParameter : x,y—起点坐标(x 取值 0~240,y 取值 0~320);
*                  p—需显示的字符串
* ReturnValue    : None
*************************************************************/
void LCD_ShowString(uint16 x,uint16 y,uint8 * p)
{
    while( * p! = '\0')                  //如果没有结束
    {
        if( * p>0x80)                   //如果是中文
        {
            if(( * p == '\n')||(x>224))   //换段和换行
            {
                y = y + 19;             //字体高 16 行,间距 3
                x = 2;                  //边距 2
            }
            LCD_Show_hz(x, y, p);
            x + = 16;
            p + = 2;
        }
        else                           //如果是英文
        {
            if(( * p == '\n')||(x>224))   //换段和换行
            {
                y = y + 19;             //字体高 16 行,间距 3
                x = 2;                  //边距 2
```

```
            }
        LCD_ShowChar(x,y, * p);
        x + = 8;
        p + + ;
        }
    }
}
```

11.6　TFT‑LCD 应用实验——彩色液晶屏显示多种颜色及中英文字符

1. 实验要求

TFT‑LCD 彩色液晶屏显示多种颜色及中英文字符,熟练掌握 TFT‑LCD 的中英文显示驱动。

2. 实验电路原理

参考 Mini LPC11XX DEMO 开发板电路原理图:

P3.0——LCD_RS,命令/数据选择(0 为读写命令,1 为读写数据);

P3.1——LCD_CS,TFT‑LCD 片选;

P3.2——LCD_WR,向 TFT‑LCD 写入数据;

P3.3——LCD_RD,从 TFT‑LCD 读取数据;

P2.11~P2.4——DB[15:8],8 位双向数据线,分两次传送 16 位数据;

P0.0——RESET,复位信号。

3. 源程序文件及分析

这里只分析 main. c 文件,完整程序请登录北京航空航天大学出版社网站下载。

新建一个文件目录 TFTLCD_test2,在 Real View MDK 集成开发环境中创建一个工程项目 TFTLCD_test2. uvproj 于此目录中。

在 File 菜单下新建如下源文件 main. c,编写源程序代码后保存在 User 文件夹下,再把 main. c 文件添加到 User 组中。

```
# include "config.h"
# include "ili9325.h"
# include "w25Q16.h"

/***************************************************************
* FunctionName   : Init()
* Description    : 初始化系统
* EntryParameter : None
```

```
*   ReturnValue    : None
***************************************************************/
void Init(void)
{
    SystemInit();                   //系统初始化
    LCD_Init();                     //液晶显示器初始化
    W25Q16_Init();                  // W25X16 初始化
}


/***************************************************************
*   FunctionName   : main()
*   Description    : 主函数
*   EntryParameter : None
*   ReturnValue    : None
***************************************************************/
int main()                          //主函数
{
    Init();                         //芯片初始化
    LCD_Clear(WHITE);               //全屏显示白色
    POINT_COLOR = BLACK;            //定义笔的颜色为黑色(全局变量)
    BACK_COLOR = WHITE;             //定义笔的背景色为白色(全局变量)
    LCD_ShowString(20, 5, ""单片机培训中心"TFT 演示");

    POINT_COLOR = RED;              //定义笔的颜色为红色
    BACK_COLOR = WHITE;             //定义笔的背景色为白色
    LCD_ShowString(2, 25, "  这个是不带背景色的显示效果! 红色字体。");

    POINT_COLOR = BLACK;            //定义笔的颜色为黑色
    BACK_COLOR = GREEN;             //定义笔的背景色为绿色
    LCD_ShowString(2, 61, "  这个是带有背景色的显示效果! 黑色字体,背景色为
                            绿色。");

    POINT_COLOR = RED;              //定义笔的颜色为红色
    BACK_COLOR = YELLOW;            .//定义笔的背景色为黄色
    LCD_ShowString(2, 97, "  这个是带背有景色的显示效果! 红色字体,背景色为
                            黄色。");

    POINT_COLOR = PORPO;            //定义笔的颜色为紫色
    BACK_COLOR = WHITE;             //定义笔的背景色为白色
    LCD_DrawLine(30, 140, 210, 140);   //画直线
    //LCD_ShowString(5, 152, "上面画了一条一个像素粗的直线");

    LCD_ShowString(5,152,"mide in china 123 中国");
    LCD_DrawRectage(60, 170, 180, 210, DARKBLUE);   //画一个深蓝色边框的矩形
    LCD_Fill(61, 171, 179, 209, PINK);   //画填充矩形
    LCD_ShowString(5, 215, "上面画了一个矩形,深蓝色边框,粉红色填充!");
```

```
POINT_COLOR = RED;              //定义笔的颜色为红色
LCD_DrawCircle(168,265,25);     //画一个圆
LCD_ShowString(5,300,"上面画了一个圆,线条为红色");

while(1)                        //无限循环
{
    ;                           //空操作
}
}
```

4. 实验效果

编译通过后下载程序,这时 Mini LPC11XX DEMO 开发板上的 TFT‐LCD 上显示出多种颜色及中英文组成的界面。实验照片见图 11‐28。

图 11‐28　液晶屏显示多种颜色及中英文的实验照片

第 **12** 章
通用异步串口 UART 特性及应用

处理器与外界的信息交换可分为并行通信和串行通信两种。

① 并行通信是指一个数据的各位同时进行传送的通信方式。优点是传送速度快,但传输线较多,并且只适合距离较短的通信。

② 串行通信是指一个数据是逐位顺序进行传送的通信方式。其突出优点是仅需单线就可进行通信,通信距离较远,缺点是传送的数据速率较低。

串行通信又有两种基本的通信方式:同步通信和异步通信。

UART 的英文全称为 Universal Asynchronous Receiver Transmitter,即通用串行异步收发器。我们以后要介绍的 SPI 为通用串行同步收发器。

目前任何一款嵌入式微处理器都带有串口,有些甚至还有双串口、三串口等。LPC1114 片上只有一个串口,但是全功能的串口。它拥有 9 针串口的所有引脚,如果用它来开发调制解调器,很方便。

图 12 - 1 为 LPC11XX 的 UART 结构方框图。

UART 接收器模块(U0RX)监控串行输入线 RXD 的有效输入。UART RX 移位寄存器(U0RSR)通过 RXD 接收有效字符。当 U0RSR 接收到一个有效字符时,它将该字符传送到 UART RX 缓冲寄存器 FIFO 中,等待 CPU 或主机通过通用主机接口进行访问。

UART 发送器模块(U0TX)接收 CPU 或主机写入的数据,并且将数据缓存到 UART TX 保持寄存器 FIFO(U0THR)中。UART TX 移位寄存器(U0TSR)读出存放在 U0THR 中的数据,并对数据进行汇编,通过串行输出引脚 TXD1 发送出去。

UART 波特率发生器模块 U0BRG 产生 UART TX 模块所使用的时序。U0BRG 时钟输入源为 UART_PCLK。主时钟由 U0DLL 和 U0DLM 寄存器指定除数分频,分频所得的时钟为过采样时钟 NBAUDOUT 的 16 倍。

中断接口包括 U0IER 和 U0IIR 寄存器。中断接口接收若干个由 U0TX 和 U0RX 模块发出的单时钟宽度的使能信号。

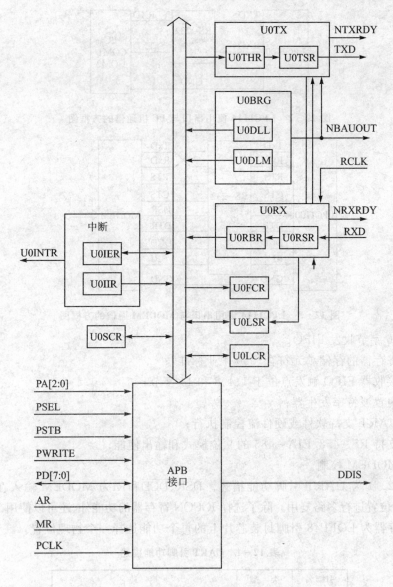

图 12 - 1　LPC11XX 的 UART 结构方框图

U0TX 和 U0RX 所发送的状态信息会被存放到 U0LSR 中。U0TX 和 U0RX 的控制信息会被存放到 U0LCR 中。

图 12 - 2 为 LPC1114 使用串口与 PC 机通信的方框图,只使用了 RXD、TXD 两个引脚。

图 12 - 3 为 LPC1114 使用串口与 MODEM 通信的方框图,使用了串口的全部9 个引脚。

LPC11XX 通用异步串口 UART 特性:

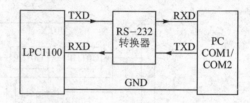

图 12 - 2 LPC1114 使用串口与 PC 机通信的方框图

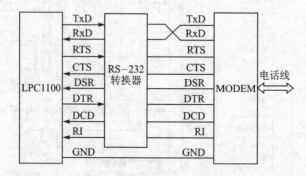

图 12 - 3 LPC1114 使用串口与 MODEM 通信的方框图

● 16 字节收发 FIFO;
● 寄存器的存储单元符合"550 工业标准";
● 接收器 FIFO 触发点位于 1、4、8 和 14 字节;
● 内置波特率发生器;
● UART 支持软件或硬件流控制执行;
● 支持 RS - 458/EIA - 485 的 9 位模式和输出使能;
● MODEM 控制。

表 12 - 1 为 UART 引脚功能描述。$\overline{\text{DSR}}$、$\overline{\text{DCD}}$和$\overline{\text{RI}}$为 MODEM 输入在两个不同的引脚位置进行多路复用。除了选择 IOCON 寄存器的功能外,还可以使用 IOCON_LOC 寄存器为 LQFP48 引脚封装芯片上的每个功能选择一个物理位置。

表 12 - 1 UART 引脚功能描述

引脚名	类型	描述
RXD	输入	串行输入引脚。串行接收数据
TXD	输出	串行输出引脚。串行发送数据
$\overline{\text{RTS}}$	输出	请求发送。RS - 485 方向控制引脚
$\overline{\text{DTR}}$	输出	数据终端就绪
$\overline{\text{DSR}}$*	输入	数据设置就绪
$\overline{\text{CTS}}$	输入	清除发送
$\overline{\text{DCD}}$*	输入	数据载波检测
$\overline{\text{RI}}$*	输入	铃响指示

* 仅用于 LQFP48 封装。

$\overline{DTR}$输出在 2 个引脚位置都可以使用。$\overline{DTR}$引脚的输出值在两个相同的位置被驱动,并且可通过为该引脚位置选择 IOCON 寄存器的功能来简单选择任意位置的$\overline{DTR}$功能。

12.1　UART 相关寄存器

UART 包含的寄存器共有 19 个,如表 12 - 2 所列。除数锁存器访问位(DLAB)包含在 U0LCR[7]中,能够使能除数锁存器的访问。

表 12 - 2　UART 包含的寄存器(基址:0x4000 8000)

名　称	访　问	地址偏移量	描　述	复位值*	注
U0RBR	RO	0x000	UART 接收缓冲寄存器。包含下一个要读取的已接收字符	NA	当 DLAB=0
U0THR	WO	0x000	UART 发送保持寄存器。在此写入下一个要发送的字符	NA	当 DLAB=0
U0DLL	R/W	0x000	UART 除数锁存 LSB。波特率除数值的最低有效字节。整个分频器用于产生小数波特率分频器的波特率	0x01	当 DLAB=1
U0DLM	R/W	0x004	UART 除数锁存 MSB。波特率除数值的最高有效字节。整个分频器用于产生小数波特率分频器的波特率	0x00	当 DLAB=1
U0IER	R/W	0x004	UART 中断使能寄存器。包含 7 个潜在的 UART 中断对应的各个中断使能位	0x00	当 DLAB=0
U0IIR	RO	0x008	UART 中断标识寄存器。识别等待处理的中断	0x01	—
U0FCR	WO	0x008	UART FIFO 控制寄存器。控制 UART FIFO 的使用和模式	0x00	—
U0LCR	R/W	0x00C	UART 线控制寄存器。包含帧格式控制和间隔产生控制	0x00	—
U0MCR	R/W	0x010	UART MODEM 控制寄存器	0x00	—
U0LSR	RO	0x014	UART 线状态寄存器。包含发送和接收状态的标志(包括线错误)	0x60	—
U0MSR	RO	0x018	UART MODEM 状态寄存器	0x00	—
U0SCR	R/W	0x01C	UART 高速缓存寄存器。8 位的临时存储空间,供软件使用	0x00	—
U0ACR	R/W	0x020	UART 自动波特率控制寄存器。包含自动波特率特性的控制	0x00	—

名　称	访　问	地址偏移量	描　述	复位值*	注
—	—	0x024	保留	—	
U0FDR	R/W	0x028	UART 小数分频器寄存器。为波特率分频器产生时钟输入	0x10	
—		0x02C	保留	—	
U0TER	R/W	0x030	UART 发送使能寄存器。关闭 UART 发送器,使用软件流控制	0x80	
—		0x034~0x048	保留	—	
U0RS485CTRL	R/W	0x04C	UART RS – 485/EIA – 485 控制寄存器。包含了 RS – 485/EIA – 485 模式多方面的配置控制	0x00	
U0ADRMATCH	R/W	0x050	UART RS – 485/EIA – 485 地址匹配寄存器。包含 RS – 485/EIA – 485 模式的地址匹配值	0x00	
U0RS485DLY	R/W	0x054	UART RS – 485/EIA – 485 延时值寄存器。方向控制延时	0x00	
U0FIFOLVL	RO	0x058	UART FIFO 深度寄存器。提供发送和 FIFO 的当前填充深度	0x00	

* 复位值仅指使用位中保存的数据,并不包括保留位的内容。

1. UART 接收器缓冲寄存器(U0RBR)

U0RBR 是 UART RX FIFO 的最高字节。它包含了最早接收到的字符,并且可通过总线接口进行读取。LSB(位 0)表示最"早"接收的数据位。如果接收到的字符少于 8 位,则未使用的 MSB 用 0 填充。

如果要访问 U0RBR,U0LCR 中的除数锁存访问位(DLAB)必须为 0。U0RBR 为只读寄存器。

由于 PE、FE 和 BI 位与 RBR FIFO 顶部的字节(即下次读 RBR 时获取的字节)相关,因此,要正确地成对读出有效的接收字节及其状态位,应先读取 U0LSR 的内容,然后再读取 U0RBR 中的字节。表 12 – 3 为 U0RBR 位描述。

表 12 – 3　U0RBR 位描述(0x4000 8000,当 DLAB=0 时,只读)

位	符　号	描　述	复位值
7:0	RBR	UART 接收器缓冲寄存器包含了 UART RX FIFO 当中最早接收到的字节	NA
31:8	—	保留	—

2. UART 发送保持寄存器(U0THR)

U0THR 是 UART TX FIFO 的最高字节。它是 TX FIFO 中的最新字符,可通过总线接口进行写入。LSB 代表第一个要发送出去的位。如果要访问 U0THR,U0LCR 中的除数锁存访问位(DLAB)必须为 0。U0THR 为只写寄存器。表 12 - 4 为 U0THR 位描述。

表 12 - 4　U0THR 位描述(0x4000 8000,当 DLAB＝0 时,只写)

位	符 号	描 述	复位值
7:0	THR	写 UART 发送保持寄存器会使数据保存到 UART 发送 FIFO 中。当字节达到 FIFO 的底部并且发送器可用时,字节就会被发送	NA
31:8	—	保留	—

3. UART 除数锁存寄存器(U0DLL 和 U0DLM)

UART 除数锁存器是 UART 波特率发生器的一部分并保存使用的值。它与小数分频器一同使用,来分频 UART_PCLK 时钟以产生波特率时钟,该波特率时钟必须是所需波特率的 16 倍。U0DLL 和 U0DLM 寄存器一起构成了一个 16 位除数,其中 U0DLL 包含了除数的低 8 位而 U0DLM 包含了除数的高 8 位。值 0x0000 会被作为 0x0001 处理,因为除数不能为 0。如果要访问 UART 除数锁存寄存器,U0LCR 中的除数锁存访问位(DLAB)必须为 1。表 12 - 5 和表 12 - 6 分别为 U0DLL 和 U0DLM 位描述。

表 12 - 5　U0DLL 位描述(0x4000 8000)

位	符 号	描 述	复位值
7:0	DLLSB	UART 除数锁存 LSB 寄存器(U0DLL)与 U0DLM 寄存器一起决定 UART 的波特率	0x01
31:8	—	保留	—

表 12 - 6　U0DLM 位描述(0x4000 8004)

位	符 号	描 述	复位值
7:0	DLMSB	UART 除数锁存 MSB 寄存器(U0DLM)与 U0DLL 寄存器一起决定 UART 的波特率	0x00
31:8	—	保留	—

4. UART 中断使能寄存器(U0IER)

U0IER 用于使能 4 个 UART 中断源。表 12 - 7 为 U0IER 位描述。

表 12 - 7 U0IER 位描述(0x4000 8004)

位	符号	描述	复位值
0	RBR Interrupt Enable	使能 UART 的接收数据可用中断。 它还控制着字符接收超时中断。 0：禁止 RDA 中断； 1：使能 RDA 中断	0
1	THRE Interrupt Enalbe	使能 UART 的 THRE 中断。 该中断的状态可从 U0LSR[5]中读出。 0：禁止 THRE 中断； 1：使能 THRE 中断	0
2	RX Line Interrupt Enable	使能 UART 的 RX 线状态中断。 该中断的状态可从 U0LSR[4:1]中读出。 0：禁止 RX 线状态中断； 1：使能 RX 线状态中断	0
3	—	保留	—
6:4	—	保留。用户软件不应对其写入 1。 从保留位读出的值未定义	NA
7	—	保留	0
8	ABEOIntEn	使能 auto - baud 结束中断。 0：禁止 auto - baud 结束中断； 1：使能 auto - baud 结束中断	0
9	ABTOIntEn	使能 auto - baud 超时中断。 0：禁止 auto - baud 超时中断； 1：使能 auto - baud 超时中断	0
31:10	—	保留,用户软件不应向保留位写入 1。 从保留位读出的值未定义	NA

5. UART 中断标识寄存器(U0IIR)

U0IIR 提供状态代码用于指示一个待处理中断的优先级和中断源。在访问 U0IIR 过程中,中断被冻结。如果在访问 U0IIR 过程中产生了中断,那么在下次访问 U0IIR 时该中断会被记录。表 12 - 8 为 U0IIR 位描述。

表 12 - 8 U0IIR 位描述(0x4004 8008,只读)

位	符号	描述	复位值
0	IntStatus	中断状态。注意 U0IIR[0]为低电平有效。待处理的中断可通过 U0IIR[3:1]来确定。 0：至少有一个中断正在等待处理； 1：没有等待处理的中断	1

位	符　号	描　述	复位值
3:1	IntId	中断标识。U0IER[3:1]指示对应 UART RX FIFO 的中断。下面未列出的 U0IER[3:1]的其他组合都为保留值(100、101、111)。 011：接收线状态(RLS)； 010：接收数据可用(RDA)； 110：字符超时指示器(CTI)； 001：THRE 中断； 000：MODEM 中断	0
5:4	—	保留。用户软件不应对其写入 1。从保留位读出的值未定义	NA
7:6	FIFO Enable	这些位等效于 U0FCR[0]	0
8	ABEOInt	auto - baud 结束中断。若 auto - baud 已成功结束且中断被使能,则为真	0
9	ABTOInt	auto - baud 超时中断。若 auto - baud 已超时且中断被使能,则为真	0
31:10	—	保留。用户软件不应对其写入 1。从保留位读出的值未定义	NA

位 U0IIR[9:8]由 auto - baud 功能设置,用于发布超时信号或 auto - baud 结束条件信号。而 auto - baud 中断条件的清除则是通过设置自动波特率控制寄存器中的相应位 Clear(清除)来实现。

如果 IntStatus 位为 1 且没有中断等待处理,此时 IntId 位为 0。如果 IntStatus 位为 0,则表示有一个非 auto - baud 中断正等待处理,此时 IntId 位会指示中断的类型,中断的处理见表 12 - 9。给定了 U0IIR[3:0]的状态,中断处理程序就能确定中断源以及如何清除有效的中断。在退出中断服务程序之前,必须读取 U0IIR 来清除中断。

UART RLS 中断(U0IIR[3:1]=011)是最高优先级中断,只要 UART RX 输入产生 4 个错误条件(溢出错误 OE、奇偶错误 PE、帧错误 FE 以及间隔中断 BI)中的任意一个,该位就会被置位。设置中断的 UART RX 错误条件可通过 U0LSR[4:1]来查看。当读取 U0LSR 时,中断就会被清除。

UART RDA 中断(U0IIR[3:1]=010)与 CTI 中断(U0IIR[3:1]=110)共用第二优先级。当 UART RX FIFO 深度到达 U0FCR[7:6]所定义的触发点时,RDA 就会被激活;当 UART RX FIFO 深度低于触发点时,RDA 复位。当 RDA 中断激活时,CPU 可读出由触发点所定义的数据块。

CTI 中断(U0IIR[3:1]=110)是一个第二优先级中断,当 UART RX FIFO 内含有至少一个字符并且在接收到 3.5~4.5 字符的时间内没有发生 UART RX FIFO

操作时,该中断置位。任何 UART RX FIFO 操作(UART RSR 的读取或写入)将会清除该中断。当接收到的信息不是触发点值的倍数时,CTI 中断将会清空 UART RBR。例如:如果外围设备想要发送一个长度为 105 个字符的信息,而触发值为 10 个字符,那么 CPU 接收 10 个 RDA 中断以使传输前 100 个字符,CPU 接收 1~5 个 CTI 中断(取决于服务程序)将传输剩下的 5 个字符。

表 12 - 9   中断的处理

U0IIR[3:0]值*	优先级	中断类型	中断源	中断复位
0001	—	无	无	—
0110	最高	RX 线状态/错误	OE、PE、FE 或 BI	U0LSR 读操作
0100	第二	RX 数据可用	RX 数据可用或达到 FIFO 的触发点(U0FCR0=1)	U0RBR 读操作或 UART FIFO 低于触发值
1100	第二	字符超时指示	RX FIFO 中至少有一个字符,并且在一段时间内没有字符输入或移出,该时间的长短取决于 FIFO 中的字符数以及在 3.5~4.5 字符的时间内的触发值。实际时间为:[(字长度)×7−2]×8+[(触发值−字符数)×8+1]×RCLK	U0RBR 读操作
0010	第三	THRE	THRE	U0IIR 读操作(如果 U0IIR 是中断源)或 THR 写操作

    * 0000、0011、0101、0111、1000、1001、1010、1011、1101、1110、1111 均为保留值。

UART THRE 中断(U0IIR[3:1]=001)是第三优先级中断。当 UART THR FIFO 为空且满足特定的初始化条件时,该中断激活。这些初始化条件是为了让 UART THR FIFO 有机会填入数据,以免在系统启动时产生许多 THRE 中断。当 THRE=1 时,且在上次 LSR 寄存器的 THRE=1 事件后,U0THR 中没有出现至少两个字符时,这些初始化条件就会实现一个字符减去停止位的延时。当没有解码和服务 THRE 中断时,该延时为 CPU 提供了写数据到 U0THR 的时间。当 UART THR FIFO 中曾经同时出现两个或更多字符,而当前的 U0THR 为空时,THRE 中断就会立即被设置。当发生 U0THR 写操作或 U0IIR 读操作,并且 THRE 为最高优先级中断(U0IIR[3:1]=001)时,THRE 中断复位。

6. UART FIFO 控制寄存器(U0FCR)

U0FCR 控制 UART RX 和 TX FIFO 的操作。表 12 - 10 为 U0FCR 位描述。

表 12-10　U0FCR 位描述(0x4000 8008,只写)

位	符 号	描 述	复位值
0	FIFO Enable	0：UART FIFO 被禁止。禁止在应用中使用。 1：高电平有效,使能对 UART RX FIFO 和 TX FIFO 以及 U0FCR[7:1]的访问。该位必须置位以实现正确的 UART 操作。该位的任何变化都将使 UART FIFO 清空	0
1	RX FIFO Reset	0：对两个 UART FIFO 均无影响。 1：写 1 到 U0FCR[1]将会清零 UART RX FIFO 中的所有字节,并复位指针逻辑,该位可以自动清零	0
2	TX FIFO Reset	0：对两个 UART FIFO 均无影响。 1：写 1 到 U0FCR[2]将会清零 UART TX FIFO 中的所有字节,并复位指针逻辑。该位会自动清零	0
3	—	保留	0
5:4	—	保留。用户软件不应对其写入 1。从保留位读出的值未定义	NA
7:6	RX Trigger Level	这两位决定了接收 UART FIFO 在激活中断前必须写入的字符数量。 00：触发点 0(默认 1 字节或 0x01); 01：触发点 1(默认 4 字节或 0x04); 10：触发点 2(默认 8 字节或 0x08); 11：触发点 3(默认 14 字节或 0x0E)	0
31:8	—	保留	—

7. UART MODEM 控制寄存器(U0MCR)

U0MCR 使能 MODEM 的回送模式并控制 MODEM 的输出信号。表 12-11 为 U0MCR 位描述。

8. UART 线控制寄存器(U0LCR)

U0LCR 决定了要发送和接收的数据字符格式。表 12-12 为 U0LCR 位描述。

表 12-11　U0MCR 位描述(0x4000 8010,只写)

位	符 号	描 述	复位值
0	DTR Control	选择 MODEM 输出引脚$\overline{DTR}$。当 MODEM 回送模式激活时,该位读出为 0	0
1	RTS Control	选择 MODEM 输出引脚$\overline{RTS}$。当 MODEM 回送模式激活时,该位读出为 0	0
3:2	—	保留。用户软件不应对其写入 1。从保留位读出的值未定义	0

续表 12 - 11

位	符 号	描 述	复位值
4	Loopback Mode Select	MODEM 回送模式提供了执行诊断回送测试的机制。发送器输出的串行数据在内部连接到接收器的串行输入端。输入引脚 RXD 对回送操作无影响，而输出引脚 TXD 保持为标记状态 (marking state)。4 个 MODEM 输入端（$\overline{CTS}$、$\overline{DSR}$、$\overline{RI}$ 和 $\overline{DCD}$）与外部断开连接。从外部看，MODEM 输出端（$\overline{RTS}$、$\overline{DTR}$）无效；从内部看，4 个 MODEM 输出都连接到 4 个 MODEM 输入上。这样连接的结果将导致 U0MSR 的高 4 位由 U0MCR 的低 4 位驱动，而不是在正常模式下由 4 个 MODEM 输入驱动。这样在回送模式下，写 U0MCR 的低 4 位可产生 MODEM 状态中断。 0：禁止 MODEM 回送模式； 1：使能 MODEM 回送模式	0
5	—	保留。用户软件不应对其写入 1。从保留位读出的值未定义	0
6	RTSen	0：禁止 auto - rts 流控制； 1：使能 auto - rts 流控制	0
7	CTSen	0：禁止 auto - cts 流控制； 1：使能 auto - cts 流控制	0

表 12 - 12 U0LCR 位描述 (0x4000 800C)

位	符 号	描 述	复位值
1:0	Word Length Select	00：5 位字符长度； 01：6 位字符长度； 10：7 位字符长度； 11：8 位字符长度	0
2	Stop Bit Select	0：1 个停止位； 1：2 个停止位（若 U0LCR[1:0]＝00 时为 1.5 个停止位）	0
3	Parity Enable	0：禁止校验的产生和检测； 1：使能校验的产生和检测	0
5:4	Parity Select	00：奇校验，1 s 内的发送字符数和附加校验位为奇数； 01：偶校验，1 s 内的发送字符数和附加校验位为偶数； 10：强制"1"奇偶校验； 11：强制"0"奇偶校验	0
6	Break Control	0：禁止间隔传输； 1：使能间隔传输。当 U0LCR[6] 是高电平有效时，强制使输出引脚 UART TXD 为逻辑 0	0

续表 12 - 12

位	符　号	描　述	复位值
7	Divisor Latch Access Bit (DLAB)	0：禁止对除数锁存器的访问； 1：使能对除数锁存器的访问	0
31：8	—	保留	—

9. UART 线状态寄存器(U0LSR)

U0LSR 是一个只读寄存器,用于提供 UART TX 和 RX 模块的状态信息。表 12 - 13 为 U0LSR 位描述。

表 12 - 13　U0LSR 位描述(0x4000 8014,只读)

位	符　号	描　述	复位值
0	Receiver Data Ready (RDR)	当 U0RBR 包含未读字符时,U0LSR[0]就会被置位;当 UART RBR FIFO 为空时,U0LSR[0]就会被清零。 0：U0RBR 为空； 1：U0RBR 包含有效数据	0
1	Overrun Error(OE)	一旦发生错误,就设置溢出错误条件。读 U0LSR 会清零 U0LSR[1]。当 UART RSR 已有新的字符就绪,而 UART RBR FIFO 已满时,U0LSR[1]被置位。此时,UART RBR FIFO 将不会被覆盖,UART RSR 内的字符将会丢失。 0：溢出错误状态无效； 1：溢出错误状态有效	0
2	Parity Error (PE)	当接收字符的校验位处于错误状态时,校验错误就会产生。读 U0LSR 会清零 U0LSR[2]。校验错误检测时间取决于 U0FCR[0]。 注：校验错误与 UART RBR FIFO 顶部的字符相关。 0：校验错误状态无效； 1：校验错误状态有效	0
3	Framing Error(FE)	当接收字符的停止位为逻辑 0 时,就会发生帧错误。读 U0LSR 会清零 U0LSR[3]。帧错误检测时间取决于 U0FCR0。当检测到有帧错误时,RX 会尝试与数据重新同步,并假设错误的停止位实际是一个超前的起始位。但即使没有出现帧错误,它也无法假设下一个接收到的字符是正确的。 注：帧错误与 UART RBR FIFO 顶部的字符相关。 0：帧错误状态无效； 1：帧错误状态有效	0

位	符 号	描 述	复位值
4	Break Interrupt (BI)	在发送整个字符(起始位、数据、校验位以及停止位)过程中,RXD1 如果保持在空闲状态(全 0),则产生间隔中断。一旦检测到间隔条件,接收器立即进入空闲状态,直到 RXD1 进入标记状态(全 1)。读 U0LSR 会清零该状态位。间隔检测的时间取决于 U0FCR[0]。 注:间隔中断与 UART RBR FIFO 顶部的字符相关。 0:间隔中断状态无效; 1:间隔中断状态有效	0
5	Transmitter Holding Register Empty (THRE)	当检测到 UART THR 已空时,THRE 就会立即被设置。写 U0THR 会清零 THRE。 0:U0THR 包含有效数据; 1:U0THR 为空	1
6	Transmitter Empty (TEMT)	当 U0THR 和 U0TSR 同时为空时,TEMT 就会被设置;而当 U0TSR 或 U0THR 任意一个包含有效数据时,TEMT 就会被清零。 0:U0THR 和/或 U0TSR 包含有效数据; 1:U0THR 和 U0TSR 为空	1
7	Error in RX FIFO (RXFE)	当一个带有 RX 错误(如:帧错误、校验错误或间隔中断)的字符载入到 U0RBR 时,U0LSR[7]就会被置位。当 U0LSR 寄存器被读取并且 UART FIFO 中不再有错误时,该位就会清零。 0:U0RBR 中没有 UART RX 错误或 U0FCR[0]=0; 1:UART RBR 包含至少一个 UART RX 错误	0
31:8	—	保留	—

10. UART MODEM 状态寄存器(U0MSR)

U0MSR 是一个只读寄存器,提供 MODEM 输入信号的状态信息。读 U0MSR 会清零 U0MSR[3:0]。需要注意的是,MODEM 信号不会对 UART 操作有直接影响,它们有助于 MODEM 信号操作的软件实现。表 12 - 14 为 U0MSR 位描述。

表 12 - 14　U0MSR 位描述(0x4000 8018,只读)

位	符 号	描 述	复位值
0	Delta CTS	当输入端$\overline{CTS}$的状态改变时,该位置位。读 U0MSR 会清零该位。 0:没有检测到 MODEM 输入端$\overline{CTS}$上的状态变化; 1:检测到 MODEM 输入端$\overline{CTS}$上的状态变化	0

续表 12 - 14

位	符 号	描　　述	复位值
1	Delta DSR	当输入端 $\overline{\text{DSR}}$ 的状态改变时,该位置位。读 U0MSR 会清零该位。 0:没有检测到 MODEM 输入端 $\overline{\text{DSR}}$ 上的状态变化; 1:检测到 MODEM 输入端 $\overline{\text{DSR}}$ 上的状态变化	0
2	Trailing Edge RI	当输入端 $\overline{\text{RI}}$ 上低电平到高电平跳变时,该位置位。读 U0MSR 会清零该位。 0:没有检测到 MODEM 输入端 $\overline{\text{RI}}$ 上的状态变化; 1:检测到 $\overline{\text{RI}}$ 上低电平往高电平跳变的变化	0
3	Delta DCD	当输入端 $\overline{\text{DCD}}$ 的状态改变时,该位置位。读 U0MSR 会清零该位。 0:没有检测到 MODEM 输入端 $\overline{\text{DCD}}$ 上的变化; 1:检测到 MODEM 输入端 $\overline{\text{DCD}}$ 上的变化	0
4	CTS	清除发送状态。输入信号 $\overline{\text{CTS}}$ 的补码。在 MODEM 回送模式下,该位连接到 U0MCR[1]	0
5	DSR	数据设置就绪状态。输入信号 $\overline{\text{DSR}}$ 的补码。在 MODEM 回送模式下,该位连接到 U0MCR[0]	0
6	RI	响铃指示状态。输入 $\overline{\text{RI}}$ 的补码。在 MODEM 回送模式下,该位连接到 U0MCR[2]	0
7	DCD	数据载波检测状态。输入 $\overline{\text{DCD}}$ 的补码。在 MODEM 回送模式下,该位连接到 U0MCR[3]	0

11. UART 高速缓存寄存器(U0SCR)

U0SCR 不会对 UART 操作有影响,不提供中断接口向主机指示 U0SCR 所发生的读或写操作。用户可自由对该寄存器进行读写。表 12 - 15 为 U0SCR 位描述。

表 12 - 15　U0SCR 位描述(0x4000 801C)

位	符 号	描　　述	复位值
7:0	Pad	一个可读、可写的字节	0x00
31:8		保留	—

12. UART 自动波特率控制寄存器(U0ACR)

在用户测量波特率的输入时钟/数据速率期间,整个测量过程就是由 UART 自动波特率控制寄存器(U0ACR)进行控制的。用户可自由地读写该寄存器。表 12 - 16 为 U0ACR 位描述。

表 12 - 16　U0ACR 位描述(0x4000 8020)

位	符　号	描　　述	复位值
0	Start	在 auto - baud 功能结束后,该位会自动清零。 0:auto - baud 功能停止(auto - baud 功能不运行); 1:auto - baud 功能启动(auto - baud 功能正在运行)。 auto - baud 运行位。该位会在 auto - baud 功能结束后自动清零	0
1	Mode	auto - baud 模式选择位。 0:模式 0; 1:模式 1	0
2	AutoRestart	0:不重新启动; 1:如果超时则重新启动(计数器会在下一个 UART Rx 下降沿重新启动)	0
7:3	—	保留。用户软件不应对其写入 1。从保留位读出的值未定义	0
8	ABEOIntClr	auto - baud 中断结束清零位(仅可写访问)。 0:写 0 无影响; 1:写 1 将 U0IIR 中相应的中断清除	0
9	ABTOIntClr	auto - baud 超时中断清零位(仅可写访问)。 0:写 0 无影响; 1:写 1 将 U0IIR 中相应的中断清除	0
31:10	—	保留。用户软件不应对其写入 1。从保留位读出的值未定义	0

13. UART 小数分频器寄存器(U0FDR)

该寄存器控制产生波特率的时钟预分频器,并且用户可自由对该寄存器进行读写操作。该预分频器使用 APB 时钟并根据指定的小数要求产生输出时钟。

该寄存器控制产生波特率的时钟预分频器。寄存器的复位值会让 UART 的小数功能保持在禁用状态,从而确保 UART 在软件和硬件方面能够与不具备该特性的 UART 完全兼容。

可用如下公式计算 UART 波特率:

$$UART\ 波特率 = \frac{PCLK}{16\times(256\times U0DLM\times U0DLL)\times\left(1+\dfrac{DivAddVal}{MulVal}\right)}$$

U0FDR 的值在发送/接收数据的过程中不应进行更改,否则可能会导致数据丢失或损坏。

如果 U0FDR 寄存器值不满足上述两个要求,那么小数分频器输出则为未定义。如果 DIVADDVAL 为 0,那么小数分频器将被禁能,并且不会对时钟进行分频。表 12 - 17 为 U0FDR 位描述。

表 12 - 17　U0FDR 位描述(0x4000 8028)

位	符　号	描　述	复位值
3:0	DIVADDVAL	0:产生波特率的预分频除数值。如果该字段为 0,小数波特率发生器将不会影响 UART 的波特率	0
7:4	MULVAL	1:波特率预分频乘数值。不管是否使用小数波特率发生器,为了让 UART 正常运行,该字段必须大于或等于 1	1
31:8	—	保留。用户软件不应对其写入 1。从保留位读出的值未定义	0

14. UART 发送使能寄存器(U0TER)

除了配备完整的硬件流控制外,U0TER 还可以实现软件流控制。当 TxEn=1 时,只要数据可用,UART 发送器就会一直发送数据。一旦 TxEn 变为 0,UART 就会停止数据传输。表 12 - 18 为 U0TER 位描述。

虽然表 12 - 18 描述了如何利用 TxEn 位来实现软件流控制,但 NXP 公司还是强烈建议用户采用 UART 硬件实现的自动流控制特性处理软件流控制,并限制 TxEn 位对软件流控制的范围。

表 12 - 18　U0TER 位描述(0x4000 8030)

位	符　号	描　述	复位值
6:0	—	保留。用户软件不应对其写入 1。从保留位读出的值未定义	NA
7	TxEN	该位为 1 时(复位后),一旦先前的数据都被发送出去后,写入 THR 的数据就会在 TxD 引脚上输出。如果在发送某字符时该位被清零,那么在将该字符发送完毕后就不再发送数据,直到该位被置 1。也就是说,该位为 0 时会阻止字符从 THR 或 TX FIFO 传输到发送移位寄存器。当检测到硬件握手 TX - permit 信号($\overline{CTS}$)变为假时,或者在接收到 XOFF 字符(DC3)时,软件通过执行软件握手可以将该位清零。当检测到 TX - permit 信号变为真时,或者在接收到 XON 字符(DC1)时,软件又能将该位重新置位	1
31:8	—	保留	—

15. UART RS - 485 控制寄存器(U0RS485CTRL)

该寄存器控制 UART 在 RS - 485/EIA - 485 模式下的配置。

表 12 - 19 为 U0RS485CTRL 位描述。

16. UART RS - 485 地址匹配寄存器(U0RS485ADRMATCH)

该寄存器包含了 RS - 485/EIA - 485 模式的地址匹配值。

表 12 - 20 为 U0RS485ADRMATCH 位描述。

表 12 - 19　U0RS485CTRL 位描述(0x4000 804C)

位	符　号	描　　述	复位值
0	NMMEN	0：RS - 485/EIA - 485 普通多点模式(NMM)禁能； 1：使能 RS - 485/EIA - 485 普通多点模式(NMM)。在该模式下,当接收字符使 UART 设置校验错误并产生中断时,对地址进行检测	0
1	RXDIS	0：使能接收器； 1：禁能接收器	0
2	AADEN	0：禁能自动地址检测(AAD)； 1：使能自动地址检测(AAD)	0
3	SEL	0：如果使能了方向控制(位 DCTRL＝1),引脚 $\overline{RTS}$ 会被用于方向控制； 1：如果使能了方向控制(位 DCTRL＝1),引脚 $\overline{DTR}$ 会被用于方向控制	0
4	DCTRL	0：禁能自动方向控制； 1：使能自动方向控制	0
5	OINV	该位保留 $\overline{RTS}$(或 $\overline{DTR}$)引脚上方向控制信号的极性。 0：当发送器有数据要发送时,方向控制引脚会被驱动为逻辑 0。在最后一个数据位被发送出去后,该位就会被驱动为逻辑 1。 1：当发送器有数据要发送时,方向控制引脚就会被驱动为逻辑 1。在最后一个数据位被发送出去后,该位就会被驱动为逻辑 0	0
31:6	—	保留。用户软件不应对其写入 1。从保留位读出的值未定义	NA

表 12 - 20　U0RS485ADRMATCH 位描述(0x4000 8050)

位	符　号	描　　述	复位值
7:0	ADRMATCH	包含了地址匹配值	0x00
31:8	—	保留	—

17. UART1 RS - 485 延时值寄存器(U0RS485DLY)

对于最后一个停止位离开 TXFIFO 到撤销 RTS(或 DTR)信号之间的延时,用户在 8 位的该寄存器内进行设定。该延迟时间是以波特率时钟周期为单位的。可设定任何从 0～255 位时间的延时。表 12 - 21 为 U0RS485DLY 位描述。

18. UART FIFO 深度寄存器(U0FIFOLVL)

该寄存器是一个只读寄存器,允许软件读取当前的 FIFO 深度状态。发送和接收 FIFO 的深度均存放在该寄存器中。表 12 - 22 为 U0FIFOLVL 位描述。

表 12－21　U0RS485DLY 位描述(0x4000 8054)

位	符　号	描　述	复位值
7:0	DLY	包含了方向控制(RTS 或 DTR)延时值。该寄存器与 8 位计数器一起工作	0x00
31:8	—	保留,用户软件不应向保留位写入1。从保留位读出的值未定义	NA

表 12－22　U0FIFOLVL 位描述(0x4000 8058,只读)

位	符　号	描　述	复位值
3:0	RXFIFILVL	反映 UART 接收 FIFO 的当前水平。 0＝空,0xF＝FIFO 为满	0x00
7:4	—	保留。从保留位读出的值未定义	NA
11:8	TXFIFOLVL	反映 UART 发送 FIFO 的当前水平。 0＝空,0xF＝FIFO 为满	0x00
31:12	—	保留。从保留位读出的值未定义	NA

这么多的寄存器,是否头都晕了? 不要着急,如要实现与 PC 机的通信,只有这 14 个寄存器才与之相关(见表 12－23)。

表 12－23　实现与 PC 机通信的 14 个相关寄存器

LCR	数据传输格式控制寄存器	FCR	FIFO 控制寄存器
DLM	除数锁存高位寄存器	FIFOLVL	FIFO 状态寄存器
DLL	除数锁存低位寄存器	IER	中断允许寄存器
FDR	分数分频寄存器	IIR	中断状态寄存器
RBR	接收缓存寄存器	TER	发送允许寄存器
THR	发送保持寄存器	SCR	暂存寄存器
LSR	发送接收状态寄存器	ACR	自动波特率控制寄存器

但是,比起 8 位单片机来,还是太多。继续研究发现,如要实现与 PC 机的最简通信,只需 7 个寄存器(见表 12－24)。

表 12－24　实现与 PC 机最简通信只需 7 个寄存器

LCR	数据传输格式控制寄存器	RBR	接收缓存寄存器
DLM	除数锁存高位寄存器	THR	发送保持寄存器
DLL	除数锁存低位寄存器	LSR	发送接收状态寄存器
FCR	FIFO 控制寄存器		

12.2　UART 应用实验——查询方式接收数据包

1. 实验要求

将查询接收的数据显示于 TFT - LCD 上。

2. 实验电路原理

参考 Mini LPC11XX DEMO 开发板电路原理图：

P1.7——TXD；

P1.6——RXD。

3. 源程序文件及分析

这里只分析 main.c 文件和 uart.c 文件，完整程序请登录北京航空航天大学出版社网站下载。

新建一个文件目录 UART_test1，在 Real View MDK 集成开发环境中创建一个工程项目 UART_test1.uvproj 于此目录中。

在 File 菜单下新建如下源文件 main.c，编写源程序代码后保存在 User 文件夹下，再把 main.c 文件添加到 User 组中。

```c
# include "config.h"
# include "ili9325.h"
# include "ssp.h"
# include "uart.h"
# include "w25Q16.h"

/************************************************
* FunctionName   : Init
* Description    : 初始化系统
* EntryParameter : None
* ReturnValue    : None
************************************************/
void Init(void)
{
    SystemInit();          //系统初始化
    LCD_Init();            //液晶显示器初始化
    W25Q16_Init();         //W25X16 初始化
    UART_init(115200);     //串口初始化,设置波特率为 115 200
}

/************************************************
```

```
 *  FunctionName   : main
 *  Description    : 主函数
 *  EntryParameter : None
 *  ReturnValue    : None
 ******************************************************/
int main()
{
    uint8 byte,xposition = 5;
    uint8 buf[2];
    Init();
    LCD_Clear(WHITE);      //整屏显示白色
    POINT_COLOR = BLACK;   //定义笔的颜色为黑色
    BACK_COLOR = WHITE;    //定义笔的背景色为白色
    LCD_ShowString(2, 12, ""嵌入式"串口 UART 演示");
    LCD_ShowString(30, 40, "现在打开"串口调试助手",给我发送信息吧,不管是中文还是
                英文,我都能认出来哦! 不信你试试! 注意:要把波特率调到 115200,
                同时把开发板上的 ISP 开关关掉!");
    LCD_ShowString(2, 180,"你给我发的是");
    POINT_COLOR = RED;
    while(1)
    {
        byte = UART_recive();          //等待接收数据
        buf[0] = byte;                 //把接收到的数据给了 buf[0]
        if(byte>0x80)                  //如果是中文
        {
            byte = UART_recive();      //再接收一个字(汉字是由 2 个字节组成的)
            buf[1] = byte;             //把第二个字节送给 buf[1]
            xposition = xposition + 16;
        }
        else                           //如果是英文的话
        {
            buf[1] = 0x00;
            xposition = xposition + 8;
        }
        LCD_ShowString(xposition, 200, buf);   //在 TFT 上显示接收到的数据
    }
}
```

在 File 菜单下新建如下源文件 uart.c,编写完成后保存在 Drive 文件夹下,随后将文件 uart.c 添加到 Drive 组中。

```
# include "config. h"
# include "uart. h"

uint8 Recived_data;          //接收字节

/ ************************************************
* FunctionName   : UART_init
* Description    : 初始化 UART
* EntryParameter : baudrate—波特率
* ReturnValue    : None
************************************************/
void UART_init(uint32 baudrate)
{
    uint32 DL_value,Clear = Clear;   //用这种方式定义变量解决编译器的 Warning

    LPC_SYSCON - >SYSAHBCLKCTRL |= (1<<16);  //使能 IOCON 时钟
    LPC_IOCON - >PIO1_6 & = ~0x07;
    LPC_IOCON - >PIO1_6 |= 0x01;   //把 P1.6 引脚设置为 RXD
    LPC_IOCON - >PIO1_7 & = ~0x07;
    LPC_IOCON - >PIO1_7 |= 0x01;   //把 P1.7 引脚设置为 TXD
    LPC_SYSCON - >SYSAHBCLKCTRL & = ~(1<<16);  //禁能 IOCON 时钟

    LPC_SYSCON - >UARTCLKDIV = 0x1;  //时钟分频值为 1
    LPC_SYSCON - >SYSAHBCLKCTRL |= (1<<12);  //使能 UART 时钟
    LPC_UART - >LCR = 0x83;  //8 位传输,1 个停止位,无奇偶校验,允许访问除数锁存器
    DL_value = 48000000/16/baudrate;  //计算该波特率要求的除数锁存寄存器值
    LPC_UART - >DLM = DL_value / 256;  //写除数锁存器高位值
    LPC_UART - >DLL = DL_value % 256;  //写除数锁存器低位值
    LPC_UART - >LCR = 0x03;          //DLAB 置 0
    LPC_UART - >FCR = 0x07;          //允许 FIFO 清空 RxFIFO 和 TxFIFO
    Clear = LPC_UART - >LSR;         //读 UART 状态寄存器将清空残留状态
}

/ ************************************************
* FunctionName   : UART_recive
* Description    : 串口接收一个字节数据
* EntryParameter : None
* ReturnValue    : 一个字节数据
************************************************/
uint8 UART_recive(void)

    while(!(LPC_UART - >LSR & (1<<0)));  //等待接收到数据
```

```
    return(LPC_UART->RBR);                    //读出数据
}

/**************************************************
 * FunctionName   : UART_send_byte
 * Description    : 串口发送一个字节数据
 * EntryParameter : byte—发送一个字节数据
 * ReturnValue    : None
 **************************************************/
void UART_send_byte(uint8 byte)
{
    while ( !(LPC_UART->LSR & (1<<5)) );   //等待发送完
    LPC_UART->THR = byte;
}

/**************************************************
 * FunctionName   : UART_send
 * Description    : 串口发送数组数据
 * EntryParameter : *Buffer—待发送的数组;
 *                  Length—发送长度
 * ReturnValue    : None
 **************************************************/
void UART_send(uint8 * Buffer, uint32 Length)
{
    while(Length != 0)
    {
        while ( !(LPC_UART->LSR & (1<<5)) );  //等待发送完
        LPC_UART->THR = * Buffer;
        Buffer ++ ;
        Length -- ;
    }
}
```

4. 实验效果

编译通过后下载程序,打开串口调试软件,波特率为 115 200,有 8 位数据位、1 位停止位,无校验位。串口号可根据情况自行设置。

输入"abcdefg",选择字符格式,点发送,此时 Mini LPC11XX DEMO 开发板上 TFT-LCD 液晶屏就会显示接收到的"abcdefg";再输入"中华人民共和国",屏幕上显示接收到的"中华人民共和国"。图 12-4 为实验照片。

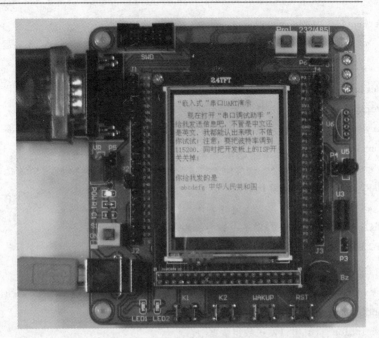

图 12 - 4   串口查询方式接收数据包的实验照片

12.3   UART 应用实验——中断方式接收数据包

1. 实验要求

中断方式接收 ASCII 码数据包,将接收的内容显示于 TFT - LCD 上。

2. 实验电路原理

参考 Mini LPC11XX DEMO 开发板电路原理图:

P1.7——TXD;

P1.6——RXD。

3. 源程序文件及分析

这里只分析 main.c 文件,完整程序请登录北京航空航天大学出版社网站下载。

新建一个文件目录 UART_test2,在 Real View MDK 集成开发环境中创建一个工程项目 UART_test2.uvproj 于此目录中。

在 File 菜单下新建如下源文件 main.c,编写源程序代码后保存在 User 文件夹下,再把 main.c 文件添加到 User 组中。

```
# include "config.h"
# include "ili9325.h"
# include "ssp.h"
```

```
# include "uart.h"
# include "w25Q16.h"

/ * * * * * * * * * * * * * * * * * * * * * * * * * * * * * * * * * * * * * * * * * * * * * * * * * * *
 * FunctionName  : Init
 * Description   : 初始化系统
 * EntryParameter : None
 * ReturnValue    : None
 * * * * * * * * * * * * * * * * * * * * * * * * * * * * * * * * * * * * * * * * * * * * * * * * * */
void Init(void)
{
    SystemInit();                    //系统初始化

    LCD_Init();                      //液晶显示器初始化
    W25Q16_Init();                   // W25X16 初始化
    UART_init(115200);               //初始化串口,波特率 115 200
    LPC_UART - >IER = 0x01;          //只允许接收中断,关闭其他中断
    NVIC_EnableIRQ(UART_IRQn);       //开启串口中断
}


/ * * * * * * * * * * * * * * * * * * * * * * * * * * * * * * * * * * * * * * * * * * * * * * * * *
 * FunctionName  : main
 * Description   : 主函数
 * EntryParameter : None
 * ReturnValue    : None
 * * * * * * * * * * * * * * * * * * * * * * * * * * * * * * * * * * * * * * * * * * * * * * * * */
uint16 xpos = 50,ypos = 100;          //定义液晶显示器初始化 XY 坐标

int main()
{
    Init();

    LCD_Clear(WHITE);                //整屏显示白色
    POINT_COLOR = BLACK;             //定义笔的颜色为黑色
    BACK_COLOR = WHITE;              //定义笔的背景色为白色

    LCD_ShowString(2,2,"您现在下载的是"中断方式"与串口通讯,请把 ISP 关掉以后,打开
                 "串口调试助手",给我发送数字或英文字符或字符串。");

    while(1);
    {
        ;
    }
}


/ * * * * * * * * * * * * * * * * * * * * * * * * * * * * * * * * * * * * * * * *
 * FunctionName  : UART_IRQHandler
 * Description   : 串口中断函数
 * EntryParameter : None
 * ReturnValue    : None
```

```
********************************************************/
void UART_IRQHandler(void)
{
    uint32 IRQ_ID;                          //定义读取中断 ID 号变量
    uint8 redata;                           //定义接收数据变量数组

    IRQ_ID = LPC_UART - >IIR;               //读中断 ID 号
    IRQ_ID = ((IRQ_ID>>1)&0x7);             //检测 bit3:bit1
    if(IRQ_ID == 0x02 )                     //检测是不是接收数据引起的中断
    {
        redata = LPC_UART - >RBR;           //从 RXFIFO 中读取接收到的数据
        LCD_ShowChar(xpos,ypos,redata);     //把数据显示在液晶显示器上
        xpos + = 8;                         //显示下一个数据做准备
        if(xpos>200)
        {
            xpos = 50;
            ypos + = 18;
        }
    }
}
```

4. 实验效果

串口调试软件界面中输入"abcdefg",选择字符格式,点发送,此时 Mini
LPC11XX DEMO 开发板上的 TFT - LCD 液晶屏就会显示接收到的"abcdefg"。注
意,中断方式接收数据包并不支持中文。图 12 - 5 为实验照片。

图 12 - 5　中断方式接收数据包的实验照片

第 **13** 章

16 位计数器/定时器特性及应用

16 位计数器/定时器主要用来计算外设时钟(PCLK)或外部供电时钟的周期,并且可根据 4 个匹配寄存器的值在指定时间处产生中断或执行其他操作。每个计数器/定时器都包含 1 个捕获输入,用来在输入信号跳变时捕捉定时器的瞬时值,同时也可以选择产生中断。

在 PWM 模式下,16 位计数器/定时器 0(CT16B0)上的三个匹配寄存器和 16 位计数器/定时器 1(CT16B1)上的两个匹配寄存器可向匹配输出引脚提供单边沿控制的 PWM 输出。CT16B0 和 CT16B1 除外设基址不同外,其他功能相似。

输入到 16 位定时器的外设时钟(PCLK)由系统时钟提供,为了节能,可通过 AHBCLKCTRL 寄存器中的位 7 和位 8 将这些时钟禁能。

16 位计数器/定时器结构如图 13 - 1 所示。

16 位计数器定时器的应用主要有:

- 时间间隔定时器,用于对内部事件进行计数;
- 脉宽解调器(经捕获输入);
- 自由运行的定时器;
- 脉宽调制器(经匹配输出)。

CT16B0/1 的特性:

- 两个带有可编程 16 位预分频器的 16 位计数器/定时器。
- 计数器/定时器操作。
- 一个 16 位捕获通道,可在输入信号跳变时捕捉定时器的瞬时值,也可选择捕获事件产生中断。
- 4 个 16 位匹配寄存器允许执行以下操作:
  - 匹配时继续工作,匹配时可选择产生中断;
  - 匹配时停止定时器运行,可选择产生中断;
  - 匹配时复位定时器,可选择产生中断。

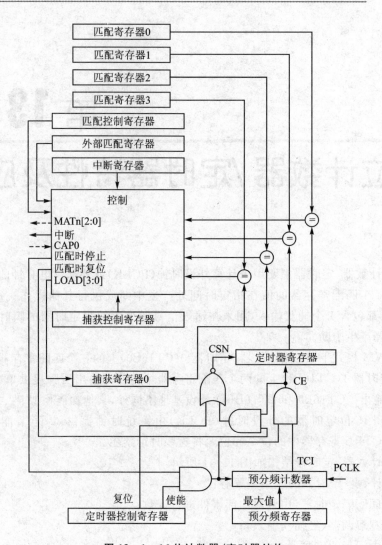

图 13 - 1   16 位计数器/定时器结构

- 有多达 3 个(CT16B0)或 2 个(CT16B1)与匹配寄存器相对应的外部输出,这些输出具有以下功能:
  - 匹配时输出低电平;
  - 匹配时输出高电平;
  - 匹配时翻转电平;
  - 匹配时不执行任何操作。
- 对于各定时器,最多 4 个匹配寄存器可配置为 PWM,允许使用最多 3 个匹配输出作为单独边沿控制的 PWM 输出。

表 13 - 1 对各计数器/定时器的相关引脚进行了总结。

表 13-1　计数器/定时器相关引脚

引　脚	类　型	描　述
CT16B0_CAP0 CT16B1_CAP0	输入	捕获信号： 当捕获引脚上出现跳变时,可以将计数器/定时器中的值载入捕获寄存器中,也可以选择产生一个中断; 计数器/定时器块可选择捕获信号作为时钟源来代替 PCLK。 详情请参见"计数控制寄存器 TMR16B0CTCR 和 TMR16B1CTCR"
CT16B0_MAT[2:0] CT16B1_MAT[1:0]	输出	外部匹配输出： 当 CT16B0/1_MR[3:0]匹配寄存器的值与定时器计数器(TC)相等时,相应的输出可以翻转电平、变低、变高或不执行任何操作。外部匹配寄存器(EMR)和 PWM 控制寄存器(PWMCON)控制该输出的功能

13.1　CT16B0/1 相关寄存器

16 位计数器/定时器 0 包含的寄存器如表 13-2 所列。

表 13-2　16 位计数器/定时器 0 相关寄存器(基址 0x4000 C000)

名　称	访　问	地址偏移量	描　述	复位值
TMR16B0IR	R/W	0x000	中断寄存器(IR)。可向 IR 写入相应值来清除中断,可以通过读 IR 来识别 5 个中断源中哪个中断源正在被挂起	0
TMR16B0TCR	R/W	0x004	定时器控制寄存器(TCR)。TCR 用于控制定时器计数器功能。定时器计数器可通过 TCR 来禁能或复位	0
TMR16B0TC	R/W	0x008	定时器计数器(TC)。16 位 TC 每隔 PR+1 个 PCLK 周期递增一次。通过 TCR 控制 TC	0
TMR16B0PR	R/W	0x00C	预分频寄存器(PR)。当预分频计数器与该值相等时,下个时钟 TC 加 1,PC 清零	0
TMR16B0PC	R/W	0x010	预分频计数器(PC)。16 位 PC 是一个计数器,它会增加到与 PR 中存放的值相等。当达到 PC 的值时,PC 清零。可通过总线接口来观察和控制 PC	0
TMR16B0MCR	R/W	0x014	匹配控制寄存器(MCR)。MCR 用于控制在匹配出现时是否产生中断及出现匹配时 TC 是否复位	0
TMR16B0MR0	R/W	0x018	匹配寄存器 0(MR0)。MR0 可通过 MCR 使能,当 MR0 与 TC 匹配时复位 TC,停止 TC 和 PC,和/或产生中断	0

名　称	访　问	地址偏移量	描　述	复位值
TMR16B0MR1	R/W	0x01C	匹配寄存器 1(MR1)。见 MR0 描述	0
TMR16B0MR2	R/W	0x020	匹配寄存器 2(MR2)。见 MR0 描述	0
TMR16B0MR3	R/W	0x024	匹配寄存器 3(MR3)。见 MR0 描述	0
TMR16B0CCR	R/W	0x028	捕获控制寄存器(CCR)。CCR 控制捕获时捕获输入边沿的方式,以及在捕获时是否产生中断	0
TMR16B0CR0	RO	0x02C	捕获寄存器 0(CR0)。当 CT16B0_CAP0 输入上产生捕获事件时,CR0 载入 TC 值	0
TMR16B0EMR	R/W	0x03C	外部匹配寄存器(EMR)。EMR 控制匹配功能及外部匹配引脚 CT16B0_MAT[2:0]	0
—	—	0x040~0x06C	保留	—
TMR16B0CTCR	R/W	0x070	计数控制寄存器(CTCR)。CTCR 选择在定时器模式还是在计数器模式下工作,在计数器模式下选择计数的信号和边沿	0
TMR16B0PWMC	R/W	0x074	PWM 控制寄存器(PWMCON)。PWMCON 使能 PWM 模式,用于外部匹配引脚 CT16B0_MAT[2:0]	0

注:复位值只反映了使用位的值,不包括保留位的内容。

16 位计数器/定时器 1 包含的寄存器如表 13 - 3 所列。

表 13 - 3　16 位计数器/定时器 1 相关寄存器(基址 0x4001 0000)

名　称	访　问	地址偏移量	描　述	复位值
TMR16B1IR	R/W	0x000	中断寄存器(IR)。可向 IR 写入相应值来清除中断,可以通过读 IR 来识别 5 个中断源中哪个中断源正在被挂起	0
TMR16B1TCR	R/W	0x004	定时器控制寄存器(TCR)。TCR 用于控制定时器计数器功能。定时器计数器可通过 TCR 来禁能或复位	0
TMR16B1TC	R/W	0x008	定时器计数器(TC)。16 位 TC 每隔 PR＋1 个 PCLK 周期递增一次。通过 TCR 控制 TC	0
TMR16B1PR	R/W	0x00C	预分频寄存器(PR)。当预分频计数器与该值相等时,下个时钟 TC 加 1,PC 清零	0
TMR16B1PC	R/W	0x010	预分频计数器(PC)。16 位 PC 是一个计数器,它会增加到与 PR 中存放的值相等。当达到 PC 的值时,PC 清零。可通过总线接口来观察和控制 PC	0
TMR16B1MCR	R/W	0x014	匹配控制寄存器(MCR)。MCR 用于控制在匹配出现时是否产生中断及出现匹配时 TC 是否复位	0

名　称	访　问	地址偏移量	描　　述	复位值
TMR16B1MR0	R/W	0x018	匹配寄存器 0(MR0)。MR0 可通过 MCR 使能,当 MR0 与 TC 匹配时复位 TC,停止 TC 和 PC,和/或产生中断	0
TMR16B1MR1	R/W	0x01C	匹配寄存器 1(MR1)。见 MR0 描述	0
TMR16B1MR2	R/W	0x020	匹配寄存器 2(MR2)。见 MR0 描述	0
TMR16B1MR3	R/W	0x024	匹配寄存器 3(MR3)。见 MR0 描述	0
TMR16B1CCR	R/W	0x028	捕获控制寄存器(CCR)。CCR 控制捕获时捕获输入边沿的方式,以及在捕获时是否产生中断	0
TMR16B1CR0	RO	0x02C	捕获寄存器 0(CR0)。当 CT16B1_CAP0 输入上产生捕获事件时,CR0 载入 TC 值	0
TMR16B1EMR	R/W	0x03C	外部匹配寄存器(EMR)。EMR 控制匹配功能及外部匹配引脚 CT16B1_MAT[1:0]	0
—	—	0x040~0x06C	保留	—
TMR16B1CTCR	R/W	0x070	计数控制寄存器(CTCR)。CTCR 选择在定时器模式还是在计数器模式下工作,在计数器模式下选择计数的信号和边沿	0
TMR16B1PWMC	R/W	0x074	PWM 控制寄存器(PWMCON)。PWMCON 使能 PWM 模式,用于外部匹配引脚 CT16B1_MAT[1:0]	0

注:复位值只反映使用位中保存的数据,不包括保留位的内容。

1. 中断寄存器 TMR16B0IR 和 TMR16B1IR

中断寄存器包含 4 个用于匹配中断的位和 1 个用于捕获中断的位。如果有中断产生,则 IR 中的相应位为高电平;否则,该位为低电平。向对应的 IR 位写 1 会使中断复位,写 0 无效。表 13 - 4 为中断寄存器位描述。

表 13 - 4　中断寄存器位描述

位	符　号	描　　述	复位值
0	MR0	匹配通道 0 的中断标志	0
1	MR1	匹配通道 1 的中断标志	0
2	MR2	匹配通道 2 的中断标志	0
3	MR3	匹配通道 3 的中断标志	0
4	CR0	捕获通道 0 事件的中断标志	0
31:5	—	保留	—

2. 定时器控制寄存器 TMR16B0TCR 和 TMR16B1TCR

定时器控制寄存器用于控制计数器/定时器的操作。表 13 - 5 为定时器控制寄存器的位描述。

表 13 - 5　定时器控制寄存器位描述

位	符 号	描 述	复位值
0	CEn	为 1 时,定时器计数器和分频计数器使能计数。为 0 时,计数器禁能	0
1	CRst	为 1 时,定时器计数器和预分频计数器在 PCLK 的下一个上升沿同步复位。计数器在 TCR[1] 恢复为 0 之前保持复位状态	0
31:2	—	保留,用户软件不应向保留位写 1。从保留位读出的值未定义	NA

3. 定时器计数器 TMR16B0TC 和 TMR16B1TC

当预分频器计数器达到计数上限时,16 位定时器计数器加 1。如果 TC 在到达计数器上限之前没有复位,则它将一直计数到 0xFFFFFFFF,然后翻转到 0xE0000000。该事件不会产生中断,如果需要,可使用匹配寄存器检测溢出。

4. 预分频寄存器 TMR16B0PR 和 TMR16B1PR

16 位预分频寄存器指定了预分频计数器的最大计数值。

5. 预分频计数器寄存器 TMR16B0PC 和 TMR16B1PC

16 位预分频计数器用某个常量来控制 PCLK 的分频,再使其输入到定时器计数器。这样就可以控制定时器精度和定时器溢出前所能达到的最大值之间的关系。预分频计数器在每个 PCLK 周期加 1。当它达到预分频寄存器中存储的值时,定时器计数器加 1,预分频计数器将在下一个 PCLK 复位。这就使当 PR＝0 时,TC 每个 PCLK 加 1,PR＝1 时,TC 每 2 个 PCLK 加 1,依次类推。

6. 匹配控制寄存器 TMR16B0MCR 和 TMR16B1MCR

匹配控制寄存器用于控制当其中一个匹配寄存器的值与定时器计数器的值匹配时应执行的操作。匹配控制寄存器位描述如表 13 - 6 所列。

表 13 - 6　匹配控制寄存器位描述

位	符 号	描 述	复位值
0	MR0I	MR0 上的中断。 1:当 MR0 与 TC 值匹配时产生中断;0:中断禁能	0
1	MR0R	MR0 上的复位。 1:MR0 与 TC 值匹配将使 TC 复位;0:该特性禁能	0

续表 13 - 6

位	符 号	描 述	复位值
2	MR0S	MR0 上的停止。 1：MR0 与 TC 匹配时将使 TC 和 PC 停止，TCR[0]置 0；0：该特性禁能	0
3	MR1I	MR1 上的中断。 1：MR1 与 TC 中的值匹配时产生中断；0：该中断禁能	0
4	MR1R	MR1 上的复位。 1：MR1 与 TC 匹配时使 TC 复位；0：该特性禁能	0
5	MR1S	MR1 上的停止。 1：MR1 与 TC 匹配时将使 TC 和 PC 停止，TCR[0]置 0；0：该特性禁能	0
6	MR2I	MR2 上的中断。 1：MR2 与 TC 中的值匹配时产生中断；0：该特性禁能	0
7	MR2R	MR2 上的复位。 1：MR2 与 TC 匹配时将使 TC 复位；0：该特性禁能	0
8	MR2S	MR2 上的停止。 1：MR2 与 TC 匹配时将使 TC 和 PC 停止，TCR[0]置 0；0：该特性禁能	0
9	MR3I	MR3 上的中断。 1：MR3 与 TC 中的值匹配时产生中断；0：该特性禁能	0
10	MR3R	MR3 上的复位。 1：MR3 与 TC 匹配时将使 TC 复位；0：该特性禁能	0
11	MR3S	MR3 上的停止。 1：MR3 与 TC 匹配时将使 TC 和 PC 停止，TCR[0]置 0；0：该特性禁能	0
31:12	—	保留，用户软件不应向保留位写 1。从保留位读出的值未定义	NA

7. 匹配寄存器 TMR16B0MR0/1/2/3 和 TMR16B1MR0/1/2/3

匹配寄存器值会不断地与定时器计数器值进行比较。当两个值相等时，自动触发相应操作。这些操作包括产生中断，复位定时器计数器或停止定时器。所有操作均由 MCR 寄存器中的设置控制。

8. 捕获控制寄存器 TMR16B0CCR 和 TMR16B1CCR

捕获控制寄存器用于控制当捕获事件发生时，是否将定时器计数器中的值装入 4 个捕获寄存器中的一个，以及捕获事件是否产生中断。同时将上升沿位和下降沿位置位有效配置，会使两个边沿都产生捕获事件。捕获控制寄存器位描述见表 13 - 7。

9. 捕获寄存器 CT16B0CR0 和 CT16B1CR0

各捕获寄存器与器件引脚相关联，当引脚发生特定的事件时，可将定时器计数器的值装入该捕获寄存器。捕获控制寄存器中的设置决定是否使能捕获功能，及在相关引脚的上升沿、下降沿或上升沿和下降沿时是否产生捕获事件。

表 13 - 7　捕获控制寄存器位描述

位	符　号	描　　述	复位值
0	CAP0RE	CT16Bn_CAP0 的上升沿捕获。 1：CT16Bn_ CAP0 上"0"到"1"的跳变将使 TC 的内容装 　入 CR0； 0：该特性禁能	0
1	CAP0FE	CT16Bn_CAP0 的下降沿捕获。 1：CT16Bn_ CAP0 上"1"到"0"的跳变将使 TC 的内容装 　入 CR0； 0：该特性禁能	0
2	CAP0I	CT16Bn_CAP0 事件中断。 1：CT16Bn_CAP0 事件所导致的 CR0 装载将产生一个中断； 0：该特性禁能	0
31:3	—	保留，用户软件不应向保留位写1。从保留位读出的值未定义	NA

注："n"表示定时器编号 0 或 1。

10. 外部匹配寄存器 TMR16B0EMR 和 TMR16B1EMR

外部匹配寄存器控制外部匹配引脚 CAP16B0_MAT[2:0]和 CT16B1_MAT[1:0]和外部匹配通道，并提供它们的状态。如果 PWMCON 寄存器中的匹配输出被配置为 PWM 输出，则外部匹配寄存器的功能由 PWM 规则决定。表 13 - 8 为外部匹配寄存器位描述。

表 13 - 8　外部匹配寄存器位描述

位	符　号	描　　述	复位值
0	EM0	外部匹配 0。该位反映输出 CT16B0_MAT0/CT16B1_MAT0 的状态，不管该输出是否连接到此引脚。当 TC 和 MR0 匹配 时，定时器的输出可以翻转电平，变为低电平，变为高电平或不 执行任何动作。位 EMR[5:4]控制该输出的功能。如果选用了 IOCOM 寄存器的匹配功能(0＝低电平,1＝高电平)，该位就会 被驱动到 CT16B0_MAT0/CT16B1_MAT0 引脚上	0
1	EM1	外部匹配 1。该位反映输出 CT16B0_MAT1/CT16B1_MAT1 的状态，不管该输出是否连接到此引脚。当 TC 和 MR1 匹配 时，定时器的输出可以翻转电平，变为低电平，变为高电平或不 执行任何动作。位 EMR[7:6]控制该输出的功能。如果选用了 IOCOM 寄存器的匹配功能(0＝低电平,1＝高电平)，该位就会 被驱动到 CT16B0_MAT1/CT16B1_MAT1 引脚上	0

续表 13 - 8

位	符　号	描　述	复位值
2	EM2	外部匹配 2。该位反映输出 CT16B0_MAT2 的状态,不管该输出是否连接到此引脚。当 TC 和 MR2 匹配时,定时器的输出可以翻转电平,变为低电平,变为高电平或不执行任何动作。位 EMR[9:8]控制该输出的功能。需要注意的是,对于计数器/定时器 0,该匹配通道不作为输出使用。如果选用了 IOCOM 寄存器的匹配功能(0＝低电平,1＝高电平),该位就会被驱动到 CT16B1_MAT2 引脚上	0
3	EM3	外部匹配 3。该位反映输出匹配通道 3 的状态,当 TC 和 MR3 匹配时,定时器的输出可以翻转电平,变为低电平,变为高电平或不执行任何动作。位 EMR[11:10]控制该输出的功能。对任何一个 16 位定时器,输出引脚不与该通道连接	0
5:4	EMC0	外部匹配控制 0。决定外部匹配 0 的功能,这些位的编码如表 13 - 9 所列	00
7:6	EMC1	外部匹配控制 1。决定外部匹配 1 的功能,这些位的编码如表 13 - 9 所列	00
9:8	EMC2	外部匹配控制 2。决定外部匹配 2 的功能,这些位的编码如表 13 - 9 所列	00
11:10	EMC3	外部匹配控制 3。决定外部匹配 3 的功能,这些位的编码如表 13 - 9 所列	00
31:12	—	保留,用户软件向保留位写 1。从保留位读出的值未定义	NA

表 13 - 9 为外部匹配控制。

表 13 - 9　外部匹配控制

EMR[11:10]、EMR[9:8] EMR[7:6]或 EMR[5:4]	功　能
00	不执行任何操作
01	将对应的外部匹配位/输出设置为 0(如果连接到芯片引脚,则 CT16Bn_MATm 引脚输出低电平)
10	将对应的外部匹配位/输出设置为 1(如果连接到芯片引脚,则 CT16Bn_MATm 引脚输出高电平)
11	使对应的外部匹配位/输出翻转

11. 计数控制寄存器 TMR16B0CTCR 和 TMR16B1CTCR

计数控制寄存器 CTCR 用于在定时器模式和计数器模式之间进行选择,且在处于计数器模式时选择进行计数的引脚和边沿。当选用计数器模式为工作模式时,在

PCLK 时钟的每个上升沿对 CAP 输入(由 CTCR 位[3:2]选择)进行采样。在对这个 CAP 输入的连续两次采样值进行比较之后,可以识别出下面其中一种事件:上升沿、下降沿、上升/下降沿或所选 CAP 输入的电平不变。如果识别出的事件与 CTCR 寄存器中位[1:0]选择的一个事件相对应,定时器计数器寄存器的值将增加 1。要有效地处理计数器的外部源时钟会有一些限制,因为需使用 PCLK 时钟的 2 个连续的上升沿才能确定 CAP 选择的输入上的一个边沿,CAP 输入的频率不能超过 PCLK 时钟的一半。因此,在这种情况下,相同 CAP 输入上的高/低电平持续时间不应小于 $1/(2 \times PCLK)$。表 13 - 10 为计数控制寄存器位描述。

表 13 - 10   计数控制寄存器位描述

位	符 号	描 述	复位值
1:0	CTM	该字段选择定时器的预分频计数器(PC)在哪个 PCLK 边沿递增,或清零 PC 及使定时器计数器(TC)递增。 00:定时器模式,每个 PCLK 上升沿; 01:计数器模式,TC 在位[3:2]选择的 CAP 输入的上升沿时递增; 10:计数器模式,TC 在位[3:2]选择的 CAP 输入的下降沿时递增; 11:计数器模式,TC 在位[3:2]选择的 CAP 输入的两个边沿递增	00
3:2	CIS	在计数器模式下(当该寄存器中位[1:0]不为 00 时),这两位选择哪个 CAP 引脚被采样用于计时: 00:CT16Bn_CAP0; 01:保留; 10:保留; 　注:如果在 TnCTCR 中选择计数器模式,则捕获控制寄存器(TnCCR)中的位[2:0]必须编程为 000。 11:保留	00
31:4	—	保留,用户软件不应向保留位写 1。从保留位读出的值未定义	NA

12. 控制 PWM 寄存器 TMR16B0PWMC 和 TMR16B1PWMC

PWM 控制寄存器用于将匹配输出配置为 PWM 输出。每个匹配输出均可分别设置,以决定匹配输出是作为 PWM 输出还是作为功能受外部匹配寄存器(EMR)控制的匹配输出。对于定时器 0,CT16B0_MAT[2:0]输出可选择 3 个单边沿控制的 PWM 输出。而对于定时器 1,CT16B1_MAT[1:0]输出可选择 2 个单边沿控制的 PWM 输出。一个附加的匹配寄存器决定 PWM 的周期长度。当任何其他匹配寄存器出现匹配时,PWM 输出置为高电平。用于设置 PWM 周期长度的匹配寄存器负责将定时器复位。当定时器复位到 0 时,所有当前配置为 PWM 输出的高电平匹配输出清零。表 13 - 11 为 PWM 控制寄存器位描述。

表 13 - 11　PWM 控制寄存器位描述

位	符 号	描 述	复位值
0	PWMEN0	为 1 时,CT16Bn_MAT0 的 PWM 模式使能; 为 0 时,CT16Bn_MAT0 受 EM0 控制	0
1	PWMEN1	为 1 时,CT16Bn_MAT1 的 PWM 模式使能; 为 0 时,CT16Bn_MAT1 受 EM1 控制	0
2	PWMEN2	为 1 时,匹配通道 2 或引脚 CT16B0_MAT2 的 PWM 模式使能; 为 0 时,CT16B0_MAT2 受 EM2 控制	0
3	PWMEN3	为 1 时,匹配通道 3 的 PWM 模式使能; 为 0 时,匹配通道 3 受 EM3 控制。 注：建议使用匹配通道 3 设置 PWM 周期,因为匹配不是引脚输出通道	0
4:32	—	保留,用户软件不应向保留位写 1。从保留位读出的值未定义	NA

13.2　CT16B0 定时中断实验——控制发光二极管闪烁

1. 实验要求

发光二极管 LED 以 1 s 的时间间隔(亮 0.5 s,灭 0.5 s)闪烁。

2. 实验电路原理

参考 Mini LPC11XX DEMO 开发板电路原理图：P1.9——LED1。

3. 源程序文件及分析

这里只分析 main.c 文件和 ct.c 文件,完整程序请登录北京航空航天大学出版社网站下载。

新建一个文件目录 CT16_test1,在 Real View MDK 集成开发环境中创建一个工程项目 CT16_test1.uvproj 于此目录中。

在 File 菜单下新建如下源文件 main.c,编写源程序代码后保存在 User 文件夹下,再把 main.c 文件添加到 User 组中。

```
# include "config.h"
# include "ili9325.h"
# include "ssp.h"
# include "ct.h"
# include "w25Q16.h"
# include "gpio.h"
```

```
/***********************************************************
* FunctionName   : Init
* Description    : 初始化系统
* EntryParameter : None
* ReturnValue    : None
***********************************************************/
void Init(void)
{
    SystemInit();              //系统初始化

    LCD_Init();                //液晶显示器初始化
    W25Q16_Init();             //W25X16 初始化
    GPIO_Init();
    TIM16B0_init();            //使能定时器 TIM16B0
    TIM16B0_INT_init(500);     //TIM32B0 中断时间为 500 ms
}


/***********************************************************
* FunctionName   : main
* Description    : 主函数
* EntryParameter : None
* ReturnValue    : None
***********************************************************/
int main(void)
{
    Init();

    LCD_Clear(WHITE);   //整屏显示白色
    POINT_COLOR = BLACK;
    BACK_COLOR = WHITE;

    LCD_ShowString(50, 5, "定时器定时中断演示");
    POINT_COLOR = DARKBLUE;
    LCD_ShowString(34, 30, "在 P1.0 引脚上输出脉冲信号,驱动 LED1 闪烁");
    POINT_COLOR = RED;
    LCD_ShowString(34, 90, "LED1 的定时周期为:500ms");
    POINT_COLOR = DARKBLUE;
    LCD_ShowString(34, 120, "LED1 的闪烁频率为:1Hz");

    while(1)
    {
        ;
    }
}

/***********************************************************
* FunctionName   : TIMER16_0_IRQHandler
```

```
                                        //bit2:MR2, bit3:MR3, bit4:CP0)
    LPC_TMR16B0 - >MCR = 0x03;   //MR0 于 TC 值匹配时产生中断,MR0 于 TC 值匹配时使
                                  //TC 复位
    LPC_TMR16B0 - >TCR = 0x01;   //启动定时器:TCR[0] = 1;
    NVIC_EnableIRQ(TIMER_16_0_IRQn);  //使能 TIM32B0 中断
}

/ * * * * * * * * * * * * * * * * * * * * * * * * * * * * * * * * * * * * * * * * * *
 * FunctionName   : TIM16B0_delay_ms
 * Description    : TIM16B0 毫秒延时
 * EntryParameter : ms—延时毫秒值
 * ReturnValue    : None
 * * * * * * * * * * * * * * * * * * * * * * * * * * * * * * * * * * * * * * * * * */
void TIM16B0_delay_ms(uint32 ms)
{
    LPC_TMR16B0 - >TCR = 0x02;         //复位定时器(bit1: 写 1 复位)
    LPC_TMR16B0 - >PR  = 0x00;         //把预分频寄存器置 0,使 PC + 1,TC + 1
    LPC_TMR16B0 - >MR0 = ms * 48000;   //在 48 MHz 下工作的值,其他请修改
    LPC_TMR16B0 - >IR  = 0x01;         //MR0 中断复位,即清中断(bit0:MR0, bit1:MR1,
                                       //bit2:MR2, bit3:MR3, bit4:CP0)
    LPC_TMR16B0 - >MCR = 0x04;         //MR0 中断产生时停止 TC 和 PC,并使 TCR[0] = 0,
                                       //停止定时器工作
    LPC_TMR16B0 - >TCR = 0x01;         //启动定时器: TCR[0] = 1;

    while (LPC_TMR16B0 - >TCR & 0x01); //等待定时器计时时间到
}

/ * * * * * * * * * * * * * * * * * * * * * * * * * * * * * * * * * * * * * * * * * *
 * FunctionName   : TIM16B0_delay_us
 * Description    : TIM16B0 微秒延时
 * EntryParameter : us—延时微秒值
 * ReturnValue    : None
 * * * * * * * * * * * * * * * * * * * * * * * * * * * * * * * * * * * * * * * * * */
void TIM16B0_delay_us(uint32 us)
{
    LPC_TMR16B0 - >TCR = 0x02;      //复位定时器(bit1: 写 1 复位)
    LPC_TMR16B0 - >PR  = 0x00;      //把预分频寄存器置 0,使 PC + 1,TC + 1
    LPC_TMR16B0 - >MR0 = us * 48;   //在 48 MHz 下工作的值,其他请修改
    LPC_TMR16B0 - >IR  = 0x01;      //MR0 中断复位(bit0:MR0, bit1:MR1,
                                    //bit2:MR2, bit3:MR3, bit4:CP0)
    LPC_TMR16B0 - >MCR = 0x04;      //MR0 中断产生时停止 TC 和 PC,并使 TCR[0] = 0,
                                    //停止定时器工作
    LPC_TMR16B0 - >TCR = 0x01;      //启动定时器: TCR[0] = 1;

    while (LPC_TMR16B0 - >TCR & 0x01); //等待定时器计时时间到
```

```
}

/***********************************************************
* FunctionName   : TIM32B0_Square
* Description    : MAT0 上输出方波信号
* EntryParameter : cycle_us—决定方波周期的系数
* ReturnValue    : None
***********************************************************/
void TIM32B0_Square(uint32 cycle_us)
{
    LPC_SYSCON ->SYSAHBCLKCTRL |= (1<<16);  //使能 IOCON 时钟
    LPC_IOCON ->PIO1_6 &= ~0x07;
    LPC_IOCON ->PIO1_6 |= 0x02;     /* Timer0_32 MAT0 */
    LPC_SYSCON ->SYSAHBCLKCTRL &= ~(1<<16);  //禁能 IOCON 时钟

    LPC_TMR32B0 ->TCR = 0x02;       //复位定时器(bit1:写 1 复位)
    LPC_TMR32B0 ->PR  = 0x00;       //把预分频寄存器置 0,使 PC+1,TC+1
    LPC_TMR32B0 ->MR0 = (cycle_us/2) * 48;  //在 48 MHz 下工作的值,其他请修改
    LPC_TMR32B0 ->IR  = 0x01;       //MR0 中断复位(bit0:MR0; bit1:MR1; bit2:MR2;
                                    //bit3:MR3; bit4:CP0)
    LPC_TMR32B0 ->MCR = 0x02;       //MR0 中断产生时复位 TC
    LPC_TMR32B0 ->EMR = 0x31;       //MR0 与 PC 相等时,MAT0 引脚翻转电平
    LPC_TMR32B0 ->TCR = 0x01;       //启动定时器:TCR[0] = 1;
}

/***********************************************************
* FunctionName   : TIM32B0_PWM
* Description    : MAT0 上输出占空比可调脉冲信号
* EntryParameter : cycle_us—决定方波周期的系数;duty—决定占空比的系数
* ReturnValue    : None
***********************************************************/
void TIM32B0_PWM(uint32 cycle_us, uint8 duty)
{
    if((duty>= 100)&&(duty<= 0))return;

    LPC_SYSCON ->SYSAHBCLKCTRL |= (1<<16);  //使能 IOCON 时钟
    LPC_IOCON ->PIO1_6 &= ~0x07;
    LPC_IOCON ->PIO1_6 |= 0x02;     //把 P1.6 引脚设置为 MAT0
    LPC_SYSCON ->SYSAHBCLKCTRL &= ~(1<<16);  //禁能 IOCON 时钟

    LPC_TMR32B0 ->TCR = 0x02;       //复位定时器(bit1:写 1 复位)
    LPC_TMR32B0 ->PR  = 0x00;       //把预分频寄存器置 0,使 PC+1,TC+1
    LPC_TMR32B0 ->PWMC = 0x01;      //设置 MAT0 为 PWM 输出引脚
    LPC_TMR32B0 ->MCR = 0x02<<9;    //设置 MR3 匹配时复位 TC,也就是把 MR3 当做
                                    //周期寄存器
    LPC_TMR32B0 ->MR3 = 48 * cycle_us;  //设置周期
```

```
    LPC_TMR32B0 - >MR0  =  48 * cycle_us * (100 - duty)/100；  //设置占空比
    LPC_TMR32B0 - >TCR = 0x01；              //启动定时器
}

/********************************************************
* FunctionName  : TIM32B0_CAP0
* Description   : 利用 CAP0 进行计数
* EntryParameter : None
* ReturnValue    : None
********************************************************/
void TIM32B0_CAP0(void)
{
    LPC_SYSCON - >SYSAHBCLKCTRL |= (1<<16)；  //使能 IOCON 时钟
    LPC_IOCON - >PIO1_5 & =  ～0x07；
    LPC_IOCON - >PIO1_5 |= 0x02；            //把 P1.5 引脚设置为 CAP0
    LPC_SYSCON - >SYSAHBCLKCTRL & = ～(1<<16)；  //禁能 IOCON 时钟

    LPC_TMR32B0 - >CTCR = 0x01；            //选择外来信号的上升沿作为 TC 递增,CAP0 捕获
    LPC_TMR32B0 - >TC = 0x00；              //TC 清零
    LPC_TMR32B0 - >TCR = 0x01；             //启动定时器
}
```

4. 实验效果

编译通过后下载程序,Mini LPC11XX DEMO 开发板上 LED1 进行闪烁,亮灭各 0.5 s。

图 13 - 2 为实验照片。

图 13 - 2　CT16B0 定时中断的实验照片

13.3　CT16B1 捕获中断实验——红外遥控信号接收解调

　　常用的红外线信号传输协议有 ITT 协议、NEC 协议、Nokia NRC 协议、Sharp 协议、Philips RC - 5 协议、Philips RC - 6 协议、Philips RECS - 80 协议以及 Sony SIRC 协议等。由于 NEC 协议在 VCD、DVD、电视机、组合音响、电视机机顶盒以及投影机等家电产品中应用十分普遍，因此我们也以 NEC 协议为例进行介绍。

　　① 主要特性：8 位地址码、8 位数据码；地址码和数据码均传送两次，一次是原码，一次是反码，以确保可靠；PWM（脉冲宽度编码）方式；载波频率 38 kHz；每一位用时 1.12 ms 或 2.25 ms。

　　② 协议：NEC 协议采用 PWM 编码，每个脉冲宽 560 μs，载波频率 38 kHz（约 21 个周期）。逻辑"1"需时 2.25 ms，逻辑"0"需时 1.12 ms。图 13 - 3 是 NEC 协议"0"和"1"的表示方法示意图，图 13 - 4 是用 NEC 协议传送命令的格式示意图，推荐的载波占空比为 1/4 或 1/3。

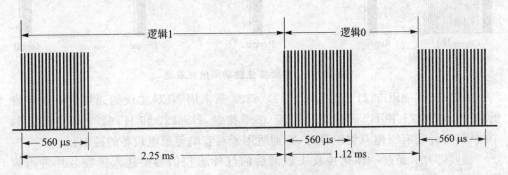

图 13 - 3　NEC 协议"0"和"1"的表示方法

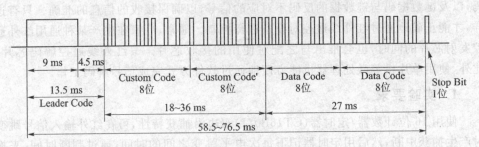

图 13 - 4　NEC 协议传送命令的格式

　　从图 13 - 4 中可以看出，每一条信息均以一个起自动增益调整作用的引导码开始（9 ms 的传号加 4.5 ms 的空号），后面是 8 位地址码（又称用户码）和 8 位地址码（也有一种是反码），接着是 8 位数据码和 8 位数据码的反码，最后是一个尾脉冲。地址码和数据码的发送均是低位在前高位在后。由于每一位都是原码和反码各发一次,因此总的传输时间是恒定的。如果接收的 16 位地址或 16 位数据的后 8 位和前 8 位不是反码关系,则说明所接收的数据是无效的。

实际上,在遵循 NEC 协议的红外线发射芯片中,大多提供两种地址编码方式:

① "8 位地址码原码+8 位地址的反码"的方式。

② 16 位地址,即"地址码原码+8 位地址原码"的方式。

使用者可以通过改变外部电路来选择不同的地址编码方式(参见 NEC 发送芯片数据手册)。

NEC 协议规定,在按键期间命令信息只发送一次,只要按住键不放,每隔 108 ms 发一次重复码。重复码由 9 ms 的自动增益调整脉冲和 2.25 ms 的空号,以及一个 560 μs 脉冲+97 ms 低电平组成。图 13-5 是持续按住键期间信息发送的情况。

我们可以看出,当观察到 9 ms 高电平时,后面如果是 4.5 ms 低电平,就是第一次按的按键码,如果 9 ms 后面跟的是 2.5 ms 低电平,就是重发码。

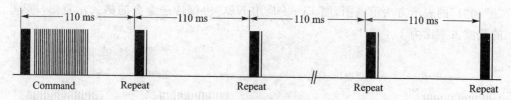

图 13-5　持续按住键期间信息发送

发送芯片:uPD6221/6222、HT6221/6222 是采用 NEC 协议的通用红外遥控发射芯片,uPD6221 和 HT6221 最多可接 32 个按键,HS6222 和 HT6222 最多可接 64 个按键,另外还有三组双键组合键,特别适用于对音响等家电设备的控制。

接收芯片:经过一体化接收头解调后的红外遥控信号要送入接收芯片进行解码,才能获得符合规定编码的键数据码(命令码),剔除不符合编码协议和约定的地址码,以及键数据码与键数据的反码不对应的信号,以确保接收的信息的准确。只有这样,才能正确地通过红外线遥控对设备进行控制。通常,厂家在生产某种通用红外遥控发射芯片的同时,也会推出与之配对使用的接收芯片——红外线遥控解码芯片。此外,使用单片机等微处理器也能方便地通过软件方式完成信号解码工作。

1. 实验要求

使用 16 位计数器/定时器(CT16B0/1)双边沿捕获特性,可在红外输入信号跳变时产生捕获中断,然后用定时器记下每次电平跳变之间的时间,通过判断时间,来换算按下的码值。从而知道遥控器按了哪个键,并控制 LED1 亮灭动作。

2. 实验电路原理

参考 Mini LPC11XX DEMO 开发板电路原理图:

P1.9——LED1;

P1.8——IR。

3. 源程序文件及分析

这里只分析 main.c 文件和 ir.c 文件,完整程序请登录北京航空航天大学出版社网站下载。

新建一个文件目录 CT16_test2,在 Real View MDK 集成开发环境中创建一个工程项目 CT16_test2.uvproj 于此目录中。

在 File 菜单下新建如下源文件 main.c,编写源程序代码后保存在 User 文件夹下,再把 main.c 文件添加到 User 组中。

```c
# include "config. h"
# include "ct. h"
# include "gpio. h"
# include "ili9325. h"
# include "w25Q16. h"
# include "ir. h"

uint8_t IR_start = 0;            //红外脉冲信号开始
uint8_t IR_cnt = 0;              //红外脉冲计数器
uint8_t IR_lead = 0;             //红外引导码
uint8_t IR_KeyRepeat = 0;        //红外持续按键
uint16_t IR_PulseWide = 0;       //红外脉冲宽度计数
uint16_t IR_array[64];           //储存接收的地址码和数据码
uint8_t IR_CustomCode_Hi;        //红外地址码高位
uint8_t IR_CustomCode_Lo;        //红外地址码低位
uint16_t IR_CustomCode;          //红外地址码
uint8_t IR_DataCode;             //红外数据码
uint8_t IR_DataCode_Reverse;     //红外数据码反相码
uint8_t IR_find;                 //成功接收到红外信号

/ * * * * * * * * * * * * * * * * * * * * * * * * * * * * * * * * * * * * * * * * * * * * *
 * FunctionName    : IR_Decode
 * Description     : 红外信号解码
 * EntryParameter  : None
 * ReturnValue     : 1—解码正确;0—解码失败
 * * * * * * * * * * * * * * * * * * * * * * * * * * * * * * * * * * * * * * * * * * * * * */
uint8_t IR_Decode(void)
{
    uint8_t i;
    uint16_t buf;

    for(i = 0;i<16;i++)
    {
        IR_CustomCode_Hi<< = 1;
        buf = IR_array[i] + IR_array[ ++ i];
```

```
            if((buf>2100)&&(buf<2450))
            {
                IR_CustomCode_Hi + = 1;
            }
    }

    for(i = 16;i<32;i ++ )
    {
        IR_CustomCode_Lo<< = 1;
        buf = IR_array[i] + IR_array[ ++ i];
        if((buf>2100)&&(buf<2450))
        {
            IR_CustomCode_Lo + = 1;
        }
    }

    for(i = 32;i<48;i ++ )
    {
        IR_DataCode<< = 1;
        buf = IR_array[i] + IR_array[ ++ i];
        if((buf>2100)&&(buf<2450))
        {
            IR_DataCode + = 1;
        }
    }

    for(i = 48;i<64;i ++ )
    {
        IR_DataCode_Reverse<< = 1;
        buf = IR_array[i] + IR_array[ ++ i];
        if((buf>2100)&&(buf<2450))
        {
            IR_DataCode_Reverse + = 1;
        }
    }

    if(IR_DataCode == (uint8_t)~IR_DataCode_Reverse)
    {
        IR_CustomCode = (IR_CustomCode_Hi<<8) + IR_CustomCode_Lo;
        return 1;
    }
    else return 0;
}

/ ***********************************************************
* FunctionName  : main
```

```
*  Description    : 主函数
*  EntryParameter : None
*  ReturnValue    : None
**************************************************************/
int main(void)
{
    LCD_Init();
    LCD_Clear(BLUE);
    W25Q16_Init();
    IR_Init();

    POINT_COLOR = WHITE;
    BACK_COLOR = BLUE;
    LCD_ShowString(12,20,"NEC 格式红外遥控器检测分析");
    LCD_ShowString(12,100,"您手中的红外遥控器地址码是：");
    LCD_ShowString(12,150,"您刚才按下的数据码（键码）是：");
    LCD_ShowString(12,200,"您连续按下此键的次数是：");

    while(1)
    {
        if((IR_find == 1)&&(IR_Decode() == 1))   //成功接收解调出一个红外按键信号
        {
            LCD_ShowNum(50,120,IR_CustomCode,5);
            LCD_ShowNum(50,170,IR_DataCode,3);
            LCD_ShowNum(50,220,IR_KeyRepeat,3);
            IR_find = 0;
        }
    }
}


/ *************************************************************
*  FunctionName   : TIMER16_1_IRQHandler
*  Description    : 16 位定时器中断函数
*  EntryParameter : None
*  ReturnValue    : None
**************************************************************/
void TIMER16_1_IRQHandler(void)
{
    if((LPC_TMR16B1 - >IR&0x10) == 0x10)
    {
        IR_PulseWide = LPC_TMR16B1 - >TC;
        LPC_TMR16B1 - >TC = 0;
        if((IR_PulseWide>8500)&&(IR_PulseWide<9500))   //如果发现 9 ms
        {
            IR_start = 1;
```

```
                LPC_TMR16B1 - >IR = 0X10;  //清 CAP0 中断位
                return;
        }
        if(IR_start == 1)
        {
                if((IR_PulseWide>4000)&&(IR_PulseWide<5000))   //如果发现 4.5 ms
                {
                    IR_lead = 1;
                    LPC_TMR16B1 - >IR = 0X10;   //清 CAP0 中断位
                    IR_start = 0;
                    IR_KeyRepeat = 1;
                    return;
                }
                else if((IR_PulseWide>2000)&&(IR_PulseWide<3000))  //如果发现 2.5ms
                {
                    IR_KeyRepeat ++ ;
                    LPC_TMR16B1 - >IR = 0X10; //清 CAP0 中断位
                    IR_start = 0;
                    IR_find = 1;
                    return;
                }
        }
        if(IR_lead == 1)
        {
                IR_array[IR_cnt] = IR_PulseWide;
                IR_cnt ++ ;
                if(IR_cnt == 64)
                {
                    IR_lead = 0;
                    IR_cnt = 0;
                    IR_find = 1;
                }
        }
    }
    LPC_TMR16B1 - >IR = 0X10;   //清 CAP0 中断位
}
```

在 File 菜单下新建如下源文件 ir. c,编写完成后保存在 Drive 文件夹下,随后将文件 ir. c 添加到 Drive 组中。

```
# include "config. h"
# include "ir. h"
/*******************************************************
* FunctionName  : IR_Init
```

```
*  Description    :红外接收设置初始化
*  EntryParameter : None
*  ReturnValue    : None
**************************************************/
void IR_Init(void)
{
    LPC_SYSCON->SYSAHBCLKCTRL |= (1<<16);  //打开引脚功能模块 IOCON 时钟
    LPC_IOCON->PIO1_8 &= ~0x07;
    LPC_IOCON->PIO1_8 |= 0x01;  //CT16B1 CAP0 配置 P1.8 引脚为 CT16B1_CAP 引脚
    LPC_SYSCON->SYSAHBCLKCTRL &= ~(1<<16);  //关闭 IOCON 模块时钟,配置完引脚
                                             //功能了,关闭时钟节省耗电
    LPC_SYSCON->SYSAHBCLKCTRL |= (1<<8);  //打开 CT16B1 定时器时钟
    LPC_TMR16B1->TCR = 0x02;      //复位定时器
    LPC_TMR16B1->PR = 49;         //配置预分频器,使得 1 μs TC + 1
    LPC_TMR16B1->IR = 0x10;       //中断复位
    LPC_TMR16B1->CCR = 0x07;      //配置 CAP 引脚双边沿中断
    LPC_TMR16B1->TCR = 0x01;      //打开定时器,开始计时
    NVIC_EnableIRQ(TIMER_16_1_IRQn);  //开启 NVCI 中断入口
}
```

4. 实验效果

　　编译通过后下载程序,用电视机的红外遥控器对着 Mini LPC11XX DEMO 开发板上的红外接收器,然后按下某个按键,这时 TFT‑LCD 上就显示出红外接收解调出的地址信号与数据信号,见图 13‑6。

图 13‑6　红外遥控信号接收解调的实验照片

第14章

32位计数器/定时器特性及应用

32位计数器/定时器(CT32B0/1)用于对外设时钟(PCLK)周期或外部供应时钟周期进行计数,可在规定的时间处选择产生中断或执行其他操作,取决于4个匹配寄存器。每个计数器/定时器还包含1个捕获输入,用来在输入信号跳变时捕捉定时器的瞬时值,也可以选择产生中断。在PWM模式下,其中3个匹配寄存器用于向匹配输出引脚提供单边沿控制的PWM输出,而剩下的那个匹配寄存器则用于控制PWM周期长度。

输入到32位定时器的外设时钟(PCLK)由系统时钟提供。为了节能,可通过AHBCLKCTRL寄存器中的位9和位10将这些时钟禁能。

32位计数器/定时器结构如图14-1所示。

32位计数器/定时器的应用主要有:

- 时间间隔定时器,用于对内部事件进行计数;
- 脉宽解调器(经捕获输入);
- 自由运行的定时器;
- 脉宽调制器(经匹配输出)。

CT32B0/1的特性:

- 两个32位的计数器/定时器,各带有一个可编程的32位预分频器。
- 计数器或定时器操作。
- 一个32位的捕获通道可在输入信号跳变时捕捉定时器的瞬时值。捕获事件也可以产生中断。
- 4个32位匹配寄存器,允许执行以下操作:
  - 匹配时连续工作,在匹配时可选择产生中断;
  - 在匹配时停止定时器运行,可选择产生中断;
  - 在匹配时复位定时器,可选择产生中断。
- 有4个与匹配寄存器相对应的外部输出,这些输出具有以下功能:

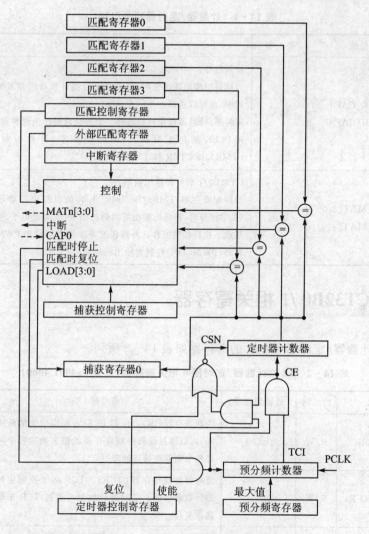

图 14 - 1   32 位计数器/定时器结构

- 匹配时设为低电平;

- 匹配时设为高电平;

- 匹配时翻转电平;

- 匹配时不执行任何操作。

● 对于各定时器,最多 4 个匹配寄存器可配置为 PWM,允许使用多达 3 个匹配输出作为单边沿控制的 PWM 输出。

注:除外设基址不同外,32 位计数器/定时器 0 和 32 位计数器/定时器 1 功能相似。

表 14 - 1 为各计数器/定时器相关引脚的总结。

表 14 - 1   计数器/定时器相关引脚

复位值	类 型	描 述
CT32B0_CAP0 CT32B1_CAP0	输入	捕获信号。 当捕获引脚出现跳变时,可以将定时器计数器值装入捕获寄存器中,也可以选择产生一个中断。 定时器/计数器模块可以选择一个捕获信号作为时钟源(而不是用 PCLK 的衍生时钟)。详情请参考"计数控制寄存器(TMR32B0CTCR 和 TMR32B1TCR)"
CT32B0_MAT[3:0] CT32B1_MAT[3:0]	输出	CT32B0/1 的外部匹配输出。 当匹配寄存器 TMR32B0/IMR[3:0]的值与定时器计数器值(TC)相等时,相应的输出可以翻转电平、变为低电平、变为高电平或不执行任何操作。外部匹配寄存器(EMR)和 PWM 控制寄存器(PWMCON)控制着输出的功能

14.1   CT32B0 /1 相关寄存器

32 位计数器/定时器 0 包含的寄存器如表 14 - 2 所列。

表 14 - 2   32 位计数器/定时器 0 相关寄存器(基址 0x4001 4000)

名 称	访 问	地址偏移量	描 述	复位值
TMR32B0IR	R/W	0x000	中断寄存器(IR)。可向 IR 写入相应值来清除中断,可以通过读取中断寄存器的值来确定哪个可能的中断源在等待处理	0
TMR32B0TCR	R/W	0x004	定时器控制寄存器(TCR)。TCR 用于控制定时器计数器功能。定时器计数器可通过 TCR 来禁能或复位	0
TMR32B0TC	R/W	0x008	定时器计数器(TC)。32 位 TC 每隔 PR＋1 个 PCLK 周期递增一次。通过 TCR 控制 TC	0
TMR32B0PR	R/W	0x00C	预分频寄存器(PR)。当预分频计数器与该值相等时,下个时钟 TC 加 1,PC 清零	0
TMR32B0PC	R/W	0x010	预分频计数器(PC)。32 位 PC 是一个计数器,它会增加到与 PR 中存放的值相等。当达到 PR 的值时,PC 清零。可通过总线接口来观察和控制 PC	0
TMR32B0MCR	R/W	0x014	匹配控制寄存器(MCR)。MCR 用于控制在匹配出现是否产生中断及出现匹配时 TC 是否复位	0

续表 14－2

名　称	访　问	地址偏移量	描　述	复位值
TMR32B0MR0	R/W	0x018	匹配寄存器 0(MR0)。MR0 可通过 MCR 设定为在和 TC 匹配时复位 TC,停止 TC 和 PC,和/或产生中断	0
TMR32B0MR1	R/W	0x01C	匹配寄存器 1(MR1)。见 MR0 描述	0
TMR32B0MR2	R/W	0x020	匹配寄存器 2(MR2)。见 MR0 描述	0
TMR32B0MR3	R/W	0x024	匹配寄存器 3(MR3)。见 MR0 描述	0
TMR32B0CCR	R/W	0x028	捕获控制寄存器(CCR)。CCR 控制捕获时捕获输入边沿的方式,以及在捕获时是否产生中断	0
TMR32B0CR0	RO	0x02C	捕获寄存器 0(CR0)。当 CT32B0_CAP0 输入上产生捕获事件时,CR0 载入 TC 值	0
TMR32B0EMR	R/W	0x03C	外部匹配寄存器(EMR)。EMR 控制匹配功能及外部匹配引脚 CT32B0_MAT[3:0]	0
—	—	0x040～0x06C	保留	—
TMR32B0CTCR	R/W	0x070	计数控制寄存器(CTCR)。CTCR 选择在定时器模式还是在计数器模式下工作,在计数器模式下选择计数的信号和边沿	0
TMR32B0PWMC	R/W	0x074	PWM 控制寄存器(PWMCON)。PWMCON 使能 PWM 模式,用于外部匹配引脚 CT32B0_MAT[3:0]	0

注:保留值只反映保存在使用位中的数据,不包含保留位的内容。

32 位计数器/定时器 1 包含的寄存器如表 14－3 所列。

表 14－3　32 位计数器/定时器 1 相关寄存器(基址 0x4001 8000)

名　称	访　问	地址偏移量	描　述	复位值
TMR32B1IR	R/W	0x000	中断寄存器(IR)。可向 IR 写入相应值来清除中断,可以通过读取中断寄存器的值来确定哪个可能的中断源正在等待处理	0
TMR32B1TCR	R/W	0x004	定时器控制寄存器(TCR)。TCR 用于控制定时器计数器功能。定时器计数器可通过 TCR 来禁能或复位	0
TMR32B1TC	R/W	0x008	定时器计数(TC)。32 位 TC 每隔 PR＋1 个 PCLK 周期递增一次。通过 TCR 控制 TC	0
TMR32B1PR	R/W	0x00C	预分频寄存器(PR)。当预分频计数器与该值相等时,下个时钟 TC 加 1,PC 清零	0

名　称	访　问	地址偏移量	描　述	复位值
TMR32B1PC	R/W	0x010	预分频计数器(PC)。32 位 PC 是一个计数器,它会增加到与 PR 中存放的值相等。当达到 PR 的值时,PC 清零。可通过总线接口来观察和控制 PC	0
TMR32B1MCR	R/W	0x014	匹配控制寄存器(MCR)。MCR 用于控制在匹配出现是否产生中断及出现匹配时 TC 是否复位	0
TMR32B1MR0	R/W	0x018	匹配寄存器 0(MR0)。MR0 可通过 MCR 设定为在和 TC 匹配时复位 TC,停止 TC 和 PC,和/或产生中断	0
TMR32B1MR1	R/W	0x01C	匹配寄存器 1(MR1)。见 MR0 描述	0
TMR32B1MR2	R/W	0x020	匹配寄存器 2(MR2)。见 MR0 描述	0
TMR32B1MR3	R/W	0x024	匹配寄存器 3(MR3)。见 MR0 描述	0
TMR32B1CCR	R/W	0x028	捕获控制寄存器(CCR)。CCR 控制捕获时捕获输入边沿的方式,以及在捕获时是否产生中断	0
TMR32B1CR0	RO	0x02C	捕获寄存器 0(CR0)。当 CT32B1_CAP0 输入上产生捕获事件时,CR0 载入 TC 值	0
TMR32B1EMR	R/W	0x03C	外部匹配寄存器(EMR)。EMR 控制匹配功能及外部匹配引脚 CT32B1_MAT[3:0]	0
—	—	0x040～0x06C	保留	—
TMR32B1CTCR	R/W	0x070	计数控制寄存器(CTCR)。CTCR 选择在定时器模式还是在计数器模式下工作,在计数器模式下选择计数的信号和边沿	0
TMR32B1PWMC	R/W	0x074	PWM 控制寄存器(PWMCON)。PWMCON 使能 PWM 模式,用于外部匹配引脚 CT32B1_MAT[3:0]	0

注:复位值只反映使用位中保存的数据,不包含保留位的内容。

1. 中断寄存器 TMR32B0IR 和 TMR32B1IR

中断寄存器包含 4 个用于匹配中断的位和 1 个用于捕获中断的位。如果有中断产生,则 IR 中的相应位为高电平;否则,该位为低电平。向对应 IR 位写 1 会使中断复位,写 0 无效。表 14－4 为中断寄存器位描述。

2. 定时器控制寄存器 TMR32B0TCR 和 TMR32B1TCR

定时器控制寄存器用于控制计数器/定时器的操作。表 14－5 为定时器控制寄存器位描述。

表 14-4　中断寄存器位描述

位	符　号	描　　述	复位值
0	MR0	匹配通道 0 的中断标志	0
1	MR1	匹配通道 1 的中断标志	0
2	MR2	匹配通道 2 的中断标志	0
3	MR3	匹配通道 3 的中断标志	0
4	CR0	捕获通道 0 事件的中断标志	0
31:5	—	保留	—

表 14-5　定时器控制寄存器位描述

位	符　号	描　　述	复位值
0	CEn	为 1 时,定时器计数器和分频计数器使能计算。为 0 时,计数器禁能	0
1	CRst	为 1 时,定时器计数器和预分频计数器在 PCLK 的下一个上升沿同步复位。计数器在 TCR[1]恢复为 0 之前保持复位状态	0
31:2	—	保留,用户软件不应向保留位写 1。从保留位读出的值未定义	NA

3. 定时器计数器 TMR32B0TC 和 TMR32B1TC

当预分频器计数器达到计数上限时,32 位定时器计数器加 1。如果 TC 在到达计数器上限之前没有复位,它将一直计数到 0xFFFF FFFF 然后翻转到 0x0000 0000。该事件不会产生中断,如果需要,可使用匹配寄存器检测溢出。

4. 预分频寄存器 TMR32B0PR 和 TMR32B1PR

32 位预分频寄存器指定了预分频计数器的最大计数值。

5. 预分频计数器寄存器 TMR32B0PC 和 TMR32B1PC

32 位预分频计数器用某个常量值来控制 PCLK 的分频,再使其输入到定时器计数器。这样就可以控制定时器精度和定时器溢出前所能达到的最大值之间的关系。预分频计数器在每个 PCLK 周期加 1。当它达到预分频寄存器中存储的值时,定时器计数器加 1,预分频计数器将在下一个 PCLK 复位。这就使当 PR=0 时,TC 每个 PCLK 加 1,PR=1 时,TC 每 2 个 PCLK 加 1,以此类推。

6. 匹配控制寄存器 TMR32B0MCR 和 TMR32B1MCR

匹配控制寄存器用于控制当其中一个匹配寄存器的值与定时器计数器的值相等时应执行的操作。匹配控制寄存器位描述如表 14-6 所列。

7. 匹配寄存器 TMR32B0MR0/1/2/3 和 TMR32B1MR0/1/2/3

匹配寄存器值会不断地与定时器计数器值进行比较。当两个值相等时,自动触发相应动作。这些动作包括产生中断,复位定时器计数器或停止定时器。所有动作均由 MCR 寄存器控制。

表 14 - 6　匹配控制寄存器位描述

位	符　号	描　　述	复位值
0	MR0I	MR0 上的中断。 1:当 MR0 与 TC 值匹配时产生中断;0:中断禁能	0
1	MR0R	MR0 上的复位。 1:MR0 与 TC 值匹配将使 TC 复位;0:该特性禁能	0
2	MR0S	MR0 上的停止。 1:MR0 与 TC 匹配时将使 TC 和 PC 停止,TCR[0]置 0; 0:该特性禁能	0
3	MR11	MR1 上的中断。 1:MR1 与 TC 中的值匹配时产生中断;0:该中断禁能	0
4	MR1R	MR1 上的复位。 1:MR1 与 TC 匹配时使 TC 复位;0:该特性禁能	0
5	MR1S	MR1 上的停止。 1:MR1 与 TC 匹配时将使 TC 和 PC 停止,TCR[0]置 0; 0:该特性禁能	0
6	MR2I	MR2 上的中断。 1:MR2 与 TC 中的值匹配时产生中断;0:该中断禁能	0
7	MR2R	MR2 上的复位。 1:MR2 与 TC 匹配时将使 TC 复位;0:该特性禁能	0
8	MR2S	MR2 上的停止。 1:MR2 与 TC 匹配时将使 TC 和 PC 停止,TCR[0]置 0; 0:该特性禁能	0
9	MR3I	MR3 上的中断。 1:MR3 与 TC 中的值匹配时产生中断;0:该中断禁能	0
10	MR3R	MR3 上的复位。 1:MR3 与 TC 匹配时将使 TC 复位;0:该特性禁能	0
11	MR3S	MR3 上的停止。 1:MR3 与 TC 匹配时将使 TC 和 PC 停止,TCR[0]置 0; 0:该特性禁能	0
31:12	—	保留,用户软件不应向保留位写 1。从保留位读出的值未定义	NA

8. 捕获控制寄存器 TMR32B0CCR 和 TMR32B1CCR

捕获控制寄存器用于控制当捕获事件发生时,是否将定时器计数器中的值装入 4 个捕获寄存器中的一个,以及捕获事件是否产生中断。同时将上升沿位和下降沿

位置位是有效的配置,这样会使两个边沿都产生捕获事件。捕获控制寄存器位描述
见表 14 - 7。

表 14 - 7　捕获控制寄存器位描述

位	符　号	描　述	复位值
0	CAP0RE	CT32Bn_CAP0 的上升沿捕获。 1: CT32Bn_CAP0 上的"0"到"1"的跳变将使 TC 的内容装入 CR0; 0: 该特性禁能	0
1	CAP0FE	CT32Bn_CAP0 的下降沿捕获。 1: CT32Bn_CAP0 上"1"到"0"的跳变将使 TC 的内容装入 CR0; 0: 该特性禁能	0
2	CAP0I	CT32Bn_CAP0 事件中断。 1: CT32Bn_CAP0 事件所导致的 CR0 装载将产生一个中断; 0: 该特性禁能	0
31:3	—	保留,用户软件不应向保留位写1。从保留位读出的值未定义	NA

注:"n"表示定时器编号 0 或 1。

9. 捕获寄存器 TMR32B0CR0 和 TMR32B1CR0

各捕获寄存器与器件引脚相关联,当引脚发生特定的事件时,可将定时器计数器
的值装入该捕获寄存器。捕获控制寄存器中的设置决定是否使能捕获功能,及在相
关引脚的上升沿、下降沿或上升沿和下降沿时是否产生捕获事件。

10. 外部匹配寄存器 TMR32B0EMR 和 TMR32B1EMR

外部匹配寄存器控制外部匹配引脚 CAP32Bn_MAT[3:0]并提供外部匹配引脚
的状态。如果匹配输出配置为 PWM 输出,则外部匹配寄存器的功能由 PWM 规则
决定。表 14 - 8 为外部匹配寄存器位描述。

表 14 - 8　外部匹配寄存器位描述

位	符　号	描　述	复位值
0	EM0	外部匹配 0。该位反映输出 CT32Bn_MAT0 的状态,不管该输出是否连接到此引脚。当 TC 和 MR0 匹配时,定时器的输出可以翻转电平,变为低电平,变为高电平或不执行任何动作。位 EMR[5:4]控制该输出的功能	0
1	EM1	外部匹配 1。该位反映输出 CT32Bn_MAT1 的状态,不管该输出是否连接到此引脚。当 TC 和 MR1 匹配时,定时器的输出可以翻转电平,变为低电平,变为高电平或不执行任何动作。位 EMR[7:6]控制该输出的功能	0

续表 14 - 8

位	符 号	描 述	复位值
2	EM2	外部匹配 2。该位反映输出 CT32Bn_MAT2 的状态,不管该输出是否连接到此引脚。当 TC 和 MR2 匹配时,定时器的输出可以翻转电平,变为低电平,变为高电平或不执行任何动作。位 EMR[9:8]控制该输出的功能	0
3	EM3	外部匹配 3。该位反映输出 CT32Bn_MAT3 的状态,不管该输出是否连接到此引脚。当 TC 和 MR3 匹配时,定时器的输出可以翻转电平,变为低电平,变为高电平或不执行任何动作。位 EMR[11:10]控制该输出的功能	0
5:4	EMC0	外部匹配控制 0。决定外部匹配 0 的功能,这些位的编码如表 14 - 9 所列	00
7:6	EMC1	外部匹配控制 1。决定外部匹配 1 的功能,这些位的编码如表 14 - 9 所列	00
9:8	EMC2	外部匹配控制 2。决定外部匹配 2 的功能,这些位的编码如表 14 - 9 所列	00
11:10	EMC3	外部匹配控制 3。决定外部匹配 3 的功能,这些位的编码如表 14 - 9 所列	00
15:12	—	保留,用户软件向保留位写 1。从保留位读出的值未定义	NA

表 14 - 9 为外部匹配控制。

表 14 - 9 外部匹配控制

EMR[11:10]、EMR[9:8] EMR[7:6]或 EMR[5:4]	功 能
00	不执行任何操作
01	将对应的外部匹配位/输出设置为 0(如果连接到芯片引脚,则 CT32Bn_MATm 引脚输出低电平)
10	将对应的外部匹配位/输出设置为 1(如果连接到芯片引脚,则 CT32Bn_MATm 引脚输出高电平)
11	使对应的外部匹配位/输出翻转

11. 计数控制寄存器 TMR32B0CTCR 和 TMR32B1TCR

计数控制寄存器用于在定时器模式和计数器模式之间进行选择,且在处于计数器模式时选择进行计数的引脚和边沿。当选用计数器模式为工作模式时,在 PCLK

时钟的每个上升沿对 CAP 输入(由 CTCR 位[3:2]选择)进行采样。在对这个 CAP 输入的连续两次采样值进行比较之后,可以识别出下面其中一种事件:上升沿、下降沿、上升/下降沿或所选 CAP 输入的电平不变。如果识别出的事件与 CTCR 寄存器中位[1:0]选择的一个事件相对应,则定时器计数器寄存器的值将增加 1。要有效地处理计数器的外部源时钟会有一些限制,由于需使用 PCLK 时钟的 2 个连续的上升沿才能确定 CAP 选择的输入上的一个边沿,因此 CAP 输入的频率不能超过 PCLK 时钟的一半。相同 CAP 输入上的高/低电平持续时间不应小于 $1/(2 \times PCLK)$。表 14 - 10 为计数控制寄存器位描述。

表 14 - 10   计数控制寄存器位描述

位	符 号	描 述	复位值
1:0	CTM	该字段选择定时器的预分频计数器(PC)在哪个 PCLK 边沿增值,或清零 PC 及使定时器计数器(TC)增值。 00:定时器模式,每个 PCLK 上升沿; 01:计数器模式,TC 在位[3:2]选择的 CAP 输入的上升沿时递增; 10:计数器模式,TC 在位[3:2]选择的 CAP 输入的下降沿时递增; 11:计数器模式,TC 在位[3:2]选择的 CAP 输入的两个边沿递增	00
3:2	CIS	当该寄存器中位[1:0]不为 00 时,这两位选择哪个 CAP 引脚被采样用于计时: 00:CT32Bn_CAP0; 10:保留; 11:保留; 注:如果在 TnCTCR 中选择计数器模式,则捕获控制寄存器(TnCCR)中的 3 位必须编程为 000	
31:4	—	保留,用户软件不应向保留位写 1。从保留位读出的值未定义	NA

12. PWM 控制寄存器 TMR32B0PWMC 和 TMR32B1PWMC

PWM 控制寄存器用于将匹配输出配置为 PWM 输出。每个匹配输出均可分别设置,以决定匹配输出是作为 PWM 输出还是作为功能受外部匹配寄存器(EMR)控制的匹配输出。对于各定时器,MATn[2:0]输出最多可选择 3 个单边沿控制的 PWM 输出。一个附加的匹配寄存器决定 PWM 的周期长度。当任何其他匹配寄存器出现匹配时,PWM 输出置为高电平。用于设置 PWM 周期长度的匹配寄存器负责将定时器复位。当定时器复位到 0 时,所有当前配置为 PWM 输出的高电平匹配输出清零。表 14 - 11 为 PWM 控制寄存器位描述。

表 14-11　PWM 控制寄存器位描述

位	符　号	描　述	复位值
0	PWMEN0	为 1 时,CT32Bn_MAT0 的 PWM 模式使能; 为 0 时,CT32Bn_MAT0 受 EM0 控制	0
1	PWMEN1	为 1 时,CT32Bn_MAT1 的 PWM 模式使能; 为 0 时,CT32Bn_MAT1 受 EM1 控制	0
2	PWMEN2	为 1 时,CT32Bn_MAT2 的 PWM 模式使能; 为 0 时,CT32Bn_MAT2 受 EM2 控制	0
3	PWMEN3	为 1 时,CT32Bn_MAT3 的 PWM 模式使能; 为 0 时,CT32Bn_MAT3 受 EM3 控制。 注:建议使能匹配通道 3 设置 PWM 周期	0
4:32	—	保留,用户软件不应向保留位写 1。从保留位读出的值未定义	NA

14.2　CT32B0 定时查询实验——控制发光二极管闪烁

1. 实验要求

发光二极管 LED1 以 100 ms 的时间间隔(亮 50 ms,灭 50 ms)闪烁。

2. 实验电路原理

参考 Mini LPC11XX DEMO 开发板电路原理图:P1.9——LED1。

3. 源程序文件及分析

这里只分析 main.c 文件及 ct.c 文件,完整程序请登录北京航空航天大学出版社网站下载。

新建一个文件目录 CT32_test1,在 Real View MDK 集成开发环境中创建一个工程项目 CT32_test1.uvproj 于此目录中。

在 File 菜单下新建如下源文件 main.c,编写完成后保存在 User 文件夹下,再把 main.c 文件添加到 User 组中。

```
# include "config.h"
# include "ili9325.h"
# include "ssp.h"
# include "ct.h"
# include "w25Q16.h"
# include "gpio.h"
/ * * * * * * * * * * * * * * * * * * * * * * * * * * * * * * * * * * * * * * * * * * * *
 * FunctionName  : Init
```

```
* Description    :初始化系统
* EntryParameter : None
* ReturnValue    : None
******************************************************/
void Init(void)
{
    SystemInit();           //系统初始化

    LCD_Init();             //液晶显示器初始化
    W25Q16_Init();          //W25Q16初始化
    GPIO_Init();
    TIM32B0_init();         //使能定时器TIM32B0
}

/ *****************************************************
* FunctionName   : main
* Description    :主函数
* EntryParameter : None
* ReturnValue    : None
******************************************************/
int main(void)
{
    Init();

    LCD_Clear(WHITE);  //整屏显示白色
    POINT_COLOR = BLACK;
    BACK_COLOR = WHITE;

    LCD_ShowString(50,5,"定时器定时查询演示");
    POINT_COLOR = DARKBLUE;
    LCD_ShowString(34,30,"在P1.9引脚上输出脉冲信号,驱动LED1闪烁");
    POINT_COLOR = RED;
    LCD_ShowString(34,90,"LED1的定时周期为:50ms");
    POINT_COLOR = DARKBLUE;
    LCD_ShowString(34,120,"LED1的闪烁频率为:10Hz");

    while(1)
    {
        TIM32B0_delay_ms(50);          //查询等待定时时间到
        SET_BIT(LPC_GPIO1,DATA,9);     //关闭LED1
        TIM32B0_delay_ms(50);          //查询等待定时时间到
        CLR_BIT(LPC_GPIO1,DATA,9);     //点亮LED1
    }
}
```

在 File 菜单下新建如下源文件 ct.c,编写完成后保存在 Drive 文件夹下,随后将文件 ct.c 添加到 Drive 组中。

```
# include "config. h"
# include "ct. h"

/***********************************************************
* FunctionName   : TIM16B0_init
* Description    : 使能 TIM16B0 时钟
* EntryParameter : None
* ReturnValue    : None
***********************************************************/
void TIM16B0_init(void)
{
    LPC_SYSCON - >SYSAHBCLKCTRL |= (1<<7);
}


/***********************************************************
* FunctionName   : TIM16B0_INT_init
* Description    : 初始化 TIM16B0
* EntryParameter : ms—定时毫秒值
* ReturnValue    : None
***********************************************************/
void TIM16B0_INT_init(uint32 ms)
{
    LPC_SYSCON - >SYSAHBCLKCTRL |= (1<<7);   //使能 TIM16B0 时钟
    LPC_TMR16B0 - >TCR = 0x02;          //复位定时器(bit1:写 1 复位)
    //LPC_TMR16B0 - >PR = 0x00;         //把预分频寄存器置 0,使 PC + 1,TC + 1
    LPC_TMR16B0 - >PR = 0x07ff;         //把预分频寄存器置 0x7fff,即 PC 每计数 2048,
                                        //TC + 1
    LPC_TMR16B0 - >MR0 = ms * 50000;    //在 50 MHz 下工作的比较值,其他请修改
    LPC_TMR16B0 - >IR = 0x01;           //MR0 中断标志复位,即清中断(bit0:MR0, bit1:
                                        //MR1, bit2:MR2, bit3:MR3, bit4:CP0)
    LPC_TMR16B0 - >MCR = 0x03;          //MR0 于 TC 值匹配时产生中断,MR0 于 TC 值匹配
                                        //时使 TC 复位
    LPC_TMR16B0 - >TCR = 0x01;          //启动定时器:TCR[0] = 1
    NVIC_EnableIRQ(TIMER_16_0_IRQn);    //使能 TIM32B0 中断
}

/***********************************************************
* FunctionName   : TIM16B0_delay_ms
* Description    : TIM16B0 毫秒延时
* EntryParameter : ms—延时毫秒值
* ReturnValue    : None
***********************************************************/
```

```
void TIM16B0_delay_ms(uint32 ms)
{
    LPC_TMR16B0 - >TCR = 0x02;         //复位定时器(bit1：写 1 复位)
    LPC_TMR16B0 - >PR = 0x00;          //把预分频寄存器置 0,使 PC + 1,TC + 1
    LPC_TMR16B0 - >MR0 = ms * 50000;   //在 50 MHz 下工作的值,其他请修改
    LPC_TMR16B0 - >IR = 0x01;          //MR0 中断复位,即清中断(bit0:MR0, bit1:MR1,
                                       //bit2:MR2, bit3:MR3, bit4:CP0)
    LPC_TMR16B0 - >MCR = 0x04;         //MR0 中断产生时停止 TC 和 PC,并使 TCR[0] = 0,
                                       //停止定时器工作
    LPC_TMR16B0 - >TCR = 0x01;         //启动定时器：TCR[0] = 1
    while (LPC_TMR16B0 - >TCR & 0x01); //等待定时器计时时间到
}

/ ***********************************************************
* FunctionName   : TIM16B0_delay_us
* Description    : TIM16B0 微秒延时
* EntryParameter : us—延时微秒值
* ReturnValue    : None
*************************************************************/
void TIM16B0_delay_us(uint32 us)
{
    LPC_TMR16B0 - >TCR = 0x02;         //复位定时器(bit1：写 1 复位)
    LPC_TMR16B0 - >PR = 0x00;          //把预分频寄存器置 0,使 PC + 1,TC + 1
    LPC_TMR16B0 - >MR0 = us * 50;      //在 50 MHz 下工作的值,其他请修改
    LPC_TMR16B0 - >IR = 0x01;          //MR0 中断复位(bit0:MR0, bit1:MR1, bit2:MR2,
                                       //bit3:MR3, bit4:CP0)
    LPC_TMR16B0 - >MCR = 0x04;         //MR0 中断产生时停止 TC 和 PC,并使 TCR[0] = 0,
                                       //停止定时器工作
    LPC_TMR16B0 - >TCR = 0x01;         //启动定时器：TCR[0] = 1
    while (LPC_TMR16B0 - >TCR & 0x01); //等待定时器计时时间到
}

/ ***********************************************************
* FunctionName   : TIM32B0_init
* Description    : 使能 TIM32B0 时钟
* EntryParameter : None
* ReturnValue    : None
*************************************************************/
void TIM32B0_init(void)
{
    LPC_SYSCON - >SYSAHBCLKCTRL |= (1<<9);
```

```
}
/*****************************************************
 * FunctionName   : TIM32B0_INT_init
 * Description    : 初始化 TIM32B0
 * EntryParameter : ms - 定时毫秒值
 * ReturnValue    : None
 *****************************************************/
void TIM32B0_INT_init(uint32 ms)
{
    LPC_SYSCON - >SYSAHBCLKCTRL |= (1<<9);    //使能 TIM32B0 时钟
    LPC_TMR32B0 - >TCR = 0x02;        //复位定时器(bit1：写 1 复位)
    LPC_TMR32B0 - >PR = 0x00;         //把预分频寄存器置 0,使 PC + 1,TC + 1
    LPC_TMR32B0 - >MR0 = ms * 50000;  //在 50 MHz 下工作的比较值,其他请修改
    LPC_TMR32B0 - >IR = 0x01;         //MR0 中断标志复位,即清中断(bit0:MR0, bit1：
                                      //MR1, bit2:MR2, bit3:MR3, bit4:CP0)
    LPC_TMR32B0 - >MCR = 0x03;        //MR0 于 TC 值匹配时产生中断,MR0 于 TC 值匹配
                                      //时使 TC 复位
    LPC_TMR32B0 - >TCR = 0x01;        //启动定时器：TCR[0] = 1
    NVIC_EnableIRQ(TIMER_32_0_IRQn);  //使能 TIM32B0 中断
}

/*****************************************************
 * FunctionName   : TIM32B0_Square
 * Description    : MAT0 上输出方波信号
 * EntryParameter : cycle_us—决定方波周期的系数
 * ReturnValue    : None
 *****************************************************/
void TIM32B0_Square(uint32 cycle_us)
{
    LPC_SYSCON - >SYSAHBCLKCTRL |= (1<<16);    //使能 IOCON 时钟
    LPC_IOCON - >PIO1_6 &= ~0x07;
    LPC_IOCON - >PIO1_6 |= 0x02;  /* Timer0_32 MAT0 */
    LPC_SYSCON - >SYSAHBCLKCTRL &= ~(1<<16);   //禁能 IOCON 时钟

    LPC_TMR32B0 - >TCR = 0x02;        //复位定时器(bit1：写 1 复位)
    LPC_TMR32B0 - >PR = 0x00;         //把预分频寄存器置 0,使 PC + 1,TC + 1
    LPC_TMR32B0 - >MR0 = (cycle_us/2) * 50;  //在 50 MHz 下工作的值,其他请修改
    LPC_TMR32B0 - >IR = 0x01;         //MR0 中断复位(bit0:MR0, bit1:MR1, bit2:MR2,
                                      //bit3:MR3, bit4:CP0)
    LPC_TMR32B0 - >MCR = 0x02;        //MR0 中断产生时复位 TC
```

```
    LPC_TMR32B0 - >EMR = 0x31;          //MR0 与 PC 相等时,MAT0 引脚翻转电平
    LPC_TMR32B0 - >TCR = 0x01;          //启动定时器：TCR[0] = 1
}

/ * * * * * * * * * * * * * * * * * * * * * * * * * * * * * * * * * * * * * * * * *
* FunctionName   : TIM32B0_PWM
* Description    : MAT0 上输出占空比可调脉冲信号
* EntryParameter : cycle_us—决定方波周期的系数;duty—决定占空比的系数
* ReturnValue    : None
* * * * * * * * * * * * * * * * * * * * * * * * * * * * * * * * * * * * * * * * * */
void TIM32B0_PWM(uint32 cycle_us, uint8 duty)
{
    if((duty> = 100)&&(duty< = 0))return;

    LPC_SYSCON - >SYSAHBCLKCTRL |= (1<<16);   //使能 IOCON 时钟
    LPC_IOCON - >PIO1_6 & = ~0x07;
    LPC_IOCON - >PIO1_6 |= 0x02;        //把 P1.6 引脚设置为 MAT0
    LPC_SYSCON - >SYSAHBCLKCTRL & = ~(1<<16);   //禁能 IOCON 时钟

    LPC_TMR32B0 - >TCR  = 0x02;         //复位定时器(bit1：写 1 复位)
    LPC_TMR32B0 - >PR   = 0x00;         //把预分频寄存器置 0,使 PC + 1,TC + 1
    LPC_TMR32B0 - >PWMC = 0x01;         //设置 MAT0 为 PWM 输出引脚
    LPC_TMR32B0 - >MCR = 0x02<<9;       //设置 MR3 匹配时复位 TC,也就是把 MR3 当做周
                                        //期寄存器
    LPC_TMR32B0 - >MR3 = 50 * cycle_us; //设置周期
    LPC_TMR32B0 - >MR0 = 50 * cycle_us * (100 - duty)/100;   //设置占空比
    LPC_TMR32B0 - >TCR = 0x01;          //启动定时器
}

/ * * * * * * * * * * * * * * * * * * * * * * * * * * * * * * * * * * * * * * * * *
* FunctionName   : TIM32B0_CAP0
* Description    : 利用 CAP0 进行计数
* EntryParameter : None
* ReturnValue    : None
* * * * * * * * * * * * * * * * * * * * * * * * * * * * * * * * * * * * * * * * * */
void TIM32B0_CAP0(void)
{
    LPC_SYSCON - >SYSAHBCLKCTRL |= (1<<16);   //使能 IOCON 时钟
    LPC_IOCON - >PIO1_5 & = ~0x07;
    LPC_IOCON - >PIO1_5 |= 0x02;        //把 P1.5 引脚设置为 CAP0
    LPC_SYSCON - >SYSAHBCLKCTRL & = ~(1<<16);   //禁能 IOCON 时钟

    LPC_TMR32B0 - >CTCR = 0x01;         //选择外来信号的上升沿作为 TC 递增,CAP0 捕获
```

```
    LPC_TMR32B0 - >TC = 0x00;          //TC 清零
    LPC_TMR32B0 - >TCR = 0x01;         //启动定时器
}

/ ********************************************************
* FunctionName    : TIM32B0_delay_ms
* Description     : TIM32B0 毫秒延时
* EntryParameter  : ms—延时毫秒值
* ReturnValue     : None
********************************************************/
void TIM32B0_delay_ms(uint32 ms)
{
    LPC_TMR32B0 - >TCR = 0x02;          //复位定时器(bit1：写 1 复位)
    LPC_TMR32B0 - >PR = 0x00;           //把预分频寄存器置 0,使 PC + 1,TC + 1
    LPC_TMR32B0 - >MR0 = ms * 50000;    //在 50 MHz 下工作的值,其他请修改
    LPC_TMR32B0 - >IR = 0x01;           //MR0 中断复位,即清中断(bit0：MR0, bit1：MR1,
                                        //bit2：MR2, bit3：MR3, bit4：CP0)
    LPC_TMR32B0 - >MCR = 0x04;          //MR0 中断产生时停止 TC 和 PC,并使 TCR[0] = 0,
                                        //停止定时器工作
    LPC_TMR32B0 - >TCR = 0x01;          //启动定时器：TCR[0] = 1
    while (LPC_TMR32B0 - >TCR & 0x01);  //等待定时器计时时间到
}

/ ********************************************************
* FunctionName    : TIM32B0_delay_us
* Description     : TIM32B0 微秒延时
* EntryParameter  : us—延时微秒值
* ReturnValue     : None
********************************************************/
void TIM32B0_delay_us(uint32 us)
{
    LPC_TMR32B0 - >TCR = 0x02;          //复位定时器(bit1：写 1 复位)
    LPC_TMR32B0 - >PR = 0x00;           //把预分频寄存器置 0,使 PC + 1,TC + 1
    LPC_TMR32B0 - >MR0 = us * 50;       //在 50 MHz 下工作的值,其他请修改
    LPC_TMR32B0 - >IR = 0x01;           //MR0 中断复位(bit0：MR0, bit1：MR1, bit2：MR2,
                                        //bit3：MR3, bit4：CP0)
    LPC_TMR32B0 - >MCR = 0x04;          //MR0 中断产生时停止 TC 和 PC,并使 TCR[0] = 0,
                                        //停止定时器工作
    LPC_TMR32B0 - >TCR = 0x01;          //启动定时器：TCR[0] = 1
    while (LPC_TMR32B0 - >TCR & 0x01);  //等待定时器计时时间到
}
```

4. 实验效果

编译通过后下载程序，Mini LPC11XX DEMO 开发板上 LED1 进行闪烁，亮灭各为 50 ms。图 14-2 为实验照片。

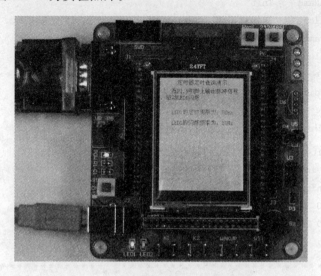

图 14-2 CT32B0 查询定时的实验照片

14.3 CT32B0 定时中断实验——控制发光二极管闪烁

1. 实验要求

发光二极管 LED 以 1 s 的时间间隔(亮 0.5 s，灭 0.5 s)闪烁。

2. 实验电路原理

参考 Mini LPC11XX DEMO 开发板电路原理图：P1.9——LED1。

3. 源程序文件及分析

这里只分析 main.c 文件，完整程序请登录北京航空航天大学出版社网站下载。

新建一个文件目录 CT32_test2，在 Real View MDK 集成开发环境中创建一个工程项目 CT32_test2.uvproj 于此目录中。

在 File 菜单下新建如下源文件 main.c，编写源程序代码后保存在 User 文件夹下，再把 main.c 文件添加到 User 组中。

```
# include "config.h"
# include "ili9325.h"
# include "ssp.h"
# include "ct.h"
```

```
#include "w25Q16.h"
#include "gpio.h"
/ ************************************************************
* FunctionName  : Init
* Description    :初始化系统
* EntryParameter : None
* ReturnValue    : None
************************************************************/
void Init(void)
{
    SystemInit();              //系统初始化

    LCD_Init();                //液晶显示器初始化
    W25Q16_Init();             // W25Q16 初始化
    GPIO_Init();
    TIM32B0_init();            //使能定时器 TIM32B0
    TIM32B0_INT_init(500);     //TIM32B0 中断时间为 500 ms
}


/ ************************************************************
* FunctionName  : main
* Description    :主函数
* EntryParameter : None
* ReturnValue    : None
************************************************************/
int main(void)
{
    Init();

    LCD_Clear(WHITE);          //整屏显示白色
    POINT_COLOR = BLACK;
    BACK_COLOR = WHITE;

    LCD_ShowString(50, 5, "定时器定时中断演示");
    POINT_COLOR = DARKBLUE;
    LCD_ShowString(34, 30, "在 P1.9 引脚上输出脉冲信号,驱动 LED1 闪烁");
    POINT_COLOR = RED;
    LCD_ShowString(34, 90, "LED1 的定时周期为:500ms");
    POINT_COLOR = DARKBLUE;
    LCD_ShowString(34, 120, "LED1 的闪烁频率为:1Hz");

    while(1)
    {
        ;
    }
```

```
}
/**********************************************/
/* 函数功能:TIM32B0z 中断服务函数        */
/**********************************************/
void TIMER32_0_IRQHandler(void)
{
    if((LPC_TMR32B0 - >IR & 0x1) == 1)      //检测是不是 MR0 引起的中断
    {
        CPL_BIT(LPC_GPIO1,DATA,9);          //闪烁 LED1
    }
    LPC_TMR32B0 - >IR = 0x1F;               //清所有定时器/计数器中断标志
}
```

4. 实验效果

编译通过后下载程序,Mini LPC11XX DEMO 开发板上 LED1 进行闪烁,亮灭时间各为 0.5 s。

图 14-3 为 CT32B0 定时控制发光二极管闪烁的实验照片。

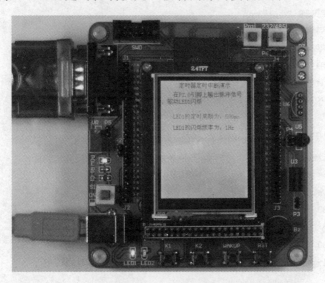

图 14-3　CT32B0 定时控制发光二极管闪烁的实验照片

14.4　CT32B0 匹配输出实验——匹配时翻转输出方波信号

1. 实验要求

P1.6 上输出方波信号。

2. 实验电路原理

参考 Mini LPC11XX DEMO 开发板电路原理图：P1.6——输出方波信号。

3. 源程序文件及分析

这里只分析 main.c 文件，完整程序请登录北京航空航天大学出版社网站下载。

新建一个文件目录 CT32_test3，在 Real View MDK 集成开发环境中创建一个工程项目 CT32_test3.uvproj 于此目录中。

在 File 菜单下新建如下源文件 main.c，编写源程序代码后保存在 User 文件夹下，再把 main.c 文件添加到 User 组中。

```
# include "config.h"
# include "ili9325.h"
# include "ssp.h"
# include "ct.h"
# include "w25Q16.h"
# include "gpio.h"
/ ***************************************************
* FunctionName   : Init
* Description    : 初始化系统
* EntryParameter : None
* ReturnValue    : None
***************************************************/
void Init(void)
{
    SystemInit();              //系统初始化

    LCD_Init();                //液晶显示器初始化
    W25Q16_Init();             //W25Q16 初始化
    GPIO_Init();
    TIM32B0_init();            //使能定时器 TIM32B0
    //改变 TIM32B0_Square 入口参数 10 000 的数值，可调节输出频率
    TIM32B0_Square(10000);
    //输出连至 MAT0 引脚，MR0 与 TC 匹配相等时，MAT0 引脚翻转电平
}

/ ***************************************************
* FunctionName   : main
* Description    : 主函数
* EntryParameter : None
* ReturnValue    : None
***************************************************/
int main(void)
{
```

```
Init();

LCD_Clear(WHITE);    //整屏显示白色
POINT_COLOR = BLACK;
BACK_COLOR = WHITE;

LCD_ShowString(22,5,"定时器方波输出演示");

POINT_COLOR = DARKBLUE;
LCD_ShowString(34,30,"在 P1.6 引脚上输出脉冲信号,可用示波器观察。");
LCD_ShowString(34,90,"方波的周期为:10000us");

POINT_COLOR = DARKBLUE;
LCD_ShowString(34,120,"方波的频率为:100Hz");

while(1)
{
    ;
}
}
```

4. 实验效果

编译通过后下载程序,Mini LPC11XX DEMO 开发板上 LED1 进行闪烁,亮灭各为 0.5 s。

图 14-4 为 CT32B0 匹配时翻转输出方波信号的实验照片。

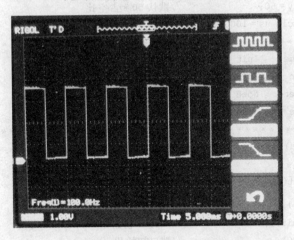

图 14-4 CT32B0 匹配时翻转输出方波信号的实验照片

14.5 CT32B0 PWM 输出实验——输出调宽脉冲信号

1. 实验要求

P1.6 上输出 PWM 信号,用 K1、K2 按键可以控制其占空比。

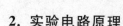

2. 实验电路原理

参考 Mini LPC11XX DEMO 开发板电路原理图：

P1.0——K1；

P1.1——K2；

P1.6——输出 PWM 波。

3. 源程序文件及分析

这里只分析 main.c 文件，完整程序请登录北京航空航天大学出版社网站下载。

新建一个文件目录 CT32_test4，在 Real View MDK 集成开发环境中创建一个工程项目 CT32_test4.uvproj 于此目录中。

在 File 菜单下新建如下源文件 main.c，编写源程序代码后保存在 User 文件夹下，再把 main.c 文件添加到 User 组中。

```
# include "config.h"
# include "ili9325.h"
# include "ssp.h"
# include "ct.h"
# include "w25Q16.h"
# include "gpio.h"

    uint8 duty = 50;                    //默认 50 % 占空比
    uint32 cycle_us = 10000;            //默认 10 000 μs
/ * * * * * * * * * * * * * * * * * * * * * * * * * * * * * * * * * * * * * * * *
* FunctionName   : Init
* Description    : 初始化系统
* EntryParameter : None
* ReturnValue    : None
* * * * * * * * * * * * * * * * * * * * * * * * * * * * * * * * * * * * * * * * */
void Init(void)
{
    SystemInit();                       //系统初始化

    LCD_Init();                         //液晶显示器初始化
    W25Q16_Init();                      //W25Q16 初始化
    GPIO_Init();                        //端口初始化
    TIM32B0_init();                     //使能定时器 TIM32B0
    TIM32B0_PWM(cycle_us, duty);        //在 P1.6 引脚上输出占空比为 50 % 的 100 Hz 脉冲信号
}

/ * * * * * * * * * * * * * * * * * * * * * * * * * * * * * * * * * * * * * * * *
* FunctionName   : main
* Description    : 主函数
* EntryParameter : None
```

```
 * ReturnValue   : None
 **********************************************************/
int main(void)
{
    Init();

    LCD_Clear(WHITE);   //整屏显示白色
    POINT_COLOR = BLACK;
    BACK_COLOR = WHITE;

    LCD_ShowString(2, 5, "定时器的 PWM 演示");
    POINT_COLOR = DARKBLUE;
    LCD_ShowString(34, 30, "在 P1.6 引脚上输出了 100Hz 脉冲信号,可用示波器观察。");
    POINT_COLOR = RED;
    LCD_ShowString(34, 125, "按下按键 KEY1 增大占空比,按下按键 KEY2 减小占空比。");
    POINT_COLOR = DARKBLUE;
    LCD_ShowString(34, 205, "当前的占空比为      %");
    POINT_COLOR = RED;
    LCD_ShowNum(157, 205, duty, 2);
    while(1)
    {
        if(GET_BIT(LPC_GPIO1,DATA,0) == 0)    //如果是 KEY1 被按下
        {
            if(duty<99)
            {
                duty++;
                LPC_TMR32B0 ->MR0 = 50 * cycle_us * (100 - duty)/100;   //设置占空比
                LCD_ShowNum(157, 205, duty, 2);
                delay_ms(300);
            }
        }
        else if(GET_BIT(LPC_GPIO1,DATA,1) == 0)    //如果是 KEY2 被按下
        {
            if(duty>1)
            {
                duty--;
                LPC_TMR32B0 ->MR0 = 50 * cycle_us * (100 - duty)/100;   //设置占空比
                LCD_ShowNum(157, 205, duty, 2);
                delay_ms(300);
            }
        }
    }
}
```

4. 实验效果

编译通过后下载程序,用一台 100 MHz 的示波器测试 P1.6 引脚并进行观察,按下按键 K1 或 K2 即可调节输出信号的占空比。

图 14 – 5、图 14 – 6 为实验照片。

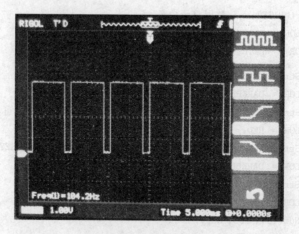

图 14 – 5 按下按键 K1 后 PWM 信号占空比变大

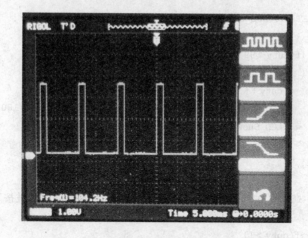

图 14 – 6 按下按键 K2 后 PWM 信号占空比变小

14.6 CT32B1 捕获实验——P1.0 跳变为低则捕获一次定时器的值

1. 实验要求

用杜邦线连接 P1.0,手指触碰一次线头即捕获一次定时器的值并显示于 TFT – LCD 上。

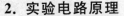

2. 实验电路原理

参考 Mini LPC11XX DEMO 开发板电路原理图：P1.0——杜邦线。手指触碰一次线头即输入杂波，其下跳沿捕获一次定时器的值。

3. 源程序文件及分析

这里只分析 main.c 文件及相关的 32 位计数器／定时器 CT32B1 的捕获初始化函数，完整程序请登录北京航空航天大学出版社网站下载。

新建一个文件目录 CT32_test5，在 Real View MDK 集成开发环境中创建一个工程项目 CT32_test5.uvproj 于此目录中。

在 File 菜单下新建如下源文件 main.c，编写源程序代码后保存在 User 文件夹下，再把 main.c 文件添加到 User 组中。

```
# include "config.h"
# include "ili9325.h"
# include "ssp.h"
# include "ct.h"
# include "w25Q16.h"
/************************************************************
* FunctionName   : Init
* Description    :初始化系统
* EntryParameter : None
* ReturnValue    : None
************************************************************/
void Init(void)
{
    SystemInit();           //系统初始化

    LCD_Init();             //液晶显示器初始化
    W25Q16_Init();          //W25Q16 初始化

    TIM32B1_CAP0();         //捕获初始化
}

/************************************************************
* FunctionName   : main
* Description    :主函数
* EntryParameter : None
* ReturnValue    : None
************************************************************/
int main(void)
{
```

```
    uint32 temp;
    Init();

    LCD_Clear(WHITE);  //整屏显示白色
    POINT_COLOR = BLACK;
    BACK_COLOR = WHITE;

    LCD_ShowString(2, 5, "定时器的 CAP 演示");
    POINT_COLOR = DARKBLUE;
    LCD_ShowString(34, 30, "按下按键 1 捕获一次信号");

    while(1)
    {
        temp = LPC_TMR32B1 - >CR0;

        POINT_COLOR = RED;
        LCD_ShowString(30, 60, "捕获值: ");
        LCD_ShowNum(94, 60, temp, 10);
    }
}
```

在 ct.c 文件中,添加如下的 CT32B1 捕获初始化函数,完成后保存在 Drive 文件夹下。

```
/*********************************************************
 * FunctionName   : TIM32B1_CAP0
 * Description    : 利用 CAP0 捕获
 * EntryParameter : None
 * ReturnValue    : None
 *********************************************************/
void TIM32B1_CAP0(void)
{
    SET_BIT(LPC_SYSCON,SYSAHBCLKCTRL,16);   //使能 IOCON 时钟
    LPC_IOCON - >JTAG_TMS_PIO1_0 & = ~0x07;
    LPC_IOCON - >JTAG_TMS_PIO1_0 |= 0x83;   //把 P1.0 引脚设置为 CAP0
    CLR_BIT(LPC_SYSCON,SYSAHBCLKCTRL,16);   //禁能 IOCON 时钟

    SET_BIT(LPC_SYSCON,SYSAHBCLKCTRL,10);   //使能 IOCON 时钟
    LPC_TMR32B1 - >PR = 1;                  //定时器预分频计数值(被预设于 PR 寄存器内)
    LPC_TMR32B1 - >CCR = 2<<0;              //CAP0 下降沿捕获

    LPC_TMR32B1 - >TC = 0x00;               //定时器值清零
    LPC_TMR32B1 - >TCR = 0x01;              //启动定时器
}
```

4. 实验效果

编译通过后下载程序,使用一根杜邦线,一端连 Mini LPC11XX DEMO 开发板上的 P1.0,另一端用手指触碰,每触碰一下线头,就会捕获一次定时器值并显示于 TFT - LCD 上。

14.7　CT32B1 外部计数实验——P1.0 跳变为低一次则定时器的值增加 1

1. 实验要求

用杜邦线连接 P1.0,手指触碰一次线头,定时器的值增加 1,显示于 TFT - LCD 上。

2. 实验电路原理

参考 Mini LPC11XX DEMO 开发板电路原理图:P1.0——杜邦线。手指触碰一次线头即输入杂波,其下跳沿使定时器的计数增加 1。

3. 源程序文件及分析

这里只分析 main. c 文件及相关的 CT32B1 捕获初始化函数,完整程序请登录北京航空航天大学出版社网站下载。

新建一个文件目录 CT32_test6,在 Real View MDK 集成开发环境中创建一个工程项目 CT32_test6. uvproj 于此目录中。

在 File 菜单下新建如下源文件 main. c,编写源程序代码后保存在 User 文件夹下,再把 main. c 文件添加到 User 组中。

```
# include "config. h"
# include "ili9325. h"
# include "ssp. h"
# include "ct. h"
# include "w25Q16. h"
# include "gpio. h"

/******************************************************
* FunctionName   : Init
* Description    :初始化系统
* EntryParameter : None
* ReturnValue    : None
******************************************************/
void Init(void)
{
```

```
    SystemInit();              //系统初始化

    LCD_Init();                //液晶显示器初始化
    W25Q16_Init();             //W25Q16 初始化
    TIM32B1_COUNT0();          //计数初始化
}

/* ************************************************************
 * FunctionName   : main
 * Description    : 主函数
 * EntryParameter : None
 * ReturnValue    : None
 ************************************************************/
int main(void)
{
    uint32 temp;
    Init();

    LCD_Clear(WHITE);   //整屏显示白色
    POINT_COLOR = BLACK;
    BACK_COLOR = WHITE;

    LCD_ShowString(2, 5, "定时器的 CNT 演示");
    POINT_COLOR = DARKBLUE;
    LCD_ShowString(34, 30, "按下按键 1 计数一次");

    while(1)
    {
        temp = LPC_TMR32B1 - >TC;   //读取计数值

        POINT_COLOR = RED;
        LCD_ShowString(30, 60, "计数值：");
        LCD_ShowNum(94, 60, temp, 10);    //显示计数值
    }
}
```

在 ct.c 文件中,添加如下的 CT32B1 计数初始化函数,完成后保存在 Drive 文件夹下。

```
/* ************************************************************
 * FunctionName   : TIM32B1_COUNT0
 * Description    : 利用 CAP0 进行计数
 * EntryParameter : None
 * ReturnValue    : None
 ************************************************************/
void TIM32B1_COUNT0(void)
{
```

```
    SET_BIT(LPC_SYSCON,SYSAHBCLKCTRL,16);    //使能 IOCON 时钟
    LPC_IOCON->JTAG_TMS_PIO1_0 &= ~0x07;
    LPC_IOCON->JTAG_TMS_PIO1_0 |= 0x83;    //把 P1.0 引脚设置为 CAP0 捕获引脚
    CLR_BIT(LPC_SYSCON,SYSAHBCLKCTRL,16);    //禁能 IOCON 时钟

    SET_BIT(LPC_SYSCON,SYSAHBCLKCTRL,10);    //使能定时器/计数器 1 时钟
    LPC_TMR32B1->CTCR = 0x02;    //选择 P1.0 引脚外来信号的下降沿作为 TC 递增
    LPC_TMR32B1->TC = 0x00;      //TC 清零
    LPC_TMR32B1->TCR = 0x01;     //启动定时器
}
```

4. 实验效果

编译通过后下载程序,使用一根杜邦线,一端连 Mini LPC11XX DEMO 开发板上的 P1.0,另一端用手指触碰,每触碰一下线头,定时器就会计数一次并显示于 TFT - LCD 上。

第 **15** 章

模数转换器特性及应用

模数转换器（ADC）的特性：

● 10 位逐次逼近式模数转换器；

● 在 8 个引脚间实现输入多路复用；

● 掉电模式；

● 测量范围为 0～3.6 V 不超出 VDD(3V3) 的电压；

● 10 位转换时间≥2.44 μs；

● 一个或多个输入的突发转换模式；

● 可选择由输入跳变或定时器匹配信号触发转换；

● 每个 A/D 通道的独立结果寄存器减少了中断开销。

表 15-1 为 ADC 各相关引脚的描述。

表 15-1　ADC 各相关引脚描述

引　脚	类　型	描　述
AD[7:0]	输入	模拟输入。ADC 单元可测量所有这些输入信号上的电压。 注意：尽管这些引脚在数字模式下具备 5 V 的耐压能力，但是，当它们被配置为模拟输入时，最大的输入电压不得大于 VDD(3V3)
VDD(3V3)	输入	VREF：参考电压

若要通过监控的引脚获得准确的电压读数，必须事先通过 IOCON 寄存器选用 ADC 功能。对于作为 ADC 输入的引脚来说，在选用数字功能的情况下仍能获得 ADC 读取值的情况是不可能存在的。在选用数字功能的情况下，内部电路会切断该引脚与 ADC 硬件的连接。

15.1　时钟供应和功率控制

系统时钟负责向 ADC 和可编程 ADC 时钟分频器提供外部时钟信号，可通过

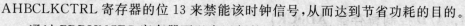

AHBCLKCTRL 寄存器的位 13 来禁能该时钟信号,从而达到节省功耗的目的。

通过 PDRUNCFG 寄存器可以在运行的时候使 ADC 下电。

ADC 的基本时钟信号供应取决于 APB 时钟(PCLK)。每个转换器都带有一个可编程的分频器,可对时钟频率进行分频以便使频率达到逐次逼近过程所需的 4.5 MHz(最大值)。一次准确的转换需要占用 11 个时钟周期。

15.2　ADC 相关寄存器

ADC 所包含的寄存器如表 15 - 2 所列。

表 15 - 2　ADC 所包含的寄存器

名　称	访　问	地址偏移量	描　述	复位值
AD0CR	R/W	0x000	A/D 控制寄存器。A/D 转换开始前,必须写 AD0CR 寄存器来选择工作模式	0x0000 0001
AD0GDR	R/W	0x004	A/D 全局数据寄存器。包含最近一次 A/D 转换的结果	NA
—	—	0x008	保留	—
AD0INTEN	R/W	0x00C	A/D 中断使能寄存器。该寄存器包含的使能位控制每个 A/D 通道的 DONE 标志是否用于产生 A/D 中断	0x0000 0100
AD0DR0	R/W	0x010	A/D 通道 0 数据寄存器。该通道包含在通道 0 上完成的最近一次转换的结果	NA
AD0DR1	R/W	0x014	A/D 通道 1 数据寄存器。该通道包含在通道 1 上完成的最近一次转换的结果	NA
AD0DR2	R/W	0x018	A/D 通道 2 数据寄存器。该通道包含在通道 2 上完成的最近一次转换的结果	NA
AD0DR3	R/W	0x01C	A/D 通道 3 数据寄存器。该通道包含在通道 3 上完成的最近一次转换的结果	NA
AD0DR4	R/W	0x020	A/D 通道 4 数据寄存器。该通道包含在通道 4 上完成的最近一次转换的结果	NA
AD0DR5	R/W	0x024	A/D 通道 5 数据寄存器。该通道包含在通道 5 上完成的最近一次转换的结果	NA
AD0DR6	R/W	0x028	A/D 通道 6 数据寄存器。该通道包含在通道 6 上完成的最近一次转换的结果	NA
AD0DR7	R/W	0x02C	A/D 通道 7 数据寄存器。该通道包含在通道 7 上完成的最近一次转换的结果	NA
AD0STAT	RO	0x030	A/D 状态寄存器。该寄存器包含所有 A/D 通道的 DONE 和 OVERRUN 标志,以及 A/D 中断标志	0

注:保留值只反映使用位中所保存的数据,不包括保留位内容。

1. A/D 控制寄存器(AD0CR)

A/D 控制寄存器中的位可用于选择要转换的 A/D 通道、A/D 转换时间、A/D 模式和 A/D 启动触发。表 15 - 3 为 AD0CR 位描述。

表 15 - 3　AD0CR 位描述(0x4001 C000)

位	符　号	描　述	复位值
7:0	SEL	从 AD[7:0]中选择采样和转换的输入引脚。对于 ADC, bit0 选择引脚 AD0, bit1 选择引脚 AD1…bit7 选择引脚 AD7。 软件控制模式下(BURST＝0),只能选择一个通道,也就是说,这些位中只有一位可置为 1。 硬件扫描模式(BURST＝1),可选用任意数目的通道,也就是说,可以把任意的位或者全部的位都置为 1。但若全部位都为零,那么将自动选用通道 0(SEL＝0x01)	0x01
15:8	CLKDIV	将 APB 时钟(PCLK)进行(CLKDIV 值＋1)分频得到 A/D 转换时钟,该时钟必须小于或等于 4.5 MHz。通常软件将 CLKDIV 编程为最小值来得到 4.5 MHz 或稍低于 4.5 MHz 的时钟,但某些情况下(例如高阻抗模拟信号源)可能需要更低的时钟	0
16	BURST	0:软件控制模式,转换由软件控制,需要 11 个时钟才能完成; 1:硬件扫描模式:ADC 以 CLKS 字段选择的速率重复执行转换,并扫描所有 SEL 字段中被置为 1 的位所对应的引脚(如有必要)。启动后首先转换的是 SEL 字段中被置为 1 的最低位所对应的通道,然后,若较高位中还存在被置为 1 的位,那么由低到高进行扫描。清零该位可终止这个轮流重复转换的过程,但是该位清零时并不能终止正在进行的转换。 注:当 BURST＝1 时 START 位必须为 000,否则转换无法启动	0
19:17	CLKS	该字段选择 Burst 模式下每次转换占用时钟数以及 ADDR 的 LS 位中转换结果的有效位数,设定的范围在 11 个时钟(10 位)和 4 个时钟(3 位)之前。 000:11 个时钟/10 位; 001:10 个时钟/9 位; 101:9 个时钟/8 位; 011:8 个时钟/7 位; 100:7 个时钟/6 位; 101:6 个时钟/5 位; 110:5 个时钟/4 位; 111:4 个时钟/3 位	000
23:20	—	保留,用户软件不应向保留位写 1。从保留位读出的值未定义	NA

续表 15 - 3

位	符 号	描 述	复位值
26:24	START	当 BURST 位为 0 时,这些位控制 ADC 是否启动及何时启动。 000:不启动(PDN 清零时使用该值); 001:立即启动转换; 010:当位 27 选择的边沿出现在 PIO0_2/SSEL/CT16B0_CAP0 时启动转换; 011:当位 27 选择的边沿出现在 PIO1_5/DIR/CT32B0_CAP0 时启动转换; 100:当位 27 选择的边沿出现在 CT32B0_MAT0* 时启动转换; 101:当位 27 选择的边沿出现在 CT32B0_MAT1* 时启动转换; 110:当位 27 选择的边沿出现在 CT16B0_MAT0* 时启动转换; 111:当位 27 选择的边沿出现在 CT16B0_MAT1* 时启动转换	0
27	EDGE	该位只有在 START 字段为 010~111 时有效。在这种情况下: 1:在所选 CAP/MAT 信号的下降沿启动转换; 0:在所选 CAP/MAT 信号的上升沿启动转换	0
31:28	—	保留,用户软件不应向保留位写 1。从保留位读出的值未定义	NA

* 这并不需要定时器匹配功能在器件引脚上出现。

2. A/D 全局数据寄存器(AD0GDR)

A/D 全局数据寄存器(AD0GDR)包含最近一次 A/D 转换的结果。其中包含数据、DONE 和 OVERRUN 标志以及与数据相关的 A/D 通道的数目。表 15 - 4 为 AD0GDR 位描述。

表 15 - 4　AD0GDR 位描述(0x4001 C004)

位	符 号	描 述	复位值
5:0	—	这些位读出时为 0。用于兼容未来的扩展和分辨率更高的 ADC	0
15:6	V/VREF	当 DONE 为 1 时,该字段包含的是一个二进制小数,表示的是 SEL 字段所选定的 ADn 引脚的电压除以 VDDA 引脚上的电压。该字段为 0 表示 ADn 引脚的电压小于、等于或接近于 VSSA,而该字段为 0x3FF 表明 ADn 引脚的电压接近于、等于或大于 VREF	X
23:16	—	这些位读出时为 0。这些位的存在允许累计至少 256 个连续的 A/D 值而无需使用 AND 屏蔽操作来防止其结果溢出到 CHN 字段	0
26:24	CHN	这些位包含 LS 位转换通道	X
29:27	—	这些位读出为 0。可用于未来 CHN 字段的扩展,使之兼容可以转换更多通道 ADC	0

续表 15 - 4

位	符　号	描　述	复位值
30	OVERRUN	BURST 模式下,如果在产生 LS 位结果转换之前一个或多个转换结果丢失或被覆盖,则该位置 1。在非 FIFO 操作中,该位通过读该寄存器清零	0
31	DONE	A/D 转换结束时该位置 1。该位在读取该寄存器和写 ADCR 时清零。如果在转换过程中写 ADCR,则该位置位并启动新的转换	0

3. A/D 状态寄存器(AD0STAT)

A/D 状态寄存器(AD0STAT)允许同时检查所有 A/D 通道的状态。每个 A/D 通道的 ADDRn 寄存器中的 DONE 和 OVERRUN 标志都反映在 ADSTAT 中。在 ADSTAT 中还可以找到中断标志(所有 DONE 标志逻辑或的结果)。表 15 - 5 为 AD0STAT 位描述。

表 15 - 5 　AD0STAT 位描述(0x4001 C030)

位	符　号	描　述	复位值
7:0	DONE	这些位反映了每个 A/D 通道的结果寄存器中的 DONE 状态标志	0
15:8	OVERRUN	这些位反映了各 A/D 通道的结果寄存器中的 OVERRUN 状态标志。读 ADSTAT 允许同时检查所有 A/D 通道的状态	0
16	ADINT	该位为 A/D 中断标志。当任何一要 A/D 通道的 DONE 标志置愿且使能 A/D 产生中断(通过 ADINTEN 寄存器设置)时,该位置 1	0
31:17	—	未使用,始终为 0	0

4. A/D 中断使能寄存器(AD0INTEN)

该寄存器用来控制转换完成时哪个 A/D 通道产生中断。例如,可能需要对一些 A/D 通道进行连续转换来监控传感器。应用程序可根据需要读出最近一次转换的结果。这种情况下,这些 A/D 通道的各转换结束时都不需要产生中断。表 15 - 6 为 AD0INTEN 位描述。

5. A/D 数据寄存器(AD0DR0~AD0DR7)

A/D 转换完成时,A/D 数据寄存器保存转换结果,还包含指示转换结束及转换溢出发生的标志。表 15 - 7 为 AD0DR0~AD0DR7 位描述。

表 15 - 6　AD0INTEN 位描述(0x4001 C00C)

位	符　号	描　述	复位值
7:0	ADINTEN	这些位用来控制哪个 A/D 通道在转换结束时产生中断。当位 0 为 1 时,A/D 通道 0 转换结束将产生中断。当位 1 为 1 时,A/D 通道 1 转换结束将产生中断,以此类推	0x00
8	ADGINTEN	为 1 时,使能 ADDR 中的全局 DONE 标志产生中断。为 0 时,只有个别由 ADINTEN[7:0]使能的 A/D 通道产生中断	1
31:9	—	未使用,始终为 0	0

表 15 - 7　AD0DR0~AD0DR7 位描述(0x4001 C010~0x4001 C02C)

位	符　号	描　述	复位值
5:0	—	未使用,始终为 0。 这些位读出为 0。用于兼容未来扩展和分辨率更高的 ADC	0
15:6	V/VREF	当 DONE 为 1 时,该字段为 ADC 转换结果(二进制表示),表示 ADn 引脚电压通过对 VREF 引脚上的电压分压得到。该字段为 0 表明 ADn 引脚上的电压小于、等于或接近于 VREF,而该字段为 0x3FF 表明 AD 输入上的电压接近于、等于或大于 VREF 上的电压	NA
29:16	—	这些位读出时总为 0。这些位可不使用 AND 屏蔽而累积连续的 A/D 值,至少可将 256 个值装入 CHN 字段,而不产生溢出	0
30	OVERRUN	BURST 模式下,如果在产生 LS 位结果的转换前一个或多个转换结果丢失或被覆盖,则该位置 1。通过读该寄存器清零该位	0
31	DONE	A/D 转换完成时该位置 1。该位在读寄存器时清零	0

15.3　ADC 转换及中断

15.3.1　硬件触发转换

如果 ADCR 中的 BURST 位为 0 且 START 字段的值包含在 010~111 之间,则当所选引脚或定时器匹配的信号发生跳变时,ADC 将启动一次转换。

15.3.2　ADC 中断

当 ADSTAT 寄存器中的 ADINT 位为 1 时,会向中断控制器发出一个中断请求。一旦已使能中断(通过 ADINTEN 寄存器)的 A/D 通道的任一个 DONE 标志位变为 1,ADINT 位就置 1。软件可通过中断控制器中对应 ADC 的中断使能位来控制是否因此而产生中断。要清零相应的 DONE 标志,必须读取产生中断的 A/D 通道的结果寄存器。

15.3.3 ADC 精度和数字接收器

无论 IOCON 块中引脚的设置如何,ADC 都能够测量任何 ADC 输入引脚的电压,尽管如此,但若在 IOCON 寄存器中将引脚选为 ADC 功能,会使引脚的数字接收器禁能,从而提高转换的精度。

15.4 ADC 应用实验

15.4.1 实验 1

1. 实验要求

调整电位器 VR 得到不同的电压,该电压经 A/D 转换后显示于 TFT – LCD 上。

2. 实验电路原理

参考 Mini LPC11XX DEMO 开发板电路原理图:P1. 11(AD7)——VR(电位器)。

3. 源程序文件及分析

这里只分析 main.c 文件及 adc.c 文件,完整程序请登录北京航空航天大学出版社网站下载。

新建一个文件目录 ADC_test1,在 Real View MDK 集成开发环境中创建一个工程项目 ADC_test1.uvproj 于此目录中。

在 File 菜单下新建如下源文件 main.c,编写源程序代码后保存在 User 文件夹下,再把 main.c 文件添加到 User 组中。

```
# include "config.h"
# include "ili9325.h"
# include "w25Q16.h"
# include "ssp.h"
# include "adc.h"

/************************************************************
 * FunctionName  : Init
 * Description   : 初始化系统
```

```
 * EntryParameter : None
 * ReturnValue    : None
 ***********************************************************/
void Init(void)
{
    SystemInit();          //系统初始化

    LCD_Init();            //液晶显示器初始化
    W25Q16_Init();         //W25Q16 初始化
    ADC_Init();            //初始化 ADC 口
}

/***********************************************************
 * FunctionName   : main
 * Description    : 主函数
 * EntryParameter : None
 * ReturnValue    : None
 ***********************************************************/
int main(void)
{
    uint32 num;

    Init();

    LCD_Clear(WHITE);              //整屏显示白色

    POINT_COLOR = BLACK;           //定义笔的颜色为黑色
    BACK_COLOR = YELLOW;           //定义笔的背景色为黄色
    LCD_ShowString(5,12,"ADC 电压测试演示 1");

    POINT_COLOR = DARKBLUE;        //定义笔的颜色为深蓝色
    BACK_COLOR = WHITE;            //定义笔的背景色为白色
    LCD_ShowString(5,40,"此时 P1.11 引脚上的电压值为:");

    POINT_COLOR = BLUE;
    LCD_ShowString(162,60,"毫伏");

    while(1)
    {
        num = ADC_Read();          //读取 AD7 口电压值

        POINT_COLOR = RED;         //定义笔的颜色为红色
        LCD_ShowNum(100,60,num,4);

        delay_ms(500);
        delay_ms(500);             //一秒钟测量一次(此延时函数的参数最大值为 699)
    }
}
```

在 File 菜单下新建如下源文件 adc.c，编写完成后保存在 Drive 文件夹下，随后将文件 adc.c 添加到 Drive 组中。

```
# include "config.h"
# include "adc.h"
# include "w25Q16.h"

/ ***********************************************************
 *  FunctionName    : ADC_Init
 *  Description     : 初始化 ADC 口
 *  EntryParameter  : None
 *  ReturnValue     : None
 ***********************************************************/
void ADC_Init(void)
{
    CLR_BIT(LPC_SYSCON,PDRUNCFG,4);           // ADC 模块上电
    SET_BIT(LPC_SYSCON,SYSAHBCLKCTRL,13);     //使能 ADC 时钟

    SET_BIT(LPC_SYSCON,SYSAHBCLKCTRL,16);     //使能 IOCON 时钟
    LPC_IOCON - >PIO1_11 &= ~0x9F;            //把 P1.11 引脚选择模拟输入方式
    LPC_IOCON - >PIO1_11 |= 0x01;             //把 P1.11 引脚设置为 AD7 功能
    CLR_BIT(LPC_SYSCON,SYSAHBCLKCTRL,16);     //关闭 IOCON 时钟
    LPC_ADC - >CR = (1<<7)|   / *bit7:bit0   选择通道 7 作为 ADC 输入,即 P1.11 引脚 * /
                    (23<<8)|  / *bit15:bit8  把采样时钟频率设置为 2 MHz,即 48/(23 + 1) * /
                    (1<<16)|  / *bit16   硬件扫描模式 * /
                    (0<<17)|  / *bit19:bit17   10 位模式 * /
                    (0<<24);  / *bit26:bit24   硬件扫描模式下这些位置 0 * /
}

/ ***********************************************************
 *  FunctionName    : ADC_Read
 *  Description     : 读取 ADC7 电压值
 *  EntryParameter  : None
 *  ReturnValue     : 读到的电压值
 ***********************************************************/
uint32 ADC_Read(void)
{
    uint16 array[10],temp_val;
    uint32 adc_value = 0;
    uint8 i,j;
    for(i = 0;i<10;i ++ )   //连续读取 10 个电压值
    {
        delay_us(6);
        array[i] = ((LPC_ADC - >DR[7]>>6)&0x3FF);
    }
    for(j = 0;j<10;j ++ )   //排序 array[0] - >array[9] = min - >max
    {
        for(i = 0;i<9 - j;i ++ )
        {
```

```
    if(array[i]>array[i+1])
    {
      temp_val = array[i];
      array[i] = array[i+1];
      array[i+1] = temp_val;
    }
  }
}
    for(i=1;i<9;i++) adc_value += array[i];    //累加
    adc_value = adc_value/8;    //软件滤波
    adc_value = (adc_value * Vref)/1024;    //转换为真正的电压值
    return adc_value;    //返回结果
}
```

4. 实验效果

编译通过后下载程序，Mini LPC11XX DEMO 开发板上 TFT－LCD 显示出经 A/D 转换后的电压。图 15－1 为实验照片。

图 15－1　A/D 转换实验 1 照片

15.4.2　实验 2

1. 实验要求

调整电位器 VR 得到不同的电压，该电压经 A/D 转换后发送给 PC 机，同时显示于 TFT－LCD 上。

2. 实验电路原理

参考 Mini LPC11XX DEMO 开发板电路原理图:

P1.11(AD7)——VR(电位器);

P1.7——TXD;

P1.6——RXD。

3. 源程序文件及分析

这里只分析 main. c 文件,完整程序请登录北京航空航天大学出版社网站下载。

新建一个文件目录 ADC_test2,在 Real View MDK 集成开发环境中创建一个工程项目 ADC_test2. uvproj 于此目录中。

在 File 菜单下新建如下源文件 main. c,编写源程序代码后保存在 User 文件夹下,再把 main. c 文件添加到 User 组中。

```
# include "config. h"
# include "ili9325. h"
# include "ssp. h"
# include "w25Q16. h"
# include "adc. h"
# include "uart. h"
/* ************************************************************
* FunctionName  : Init
* Description   : 初始化系统
* EntryParameter : None
* ReturnValue   : None
************************************************************/
void Init(void)
{
    SystemInit();              //系统初始化

    LCD_Init();                //液晶显示器初始化
    W25Q16_Init();             // W25Q16 初始化
    ADC_Init();                //初始化 ADC 口
    UART_init(9600);           //初始化串口,波特率9 600
}

/* ************************************************************
* FunctionName  : main
* Description   : 主函数
* EntryParameter : None
* ReturnValue   : None
************************************************************/
```

```
int main(void)
{
    uint32 num;

    Init();

    LCD_Clear(WHITE);                //整屏显示白色

    LCD_ShowString(0,250,"由于需要与串口通讯,请把 ISP 关掉,打开"串口调试软件"。");

    POINT_COLOR = BLACK;             //定义笔的颜色为黑色
    BACK_COLOR = YELLOW;             //定义笔的背景色为黄色
    LCD_ShowString(10,0,"ADC 电压测试演示 2");
    LCD_ShowString(32,20,"每秒测得的电压发送到 PC 机显示。");

    POINT_COLOR = DARKBLUE;          //定义笔的颜色为深蓝色
    BACK_COLOR = WHITE;              //定义笔的背景色为白色
    LCD_ShowString(5,80,"此时 P1.11 引脚上的电压值为:");

    POINT_COLOR = BLUE;
    LCD_ShowString(162,100,"毫伏");

    while(1)
    {
        num = ADC_Read();            //读取 AD7 口电压值

        POINT_COLOR = RED;           //定义笔的颜色为红色
        LCD_ShowNum(100,100,num,4);

        UART_send_byte(num/1000 + 0x30);   //往 PC 机发送电压值
        UART_send_byte(num/100 % 10 + 0x30);
        UART_send_byte(num/10 % 10 + 0x30);
        UART_send_byte(num % 10 + 0x30);
        UART_send_byte('m');
        UART_send_byte('v');
        UART_send_byte(0x0d);
        UART_send_byte(0x0a);

        delay_ms(500);
        delay_ms(500);   //1 s 测量一次(此延时函数的参数最大值为 699)
    }
}
```

4. 实验效果

编译通过后下载程序,Mini LPC11XX DEMO 开发板每秒测得的 ADC 电压,以 9 600 波特率发送到 PC 机。实验时打开串口调试软件,以字符格式显示,图 15 - 2 为 PC 机接收到的数据。

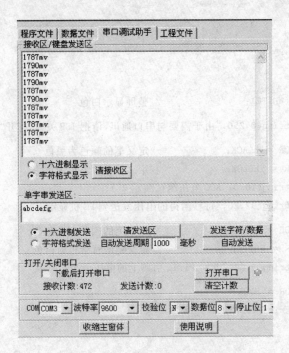

图 15 - 2   PC 机接收到的数据

15.4.3   实验 3

1. 实验要求

PC 发送命令(1)给 Mini LPC11XX DEMO 开发板,当开发板收到命令后立即将测得的 ADC 电压值回发给 PC 机,同时该值也显示于 TFT - LCD 上。

2. 实验电路原理

参考 Mini LPC11XX DEMO 开发板电路原理图:

P1.11(AD7)——VR(电位器);

P1.7——TXD;

P1.6——RXD。

3. 源程序文件及分析

这里只分析 main.c 文件,完整程序请登录北京航空航天大学出版社网站下载。

新建一个文件目录 ADC_test3,在 Real View MDK 集成开发环境中创建一个工程项目 ADC_test3.uvproj 于此目录中。

```
# include "config.h"
# include "ili9325.h"
```

```
# include "ssp.h"
# include "w25Q16.h"
# include "adc.h"
# include "uart.h"

/ ***********************************************
* FunctionName   : Init
* Description    : 初始化系统
* EntryParameter : None
* ReturnValue    : None
***********************************************/
void Init(void)
{
    SystemInit();                   //系统初始化

    LCD_Init();                     //液晶显示器初始化
    W25Q16_Init();                  // W25Q16 初始化
    ADC_Init();                     //初始化 ADC 口
    UART_init(9600);                //初始化串口,波特率 9600
    LPC_UART - >IER = 0x01;         //只允许接收中断,关闭其他中断
    NVIC_EnableIRQ(UART_IRQn);      //开启串口中断
}

uint8 cnt,outflag;
/ ***********************************************
* FunctionName   : main
* Description    : 主函数
* EntryParameter : None
* ReturnValue    : None
***********************************************/
int main(void)
{
    uint32 num;

    Init();

    LCD_Clear(WHITE);               //整屏显示白色

    LCD_ShowString(0,250,"由于需要与串口通讯,请把 ISP 关掉,打开"串口调试软件",发
                    送控制命令"(1)"。");

    POINT_COLOR = BLACK;            //定义笔的颜色为黑色
    BACK_COLOR = YELLOW;            //定义笔的背景色为黄色
    LCD_ShowString(10,0,"ADC 电压测试演示 3");

    POINT_COLOR = DARKBLUE;         //定义笔的颜色为深蓝色
    BACK_COLOR = WHITE;             //定义笔的背景色为白色
```

```
        LCD_ShowString(5,80,"此时 P1.11 引脚上的电压值为:");

        LCD_ShowString(162,100,"毫伏");

        while(1)
        {
            num = ADC_Read();              //读取 AD7 口电压值

            POINT_COLOR = RED;             //定义笔的颜色为红色
            LCD_ShowNum(100,100,num,4);

            POINT_COLOR = DARKBLUE;        //定义笔的颜色为深蓝色

            if(outflag == 1)
            {
                outflag = 0;

                    UART_send_byte(num/1000 + 0x30);   //往 PC 机发送电压值
                    UART_send_byte(num/100 % 10 + 0x30);
                    UART_send_byte(num/10 % 10 + 0x30);
                    UART_send_byte(num % 10 + 0x30);
                    UART_send_byte('m');
                    UART_send_byte('v');
                    UART_send_byte(0x0d);
                    UART_send_byte(0x0a);
            }
            delay_ms(500);
            delay_ms(500);                 //1 s 测量一次(此延时函数的参数最大值为 699)

        }
    }

// *************************************************************
void UART_IRQHandler(void)              //串口中断接收
{
    uint32 IRQ_ID;                       //定义读取中断 ID 号变量
    uint8 redata;                        //定义接收数据变量数组

    NVIC_DisableIRQ(UART_IRQn);          //关串口中断

    IRQ_ID = LPC_UART - >IIR;            //读中断 ID 号
    IRQ_ID = ((IRQ_ID>>1)&0x7);          //检测 bit4:bit1
    if(IRQ_ID == 0x02 )                  //检测是接收数据引起的中断
    {
        redata = LPC_UART - >RBR;        //从 RXFIFO 中读取接收到的数据
        UART_send_byte(redata);          //回发数据

        switch(cnt)                      //软件解码
        {
```

```
case 0:if(redata == '(')cnt = 1;
    else {outflag = 0;cnt = 0;}
            break;
case 1:if(redata == '1')cnt = 2;
    else {outflag = 0;cnt = 0;}
            break;
case 2:if(redata == ')'){cnt = 0;outflag = 1;}
    else {outflag = 0;cnt = 0;}
            break;
default:{outflag = 0;cnt = 0;}break;
    }
}
NVIC_EnableIRQ(UART_IRQn);    //重开串口中断
}
```

4. 实验效果

编译通过后下载程序,然后打开串口调试软件,以字符格式输入命令"(1)",点发送,则 Mini LPC11XX DEMO 开发板收到命令后将 ADC 值回发到 PC 机显示。图 15 - 3 为 PC 机发送及接收到的数据。

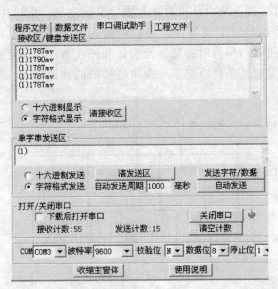

图 15 - 3　PC 机发送和接收到的数据

第 16 章

I2C 总线接口特性及应用

典型的 I2C 总线配置如图 16 - 1 所示。根据方向位的状态（R/W），I2C 总线上可能存在以下两种类型的数据传输方式：

① 由主发送器向从接收器传输数据。主机发送的第一个字节是从机地址，然后是数据字节数。从机每接收一个字节后返回一个应答位。

② 由从发送器向主接收器传输数据。由主机发送第一个字节（从机地址），然后从机返回一个应答位，接下来由从机发送数据字节到主机。主机接收到所有字节（最后一个字节除外）后返回一个应答位。接收到最后一个字节后，主机返回"非应答"位。主机设备产生所有的串行时钟脉冲及起始和停止条件。以停止或重复起始条件结束传输。由于重复起始条件也是下一次串行传输的开始，因此不释放 I2C 总线。

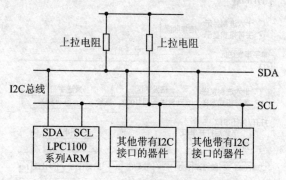

图 16 - 1　 I2C 总线配置

I2C 接口是字节导向型，有 4 个操作模式：主发送模式、主接收模式、从发送模式及从接收模式。

I2C 接口遵循整个 I2C 规范，支持在不影响同一 I2C 总线上其他器件的情况下关闭 ARM Cortex - M0。

I2C 总线接口（PCLK_I2C）的时钟由系统时钟提供。这个时钟可通过 AHB-

CLKCTRL 寄存器的位 5 来禁止以节省功耗。

I2C 总线接口特性：
- 标准 I2C 兼容总线接口，可配置为主机、从机或主/从机；
- 在同时发送的主机之间进行仲裁，而不会破坏总线上的串行数据；
- 可编程时钟允许调整 I2C 传输速率；
- 主机和从机之间的数据传输是双向的；
- 串行时钟同步允许具有不同位速率的设备通过一条串行总线进行通信；
- 串行时钟同步用作握手机制以挂起及恢复串行传输；
- 支持快速模式 Plus；
- 可识别多达 4 个不同的从机地址；
- 监控模式可观察所有的 I2C 总线通信量，而不用考虑从机地址；
- I2C 总线可用于测试和诊断；
- I2C 总线包含一个带有 2 个引脚的 I2C 兼容总线接口。

I2C 总线的应用主要有：与外部 I2C 标准器件相连接，如串行 RAM、LCD、音频发生器和其他微控制器等。

16.1　I2C 快速模式 Plus

快速模式 Plus 支持 1 Mbit/s 的传输速率与 NXP 半导体现在所提供的 I2C 产品通信。要使用快速模式 Plus，就必须正确配置 IOCONFIG 寄存器块中的 I2C 引脚。在快速模式 Plus 中，可选择的频率在 400 kHz 以上，高达 1 MHz。

表 16 - 1 为 I2C 总线引脚描述。

表 16 - 1　I2C 总线引脚描述

引　脚	类　型	描　述
SDA	输入/输出	I2C 串行数据
SCL	输入/输出	I2C 串行时钟

I2C 总线引脚必须通过 IOCON_PIO0_4 和 IOCON_PIO0_5 寄存器配置，用于标准/快速模式或快速模式 Plus。在这些模式下，I2C 总线引脚为开漏输出并且完全兼容 I2C 总线规范。

16.2　I2C 总线接口相关寄存器

I2C 总线接口包含的寄存器如表 16 - 2 所列。

表 16 - 2　I2C 总线接口包含的寄存器(基址 0x4000 0000)

名　称	访　问	地址偏移量	描　述	复位值
I2CONSET	R/W	0x000	I2C 控制置位寄存器。当向该寄存器的位写 1 时,I2C 控制寄存器中的相应位置位。写 0 对 I2C 控制寄存器的相应位没有影响	0x00
I2STAT	RO	0x004	I2C 状态寄存器。在 I2C 工作期间,该寄存器提供详细的状态码,允许软件决定需要执行的下一步操作	0xF8
I2DAT	R/W	0x008	I2C 数据寄存器。在主/从发送模式期间,要发送的数据写入该寄存器。在主/从接收模式期间,可从该寄存器读出已接收的数据	0x00
I2ADR0	R/W	0x00C	I2C 从地址寄存器0。包含 7 位从地址,用于从模式下 I2C 接口操作,不用于主模式下。最低位决定从机是否对通用调用地址作出响应	0x00
I2SCLH	R/W	0x010	SCH 占空比寄存器高半字。决定 I2C 时钟的高电平时间	0x04
I2SCLL	R/W	0x014	SCL 占空比寄存器低半字。决定 I2C 时钟低电平时间。I2nSCLL 和 I2nSCLH 一起决定 I2C 主机产生的时钟频率及从模式下所用的时间	0x04
I2CONCLR	WO	0x018	I2C 控制清零寄存器。当向该寄存器的位写 1 时,I2C 控制寄存器中的相应位清零。写 0 对 I2C 控制寄存器中相应位没有影响	NA
I2CMMCTRL	R/W	0x01C	监控模式控制寄存器	0x00
I2ADR1	R/W	0x020	I2C 从地址寄存器1。包含 7 位从地址,用于从模式下的 I2C 接口操作,不用于主模式下。最低位决定从机是否对通用调用地址作出响应	0x00
I2ADR2	R/W	0x024	I2C 从地址寄存器2。包含 7 位从地址,用于从模式下的 I2C 接口操作,不用于主模式下。最低位决定从机是否对通用调用地址作出响应	0x00
I2ADR3	R/W	0x28	I2C 从地址寄存器3。包含 7 位从地址,用于从模式下的 I2C 接口操作,不用于主模式下。最低位决定从机是否对通用调用地址作出响应	0x00
I2CDATA_BUFFER	RO	0x02C	I2C 数据缓冲寄存器。每次从总线接收到 9 位(8 位数据和 ACK 或 NACK)后,I2DAT 移位寄存器的高 8 位的内容将自动传输到 DATA_BUFFER	0x00
I2CMASK0	R/W	0x030	I2C 从地址屏蔽寄存器0。该屏蔽寄存器与 I2ADR0 一起决定地址匹配。当与通用调用地址(0000000)比较时,屏蔽寄存器不起作用	0x00

续表 16－2

名　称	访　问	地址偏移量	描　述	复位值
I2CMASK1	R/W	0x034	I2C 从地址屏蔽寄存器 1。该屏蔽寄存器与 I2ADR0 一起决定地址匹配。当与通用调用地址（0000000）比较时,屏蔽寄存器不起作用	0x00
I2CMASK2	R/W	0x038	I2C 从地址屏蔽寄存器 2。该屏蔽寄存器与 I2ADR0 一起决定地址匹配。当与通用调用地址（0000000）比较时,屏蔽寄存器不起作用	0x00
I2CMASK3	R/W	0x03C	I2C 从地址屏蔽寄存器 3。该屏蔽寄存器与 I2ADR0 一起决定地址匹配。当与通用调用地址（0000000）比较时,屏蔽寄存器不起作用	0x00

注：复位值只反映使用位中保存的数据,不包括保留位的内容。

1. I2C 控制置位寄存器（I2CONSET）

I2CONSET 寄存器控制 I2CON 寄存器中位的设置,这些位控制 I2C 接口的操作。向该寄存器的位写 1 会使 I2C 控制寄存器中的相应位置位,写 0 没有影响。表 16－3 为 I2CONSET 位描述。

表 16－3　I2CONSET 位描述（0x4000 0000）

位	符　号	描　述	复位值
1:0	—	保留,用户软件不应向保留位写 1。从保留位读出的值未定义	NA
2	AA	声明应答标志	
3	SI	I2C 中断标志	0
4	STO	停止标志	0
5	STA	起始标志	0
6	I2EN	I2C 接口使能	0
7	—	保留,用户软件不应向保留位写 1。从保留位读出的值未定义	NA

I2EN——I2C 接口使能。当 I2EN 置位时,I2C 接口使能。可通过向 I2CONCLR 寄存器中的 I2ENC 位写 1 来清零 I2EN 位。当 I2EN 为 0 时,I2C 接口禁能。当 I2EN 为 0 时,忽略 SDA 和 SCL 输入信号,I2C 块处于"不可寻址"的从状态,STO 位强制为 0。

I2EN 不用于暂时释放 I2C 总线,因为当 I2EN 复位时,I2C 总线状态丢失。应使用 AA 标志代替。

STA——起始标志。当 STA=1 时,I2C 接口进入主模式并发送一个起始条件,如果已经处于主模式,则发送一个重复起始条件。

当 STA 为 1 且 I2C 接口没有处于主模式时,它将进入主模式,校验总线并在总线空闲时产生一个起始条件。如果总线忙,则等待一个停止条件(将释放总线)并在延迟半个内部时钟发生器周期后发送一个起始条件。当 I2C 接口已经处于主模式且已发送或接收了数据时,I2C 接口会发送一个重复起始条件。STA 可在任意时间置位,包括 I2C 接口处于可寻址的从模式时也可置位。

可通过向 I2CONCLR 寄存器中的 STAC 位写 1 来清零 STA。当 STA 为 0 时,不会产生起始条件或重复起始条件。

STA 和 STO 都置位时,如果接口处于主模式下,则向 I2C 总线发送一个停止条件,然后再发送一个起始条件。如果 I2C 接口处于从模式,则产生内部停止条件,但不发送到总线上。

STO——停止标志。在主模式下,该位置位会使 I2C 接口发送一个停止条件,或在从模式下从错误状态中恢复。当主模式下 STO=1 时,向 I2C 总线发送停止条件。当总线检测到停止条件时,STO 自动清零。

从模式下,置位 STO 位可从错误状态中恢复。这种情况下不向总线发送停止条件。硬件的表现就好像是接收到一个停止条件并切换到不可寻址的从接收模式。STO 标志由硬件自动清零。

SI——I2C 中断标志。当 I2C 状态改变时 SI 置位。但是,进入状态 F8 不会使 SI 置位,因为在那种情况下中断服务程序不起作用。

当 SI 置位时,SCL 线上的串行时钟低电平持续时间扩展,且串行传输被中止。当 SCL 为高时,它不受 SI 标志的状态影响。SI 必须通过软件复位,通过向 I2CONCLR 寄存器的 SIC 位写入 1 来实现。

AA——应答标志位。当 AA 置 1 时,在 SCL 线的应答时钟脉冲内,出现下面任意情况都将返回一个应答信号(SDA 线为低电平):
① 接收到从地址寄存器中的地址;
② 当 I2ADR 中的通用调用位(GC)置位时,接收到通用调用地址;
③ 当 I2C 接口处于主接收模式时,接收到一个数据字节;
④ 当 I2C 接口处于可寻址的从接收模式时,接收到一个数据字节。

可通过向 I2CONCLR 寄存器中的 AAC 位写 1 来清零 AA 位。当 AA 位为 0 时,SCL 线上的应答时钟脉冲内出现下列情况时将返回一个无应答信号(SDA 为高电平):
① 当 I2C 处于主接收模式时,接收到一个数据字节;
② 当 I2C 处于可寻址的从接收模式时,接收到一个数据字节。

2. I2C 状态寄存器(I2STAT)

每个 I2C 状态寄存器(I2STAT)反映相应 I2C 接口的情况。I2C 状态寄存器为只读。表 16 - 4 为 I2STAT 位描述。

3 个最低位总为 0。作为一个字时,状态寄存器内容表示一个状态码。有 26 种可能存在的状态码。当状态码为 0xF8 时,没有相关信息可用且 SI 位没有置位。

其他所有 25 个状态码符合定义的 I2C 状态。当进入这些状态中的任一状态时,SI 位将置位。

表 16 - 4　I2STAT 位描述(0x4000 0004)

位	符　号	描　　述	复位值
2:0	—	这些位未使用且一直为 0	0
7:3	Status	这些位提供关于 I2C 接口的实际状态信息	0x1F

3. I2C 数据寄存器(I2DAT)

该寄存器包含要发送的数据或刚接收的数据。SI 位置位时,只有在该寄存器没有进行字节移位时,CPU 才可以对其进行读写操作。只要 SI 位置位,I2DAT 中的数据就保持不变。I2DAT 中的数据总是从右向左移位,要发送的第一位是 MSB (位 7),接收到一个字节后,接收到数据的第一位放在 I2DAT 的 MSB 位。表 16 - 5 为 I2DAT 位描述。

表 16 - 5　I2DAT 位描述(0x4000 0008)

位	符　号	描　　述	复位值
7:0	Data	该寄存器保存已接收或将要发送的数据值	0

4. I2C 从地址寄存器(I2ADR0)

该寄存器可读写,只有在 I2C 接口设置为从模式时才可用。在主模式下,该寄存器无效。I2ADR 的 LSB 为通用调用位。当该位置位时,可识别通用调用地址(0x00)。

其中包含位 00x 的寄存器将被禁能且不与总线上的任意地址匹配。复位时 4 个寄存器都要清零到该禁能状态。

表 16 - 6 为 I2ADR0 位描述。

表 16 - 6　I2ADR0 位描述(0x4000 000C)

位	符　号	描　　述	复位值
0	GC	通用调用使能位	0
7:1	Address	从模式的 I2C 器件地址	0x00

5. I2C SCL 高电平占空比寄存器(I2SCLH)和低电平占空比寄存器 (I2SCLL)

表 16 - 7 为 I2SCLH 位描述。表 16 - 8 为 I2SCLL 位描述。

表 16 - 7　I2SCLH 位描述(0x4000 0010)

位	符　号	描　　述	复位值
15:0	SCLH	SCL 高电平周期选择	0x0004

表 16 - 8   I2SCLL 位描述(0x4000 0014)

位	符 号	描 述	复位值
15:0	SCLL	SCL 低电平周期选择	0x0004

软件必须设定寄存器 I2SCLH 和 I2SCLL 的值以选择适当的数据速率和占空比。I2SCLH 定义了 SCL 高电平期间 PCLK_I2C 的周期数,I2SCLL 定义了 SCL 低电平期间 PCLK_I2C 的周期数。频率由下面公式得出(PCLKI2C 是系统时钟的频率):

$$I2C\ 位频率 = \frac{PCLKI2C}{I2SCLH + I2SCLL}$$

I2SCLL 和 I2SCLH 的值必须确保数据速率在适当的 I2C 数据速率范围内。各寄存器的值必须大于或等于 4。表 16 - 9 给出了根据 PCLK_I2C 频率和 I2SCLL 及 I2SCLH 值计算出来的 I2C 总线速率的示例。

表 16 - 9   用于选择 I2C 时钟值的 I2SCLL + I2SCLH 值

I2C 模式	I2C 位频率	I2C CLK/MHz								
		6	8	10	12	16	20	30	40	50
标准模式	100 kHz	60	80	100	120	160	200	300	400	500
快速模式	400 kHz	15	20	25	30	40	50	75	100	125
快速模式 Plus	1 MHz	—	8	10	12	16	20	30	40	50

I2SCLL 和 I2SCLH 的值不一定要相同。通过软件设定这两个寄存器可以得到 SCL 的不同占空比。例如,I2C 总线规范定义在快速模式和在快速模式 Plus 下的 SCL 低电平时间和高电平时间是不同的。

6. I2C 控制清零寄存器(I2CONCLR)

该寄存器控制对 I2CON 寄存器中的位清零,这些位控制 I2C 接口的操作。向该寄存器写入 1 会清零寄存器中对应的位,向该寄存器中写入 0 则无效。表 16 - 10 为 I2CONCLR 位描述。

表 16 - 10   I2CONCLR 位描述(0x4000 0018)

位	符 号	描 述	复位值
1:0	—	保留。用户软件不应向保留位写1。从保留位读出的值未定义	NA
2	AAC	声明应答清零位	
3	SIC	I2C 中断清零位	0
4	—	保留。用户软件不应向保留位写1。从保留位读出的值未定义	NA
5	STAC	START 标志清零位	0
6	I2ENC	I2C 接口禁能位	0
7	—	保留。用户软件不应向保留位写1。从保留位读出的值未定义	NA

AAC——声明应答标志清零位。向该位写 1 可清零 I2CONSET 寄存器中的 AA 位,写 0 则无效。

SIC——I2C 中断标志清零位。向该位写 1 可清零 I2CONSET 寄存器中的 SI 位,写 0 则无效。

STAC——起始标志清零位。向该位写 1 可清零 I2CONSET 寄存器中的 STA 位,写 0 则无效。

I2ENC——I2C 接口禁能位。向该位写 1 可清零 I2CONSET 寄存器中的 I2EN 位,写 0 则无效。

7. I2C 监控模式控制寄存器(I2CMMCTRL)

该寄存器控制监控模式,监控模式允许 I2C 模块在不需实际参与通信或干扰 I2C 总线的情况下监控 I2C 总线上的流量。表 16 - 11 为 I2CMMCTRL 位描述。

表 16 - 11 I2CMMCTRL 位描述(0x4000 001C)

位	符 号	描 述	复位值
0	MM_ENA	监控模式使能。 0:监控模式禁能。 1:I2C 模块将进入监控模式。在该模式下,SDA 输出将被强制为高电平。这可防止 I2C 模块向 I2C 数据总线输出任何类型的数据(包括 ACK)。 根据 ENA_SCL 位状态,也可以将输出强制为高电平,以防止模拟控制 I2C 时钟线	0
1	EN_SCL	SCL 输出使能。 0:当模拟处于监控模式下,清零该位则 SCL 输出将被强制为高电平。如上所述,这可防止模拟控制 I2C 时钟线。 1:该位置位时,I2C 模拟将以与正常操作中相同的方法控制时钟线。这意味着,作为从机设备,I2C 模块可"延长"时钟线(使其为低电平),直到它有时间响应 I2C 中断为止 *	0
3	MATCH_ALL	选择中断寄存器匹配。 0:该位清零时,只有在 4 个(最多)地址寄存器(如上面所描述的)中的一个出现匹配时,才会产生中断。也就是说,模块会作为普通的从机响应,直到有地址识别。 1:当该位置 1 且 I2C 处于监控模式时,可在任意接收的地址上产生中断。这将使器件监控总线上的所有通信量	0

* 当 ENA_SCL 位清零且 I2C 不能再延迟总线时,中断响应时间就变得很重要。为了使器件在这些情况下能有更多时间对 I2C 中断作出响应,就需要使用 DATA_BUFFER 寄存器来保存接收到的数据,保存时间为发送完一个 9 位"字"的时间。

注:如果 MM_ENA 为 0(例如如果模块没有处于监控模式),则 ENA_SCL 和 MATCH_ALL 位无效。

8. I2C 从地址寄存器（I2ADR[0,1,2,3]）

这些寄存器可读写,只有在 I2C 接口设置为从模式时才可用。在主模式下,该寄存器无效。I2ADR 的 LSB 为通用调用位。当该位置位时,可识别通用调用地址（0x00）。

其中包含位 00x 的寄存器将被禁能且不与总线上的任意地址匹配。复位时 4 个寄存器都要清零到该禁能状态。表 16－12 为 I2ADR[0,1,2,3]位描述。

表 16－12　I2ADR[0,1,2,3]位描述（0x4000 00[0C,20,24,28]）

位	符　号	描　　　述	复位值
0	GC	通用调用使能位	0
7:1	Address	从模式的 I2C 器件地址	0x00

9. I2C 数据缓冲寄存器（I2CDATA_BUFFER）

在监控模式下,如果 ENA_SCL 没有置位,则 I2C 模块就不能延长时钟（使总线延迟）。这意味着处理器读取总线接收数据内容的时间有限。如果处理器读 I2DAT 移位寄存器,则在接收数据被新数据覆写前,它通常只有一个位时间对中断作出响应。

为了使处理器有更多时间响应,将增加一个新的 8 位只读 DATA_BUFFER 寄存器。总线上每接收到 9 位（8 位数据加上 1 位 ACK 或 NACK）后,I2DAT 移位寄存器的高 8 位的内容将自动传输到 DATA_BUFFER。这意味着处理器有 9 位发送时间响应中断及在数据被覆写前读取数据。

处理器仍可直接读 I2DAT,I2DAT 无论如何是不会改变的。

尽管 DATA_BUFFER 寄存器主要是用于监控模式（ENA_SCL 位等于 0）,但它也可用于在任何操作模式下随时读取数据。表 16－13 为 I2CDATA_BUFFER 位描述。

表 16－13　I2CDATA_BUFFER 位描述（0x4000 002C）

位	符　号	描　　　述	复位值
7:0	Data	该寄存器保存 I2DAT 移位寄存器中高 8 位的内容	0

10. I2C 屏蔽寄存器（I2MASK[0,1,2,3]）

4 个屏蔽寄存器各包含 7 个有效位[7:1]。这些寄存器中的任一位置 1 都会使接收地址的相应位自动比较（当它与屏蔽寄存器关联的 I2ADDRn 寄存器比较时）。也就是说,决定地址匹配时不考虑 I2ADDRn 寄存器中被屏蔽的位。

复位时,所有屏蔽寄存器位清零。与通用调用地址（0000000）比较时,屏蔽寄存器无效。

屏蔽寄存器的位[31:8]和位[0]未使用且不应写入值。读这些位总返回 0。

当产生地址匹配中断时,处理器必须读数据寄存器(I2DAT)以决定实际引起匹配的接收地址。表 16-14 为 I2MASK[0,1,2,3]位描述。

表 16-14　I2MASK[0,1,2,3]位描述(0x4000 00[30,34,38,3C])

位	符　号	描　　　述	复位值
0	—	保留。用户软件不应向保留位写 1。读取该位总是返回 0	0
7:1	MASK	屏蔽位	0x00
31:8	—	保留。用户软件不应向保留位写 1。读取该位总是返回 0	0

16.3　I2C 总线接口实验

16.3.1　模拟 I2C 总线接口读写 AT24C02

1. 实验要求

- 按下按键 K1,LED1 亮,同时将 1 字节数据 123 写到 AT24C02 的 100 号单元;
- 按下按键 K2,LED2 亮,同时读出 AT24C02 的 100 号单元内的 1 字节数据。

2. 实验电路原理

参考 Mini LPC11XX DEMO 开发板电路原理图:

P0.4——SCL;

P0.5——SDA;

P1.9——LED1;

P1.10——LED2。

3. 源程序文件及分析

这里只分析 main.c 文件、Software_i2c.c 文件及 Software_at24c02.c 文件,完整程序请登录北京航空航天大学出版社网站下载。

新建一个文件目录 IIC_test1,在 Real View MDK 集成开发环境中创建一个工程项目 IIC_test1.uvproj 于此目录中。

在 File 菜单下新建如下源文件 main.c,编写源程序代码后保存在 User 文件夹下,再把 main.c 文件添加到 User 组中。

```
# include "config.h"
# include "ili9325.h"
```

```c
# include "ssp. h"
# include "w25Q16.h"
# include "Software_i2c. h"
# include "Software_at24c02. h"

/****************************************************
 * FunctionName  : Init
 * Description   : 初始化系统
 * EntryParameter : None
 * ReturnValue   : None
 ***************************************************/
void Init(void)
{
    SystemInit();                    //系统初始化

    LCD_Init();                      //液晶显示器初始化
    W25Q16_Init();                   // W25X16 初始化
}


/****************************************************
 * FunctionName  : main
 * Description   : 主函数
 * EntryParameter : None
 * ReturnValue   : None
 ***************************************************/
int main(void)
{
    uint8 temp,i;
    uint8 buf[6];
    uint16 xpos;

    Init();

    LCD_Clear(WHITE);                //全屏显示白色
    POINT_COLOR = BLACK;             //定义笔的颜色为黑色
    BACK_COLOR = WHITE;              //定义笔的背景色为白色
    LCD_ShowString(9, 5, "模拟 I2C 总线接口读写 AT24C02");

    Software_I2C_Init();             //初始化 I2C
    if(Software_AT24c02_Check() == 0) //如果检测到了 AT24C02
    {
        LCD_ShowString(5, 50, "检测到了 AT24C02!");
    }
    else                             //如果没有检测到 AT24C02
    {
```

```
            LCD_ShowString(5, 50, "没有检测到 AT24C02!");
    }

    Software_AT24c02_WriteOneByte(100,123);   //给 AT24C02 100 地址写入一个字节数据: 123
    temp = 0x00;                              // temp 清零
    temp = Software_AT24c02_ReadOneByte(100); //从 AT24C02 100 地址读出一个字节数据
    if(temp == 123)                           //如果 temp = 123,说明读取和写入都成功
    {
        LCD_ShowString(5, 110, "刚才写进去的数是:");
        LCD_ShowNum(166,110,temp,3);          //把读到的数据显示在 TFT 上
    }
    else                                      //如果 temp != 123,说明读取或写入失败
    {
        LCD_ShowString(5, 110, "失败!!!");
    }

    for(i = 0; i < 5; i++)
    {
        buf[i] = i;                           //给数组赋值
    }
    Software_AT24c02_Write(50, buf,6);//给 AT24C02 50 开始的地址写入 5 个字节数据

    for(i = 0; i < 5; i++)
    {
        buf[i] = 0;                           //给数组清零
    }

    Software_AT24c02_Read(50,buf,5);   //从 AT24C02 50 开始的地址读出 5 个字节数据
    LCD_ShowString(5, 130, "刚才写进去的数组数据是:");
    xpos = 6;                                 //液晶显示器 X 坐标
    for(i = 0; i < 5; i++)
    {
        LCD_ShowNum(xpos,150,buf[i],3);
        xpos += 24;
    }

    while(1)
    {
        ;
    }
}
```

　　在 File 菜单下新建如下源文件 Software_i2c.c,编写完成后保存在 Drive 文件夹下,随后将文件 Software_i2c.c 添加到 Drive 组中。

```
# include "config. h"
# include "Software_i2c. h"
# include "w25Q16. h"

/ * * * * * * * * * * * * * * * * * * * * * * * * * * * * * * * * * * * * * * * * * * * * * * * * *
 * FunctionName   : Software_I2C_Init
 * Description    : 模拟 I2C 初始化引脚
 * EntryParameter : None
 * ReturnValue    : None
 * * * * * * * * * * * * * * * * * * * * * * * * * * * * * * * * * * * * * * * * * * * * * * * * * * /
void Software_I2C_Init(void)
{
    LPC_GPIO0 - >DIR |= (1<<4)|(1<<5);      //设置 P0.4 和 P0.5 引脚为输出
    LPC_GPIO0 - >DATA |= (1<<4)|(1<<5);     //输出高电平:SCL = 1,SDA = 1
}


/ * * * * * * * * * * * * * * * * * * * * * * * * * * * * * * * * * * * * * * * * * * * * * * * *
 * FunctionName   : Software_I2C_Start
 * Description    : 发 I2C 起始信号
 * EntryParameter : None
 * ReturnValue    : None
 * * * * * * * * * * * * * * * * * * * * * * * * * * * * * * * * * * * * * * * * * * * * * * * * * /
void Software_I2C_Start(void)
{
    LPC_GPIO0 - >DIR |= (1<<5);           //设置 SDA 引脚为输出
    LPC_GPIO0 - >DATA |= (1<<5);          // SDA = 1;
    delay_us(5);
    LPC_GPIO0 - >DATA |= (1<<4);          // SCL = 1;
    delay_us(5);
    LPC_GPIO0 - >DATA & = ~(1<<5);        // SDA = 0;
    delay_us(5);
}


/ * * * * * * * * * * * * * * * * * * * * * * * * * * * * * * * * * * * * * * * * * * * * * * * *
 * FunctionName   : Software_I2C_Stop
 * Description    : 发 I2C 结束信号
 * EntryParameter : None
 * ReturnValue    : None
 * * * * * * * * * * * * * * * * * * * * * * * * * * * * * * * * * * * * * * * * * * * * * * * * * /
void Software_I2C_Stop(void)
{
    LPC_GPIO0 - >DIR |= (1<<5);           // SDA 输出
    LPC_GPIO0 - >DATA & = ~(1<<5);        // SDA = 0;
    delay_us(5);
```

```
    LPC_GPIO0 - >DATA |= (1<<4);                    // SCL = 1;
    delay_us(5);
    LPC_GPIO0 - >DATA |= (1<<5);                    // SDA = 1;
    delay_us(5);
}
/ ***********************************************************
* FunctionName  : Software_I2C_Wait_Ack
* Description    : 等待应答信号
* EntryParameter : None
* ReturnValue    : 1—接收应答失败；0—接收应答成功
***********************************************************/
uint8 Software_I2C_Wait_Ack(void)
{
    uint8 ack_sign;
    LPC_GPIO0 - >DIR|= (1<<5);                      //设置 SDA 引脚为输出
    LPC_GPIO0 - >DATA|= (1<<5);                     // SDA = 1;
    LPC_GPIO0 - >DATA|= (1<<4);                     //SCL = 1;
    LPC_GPIO0 - >DIR & = ~(1<<5);                   //SDA 设置为输入
    delay_us(5);
    if((LPC_GPIO0 - >DATA&(1<<5)) == (1<<5))ack_sign = 1;
    else ack_sign = 0;
    LPC_GPIO0 - >DATA& = ~(1<<4);                   //SCL = 0;
    return ack_sign;
}
/ ***********************************************************
* FunctionName  : Software_I2C_Send_Byte
* Description    : 模拟方式发送一个字节数据
* EntryParameter : wbyte—要发送的字节
* ReturnValue    : None
***********************************************************/
void Software_I2C_Send_Byte(uint8 wbyte)
{
    uint8 i,temp,temp1;
    LPC_GPIO0 - >DIR |= (1<<5);                     //设置 SDA 引脚为输出
    temp1 = wbyte;
    for(i = 0;i<8;i ++)
    {
        LPC_GPIO0 - >DATA& = ~(1<<4); // SCL = 0;
        delay_us(5);
        temp = temp1;
```

```
        temp = temp&0x80;
        if(temp == 0x80)
        LPC_GPIO0 - >DATA |= (1<<5);      // SDA = 1;
        else
        LPC_GPIO0 - >DATA &= ~(1<<5);  // SDA = 0;
        delay_us(5);
        LPC_GPIO0 - >DATA |= (1<<4);      // SCL = 1;
        delay_us(5);
        LPC_GPIO0 - >DATA &= ~(1<<4);  // SCL = 0;
        delay_us(5);
        temp1<< = 1;
    }
}

/ * * * * * * * * * * * * * * * * * * * * * * * * * * * * * * * * * * * * * * * * * * * * * * * * * * *
 * FunctionName    : Software_I2C_Read_Byte
 * Description      : 模拟方式读一个字节数据
 * EntryParameter  : None
 * ReturnValue      : 读出的字节
 * * * * * * * * * * * * * * * * * * * * * * * * * * * * * * * * * * * * * * * * * * * * * * * * * * * */
uint8 Software_I2C_Read_Byte(void)
{
    uint8 i,rebyte = 0;
    LPC_GPIO0 - >DIR &= ~(1<<5);           //SDA 设置为输入
    for(i = 0;i<8;i++ )
    {
        rebyte<< = 1;
        delay_us(5);
        LPC_GPIO0 - >DATA &= ~(1<<4); // SCL = 0;
        delay_us(5);
        LPC_GPIO0 - >DATA |= (1<<4);      // SCL = 1;
        delay_us(5);
        if((LPC_GPIO0 - >DATA&(1<<5)) == (1<<5))  //if(SDA == 1)
        rebyte|= 0x01;
    }
    return rebyte;
}
```

在 File 菜单下新建如下源文件 Software_at24c02.c,编写完成后保存在 Drive 文件夹下。

```
# include "config. h"
# include "Software_at24c02.h"
```

```
# include "Software_i2c.h"
# include "w25Q16.h"

/ * * * * * * * * * * * * * * * * * * * * * * * * * * * * * * * * * * * * * * * * * * * *
 * FunctionName  : Software_AT24c02_ReadOneByte
 * Description   : 从 AT24C02 中读一个字节数据
 * EntryParameter : ReadAddr—地址
 * ReturnValue   : 读出的数据
 * * * * * * * * * * * * * * * * * * * * * * * * * * * * * * * * * * * * * * * * * * * */
uint8 Software_AT24c02_ReadOneByte(uint16 ReadAddr) //ReadAddr = 0000,0xxx,xxxx,xxxx
{
    uint8 temp = 0;

    Software_I2C_Start();  //A0 = 10100000    ReadAddr/256 = 0000,0xxx;  <<1 = 0000,xxx0
    Software_I2C_Send_Byte(0XA0 + ((ReadAddr/256)<<1));  //发送高位地址 1010,xxx0
    Software_I2C_Wait_Ack();
    Software_I2C_Send_Byte(ReadAddr % 256);   //发送低地址 ReadAddr % 256 = xxxx,xxxx
    Software_I2C_Wait_Ack();
    Software_I2C_Start();
    Software_I2C_Send_Byte(0XA1 + ((ReadAddr/256)<<1));  //进入接收模式
    Software_I2C_Wait_Ack();
    temp = Software_I2C_Read_Byte();
    Software_I2C_Wait_Ack();
    Software_I2C_Stop();//产生一个停止条件

    return temp;
}

/ * * * * * * * * * * * * * * * * * * * * * * * * * * * * * * * * * * * * * * * * * * * *
 * FunctionName  : Software_AT24c02_WriteOneByte
 * Description   : 给 AT24C02 写一个字节数据
 * EntryParameter : WriteAddr—写入地址;
 *                  DataToWrite—写入的字节数据
 * ReturnValue   : None
 * * * * * * * * * * * * * * * * * * * * * * * * * * * * * * * * * * * * * * * * * * * */
void Software_AT24c02_WriteOneByte(uint16 WriteAddr, uint8 DataToWrite)
{
    Software_I2C_Start();
    Software_I2C_Send_Byte(0XA0 + ((WriteAddr/256)<<1));   //发送高位地址
    Software_I2C_Wait_Ack();
    Software_I2C_Send_Byte(WriteAddr % 256);  //发送低地址
    Software_I2C_Wait_Ack();
    Software_I2C_Send_Byte(DataToWrite);  //发送字节
    Software_I2C_Wait_Ack();
    Software_I2C_Stop();  //产生一个停止条件
```

```
    delay_ms(5);  //这个延时绝对不能去掉
}
/*********************************************************
 * FunctionName    : Software_AT24c02_Read
 * Description     : 从 AT24C02 中读多个字节数据
 * EntryParameter  : ReadAddr—读取地址;
 *                   Buffer—读出数据放到这个数组;
 *                   Num—要读的数据字节个数
 * ReturnValue     : None
 *********************************************************/
void Software_AT24c02_Read(uint16 ReadAddr,uint8 * Buffer,uint16 Num)
{
    while(Num)
    {
        * Buffer ++ = Software_AT24c02_ReadOneByte(ReadAddr ++ );
        Num -- ;
    }
}

/*********************************************************
 * FunctionName    : Software_AT24c02_Write
 * Description     : 给 AT24C02 写多个字节数据
 * EntryParameter  : WriteAddr—将要写数据的目标地址;
 *                   Buffer—把这个数组中的数据写入;
 *                   Num—要写的数据字节个数
 * ReturnValue     : None
 *********************************************************/
void Software_AT24c02_Write(uint16 WriteAddr,uint8 * Buffer,uint16 Num)
{
    while(Num -- )
    {
        Software_AT24c02_WriteOneByte(WriteAddr, * Buffer);
        WriteAddr ++ ;
        Buffer ++ ;
    }
}

/*********************************************************
 * FunctionName    : Software_AT24c02_Check
 * Description     : 检测 AT24C02 是否存在
 * EntryParameter  : None
 * ReturnValue     : 0—存在;1—不存在
 *********************************************************/
uint8 Software_AT24c02_Check(void)
```

```
{
    uint8 temp;
    temp = Software_AT24c02_ReadOneByte(0x0000);
    if(temp == 0x88)return 0;
    else  //排除第一次初始化的情况
    {
        Software_AT24c02_WriteOneByte(0x0000,0x88);
        temp = Software_AT24c02_ReadOneByte(0x0000);
        if(temp == 0X88)return 0;
    }
    return 1;
}
```

4. 实验效果

编译通过后下载程序,按下按键 K1,将 123 写入 AT24C02 的 100 号单元;按下按键 K2,从 AT24C02 的 100 号单元读出数据。写入与读出的结果在液晶屏上显示。图 16-2 为模拟 I2C 总线接口读写 AT24C02 的实验照片。

图 16-2　模拟 I2C 总线接口读写 AT24C02 的实验照片

16.3.2　硬件 I2C 总线接口读写 AT24C02

1. 实验要求

● 按下按键 K1,LED1 亮,同时将 1 字节数据 201 写到 AT24C02 的 110 号单元;

● 按下按键 K2，LED2 亮，同时读出 AT24C02 的 110 号单元内的 1 字节数据。

2. 实验电路原理

参考 Mini LPC11XX DEMO 开发板电路原理图：

P0.4——SCL；

P0.5——SDA；

P1.9——LED1；

P1.10——LED2。

3. 源程序文件及分析

这里只分析 main.c 文件、i2c.c 文件及 at24c02.c 文件，完整程序请登录北京航空航天大学出版社网站下载。

新建一个文件目录 IIC_test2，在 Real View MDK 集成开发环境中创建一个工程项目 IIC_test2.uvproj 于此目录中。

在 File 菜单下新建如下源文件 main.c，编写源程序代码后保存在 User 文件夹下，再把 main.c 文件添加到 User 组中。

```
#include "config.h"
#include "ili9325.h"
#include "ssp.h"
#include "w25Q16.h"
#include "i2c.h"
#include "at24c02.h"
#include "gpio.h"

/***********************************************************
* FunctionName   : Init
* Description    : 初始化系统
* EntryParameter : None
* ReturnValue    : None
***********************************************************/
void Init(void)
{
    SystemInit();                    //系统初始化
    GPIO_Init();
    LCD_Init();                      //液晶显示器初始化
    W25Q16_Init();                   //W25Q16 初始化
    I2C_Init(1);                     //初始化 I2C 快速模式
}

/***********************************************************
* FunctionName   : main
```

```
 * Description    : 主函数
 * EntryParameter : None
 * ReturnValue    : None
 ************************************************************/
int main(void)
{
    uint8 val;

    Init();

    LCD_Clear(WHITE);                    //全屏显示白色
    POINT_COLOR = BLACK;                 //定义笔的颜色为黑色
    BACK_COLOR = WHITE;                  //定义笔的背景色为白色
    LCD_ShowString(9, 5, "硬件 I2C 总线接口读写 AT24C02");

    if(AT24C02_Check() == 0)             //如果检测到了 AT24C02
    {
        LCD_ShowString(5, 50, "检测到了 AT24C02!");
    }
    else                                 //如果没有检测到 AT24C02
    {
        LCD_ShowString(5, 50, "没有检测到 AT24C02!");
    }

    while(1)
    {
        if(GET_BIT(LPC_GPIO1,DATA,0) == 0)//如果是 K1 被按下
        {
            val = 201;
            CLR_BIT(LPC_GPIO1,DATA,9);   //开 LED1
            AT24C02_WriteOneByte(110,val); //给 AT24C02 的 110 地址写入一个字节
                                           //数据,val：201
            LCD_ShowString(5, 100, "刚才写到 110 地址的数是:");

            LCD_ShowNum(214,100,val,3);  //把读到的数据显示在 TFT - LCD 上
            while(GET_BIT(LPC_GPIO1,DATA,0) == 0);  //等待按键释放
            SET_BIT(LPC_GPIO1,DATA,9);   //关 LED1
        }
        else if(GET_BIT(LPC_GPIO1,DATA,1) == 0)   //如果是 K2 被按下
        {
            val = 0;
            CLR_BIT(LPC_GPIO1,DATA,10);  //开 LED2
            val = AT24C02_ReadOneByte(110); //从 AT24C02 的 110 地址读出一个字节数据
            if(val == 201)               //如果 val = 201 ,说明读取和写入都成功
```

```
                        {
                            LCD_ShowString(5, 150, "从 110 地址读出的数是:");
                            LCD_ShowNum(182,150,val,3);  //把读到的数据显示在 TFT 上
                            while(GET_BIT(LPC_GPIO1,DATA,1) == 0);  //等待按键释放
                            SET_BIT(LPC_GPIO1,DATA,10);  //关 LED2
                        }
                        else   //如果 val != 201,说明读取或写入失败
                        {
                            LCD_ShowString(5, 150, "失败!!!");
                        }
                    }
                }
}
```

在 File 菜单下新建如下源文件 i2c. c,编写完成后保存在 Drive 文件夹下,随后
将文件 i2c. c 添加到 Drive 组中。

```
# include "config.h"
# include "i2c.h"

/ ***********************************************************
* FunctionName    : I2C_Init
* Description     : 硬件初始化 I2C 模块
* EntryParameter  : Mode :0—慢速模式;1—快速模式
* ReturnValue     : None
************************************************************/
void I2C_Init(uint8 Mode)
{
    SET_BIT(LPC_SYSCON,PRESETCTRL,1);  //De - asserted I2C 模块(在启动 I2C 模块之前,
                                       //必须向该位写 1)
    SET_BIT(LPC_SYSCON,SYSAHBCLKCTRL,5);  //使能 I2C 时钟
    SET_BIT(LPC_SYSCON,SYSAHBCLKCTRL,16);  //使能 IOCON 时钟
    LPC_IOCON - >PIO0_4 & = ~0x3F;
    LPC_IOCON - >PIO0_4 |= 0x01;  //把 P0.4 引脚配置为 I2C SCL
    LPC_IOCON - >PIO0_5 & = ~0x3F;
    LPC_IOCON - >PIO0_5 |= 0x01;  //把 P0.5 引脚配置为 I2C SDA
    CLR_BIT(LPC_SYSCON,SYSAHBCLKCTRL,16);  //禁能 IOCON 时钟
    if(Mode == 1)  //快速 I2C 通信 (约 400 kHz)
    {
        LPC_I2C - >SCLH = 47;  // 0.8 μs
        LPC_I2C - >SCLL = 93;  // 1.4 μs
    }
    else  //低速 I2C 通信 (约 100 kHz)
```

```
    {
        LPC_I2C - >SCLH = 47 * 4;  // 3.2 μs
        LPC_I2C - >SCLL = 93 * 4;  // 5.6 μs
    }
    LPC_I2C - >CONCLR = 0xFF;  //清所有标志
    LPC_I2C - >CONSET |= I2CONSET_I2EN;  //使能 I2C 接口
}

/* * * * * * * * * * * * * * * * * * * * * * * * * * * * * * * * * * * * * * * *
 * FunctionName  : I2C_Stop
 * Description   : 发送停止信号
 * EntryParameter : None
 * ReturnValue   : None
 * * * * * * * * * * * * * * * * * * * * * * * * * * * * * * * * * * * * * * * */
void I2C_Stop(void)
{
    LPC_I2C - >CONCLR = I2CONCLR_SIC;  //清 SI 标志位
    LPC_I2C - >CONSET |= I2CONSET_STO;  //发送停止信号
}

/* * * * * * * * * * * * * * * * * * * * * * * * * * * * * * * * * * * * * * * *
 * FunctionName  : I2C_Send_Ctrl
 * Description   : I2C 发送命令数据
 * EntryParameter : CtrlAndAddr—命令或数据
 * ReturnValue   : 0—成功;1—失败
 * * * * * * * * * * * * * * * * * * * * * * * * * * * * * * * * * * * * * * * */
uint8 I2C_Send_Ctrl(uint8 CtrlAndAddr)
{
    uint8 res;

    if(CtrlAndAddr & 1)  //如果是读命令
        res = 0x40;  // 40H 代表开始信号和读命令已传输完毕,并已接收到 ACK
    else  //如果是写命令
        res = 0x18;  //18H 代表开始信号和写命令已传输完毕,并已接收到 ACK
    //发送开始信号
    LPC_I2C - >CONCLR = 0xFF;  //清所有标志位
    LPC_I2C - >CONSET |= I2CONSET_I2EN | I2CONSET_STA;  //使能发送开始信号
    while(!(LPC_I2C - >CONSET & I2CONSET_SI));  //等待开始信号发送完成
    //发送命令 + 地址字节
    LPC_I2C - >DAT = CtrlAndAddr;  //把要发送的字节给了 DAT 寄存器
    LPC_I2C - >CONCLR = I2CONCLR_STAC | I2CONCLR_SIC;  //清除 START 位和 SI 位
    while(!(LPC_I2C - >CONSET & I2CONSET_SI));  //等待数据发送完成
    if(LPC_I2C - >STAT ! = res)  //观察 STAT 寄存器响应的状态,判断是否正确执行读
```

```
                        //或写命令
    {
        I2C_Stop();   //没有完成任务,发送停止信号,结束 I2C 通信
        return 1;   //返回 1,表明失败!
    }
    return 0;   //如果正确执行则返回 0
}


/************************************************************
 * FunctionName  : I2C_Send_Byte
 * Description   : I2C 发送一字节数据
 * EntryParameter: sebyte—要发送的字节
 * ReturnValue   : None
 ***********************************************************/
void I2C_Send_Byte(uint8 sebyte)
{
    LPC_I2C - >DAT = sebyte;   //把字节写入 DAT 寄存器
    LPC_I2C - >CONCLR = I2CONSET_SI;   //清除 SI 标志
    while(!(LPC_I2C - >CONSET & I2CONSET_SI));   //等待数据发送完成
}

/************************************************************
 * FunctionName  : I2C_Recieve_Byte
 * Description   : I2C 接收一字节数据
 * EntryParameter: None
 * ReturnValue   : 接收的字节
 ***********************************************************/
uint8 I2C_Recieve_Byte(void)
{
    uint8 rebyte;
    LPC_I2C - >CONCLR = I2CONCLR_AAC | I2CONCLR_SIC;   //清 AA 和 SI 标志
    while(!(LPC_I2C - >CONSET & I2CONSET_SI));   //等待接收数据完成
    rebyte = (uint8)LPC_I2C - >DAT;   //把接收到的数据给了 rebyte

    return rebyte;
}
```

在 File 菜单下新建如下源文件 at24c02.c,编写完成后保存在 Drive 文件夹下,随后将文件 at24c02.c 添加到 Drive 组中。

```
# include "config.h"
# include "at24c02.h"
# include "i2c.h"
```

```
# include "w25Q16.h"

/*************************************************************
 * FunctionName    : AT24C02_WriteOneByte
 * Description     : 给 AT24C02 中写一个字节数据
 * EntryParameter  : WriteAddr—将要写入的目标地址；
 *                   ataToWrite—将要写入的字节数据
 * ReturnValue     : None
 *************************************************************/
void AT24C02_WriteOneByte(uint16 WriteAddr, uint8 DataToWrite)
{
    I2C_Send_Ctrl(0XA0 + ((WriteAddr/256)<<1));   //发送高位地址
    I2C_Send_Byte(WriteAddr % 256);   //发送低地址
    I2C_Send_Byte(DataToWrite);   //发送字节
    I2C_Stop();   //产生一个停止条件
    delay_ms(5);   //这个延时绝对不能去掉
}


/*************************************************************
 * FunctionName    : AT24C02_ReadOneByte
 * Description     : 从 AT24C02 中读一个字节数据
 * EntryParameter  : 要读的地址
 * ReturnValue     : 读出的数据
 *************************************************************/
uint8 AT24C02_ReadOneByte(uint16 ReadAddr)
{
    uint8 temp = 0;

    I2C_Send_Ctrl(0XA0 + ((ReadAddr/256)<<1));
    I2C_Send_Byte(ReadAddr % 256);   //发送低地址
    I2C_Send_Ctrl(0XA1 + ((ReadAddr/256)<<1));
    temp = I2C_Recieve_Byte();
    I2C_Stop();   //产生一个停止条件

    return temp;
}


/*************************************************************
 * FunctionName    : AT24C02_Read
 * Description     : 从 AT24C02 中读多个字节数据
 * EntryParameter  : ReadAddr—将要读数据的目标地址；
 *                   Buffer—读出数据来放到这个数组；
 *                   Num—要读的数据字节个数
 * ReturnValue     : None
```

```
 ****************************************************/
void AT24C02_Read(uint16 ReadAddr,uint8 * Buffer,uint16 Num)
{
    while(Num)
    {
        * Buffer ++ = AT24C02_ReadOneByte(ReadAddr ++ );
        Num -- ;
    }
}

/ ***************************************************
* FunctionName   : AT24C02_Write
* Description    : 给 AT24C02 中写多个字节数据
* EntryParameter : WriteAddr—将要写数据的目标地址；
*                  Buffer—把这个数组中的数据写入；
*                  Num—要写的数据字节个数
* ReturnValue    : None
 ****************************************************/
void AT24C02_Write(uint16 WriteAddr,uint8 * Buffer,uint16 Num)
{
    while(Num -- )
    {
        AT24C02_WriteOneByte(WriteAddr, * Buffer);
        WriteAddr ++ ;
        Buffer ++ ;
    }
}

/ ***************************************************
* FunctionName   : AT24C02_Check
* Description    : 检测 AT24C02 是否存在
* EntryParameter : None
* ReturnValue    : 0—存在；1—不存在
 ****************************************************/
uint8 AT24C02_Check(void)
{
    uint8 temp;
    temp = AT24C02_ReadOneByte(0x0000);   //读字节
    if(temp == 0x88)return 0;
    else   //排除第一次初始化的情况
    {
        AT24C02_WriteOneByte(0x0000,0x88);
        temp = AT24C02_ReadOneByte(0x0000);
```

```
        if(temp == 0X88)return 0;
    }
    return 1;
}
```

4. 实验效果

编译通过后下载程序,按下按键 K1,将 201 写入 AT24C02 的 110 号单元;按下按键 K2,从 AT24C02 的 110 号单元读出数据。写入与读出的结果在液晶屏上显示。

图 16 - 3 为硬件 I2C 总线接口读写 AT24C02 的实验照片。

图 16 - 3　硬件 I2C 总线接口读写 AT24C02 的实验照片

第17章

SSP 总线特性及电阻式触摸屏应用

　　SSP 是同步串行端口(SSP)控制器,可控制 SPI、4 线 SSI 或 Microwire 总线的操作。在一条总线上可以有多个主机或从机。在一次数据传输中,总线上只有一个主机和一个从机进行通信。数据传输原则上为全双工方式,4 位到 16 位数据帧由主机发送到从机或由从机发送到主机。实际上通常情况下只有一个方向上的数据流包含有意义的数据。

　　LPC11XX 系列 ARM 有两个同步串行端口控制器。

　　表 17-1 对 SSP 引脚进行了总结。

表 17-1　SSP 引脚总结

引脚符号	类　型	接口引脚功能		Microwire	引脚描述
		SPI	SSI		
SCK0/1	I/O	SCK	CLK	SK	串行时钟。SCK/CLK/SK 是用于使数据传输同步的时钟信号。它受主机驱动,由从机接收。当使用 SPI 接口时,可将时钟编程为高电平有效或低电平有效,否则,它一直是高电平有效。SCK 只在数据传输期间跳变。在其他时间,SSP 接口使其保持无效状态或不驱动它(使其处于高阻态)
SSEL0/1	I/O	SSEL	FS	CS	帧同步/从机选择。当 SSP 接口为总线主机时,它在串行数据发起前将该信号驱动到有效状态,再在发送数据后将信号释放到无效状态。该信号为高电平有效还是低电平有效取决于所选择总线模式。当 SSP 接口为总线从机时,该信号根据使用的协议限定从主机发出的数据

引脚符号	类　型	接口引脚功能		Microwire	引脚描述
		SPI	SSI		
SSEL0/1	I/O	SSEL	FS	CS	当只有一个总线主机和一个总线从机时,来自主机的帧同步或从选择信号可直接连接到从机的相应输入。当总线上有多于一个从机时,就有必要进一步限制其帧选择/从选择输入,以避免多个从机对传输作出响应
MISO0/1	I/O	MISO	DR(M) DX(S)	SI(M) SO(S)	主机输入从机输出。MISO 将串行数据由从机传输到主机。当 SSP0 是从机时,从该信号上输出串行数据。当 SSP0 为主机时,它记录从该信号发出的串行数据。当 SSP0 为从机,且不被 FS/SSEL 选择时,它不驱动该信号(使其处于高阻态)
MISI0/1	I/O	MISI	DX(M) DR(S)	SO(M) SI(S)	主机输出从机输入。MOSI 信号将串行数据从主机传输到从机。当 SSP0 为主机时,串行数据从该引脚输出。当 SSP0 为从机时,该引脚接收从主机输入的数据

注：SCK0 功能会被复用到三个不同的引脚位置(HVQFN 封装为两个位置)。使用 IOCON_LOC 寄存器选择 SCK0 功能的物理存储单元,并且选择 IOCON 寄存器中的功能。SCK1 引脚不会被复用。

LPC11XX 系列器件的 SSP 控制器特性：

- 兼容 Motorola SPI、4 线 TI SSI 和国家半导体 Microwire 总线；
- 同步串行通信；
- 主/从操作；
- 8 帧收发 FIFO；
- 每帧 4~16 位。

时钟和功率控制：SSP 块是由 AHBCLKCTRL 寄存器选通的,SSP 时钟分频器和预分频器所使用的外围设备 SSP 块则由 SSP0/1CLKDIV 寄存器控制。

17.1　SSP 相关寄存器

表 17 - 2 为 SSP0 控制寄存器地址。表 17 - 3 为 SSP1 控制寄存器地址。

表 17 - 2　SSP0 控制寄存器地址(基址 0x4004 0000)

名　称	访　问	地址偏移量	描　述	复位值
SSP0CR0	R/W	0x00	控制寄存器 0。选择串行时钟速率、总线类型和数据长度	0
SSP0CR1	R/W	0x004	控制寄存器 1。选择主/从机及其他模式	0

续表 17 - 2

名　称	访　问	地址偏移量	描　述	复位值
SSP0DR	R/W	0x008	数据寄存器。写满发送 FIFO,读空接收 FIFO	0
SSP0SR	RO	0x00C	状态寄存器	—
SSP0CPSR	R/W	0x010	时钟预分频寄存器	0
SSP0MSC	R/W	0x014	中断屏蔽设置和清零寄存器	0
SSP0RIS	R/W	0x018	原始中断状态寄存器	—
SSP0MIS	R/W	0x01C	屏蔽中断状态寄存器	0
SSP0ICR	R/W	0x020	中断清零寄存器	NA

注：复位值仅指使用位中保存的数据,不包含保留位的内容。

表 17 - 3　SSP1 控制寄存器地址(基址 0x4005 8000)

名　称	访　问	地址偏移量	描　述	复位值
SSP1CR0	R/W	0x00	控制寄存器 0。选择串行时钟速率、总线类型和数据长度	0
SSP1CR1	R/W	0x004	控制寄存器 1。选择主/从机及其他模式	0
SSP1DR	R/W	0x008	数据寄存器。写满发送 FIFO,读空接收 FIFO	0
SSP1SR	RO	0x00C	状态寄存器	—
SSP1CPSR	R/W	0x010	时钟预分频寄存器	0
SSP1MSC	R/W	0x014	中断屏蔽设置和清零寄存器	0
SSP1RIS	R/W	0x018	原始中断状态寄存器	—
SSP1MIS	R/W	0x01C	屏蔽中断状态寄存器	0
SSP1ICR	R/W	0x020	中断清零寄存器	NA

注：复位值仅指使用位中保存的数据,不包含保留位的内容。

1. SSP 控制寄存器 0(SSP0CR0/SSP1CR0)

该寄存器控制 SSP 控制器的基本操作。表 17 - 4 为 SSP 控制寄存器 0 位描述。

表 17 - 4　SSP 控制寄存器 0 位描述(SSP0CR0—0x4004 0000,SSP1CR0—0x4005 8000)

位	符　号	描　述	复位值
3:0	DSS	数据长度选择。该字段控制每帧中传输的位的数目。不支持且不使用值 0000～0010。 0011：4 位传输； 0100：5 位传输； 0101：6 位传输； 0110：7 位传输；	0000

位	符　号	描　　　述	复位值
3:0	DSS	0111：8 位传输； 1000：9 位传输； 1001：10 位传输； 1010：11 位传输； 1011：12 位传输； 1100：13 位传输； 1101：14 位传输； 1110：15 位传输； 1111：16 位传输	0000
5:4	FRF	帧格式。 00：SPI； 01：TI； 10：Microwire； 11：不支持且不使用该组合	00
6	CPOL	时钟输出极性。该位只用于 SPI 模式。 0：SSP 控制器使帧之间的总线时钟保持为低电平； 1：SSP 控制器使帧之间的总线时钟保持为高电平	0
7	CPHA	时钟输出相位。该位只用于 SPI 模式。 0：SSP 控制器在帧传输的第一次时钟跳变时捕获串行数据，也就是说跳变远离时钟线的帧间状态； 1：SSP 控制器在帧传输的第二次时钟跳变时捕获串行数据，也就是说跳变回到时钟线的帧间状态	0
15:8	SCR	串行时钟速率。SCR 的值为总线上传输的每一个数据位对应的 SSP 时钟数减 1。假设 CPSDVSR 为预分频器分频值，APB 时钟 PCLK 计时预分频器，则位频率为 PCLK/[CPSDVSR×(SCR+1)]	0x00

2. SSP 控制寄存器 1(SSP0CR1/SSP1CR1)

该寄存器控制 SSP 控制器操作的某些方面。表 17 - 5 为 SSP 控制寄存器 1 位描述。

表 17 - 5　SSP 控制寄存器 1 位描述(SSP0CR1—0x4004 0004,SSP1CR1—0x4005 8004)

位	符　号	描　　　述	复位值
0	LBM	回写模式。 0：正常操作； 1：串行输入引脚可用作串行输出引脚(MOSI 或 MISO)，而不是仅作串行输入引脚(MISO 或 MOSI 分别起作用)	0

续表 17 – 5

位	符 号	描 述	复位值
1	SSE	SSP 使能。 0：SSP 控制器禁能； 1：SSP 控制器可与串行总线上的其他设备相互通信。置位该位前，软件应向其他 SSP 寄存器和中断控制寄存器写入合适的控制信息	0
2	MS	主/从模式。只有在 SSE 位为 0 时才能对该位进行写操作。 0：SSP 控制器作为总线主机，驱动 SCLK、MOSI 和 SSEL 线并接收 MISO 线； 1：SSP 控制器作为总线上的从机，驱动 MISO 线并接收 SCLK、MOSI 及 SSEL 线	0
3	SOD	从机输出禁能。只有在从模式下才与该位有关（MS＝1）。如果值为 1，则禁止 SSP 控制器驱动发送数据线（MISO）	0
7:4	—	保留，用户软件不应向保留位写入 1。从保留位的值未定义	NA

3. SSP 数据寄存器(SSP0DR/SSP1DR)

软件可向该寄存器写入要发送的数据，或从该寄存器读出已接收的数据。表 17 – 6 为 SSP 数据寄存器位描述。

表 17 – 6　SSP 数据寄存器位描述(SSP0DR—0x4004 0008，SSP1DR—0x4005 8008)

位	符 号	描 述	复位值
15:0	DATA	写：当状态寄存器中的 TNF 位置 1（指示 Tx FIFO 未满）时，软件就可以将要发送的帧数据写入该寄存器。如果 Tx FIFO 原来为空且总线上的 SSP 控制器空闲，则立即开始发送数据。否则，只要前面所有的数据都已发送（或接收），写入该寄存器的数据将会被发送。如果数据长度小于 16 位，则软件必须使写入该寄存器的数据向右对齐。 读：只要状态寄存器中的 RNE 位置 1（指示 Rx FIFO 未满），软件就可以从该寄存器读出数据。当软件读该寄存器时，SSP 控制器返回 Rx FIFO 中最早接收到的帧数据。如果数据长度小于 16 位，那么使该字段的数据向右对齐，高位补 0	0x0000

4. SSP 状态寄存器(SSP0SR/SSP1SR)

该只读寄存器反映 SSP 控制器的当前状态。表 17 – 7 为 SSP 状态寄存器位描述。

5. SSP 时钟预分频寄存器(SSP0CPSR/SSP1CPSR)

预分频器用来对 SSP 外设时钟 SSP_PCLK 进行分频，以获得预分频时钟的分频因数由该寄存器控制,而预分频时钟被 SSPCR0 中的 SCR 因数分频后会得到位时钟。

表 17 - 7　SSP 状态寄存器位描述(SSP0SR—0x4004 000C,SSP1SR—0x4005 800C)

位	符　号	描　述	复位值
0	TFE	发送 FIFO 为空。发送 FIFO 为空时该位置 1,反之为 0	1
1	TNF	发送 FIFO 未满。发送 FIFO 满时该位为 0,反之为 1	1
2	RNE	接收 FIFO 未空。接收 FIFO 为空时该位为 0,反之为 1	0
3	RFF	接收 FIFO 满。接收 FIFO 满时该位置 1,反之为 0	0
4	BSY	忙。SSP 控制器空闲时该位为 0,当前发送/接收一个帧和/或 Tx FIFO 不为空时该位为 1	0
7:5	—	保留,用户软件不能向保留位写"1"。从保留位读出的值未定义	NA

在从模式下,主机提供的 SSP 时钟速率不能超过 SSP 外设时钟的 1/12。

在主模式下,CPSDVSRmin＝2 或更大的值(只能为偶数)。

表 17 - 8 为 SSP 时钟预分频寄存器位描述。

表 17 - 8　SSP 时钟预分频寄存器位描述(SSP0CPSR—0x4004 0010,SSP1CPSR—0x4005 8010)

位	符　号	描　述	复位值
7:0	CPSDVSR	该值为 2~254 之间的一个偶数,SSP_PCLK 通过该值进行分频产生预分频输出时钟。位 0 读出时总为 0	0

注:必须适当地对 SSP0CPSR 值进行初始化,否则 SSP 控制器不能正确发送数据。

6. SSP 中断屏蔽置位/清零寄存器(SSP0IMSC/SSP1MSC)

该寄存器控制是否使能 SSP 控制器中的 4 个中断条件。表 17 - 9 为 SSP 中断屏蔽置位/清零寄存器位描述。

表 17 - 9　SSP 中断屏蔽置位/清零寄存器位描述(SSP0IMSC—0x4004 0014,SSP1MSC—0x4005 8014)

位	符　号	描　述	复位值
0	RORIM	出现接收上溢(即当 Rx FIFO 满时且另一个帧完全接收)时,软件应将该位置位以使能中断。ARM 规范表明,出现这种情况时,原来的帧数据会被新的帧数据覆写	0
1	RTIM	出现接收超时条件时,软件应将该位置位以使能中断。当 Rx FIFO 不为空且在"超时周期"没有读出任何数据时,就会出现接收超时	0
2	RXIM	Rx FIFO 至少有一半为满时,软件应将该位置位以使能中断	0
3	TXIM	Tx FIFO 至少有一半为空时,软件应将该位置位以使能中断	0
7:4	—	保留,用户软件不能向保留位写"1"。从保留位读出的值未定义	NA

7. SSP 原始中断状态寄存器(SSP0RIS/SSP1RIS)

无论 SSP0IMSC 中的中断是否使能,只要出现有效的中断条件,则该只读寄存器就将相应的位置 1。表 17-10 为 SSP 原始中断状态寄存器位描述。

表 17-10　SSP 原始中断状态寄存器位描述(SSP0RIS—0x4004 0018,SSP1RIS—0x4005 8018)

位	符 号	描 述	复位值
0	RORRIS	如果 Rx FIFO 为满时又完全接收到另一帧数据,则该位置 1。ARM 规范指明出现这种情况时,前面的帧数据会被新的帧数据覆写	0
1	RTRIS	当 Rx FIFO 不为空,且在"超时周期"没有被读出时,该位置 1	0
2	RXRIS	当 Rx FIFO 至少有一半为满时,该位置 1	0
3	TXRIS	当 Tx FIFO 至少有一半为空时,该位置 1	1
7:4	—	保留,用户软件不能向保留位写"1"。从保留位读出的值未定义	NA

8. SSP 屏蔽中断状态寄存器(SSP0MIS/SSP1MIS)

该寄存器是一个只读寄存器,当中断条件出现且相应的中断在 SSPnIMSC 寄存器中使能时,该寄存器中对应的位就会置 1。当出现 SSP 中断时,中断服务程序可通过读该寄存器来判断中断源。表 17-11 为 SSP 屏蔽中断状态寄存器位描述。

表 17-11　SSP 屏蔽中断状态寄存器位描述(SSP0MIS—0x4004 001C,SSP1MIS—0x4005 801C)

位	符 号	描 述	复位值
0	RORMIS	当 Rx FIFO 为满时又完全接收另一帧数据,且中断使能时,该位置 1	0
1	RTMIS	当 Rx FIFO 不为空并在"超时周期"没有被读,且中断使能时,该位置 1	0
2	RXMIS	当 Rx FIFO 至少有一半为满,且中断使能时,该位置 1	0
3	TXMIS	当 Tx FIFO 至少有一半为空,且中断使能时,该位置 1	
7:4	—	保留,用户软件不应向保留位写"1"。从保留位读出的值未定义	NA

9. SSP 中断清零寄存器(SSP0ICR/SSP1ICR)

软件可向该只写寄存器写入一个或多个 1,将 SSP 控制器中相应的中断条件清零。注意其他两个中断条件可通过写或读相应的 FIFO 清除,或通过清零 SSP0IMSC 中的相应位将其禁能。表 17-12 为 SSP 中断清零寄存器位描述。

表 17 - 12 SSP 中断清零寄存器位描述(SSP0ICR—0x4004 0020,SSP1ICR—0x4005 8020)

位	符 号	描 述	复位值
0	RORIC	向该位写"1"以清除"Rx FIFO 为满时接收帧"中断	NA
1	RTIC	向该位写"1"以清除"Rx FIFO 不为空且在超时周期内没有被读出"中断	NA
7:2	—	保留,用户软件不应向保留位写"1"。从保留位读出的值未定义	NA

17.2 电阻式触摸屏

目前,对触摸屏的感应读取主要有两种方式:

① 电容式感应屏;

② 电阻式感应屏。

电容式感应屏(简称电容屏)的灵敏度高,手感好,但价格也比较高;电阻式感应屏(简称电阻屏)的灵敏度及手感稍差一些,但价格便宜,使用很可靠,例如我们常见的汽车控制屏即为电阻触摸屏。下面的实验就使用电阻屏实现。

17.3 低电压输入/输出触摸屏控制器 XPT2046

XPT2046 是一款 4 线式阻性触摸屏控制电路,其工作电压为 2.2~5.25 V,支持 1.5~5.25 V 低压 I/O 接口。它通过标准 SPI 协议和 CPU 通信,操作简单,精度高。同类器件还有 ADS7846 等。

XPT2046 内部包含了一个 2.5 V 的基准电路,该基准可以应用在备选输入测量,电池监测和温度测量功能中。在掉电模式下,基准关闭以降低功耗。当在 0~6 V 的范围内监测电池电压时,如果电源供电低于 2.7 V,内部基准仍可工作。电源电压在 2.7 V 时功耗的典型值为 0.75 mW(关闭内部基准),转换速率为 125 kHz。

XPT2046 是电池供电系统的理想选择,例如 PDA、触摸屏手机和其他便携式的设备。

图 17 - 1 为 XPT2046 内部结构框图。XPT2046 有 TSSOP16、QFN16 和 VFB-GA48 等封装形式,可在 -40~+85 ℃温度范围内工作。

图 17 - 2 为 XPT2046 引脚封装。

表 17 - 13 为 XPT2046 引脚功能描述。

表 17 - 13　XPT2046 引脚功能描述

TSSOP	VFBGA	QFN	引脚名	功能描述
1	B1,C1	5	VCC	电源引脚
2	D1	6	X+	X+位置输入端
3	E1	7	Y+	Y+位置输入端
4	G2	8	X-	X-位置输入端
5	G3	9	Y-	Y-位置输入端
6	G4,G5	10	GND	地引脚
7	G6	11	VBAT	电源检测输入端
8	E7	12	AUX	备选输入端
9	D7	13	VREF	基准电压输入/输出
10	C7	14	IOVDD	数字 I/O 端口供电电源
11	B7	15	$\overline{PENIRQ}$	笔中断
12	AB	16	DOUT	串行数据输出端,当$\overline{CS}$为高时,为高阻状态
13	A5	1	BUSY	忙时信号输出,当$\overline{CS}$为高时,为高阻状态
14	A4	2	DIN	串行数据输入端,当$\overline{CS}$为低时,数据在 DCLK 上升沿锁存
15	A3	3	$\overline{CS}$	片选信号输入
16	A2	4	DCLK	时钟输入端口

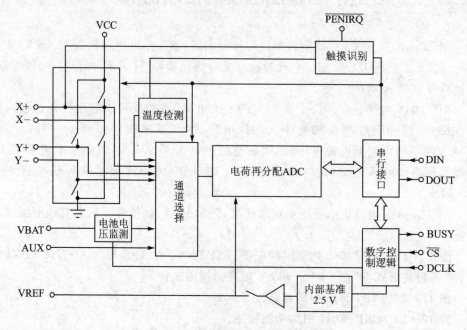

图 17 - 1　XPT2046 内部结构框图

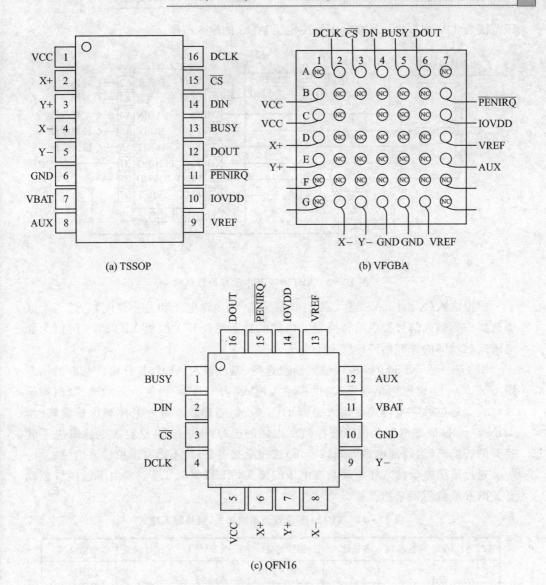

图 17 - 2　XPT2046 引脚封装

17.4　XPT2046 工作原理

XPT2046 是一个典型的逐次逼近型 ADC,其结构是基于电荷再分配的比例电容阵列结构,这种结构本身具有采样保持功能,其转换器是采用 $0.5~\mu m$ CMOS 工艺制造的。

图 17 - 3 为 XPT2046 的基本工作原理结构。XPT2046 工作时需要外部时钟来提供转换时钟和串口时钟,内部基准 2.5 V 可以被外部的低阻抗电压源驱动,基准电

压范围为 1 V 到 VCC,基准电压值决定了 ADC 的输入范围。

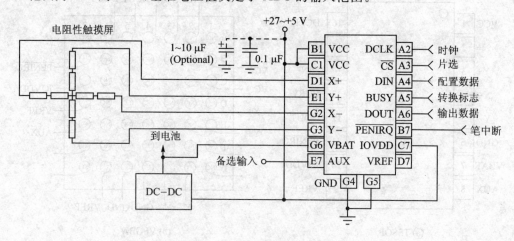

图 17 - 3　XPT2046 基本工作原理结构

　　模拟输入(X 坐标、Y 坐标、Z 坐标、备选输入、电池电压和芯片温度)通过一个通道选择作为输入信号提供给转换器。内部的低阻驱动开关使得 XPT2046 可以为如电阻式触摸屏的外部器件提供驱动电压,

　　图 17 - 4 为 XPT2046 模拟输入通道选择、差分输入 ADC、差分输入基准的示意图。表 17 - 14 设置为单端模式、模拟输入模式;表 17 - 15 设置为差动模式、模拟输入模式。通过数字串行接口输入引脚 DIN 控制,当比较器进入采样和保持模式时,+IN 与-IN 间的电压差值将被存储在内部的电容阵列上,模拟输入电流取决于转换器的转换率,当内部电容阵列(25 pF)被完全充电后,将不再有模拟输入电流。

　　通过采用差动输入和差动基准电压的模式,XPT2046 可以消除由于触摸屏驱动开关的导通电阻带来的误差。

表 17 - 14　XPT2046 设置为单端模式、模拟输入模式

A2	A1	A0	电池检测	备选输入	温度测量	Y-	X+	Y+	坐标测量	驱动电压
0	0	0			+IN(TEMP0)					不加
0	0	1					+IN		Y 坐标	Y+,Y-
0	1	0	+IN							不加
0	1	1					+IN		Z1 坐标	Y+,X-
1	0	0				+N			Z2 坐标	Y+,X-
1	0	1						+IN	X 坐标	X+,X-
1	1	0		+IN						不加
1	1	1			+IN(TEMP1)					不加

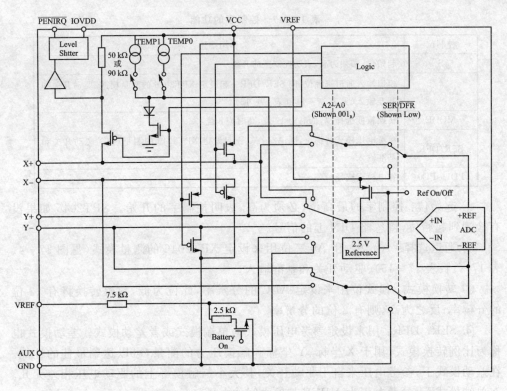

图 17 - 4　XPT2046 模拟输入通道选择、差分输入 ADC、差分输入基准的示意图

表 17 - 15　XPT2046 设置为差动模式、模拟输入模式

A2	A1	A0	Y-	X+	Y+	坐标测量	驱动电压(+REF,-REF)
0	0	1		+IN		Y 坐标	Y+,Y-
0	1	1		+IN		Z1 坐标	Y+,X-
1	0	0	+IN			Z2 坐标	Y+,X-
1	0	1			+IN	X 坐标	X+,X-

17.5　XPT2046 的控制字

从 DIN 引脚串行输入的控制字的各位的作用见表 17 - 16、表 17 - 17,控制字用来设定 XPT2046 的转换开始位、模拟输入选择、ADC 分辨率、参考电压模式和省电模式。

表 17 - 16　控制字的顺序及各个控制位

Bit 7(MSB)	Bit 6	Bit 5	Bit 4	Bit 3	Bit 2	Bit 1	Bit 0(LSB)
S	A2	A1	A0	MODE	SER/DFR	PD1	PD0

表 17 - 17　控制字的功能

控制位	作用描述
S	起始位,必须为高,表明控制字的开始
A2~A0	模拟输入通道选择位,同 SER/$\overline{DFR}$ 一起设定 XPT2046 的测量模式、驱动开关和基准输入(见表 17 - 14 和表 17 - 15)
MODE	转换精度选择位,低时为 12 位,高时为 8 位
SER/$\overline{DFR}$	参考电压模式选择位,同 A2~A0 一起设定 XPT2046 的测量模式、驱动开关和基准输入
PD1~PD0	省电模式选择

① 起始位:控制字的最高位,必须为高,表明控制字的开始。XPT2046 如果没有检测到起始位,将忽略 DIN 上的信号。

② 通道选择:A2、A1 和 A0 三位用来设定 XPT2046 的测量模式(见图 17 - 4、表 17 - 14、表 17 - 15)、驱动开关和基准输入。

③ 转换模式:模式位用来设定 ADC 的分辨率,此位为低,数模转换将有 12 位的分辨率;反之为高,则有 8 位的分辨率。

④ SER/ DFR:用来设定参考电压模式为单端模式或者差动模式。差动模式也称为比例转换模式,用于 X 坐标、Y 坐标和触摸压力的测量,可以达到最佳的性能。在差动模式下,参考电压来自于驱动开关,其大小与触摸屏上的驱动电压相差无几。在单端模式下,参考电压为 VREF 与地之间的电压。

如果 X 坐标、Y 坐标和触摸压力的测量采用单端模式,则必须使用外部基准电压,同时 XPT2046 的电源电压也由外部基准电压提供。在单端模式下,必须保证 ADC 的输入信号的电压不能查过内部基准电压 2.5 V,特别是电源电压高于 2.7 V 时。

⑤ PD1 和 PD0:ADC 和内部基准电路可以通过这两位来设定为工作或者停止,因此可以降低 XPT2046 的功耗,还可以让内部基准电压在转换前稳定到最终的电压值(见表 17 - 18)。如果内部基准电路被关闭,要保证有足够的启动时间来启动内部基准电路。ADC 不需要启动时间,可以瞬间启动。此外,随着 BUSY 置为高,内部基准电路的工作模式将被锁存,需要对 XPT2046 写额外的控制位来关闭内部基准电路。

表 17 - 18　省电模式和内部基准选择

PD1	PD0	接触中断功能	功能描述
0	0	启用	转换完成后进入省电模式下,下一次转换开始后,所有的器件将被上电,不需要额外的延迟来保证操作的正确性,第一次转换结果也是有效的。省电模式时,Y-驱动开关将导通
0	1	禁用	启用 ADC,关闭基准电路
1	0	启用	关闭 ADC,启用基准电路
1	1	禁用	ADC 和基准电路都启用

17.6　笔中断接触输出

PD0＝0 的掉电模式下,如果触摸屏被触摸,PENIRQ 将变为低电平,这对 CPU 来说将意味着一个中断信号的产生。此外,在 X 坐标、Y 坐标和 Z 坐标的测量过程中, PENIRQ 输出将被禁止,一直为低。如果 XPT2046 的控制位中 PD0＝1, PENIRQ 输出功能将被禁止,触摸屏的接触将不会被探测到。为了重新启用接触探测功能,需要重新写控制位 PD0＝0。

在 CPU 给 XPT2046 发送控制位时,建议 CPU 屏蔽掉 PENIRQ 的中断功能,这是为了防止引起误操作。

当触摸屏被按下时(即有触摸事件发生),XPT2046 向 CPU 发中断请求,CPU 接到请求后,应延时一下再响应其请求,目的是为了消除抖动使得采样更准确。如果一次采样不准确,可以尝试多次采样取最后一次结果为准,目的也是为了消除抖动。

17.7　触摸屏应用实验

17.7.1　模拟 SSP 总线接口读写 XPT2046

1. 实验要求

设计一个画图板,要求可以使用 5 种颜色画图或写字,具有擦除功能。

2. 实验电路原理

参考 Mini LPC11XX DEMO 开发板电路原理图:

P2.1——SCK1;

P0.2——T_CS;

P2.3——MOSI1;

P2.2—MISO1;

P2.0—T_PEN。

3. 源程序文件及分析

这里只分析 main. c 文件和 Software_xpt2046. c,完整程序请登录北京航空航天大学出版社网站下载。

新建一个文件目录 TOUCH_test1,在 Real View MDK 集成开发环境中创建一个工程项目 TOUCH_test1. uvproj 于此目录中。

在 File 菜单下新建如下源文件 main. c,编写源程序代码后保存在 User 文件夹下,再把 main. c 文件添加到 User 组中。

```c
#include "ili9325.h"
#include "ssp.h"
#include "w25Q16.h"
#include "Software_xpt2046.h"
#include "gui.h"

uint16 DrawPenColor;            //画笔颜色

/*********************************************************
* FunctionName  : Init
* Description   : 初始化系统
* EntryParameter : None
* ReturnValue   : None
*********************************************************/
void Init(void)
{
    SystemInit();               //系统初始化
    LCD_Init();                 //液晶显示器初始化
    W25Q16_Init();              //W25Q16 初始化
    Touch_Init();               //触摸芯片初始化
}

/*********************************************************
* FunctionName  : main
* Description   : 主函数
* EntryParameter : None
* ReturnValue   : None
*********************************************************/
int main(void)
{
    Init();
    LCD_Clear(LGRAY);               //整屏显示浅灰色
    POINT_COLOR = RED;
    BACK_COLOR = LGRAY;
    LCD_ShowString(10,289,"Touch");
    LCD_ShowString(175,289,"& Draw");
    Draw_Frame(10,15,230,65," 墨盒 ");       //显示"墨盒"Frame
    LCD_Fill(20, 30, 50, 60, BLUE);          //墨盒填充蓝色
    LCD_Fill(60, 30, 90, 60, RED);           //墨盒填充红色
    LCD_Fill(100, 30, 130, 60, YELLOW);      //墨盒填充黄色
    LCD_Fill(140, 30, 170, 60, GREEN);       //墨盒填充绿色
    LCD_Fill(180, 30, 210, 60, PINK);        //墨盒填充粉红色
```

```
Draw_Frame(10,80,230,280," 画布 ");        //显示"画布"Frame
LCD_Fill(20, 100, 220, 270, WHITE);        //把画布填充成白色

Draw_Button(83,285,157,310);               //显示"擦除画布"按钮
POINT_COLOR = BLACK;
BACK_COLOR = LGRAY;
LCD_ShowString(88,289,"擦除画布");

DrawPenColor = BLUE;                        //默认画笔颜色蓝色
while(1)
{
    if(Pen_Point.Pen_Sign == Pen_Down)     //笔状态 Pen_Point.Pen_Sign 为 1(写下)
    {
        Pen_Int_Disable；   //关闭笔中断
        if(Read_Continue() == 0)   //如果发生"触摸屏被按下事件"(读出 xy 坐标)
        {
            //读出 TFT - LCD 的 xy 坐标
            if((Pen_Point.Y_Coord>100)&&(Pen_Point.Y_Coord<270))
            {
                do
                {
                    if(Read_Continue() == 0)   //如果发生"触摸屏被按下事件"
                                               //(读出 xy 坐标)
                    {   //在规定区域内读取到坐标
                        if((Pen_Point.X_Coord>20)&&(Pen_Point.X_Coord<220)
                        &&(Pen_ Point. Y_ Coord > 100)&&(Pen_ Point. Y_ Coord<
                        270))
                        LCD_Draw5Point(Pen_Point.X_Coord, Pen_Point.Y_Coord,
                        DrawPenColor);   //画出一个大的圆点
                    }
                }while((LPC_GPIO2 - >DATA&0x1) == 0);   //观察中断引脚 P2.0
                                                        //电平(等待笔释放)
        }
        //擦除画布按钮
        if((Pen_Point.X_Coord>83)&&(Pen_Point.X_Coord<157)&&(Pen_Point.
            Y_Coord>285)&&(Pen_Point.Y_Coord<310))
        {
            SetButton(83,285,157,310);   //显示按钮被按下状态
            LCD_Fill(85, 288, 154, 307,LGRAY);   //清除按钮上的字
            POINT_COLOR = BLACK;
            BACK_COLOR = LGRAY;
            LCD_ShowString(89,290,"擦除画布");   //显示按钮上的字被按下状态
            while((LPC_GPIO2 - >DATA& 0x1) == 0);   //如果按钮被一直按着,等待
```

```
                EscButton(83,285,157,310);   //放开按钮显示按钮被放开状态
                LCD_Fill(85, 288, 154, 307,LGRAY);   //清除按钮上的字
                POINT_COLOR = BLACK;
                BACK_COLOR = LGRAY;
                LCD_ShowString(88,289,"擦除画布");   //显示按钮上的字被恢复状态
                LCD_Fill(20, 100, 220, 270, WHITE);   //把画布填充成白色
            }
        if((Pen_Point.Y_Coord>30)&&(Pen_Point.Y_Coord<60))
                        //如果点下 5 个墨盒中的一个
        {
            if((Pen_Point.X_Coord>20)&&(Pen_Point.X_Coord<50))
                        //沾蓝色墨
            {
                DrawPenColor = BLUE;
            }
            if((Pen_Point.X_Coord>60)&&(Pen_Point.X_Coord<90))
                        //沾红色墨
            {
                DrawPenColor = RED;
            }
            if((Pen_Point.X_Coord>100)&&(Pen_Point.X_Coord<130))
                        //沾黄色墨
            {
                DrawPenColor = YELLOW;
            }
            if((Pen_Point.X_Coord>140)&&(Pen_Point.X_Coord<170))
                        //沾绿色墨
            {
                DrawPenColor = GREEN;
            }
            if((Pen_Point.X_Coord>180)&&(Pen_Point.X_Coord<210))
                        //沾粉色墨
            {
                DrawPenColor = PINK;
            }
        }
        }
        Pen_Int_Enable;   //开启笔中断
    }else delay_ms(2);
    }
}
```

在 File 菜单下新建如下源文件 Software_xpt2046.c,编写完成后保存在 Drive 文件夹下,随后将文件 Software_xpt2046.c 添加到 Drive 组中。

```c
#include "config.h"
#include "Software_xpt2046.h"
#include "w25Q16.h"

Pen_Holder Pen_Point;   //定义笔的结构体变量

/* ************************************************************
* FunctionName   : PIOINT2_IRQHandler
* Description    : 外中断函数
* EntryParameter : None
* ReturnValue    : None
************************************************************/
void PIOINT2_IRQHandler(void)                //笔中断函数
{
    Pen_Point.Pen_Sign = Pen_Down;           //按键按下
    LPC_GPIO2->IC |= (1<<0);                 //清除 P2.0 上的中断
}


/* ************************************************************
* FunctionName   : Touch_Init
* Description    : 触摸初始化
* EntryParameter : None
* ReturnValue    : None
************************************************************/
void Touch_Init(void)
{
    // Penirq 中断引脚设置
    CLR_BIT(LPC_GPIO2,DIR,0);                //把 P2.0 设置为输入
    CLR_BIT(LPC_GPIO2,IS,0);                 //选择 P2.0 为边沿触发
    CLR_BIT(LPC_GPIO2,IEV,0);                //选择 P2.0 为下降沿沿触发
    SET_BIT(LPC_GPIO2,IE,0);                 //设置 P2.0 中断不被屏蔽
    NVIC_EnableIRQ(EINT2_IRQn);              //开 GPIO2 中断
    // T_CS 片选引脚设置
    SET_BIT(LPC_GPIO0,DIR,2);                //把 P0.2 设置为输出
    SET_BIT(LPC_GPIO0,DATA,2);               //P0.2 引脚置 1
    // SPI 通信引脚设置(模拟,非硬件 SPI)
    SET_BIT(LPC_GPIO2,DIR,1);                //把 P2.1 设置为输出,用作 SCK
    CLR_BIT(LPC_GPIO2,DIR,2);                //把 P2.2 设置为输入,用作 MISO
    SET_BIT(LPC_GPIO2,DIR,3);                //把 P2.3 设置为输出,用作 MOSI
    CLR_BIT(LPC_GPIO2,DATA,1);               // SCK = 0;
    SET_BIT(LPC_GPIO2,DATA,3);               // MOSI = 1;
```

```
        Pen_Point.Pen_Sign = Pen_Up;
        Read_ADS(&Pen_Point.X_ADC,&Pen_Point.Y_ADC);
}

/****************************************************************
* FunctionName   : Touch_Write
* Description    : SPI 写数据给 XPT2046
* EntryParameter : wbyte—需写入的一字节数据
* ReturnValue    : None
****************************************************************/
void Touch_Write(uint8 wbyte)
{
    uint8 i;
    LPC_GPIO2->DATA &= ~(1<<1);    // SCK = 0;
    delay_us(1);
    for(i = 0;i<8;i++)
    {
        if(wbyte&0x80)
        SET_BIT(LPC_GPIO2,DATA,3);       // MOSI = 1;
        else CLR_BIT(LPC_GPIO2,DATA,3);  // MOSI = 0;
        wbyte<<= 1;
        CLR_BIT(LPC_GPIO2,DATA,1);       // SCK = 0;  上升沿读入数据
        __nop();__nop();__nop();
        LPC_GPIO2->DATA |= (1<<1);  // SCK = 1;
        __nop();__nop();__nop();
    }
}

/****************************************************************
* FunctionName   : XPT2046_Read_AD
* Description    : XPT2046 读取 X 轴或 Y 轴的 ADC 值
* EntryParameter : CMD—命令
* ReturnValue    : None
****************************************************************/
uint16 XPT2046_Read_AD(uint8 CMD)
{
    uint8 count = 0;
    uint16 Num = 0;
    CLR_BIT(LPC_GPIO2,DATA,1);        // SCK = 0;
    CLR_BIT(LPC_GPIO0,DATA,2);        // CS = 0 开始 SPI 通信
    Touch_Write(CMD);                 //发送命令字
    delay_us(6);                      //延时等待转换完成
    SET_BIT(LPC_GPIO2,DATA,1);        // SCK = 1;
```

```
    __nop();__nop();__nop();
    CLR_BIT(LPC_GPIO2,DATA,1);              // SCK = 0;
    __nop();__nop();__nop();
    for(count = 0;count<16;count ++ )
    {
        Num<< = 1;
        CLR_BIT(LPC_GPIO2,DATA,1);          // SCK = 0;
        __nop();__nop();__nop();
        SET_BIT(LPC_GPIO2,DATA,1);          // SCK = 1;
        __nop();__nop();__nop();
        if(LPC_GPIO2 - >DATA&(1<<2))Num ++ ;
    }
    Num>> = 4;                              //只有高 12 位有效.
    SET_BIT(LPC_GPIO0,DATA,2);              // CS = 1 结束 SPI 通信
    return(Num);
}

#define READ_TIMES 10                       //读取次数
#define LOST_VAL 4                          //丢弃值

/ * * * * * * * * * * * * * * * * * * * * * * * * * * * * * * * * * * * * * * * * * * * * * * * * * *
* FunctionName   : XPT2046_Read_XY
* Description    :XPT2046 读取 X 轴或 Y 轴的 ADC 值,与上一个函数相比,这个带有滤波
* EntryParameter : CMD—命令
* ReturnValue    : None
* * * * * * * * * * * * * * * * * * * * * * * * * * * * * * * * * * * * * * * * * * * * * * * * * * */
uint16 XPT2046_Read_XY(uint8 xy)
{
    uint16 i, j;
    uint16 buf[READ_TIMES];
    uint16 sum = 0;
    uint16 temp;
    for(i = 0;i<READ_TIMES;i ++ )
    {
        buf[i] = XPT2046_Read_AD(xy);
    }
    for(i = 0;i<READ_TIMES - 1; i ++ )  //排序
    {
        for(j = i + 1;j<READ_TIMES;j ++ )
        {
            if(buf[i]>buf[j])   //升序排列
            {
                temp = buf[i];
```

```
                buf[i] = buf[j];
                buf[j] = temp;
            }
        }
    }
    sum = 0;
    for(i = LOST_VAL;i<READ_TIMES - LOST_VAL;i ++ )sum + = buf[i];
    temp = sum/(READ_TIMES - 2 * LOST_VAL);
    return temp;
}

/ ********************************************************
* FunctionName    : Read_ADS
* Description     : 读取 X 轴和 Y 轴的 ADC 值
* EntryParameter  : &Pen_Point.X_ADC,&Pen_Point.Y_ADC
* ReturnValue     : 0—成功(返回的 X,Y_ADC 值有效);
*                   1—失败(返回的 X,Y_ADC 值无效)
********************************************************/
uint8 Read_ADS(uint16 * x,uint16 * y)
{
    uint16 xtemp,ytemp;
    xtemp = XPT2046_Read_XY(CMD_RDX);
    ytemp = XPT2046_Read_XY(CMD_RDY);

    if(xtemp<100||ytemp<100)return 1;   //读数失败
    * x = xtemp;
    * y = ytemp;
    return 0;   //读数成功
}

#define ERR_RANGE 50   //误差范围

/ ********************************************************
* FunctionName    : Read_ADS2
* Description     : 连续两次读取 ADC 值
* EntryParameter  : &Pen_Point.X_ADC,&Pen_Point.Y_ADC
* ReturnValue     : 0—成功(返回的 X,Y_ADC 值有效);
*                   1—失败(返回的 X,Y_ADC 值无效)
********************************************************/
uint8 Read_ADS2(uint16 * x,uint16 * y)
{
    uint16 x1,y1;
    uint16 x2,y2;
    uint8 res;
```

```
    res = Read_ADS(&x1,&y1);                    //第一次读取 ADC 值
    if(res == 1)return(1);                      //如果读数失败,返回 1
    res = Read_ADS(&x2,&y2);                    //第二次读取 ADC 值
    if(res == 1)return(1);                      //如果读数失败,返回 1
    if((((x2< = x1&&x1<x2 + ERR_RANGE)||(x1< = x2&&x2<x1 + ERR_RANGE))
                                               //前后两次采样在 ±50 内
    &&((y2< = y1&&y1<y2 + ERR_RANGE)||(y1< = y2&&y2<y1 + ERR_RANGE)))
    {
        * x = (x1 + x2)/2;
        * y = (y1 + y2)/2;
        return 0;                              //正确读取,返回 0
    }else return 1;                            //前后不在 ±50 内,读数错误
}

/ * * * * * * * * * * * * * * * * * * * * * * * * * * * * * * * * * * * * * * * *
 * FunctionName    : Change_XY
 * Description      :把读出的 ADC 值转换成坐标值
 * EntryParameter  : None
 * ReturnValue      : None
 * * * * * * * * * * * * * * * * * * * * * * * * * * * * * * * * * * * * * * * */
void Change_XY(void)
{
    Pen_Point.X_Coord = (240 - (Pen_Point.X_ADC - 100)/7.500);
                                    //把读到的 X_ADC 值转换成 TFT X 坐标值
    Pen_Point.Y_Coord = (320 - (Pen_Point.Y_ADC - 135)/5.705);
                                    //把读到的 Y_ADC 值转换成 TFT Y 坐标值
}

/ * * * * * * * * * * * * * * * * * * * * * * * * * * * * * * * * * * * * * * * *
 * FunctionName    : Read_Once
 * Description      :读取一次 XY 坐标值
 * EntryParameter  : None
 * ReturnValue      : XY 坐标值
 * * * * * * * * * * * * * * * * * * * * * * * * * * * * * * * * * * * * * * * */
uint8 Read_Once(void)
{
    Pen_Point.Pen_Sign = Pen_Up;
    if(Read_ADS2(&Pen_Point.X_ADC,&Pen_Point.Y_ADC) == 0)  //如果读取数据成功
    {
        while((LPC_GPIO2 - >DATA&0X1) == 0);  //检测笔是不是还在屏上
        Change_XY();     //把读到的 ADC 值转变成 TFT 坐标值
        return 0;        //返回 0,表示成功
    }
```

```
    else return 1;        //如果读取数据失败,返回1表示失败
}

/**************************************************************
 *  FunctionName    : Read_Continue
 *  Description     : 持续读取 XY 坐标值
 *  EntryParameter  : None
 *  ReturnValue     : XY 坐标值
 **************************************************************/
uint8 Read_Continue(void)
{
    Pen_Point.Pen_Sign = Pen_Up;
    if(Read_ADS2(&Pen_Point.X_ADC,&Pen_Point.Y_ADC) == 0)   //如果读取数据成功
    {
        Change_XY();    //把读到的 ADC 值转变成 TFT 坐标值
        return 0;       //返回 0 表示成功
    }
    else return 1;      //如果读取数据失败,返回1表示失败
}
```

4. 实验效果

编译通过后下载程序,使用一支手机笔,在触摸屏上可以画出各种图画,也可以写字,很有趣。

图 17 - 5 为模拟 SSP 总线接口读写 XPT2046 的实验照片。

图 17 - 5 模拟 SSP 总线接口读写 XPT2046 的实验照片

17.7.2　硬件 SSP 总线接口读写 XPT2046

1. 实验要求

设计一个画图板,要求可以使用 5 种颜色画图或写字,具有擦除功能。

2. 实验电路原理

参考 Mini LPC11XX DEMO 开发板电路原理图:

P2.1——SCK1;

P0.2——T_CS;

P2.3——MOSI1;

P2.2——MISO1;

P2.0——T_PEN。

3. 源程序文件及分析

这里只分析 main.c 文件、ssp.c 文件及 xpt2046.c 文件,完整程序请登录北京航空航天大学出版社网站下载。

新建一个文件目录 TOUCH_test2,在 Real View MDK 集成开发环境中创建一个工程项目 TOUCH_test2.uvproj 于此目录中。

在 File 菜单下新建如下源文件 main.c,编写源程序代码后保存在 User 文件夹下,再把 main.c 文件添加到 User 组中。

```
# include "config.h"
# include "ili9325.h"
# include "ssp.h"
# include "w25Q16.h"
# include "xpt2046.h"
# include "gui.h"

uint16 DrawPenColor;

/ * * * * * * * * * * * * * * * * * * * * * * * * * * * * * * * * * * * * * * * * * * *
 * FunctionName   : Init
 * Description    : 初始化系统
 * EntryParameter : None
 * ReturnValue    : None
 * * * * * * * * * * * * * * * * * * * * * * * * * * * * * * * * * * * * * * * * * * */
void Init(void)
{
    SystemInit();              //系统初始化
    LCD_Init();                //液晶显示器初始化
```

```
    W25Q16_Init();                    // W25Q16 初始化
    Touch_Init();                     //触摸芯片初始化
}

/************************************************************
 * FunctionName   : main
 * Description    : 主函数
 * EntryParameter : None
 * ReturnValue    : None
 ************************************************************/
int main()
{
    Init();

    LCD_Clear(LGRAY);                 //整屏显示浅灰色
    POINT_COLOR = RED;
    BACK_COLOR = LGRAY;
    LCD_ShowString(10,289,"Touch");
    LCD_ShowString(175,289,"& Draw");

    Draw_Frame(10,15,230,65," 墨盒 ");          //显示"墨盒"Frame
    LCD_Fill(20, 30, 50, 60, BLUE);            //墨盒填充蓝色
    LCD_Fill(60, 30, 90, 60, RED);             //墨盒填充红色
    LCD_Fill(100, 30, 130, 60, YELLOW);        //墨盒填充黄色
    LCD_Fill(140, 30, 170, 60, GREEN);         //墨盒填充绿色
    LCD_Fill(180, 30, 210, 60, PINK);          //墨盒填充粉红色

    Draw_Frame(10,80,230,280," 画布 ");         //显示"画布"Frame
    LCD_Fill(20, 100, 220, 270, WHITE);        //把画布填充成白色

    Draw_Button(83,285,157,310);               //显示"擦除画布"按钮
    POINT_COLOR = BLACK;
    BACK_COLOR = LGRAY;
    LCD_ShowString(88,289,"擦除画布");

    DrawPenColor = BLUE;                        //默认画笔颜色蓝色
    while(1)
    {
        if(Pen_Point.Pen_Sign == Pen_Down)     //笔状态 Pen_Point.Pen_Sign 为 1(写下)
        {
            Pen_Int_Disable;   //关闭中断
            if(Read_Continue() == 0)   //如果发生"触摸屏被按下事件"(读出 xy 坐标)
            {
                if((Pen_Point.Y_Coord>100)&&(Pen_Point.Y_Coord<270))
                                            //读出 TFT 的 xy 坐标
                {
```

```
do
{
    if(Read_Continue() == 0)    //如果发生"触摸屏被按下事件"
                                //（读出 xy 坐标）
    {    //在规定区域内读取到坐标
        if((Pen_Point.X_Coord>20)&&(Pen_Point.X_Coord<220)
            &&(Pen_Point.Y_Coord>100)&&(Pen_Point.Y_Coord<
            270))
        LCD_Draw5Point(Pen_Point.X_Coord, Pen_Point.Y_Coord,
            DrawPenColor);    //画出一个大的圆点
    }
}while((LPC_GPIO2->DATA&0x1) == 0);    //观察中断引脚 P2.0
                                //电平（等待笔释放）
}
//擦除画布按钮
if((Pen_Point.X_Coord>83)&&(Pen_Point.X_Coord<157)&&(Pen_Point.
    Y_Coord>285)&&(Pen_Point.Y_Coord<310))
{
    SetButton(83,285,157,310);    //显示按钮被按下状态
    LCD_Fill(85, 288, 154, 307,LGRAY);    //清除按钮上的字
    POINT_COLOR = BLACK;
    BACK_COLOR = LGRAY;
    LCD_ShowString(89,290,"擦除画布");    //显示按钮上的字被按下状态
    while((LPC_GPIO2->DATA&0x1) == 0);    //如果按钮被一直按着,等待
    EscButton(83,285,157,310);    //放开按钮显示按钮被放开状态
    LCD_Fill(85, 288, 154, 307,LGRAY);    //清除按钮上的字
    POINT_COLOR = BLACK;
    BACK_COLOR = LGRAY;
    LCD_ShowString(88,289,"擦除画布");    //显示按钮上的字被恢复状态
    LCD_Fill(20, 100, 220, 270, WHITE);    //把画布填充白色
}
if((Pen_Point.Y_Coord>30)&&(Pen_Point.Y_Coord<60))
                                //如果点下 5 个墨盒中的一个
{
    if((Pen_Point.X_Coord>20)&&(Pen_Point.X_Coord<50))
                                //沾蓝色墨
    {
        DrawPenColor = BLUE;
    }
    if((Pen_Point.X_Coord>60)&&(Pen_Point.X_Coord<90))
                                //沾红色墨
    {
```

```
                    DrawPenColor = RED;
                }
                if((Pen_Point.X_Coord>100)&&(Pen_Point.X_Coord<130))
                                    //沾黄色墨
                {
                    DrawPenColor = YELLOW;
                }
                if((Pen_Point.X_Coord>140)&&(Pen_Point.X_Coord<170))
                                    //沾绿色墨
                {
                    DrawPenColor = GREEN;
                }
                if((Pen_Point.X_Coord>180)&&(Pen_Point.X_Coord<210))
                                    //沾粉色墨
                {
                    DrawPenColor = PINK;
                }
            }
        }
        Pen_Int_Enable;                //开启中断
    }else delay_ms(2);
    }
}
```

在 File 菜单下新建如下源文件 ssp. c,编写完成后保存在 Drive 文件夹下,随后将文件 ssp. c 添加到 Drive 组中。

```
# include "config.h"
# include "ssp.h"

/ ***********************************************************
* FunctionName  : SPI1_communication
* Description   : SPI1 通信
* EntryParameter: TxData—发送一个字节
* ReturnValue   : 接收一个字节
*********************************************************** /
uint8 SPI1_communication(uint8 TxData)
{
    while(((LPC_SSP1 - >SR)&(1<<4)) == (1<<4));   //忙时等待,SR 状态寄存器 bit4
                                                  //BSY: 忙时为 1
    LPC_SSP1 - >DR = TxData;                      //把要发送的数写入 TxFIFO
    while(((LPC_SSP1 - >SR)&(1<<2))! = (1<<2));   //等待接收完,SR 状态寄存器
                                                  //bit2 RNE: 接收 FIFO 非空为 1
```

```
    return(LPC_SSP1->DR);                          //返回收到的数据
}

/***********************************************************
*  FunctionName   : SPI0_communication
*  Description    : SPI0 通信
*  EntryParameter : TxData—发送一个字节
*  ReturnValue    : 接收一个字节
***********************************************************/
uint8 SPI0_communication(uint8 TxData)
{
    while(((LPC_SSP0->SR)&(1<<4)) == (1<<4));      //忙时等待,SR 状态寄存器 bit4
                                                   //BSY：忙时为 1
    LPC_SSP0->DR = TxData;                         //把要发送的数写入 TxFIFO
    while(((LPC_SSP0->SR)&(1<<2))! = (1<<2));      //等待接收完,SR 状态寄存器
                                                   //bit2 RNE：接收 FIFO 非空为 1
    return(LPC_SSP0->DR);                          //返回收到的数据
}

/***********************************************************
*  FunctionName   : SPI1_Init
*  Description    : SPI1 初始化
*  EntryParameter : None
*  ReturnValue    : None
***********************************************************/
void SPI1_Init(void)
{
    uint8 i,Clear = Clear;   //Clear = Clear：用这种语句形式解决编译产生的 Waring：
                             //never used!

    LPC_SYSCON->PRESETCTRL |= (0x1<<2);            //禁止 SSP1 复位
    LPC_SYSCON->SYSAHBCLKCTRL |= (0x1<<18);        //允许 SSP1 时钟 bit18
    LPC_SYSCON->SSP1CLKDIV = 0x06;                 //6 分频：48/6 即 8 MHz
    LPC_SYSCON->SYSAHBCLKCTRL |= (1<<16);          //使能 IOCON 时钟(bit16)
    LPC_IOCON->PIO2_1 &= ~0x07;
    LPC_IOCON->PIO2_1 |= 0x02;     //把 PIO2_1 选择为 SSP CLK
    LPC_IOCON->PIO2_2 &= ~0x07;
    LPC_IOCON->PIO2_2 |= 0x02;     //把 PIO2_2 选择为 SSP MISO
    LPC_IOCON->PIO2_3 &= ~0x07;
    LPC_IOCON->PIO2_3 |= 0x02;     //把 PIO2_3 选择为 SSP MOSI
    LPC_SYSCON->SYSAHBCLKCTRL &= ~(1<<16); //禁能 IOCON 时钟(bit16)
    // 8 位数据传输,SPI 模式, CPOL = 1, CPHA = 1,空闲时 CLK 为 1,SCR = 0
    LPC_SSP1->CR0 = 0x01C7;
    //预分频值(注意：这里必须为偶数 2~254)
```

```
        LPC_SSP1 - >CPSR = 0x04;
        LPC_SSP1 - >CR1 &= ~(1<<0);   //LBM = 0: 正常模式
        LPC_SSP1 - >CR1 &= ~(1<<2);   //MS = 0: 主机模式
        LPC_SSP1 - >CR1 |=  (1<<1);   //SSE = 1 使能 SPI1
        //清空 RxFIFO,LPC1114 收发均有 8 帧 FIFO,每帧可放置 4~16 位数据
        for ( i = 0; i < 8; i++ )
        {
                Clear = LPC_SSP1 - >DR;   //读数据寄存器 DR 将清空 RxFIFO
        }
}


/ * * * * * * * * * * * * * * * * * * * * * * * * * * * * * * * * * * * * * * * * * * * * *
 * FunctionName   : SPI0_Init
 * Description    : SPI0 初始化
 * EntryParameter : None
 * ReturnValue    : None
 * * * * * * * * * * * * * * * * * * * * * * * * * * * * * * * * * * * * * * * * * * * * */
void SPI0_Init(void)
{
    uint8 i,Clear = Clear;   //Clear = Clear; 用这种语句形式解决编译产生的 Waring:
                             //never used!

    LPC_SYSCON - >PRESETCTRL |= (0x1<<0);        //禁止 SSP0 复位
    LPC_SYSCON - >SYSAHBCLKCTRL |= (0x1<<11);//允许 SSP0 时钟 bit11
    LPC_SYSCON - >SSP0CLKDIV = 0x01;  //分频系数为 1,使 SPI0 速率最大: 48 MHz
    LPC_SYSCON - >SYSAHBCLKCTRL |= (1<<16);  //使能 IOCON 时钟(bit16)
    LPC_IOCON - >SCK_LOC = 0x02;        //把 SCK0 复用到 PIO0_6 引脚
    LPC_IOCON - >PIO0_6 &= ~0x07;
    LPC_IOCON - >PIO0_6 |= 0x02;        //把 PIO0_6 设置为 SSP CLK
    LPC_IOCON - >PIO0_8 &= ~0x07;
    LPC_IOCON - >PIO0_8 |= 0x01;        //把 PIO0_8 设置为 SSP MISO
    LPC_IOCON - >PIO0_9 &= ~0x07;
    LPC_IOCON - >PIO0_9 |= 0x01;        //把 PIO0_9 设置为 SSP MOSI
    LPC_SYSCON - >SYSAHBCLKCTRL &= ~(1<<16);  //禁能 IOCON 时钟(bit16)
    // 8 位数据传输,SPI 模式, CPOL = 0, CPHA = 0,空闲时 CLK 为 0,第一个上升沿采集
    //数据,SCR = 0
    LPC_SSP0 - >CR0 = 0x0107;
    //预分频值(注意: 必须为偶数 2~254)
    LPC_SSP0 - >CPSR = 0x02;
    LPC_SSP0 - >CR1 &= ~(1<<0);     //LBM = 0: 正常模式
    LPC_SSP0 - >CR1 &= ~(1<<2);     //MS = 0: 主机模式
    LPC_SSP0 - >CR1 |=  (1<<1);     //SSE = 1: 使能 SPI0
    //清空 RxFIFO,LPC1114 收发均有 8 帧 FIFO,每帧可放置 4~16 位数据
```

```
    for ( i = 0; i < 8; i++ )
    {
        Clear = LPC_SSP0 - >DR;   //读数据寄存器 DR 将清空 RxFIFO
    }
}
```

在 File 菜单下新建如下源文件 xpt2046.c,编写完成后保存在 Drive 文件夹下,
随后将文件 xpt2046.c 添加到 Driver 组中。

```
# include "config.h"
# include "xpt2046.h"
# include "ssp.h"
# include "w25Q16.h"

Pen_Holder Pen_Point;   //定义笔的结构体变量

/****************************************************
* FunctionName  : PIOINT2_IRQHandler
* Description   : 外中断函数
* EntryParameter : None
* ReturnValue   : None
****************************************************/
void PIOINT2_IRQHandler(void)            //笔中断函数
{
    Pen_Point.Pen_Sign = Pen_Down;       //按键按下
    LPC_GPIO2 - >IC |= 0x3FF;            //清除 P2 口上的中断
}

/****************************************************
* FunctionName  : Touch_Init
* Description   : 触摸初始化
* EntryParameter : None
* ReturnValue   : None
****************************************************/
void Touch_Init(void)
{
    // T_CS 片选引脚设置
    SET_BIT(LPC_GPIO0,DIR,2);            //把 P0.2 设置为输出
    SET_BIT(LPC_GPIO0,DATA,2);           //P0.2 引脚置 1
    // SPI 通信引脚设置
    SPI1_Init();
    // Penirq 中断引脚设置
    CLR_BIT(LPC_GPIO2,DIR,0);            //把 P2.0 设置为输入
    CLR_BIT(LPC_GPIO2,IS,0);             //选择 P2.0 为边沿触发
    CLR_BIT(LPC_GPIO2,IEV,0);            //选择 P2.0 为下降沿沿触发
    SET_BIT(LPC_GPIO2,IE,0);             //设置 P2.0 中断不被屏蔽
    NVIC_EnableIRQ(EINT2_IRQn);          //开 GPIO2 中断
```

```
    Pen_Point.Pen_Sign = Pen_Up;
    XPT2046_Read_AD(CMD_RDX);
    XPT2046_Read_AD(CMD_RDY);
}

/ * * * * * * * * * * * * * * * * * * * * * * * * * * * * * * * * * * * * * * * * * * * * * * * *
 * FunctionName    : XPT2046_Read_AD
 * Description     : XPT2046 读取 X 轴或 Y 轴的 ADC 值
 * EntryParameter  : CMD—命令
 * ReturnValue     : None
 * * * * * * * * * * * * * * * * * * * * * * * * * * * * * * * * * * * * * * * * * * * * * * * */
uint16 XPT2046_Read_AD(uint8 CMD)
{
    uint16 NUMH,NUML;
    uint16 Num;

    CLR_BIT(LPC_GPIO0,DATA,2);        // CS = 0 开始 SPI 通信
    delay_us(1);
    SPI1_communication(CMD);
    delay_us(6);                      //延时等待转换完成
    NUMH = SPI1_communication(0x00);
    NUML = SPI1_communication(0x00);
    Num = ((NUMH)<<8) + NUML;
    Num>> = 4;                        //只有高 12 位有效
    SET_BIT(LPC_GPIO0,DATA,2);        // CS = 1 结束 SPI 通信
    return(Num);
}

#define READ_TIMES 10                 //读取次数
#define LOST_VAL 4                    //丢弃值

/ * * * * * * * * * * * * * * * * * * * * * * * * * * * * * * * * * * * * * * * * * * * * * * * *
 * FunctionName    : XPT2046_Read_XY
 * Description     : XPT2046 读取 X 轴或 Y 轴的 ADC 值,与上一个函数相比,这个带有滤波
 * EntryParameter  : CMD—命令
 * ReturnValue     : None
 * * * * * * * * * * * * * * * * * * * * * * * * * * * * * * * * * * * * * * * * * * * * * * * */
uint16 XPT2046_Read_XY(uint8 xy)
{
    uint16 i, j;
    uint16 buf[READ_TIMES];
    uint16 sum = 0;
    uint16 temp;
    for(i = 0;i<READ_TIMES;i++)
    {
        buf[i] = XPT2046_Read_AD(xy);
    }
```

```
        for(i = 0;i<READ_TIMES - 1; i + +)   //排序
        {
            for(j = i + 1;j<READ_TIMES;j + +)
            {
                if(buf[i]>buf[j])   //升序排列
                {
                    temp = buf[i];
                    buf[i] = buf[j];
                    buf[j] = temp;
                }
            }
        }
    sum = 0;
    for(i = LOST_VAL;i<READ_TIMES - LOST_VAL;i + +)sum + = buf[i];
    temp = sum/(READ_TIMES - 2 * LOST_VAL);
    return temp;
}

/ * * * * * * * * * * * * * * * * * * * * * * * * * * * * * * * * * * * * * * * * * * * * * *
* FunctionName    : Read_ADS
* Description      :读取 X 轴和 Y 轴的 ADC 值
* EntryParameter   : &Pen_Point.X_ADC,&Pen_Point.Y_ADC
* ReturnValue      : 0—成功(返回的 X,Y_ADC 值有效);
*                    1—失败(返回的 X,Y_ADC 值无效)
* * * * * * * * * * * * * * * * * * * * * * * * * * * * * * * * * * * * * * * * * * * * * */
uint8 Read_ADS(uint16 * x,uint16 * y)
{
    uint16 xtemp,ytemp;
    xtemp = XPT2046_Read_XY(CMD_RDX);
    ytemp = XPT2046_Read_XY(CMD_RDY);

    if(xtemp<100||ytemp<100)return 1;    //读数失败
    * x = xtemp;
    * y = ytemp;
    return 0;                            //读数成功
}

# define ERR_RANGE 50                     //误差范围

/ * * * * * * * * * * * * * * * * * * * * * * * * * * * * * * * * * * * * * * * * * * * * * *
* FunctionName    : Read_ADS2
* Description      :连续两次读取 ADC 值
* EntryParameter   : &Pen_Point.X_ADC,&Pen_Point.Y_ADC
* ReturnValue      : 0—成功(返回的 X,Y_ADC 值有效);
*                    1—失败(返回的 X,Y_ADC 值无效)
* * * * * * * * * * * * * * * * * * * * * * * * * * * * * * * * * * * * * * * * * * * * * */
uint8 Read_ADS2(uint16 * x,uint16 * y)
```

```
{
    uint16 x1,y1;
    uint16 x2,y2;
    uint8 res;

    res = Read_ADS(&x1,&y1);                    //第一次读取 ADC 值
    if(res == 1)return(1);                      //如果读数失败,则返回 1
    res = Read_ADS(&x2,&y2);                    //第二次读取 ADC 值
    if(res == 1)return(1);                      //如果读数失败,则返回 1
    if((((x2 < = x1&&x1 < x2 + ERR_RANGE)||(x1 < = x2&&x2 < x1 + ERR_RANGE))
                                                //前后两次采样在 ±50 内
    &&((y2 < = y1&&y1 < y2 + ERR_RANGE)||(y1 < = y2&&y2 < y1 + ERR_RANGE)))
    {
        * x = (x1 + x2)/2;
        * y = (y1 + y2)/2;
        return 0;                               //正确读取,则返回 0
    }else return 1;                             //前后不在 ±50 内,读数错误
}

/* ***********************************************************
 * FunctionName   : Change_XY
 * Description    : 把读出的 ADC 值转换成坐标值
 * EntryParameter : None
 * ReturnValue    : None
 *********************************************************** */
void Change_XY(void)
{
    Pen_Point.X_Coord = (240 - (Pen_Point.X_ADC - 100)/7.500);
                                //把读到的 X_ADC 值转换成 TFT X 坐标值
    Pen_Point.Y_Coord = (320 - (Pen_Point.Y_ADC - 135)/5.705);
                                //把读到的 Y_ADC 值转换成 TFT Y 坐标值
}

/* ***********************************************************
 * FunctionName   : Read_Once
 * Description    : 读取一次 XY 坐标值
 * EntryParameter : None
 * ReturnValue    : XY 坐标值
 *********************************************************** */
uint8 Read_Once(void)
{
    Pen_Point.Pen_Sign = Pen_Up;
    if(Read_ADS2(&Pen_Point.X_ADC,&Pen_Point.Y_ADC) == 0)  //如果读取数据成功
    {
        while((LPC_GPIO2 - >DATA&0X1) == 0);    //检测笔是不是还在屏上
        Change_XY();     //把读到的 ADC 值转变成 TFT 坐标值
        return 0;   //返回 0,表示成功
```

```
    }
    else return 1;    //如果读取数据失败,返回 1 表示失败
}
/****************************************************************
* FunctionName   : Read_Continue
* Description    : 持续读取 XY 坐标值
* EntryParameter : None
* ReturnValue    : XY 坐标值
****************************************************************/
uint8 Read_Continue(void)
{
    Pen_Point.Pen_Sign = Pen_Up;
    if(Read_ADS2(&Pen_Point.X_ADC,&Pen_Point.Y_ADC) == 0)    //如果读取数据成功
    {
        Change_XY();    //把读到的 ADC 值转变成 TFT 坐标值
        return 0;    //返回 0,表示成功
    }
    else return 1;    //如果读取数据失败,返回 1 表示失败
}
```

4. 实验效果

编译通过后下载程序,使用一支手机笔,与上个实验一样,我们也可在触摸屏上画出各种图画,也可以写字,但这次与 XPT2046 是硬件 SSP 通信方式。图 17 - 6 为硬件 SSP 总线接口读写 XPT2046 的实验照片。

图 17 - 6　硬件 SSP 总线接口读写 XPT2046 的实验照片

第18章
看门狗定时器特性及应用

看门狗定时器(WDT)包括一个 4 分频的预分频器和一个 32 位计数器。时钟通过预分频器输入到定时器。定时器递减计时。计数器递减的最小值为 0xFF。如果设置一个小于 0xFF 的值,系统会将 0xFF 装入计数器。因此,WDT 的最小间隔为(TWDCLK×256×4),最大间隔为(TWDCLK×232×4),两者都是(TWDCLK×4)的倍数。

WDT 应按照下面方法来使用:

- 在 WDTC 寄存器中设置 WDT 固定的重装值;
- 在 WDMOD 寄存器中设置 WDT 的工作模式;
- 通过向 WDFEED 寄存器写入 0xAA 和 0x55 启动 WDT;
- 在看门狗计数器溢出前应再次"喂狗",以免发生复位/中断。

当 WDT 处于复位模式且计数器溢出时,CPU 将复位,并从向量表中加载堆栈指针和编程计数器(与外部复位情况相同)。检查看门狗超时标志(WDTOF)以决定 WDT 是否已引起复位条件。WDTOF 标志必须通过软件清零。

WDT 的作用是使微控制器在进入错误状态后的一定时间内复位。当 WDT 使能时,如果用户程序没有在预定时间内"喂狗"(或给 WDT 重装定时值),则 WDT 将产生系统复位。

图 18-1 为 WDT 的结构图。

WDT 的特性:

- 如果没有周期性重装,则产生片内复位;
- 具有调试模式;
- 可通过软件使能,但需要硬件复位或禁能看门狗复位/中断;
- 错误/不完整的喂狗时序会令看门狗产生复位/中断(如果使能);
- 具有指示看门狗复位的标志;
- 带内置预分频器的可编程 32 位定时器;

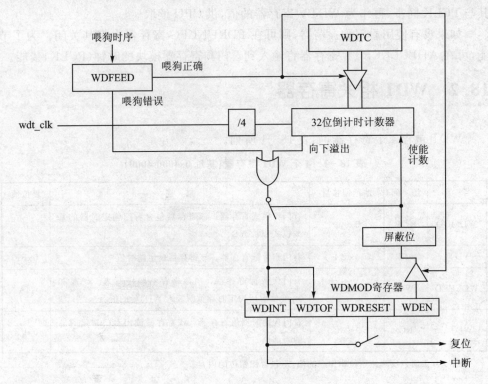

图 18-1　WDT 结构图

- 可选择 TWDCLK×4 倍数的时间周期,从(TWDCLK×256×4)到(TWD-CLK×232×4)中选择;
- 看门狗时钟(WDCLK)源可以选择内部 RC 振荡器(IRC)、主时钟或看门狗振荡器。这为看门狗在不同功率下提供了较宽的时序选择范围。为了提高可靠性,它还可以使看门狗定时器在与外部晶振及其相关元件无关的内部时钟源下运行。

18.1　时钟和功率控制

看门狗定时器模块使用两个时钟:PCLK 和 WDCLK。PCLK 由系统时钟生成,供 APB 访问看门狗寄存器使用。WDCLK 由 wdt_clk 生成,供看门狗定时器计数使用。有些时钟可用作 wdt_clk 的时钟源,它们分别是 IRC、看门狗振荡器以及主时钟。时钟源在系统终端模块(syscon block)中选择。WDCLK 有自己的时钟分频器,该时钟分频器也可将 WDCLK 禁能。

这两个时钟域之间有同步逻辑。当 WDMOD 和 WDTC 寄存器通过 APB 操作更新时,新的值将在 WDCLK 时钟域逻辑的 3 个 WDCLK 周期后生效。当看门狗定时器在 WDCLK 频率下运行时,同步逻辑会先锁存 WDCLK 上计数器的值,然后使其与 PCLK 同步,再作为 WDTV 寄存器的值,供 CPU 读取。

如果没有使用看门狗振荡器,则可在 PDRUNCFG 寄存器中将其关闭。为了节能,可在 AHBCLKCRTL 寄存器将输入到看门狗寄存器模块的时钟(PCLK)禁能。

18.2 WDT 相关寄存器

WDT 包含 4 个寄存器,如表 18-1 所列。

表 18-1 4 个 WDT 寄存器(基址 0x4000 4000)

名 称	访 问	地址偏移量	描 述	复位值
WDMOD	R/W	0x000	看门狗模式寄存器。该寄存器包含看门狗定时器的基本模式和状态	0
WDTC	R/W	0x004	看门狗常数寄存器。该寄存器确定超时值	0xFF
WDFEED	WO	0x008	看门狗喂狗寄存器。向该寄存器顺序写入 0xAA 和 0x55 使看门狗定时器重新装入 WDTC 的值	NA
WDTV	RO	0x00C	看门狗定时器值寄存器。该寄存器读出看门狗定时器的当前值	0xFF

注:复位值只反映使用位中保存的值,不包含保留位的内容。

1. 看门狗模式寄存器(WDMOD)

WDMOD 寄存器通过 WDEN 和 WDRESET 位的组合来控制看门的操作。注意,在任何 WDMOD 寄存器改变生效前,必须先喂狗。表 18-2 为 WDMOD 位描述。

表 18-2 WDMOD 位描述(地址 0x4000 4000)

位	符 号	描 述	复位值
0	WDEN	看门狗使能位(只能置位)。为 1 时,看门狗运行	0
1	WDRESET	看门狗复位使能位(只能置位)。为 1 时,看门狗超时会引起芯片复位	0
2	WDTOF	看门狗超时标志。只在看门狗定时器超时时置位,由软件清零	0(只在外部复位后为 0)
3	WDINT	看门狗中断标志(只读,不能被软件清零)	0
7:4	—	保留,用户软件不应向保留位写1。从保留位读出的值未定义	NA
31:8		保留	

一旦 WDEN 和/或 WDRESET 位置位,就无法使用软件将其清零。这两个标志通过外部复位或看门狗定时器溢出清零。

WDTOF:若看门狗定时器溢出,则看门狗超时标志置位。该标志通过软件清零。

WDINT：看门狗超时时，看门狗中断标志置位。该标志仅能通过复位来清零。只要看门狗中断被响应，它就可以在 NVIC 中禁止或不停地产生看门狗中断请求。看门狗中断的用途就是在不进行芯片复位的前提下允许在看门狗溢出时对其活动进行调整。

在看门狗运行时可随时产生看门复位或中断，看门狗复位或中断还具有工作时钟源。每个时钟源都可以在睡眠模式下运行，IRC 可以在深度睡眠模式中工作。如果在睡眠或深度睡眠模式中出现看门狗中断，那么看门狗中断会唤醒器件。

表 18 - 3 为看门狗工作模式选择。

表 18 - 3　看门狗工作模式选择

WDEN	WDRESET	工作模式
0	X(0 或 1)	调试/操作模式(看门狗关闭)
1	0	看门狗中断模式：调试看门狗中断，但不使能 WDRESET。 当选择这种模式时，看门狗计数器向下溢出时会置位 WDINT 标志，并产生看门狗中断请求
1	1	看门狗复位模式：看门狗中断和 WDRESET 都使能时的操作。 当选择这种模式时，看门狗计数器向下溢出会使微控制器复位。尽管在这种情况下看门狗中断也使能(WDEN＝1)，但由于看门狗复位会清零 WDINT 标志，所以无法判断出看门狗中断

2. 看门狗常数寄存器(WDTC)

该寄存器决定看门狗定时器的超时值。每当喂狗时序产生时，WDTC 的内容就会被重新装入看门狗定时器。它是一个 32 位寄存器，低 8 位在复位时置 1。写入一个小于 0xFF 的值会使 0x0000 00FF 装入 WDTC。因此超时的最小时间间隔为 TWDCLK×256×4。表 18 - 4 为 WDTC 位描述。

表 18 - 4　WDTC 位描述(地址 0x4000 4004)

位	符 号	描 述	复位值
31:0	Count	看门狗超时间隔	0x0000 00FF

3. 看门狗喂狗寄存器(WDFEED)

向该寄存器写 0xAA，然后写入 0x55 会使 WDTC 的值重新装入看门狗定时器。如果看门狗已通过 WDMOD 寄存器使能，那么该操作也会启动看门狗。设置 WDMOD寄存器中的 WDEN 位不足以使能看门狗。设置 WDEN 位后，还必须完成一次有效的喂狗时序，看门狗才能产生复位。在看门狗真正启动前，看门狗将忽略错误的喂狗。

看门狗启动后,如果向 WDFEED 写入 0xAA 之后的下一个操作不是向 WD-FEED 写入 0x55,而是访问任一看门狗寄存器,那么会立即造成复位/中断。

在喂狗时序中,在一次对看门狗寄存器的不正确访问后的第二个 PCLK 周期将产生复位。在喂狗时序期间中断应禁能。如果在喂狗时序期间发生中断,则会产生一个中止条件。

表 18 - 5 为 WDFEED 位描述。

表 18 - 5　WDFEED 位描述(地址 0x4000 4008)

位	符　号	描　　述	复位值
7:0	Feed	喂狗值应为 0xAA,然后是 0x55	NA
31:8	—	保留	—

4. 看门狗定时器值寄存器(WDTV)

该寄存器用于读取看门狗定时器的当前值。当读取 32 位定时器的值时,锁定和同步过程需要占用 6 个 WDCLK 周期和 6 个 PCLK 周期,因此,WDTV 的值比 CPU 正在读取的定时器的值要"旧"。表 18 - 6 为 WDTV 位描述。

表 18 - 6　WDTV 位描述(地址 0x4000 400C)

位	符　号	描　　述	复位值
31:0	Count	计数器定时器值	0x0000 00FF

18.3　WDT 应用实验

18.3.1　喂狗实验

1. 实验要求

激活看门狗后,在程序中插入喂狗指令,使程序能正常运行。

2. 实验电路原理

参考 Mini LPC11XX DEMO 开发板电路原理图:无外部连接,因为 WDT 为芯片内部看门狗。

3. 源程序文件及分析

这里只分析 main. c 文件和 wdt. c 文件,完整程序请登录北京航空航天大学出版社网站下载。

新建一个文件目录 WDT_test1,在 Real View MDK 集成开发环境中创建一个工程项目 WDT_test1. uvproj 于此目录中。

在 File 菜单下新建如下源文件 main. c,编写源程序代码后保存在 User 文件夹下,再把 main. c 文件添加到 User 组中。

```c
# include "config. h"
# include "ili9325. h"
# include "ssp. h"
# include "w25Q16. h"
# include "wdt. h"

/ *************************************
* FunctionName    : Init
* Description      : 初始化系统
* EntryParameter : None
* ReturnValue      : None
************************************* /
void Init(void)
{
    SystemInit();              //系统初始化

    LCD_Init();                //液晶显示器初始化
    W25Q16_Init();             //W25Q16 初始化
}

/ *************************************
* FunctionName    : main
* Description      : 主函数
* EntryParameter : None
* ReturnValue      : None
************************************* /
int main(void)
{
    uint8 i;
    uint16 xpos = 0, ypos = 50;  //定义液晶显示器 XY 坐标

    Init();

    LCD_Clear(WHITE);          //整屏显示白色
    POINT_COLOR = BLACK;
    BACK_COLOR = WHITE;

    for(i = 0;i<192;i = i + 24) LCD_Fill(i,ypos,i + 24,ypos + 24,BLUE);

    LCD_ShowString(2, 5, "看门狗演示"喂狗"实验");

    WDT_Enable();              //看门狗初始化,1 s 之内喂狗

    xpos = 0,ypos = 100;
```

```
    while(1)
    {
        LCD_Fill(xpos,ypos,xpos + 24,ypos + 24,RED);
        delay_ms(200);   xpos + = 24;
        LCD_Fill(xpos,ypos,xpos + 24,ypos + 24,RED);
        delay_ms(200);   xpos + = 24;
        LCD_Fill(xpos,ypos,xpos + 24,ypos + 24,RED);
        delay_ms(200);   xpos + = 24;
        LCD_Fill(xpos,ypos,xpos + 24,ypos + 24,RED);
        delay_ms(200);   xpos + = 24;

        WDTFeed();       //喂狗

        LCD_Fill(xpos,ypos,xpos + 24,ypos + 24,RED);
        delay_ms(200);   xpos + = 24;
        LCD_Fill(xpos,ypos,xpos + 24,ypos + 24,RED);
        delay_ms(200);   xpos + = 24;
        LCD_Fill(xpos,ypos,xpos + 24,ypos + 24,RED);
        delay_ms(200);   xpos + = 24;
        LCD_Fill(xpos,ypos,xpos + 24,ypos + 24,RED);
        delay_ms(200);

        WDTFeed();       //喂狗

        xpos = 0;ypos = 100;
        for(i = 0;i<192;i = i + 24) LCD_Fill(i,ypos,i + 24,ypos + 24,WHITE);
        delay_ms(200);
    }
}
```

在 File 菜单下新建如下源文件 wdt. c,编写完成后保存在 Drive 文件夹下,随后将文件 wdt. c 添加到 Drive 组中。

```
# include "config.h"
# include "wdt.h"

/ ***********************************************
* FunctionName   : WDT_CLK_Setup
* Description    : 启动看门狗时钟:
*                  clksrc = 0,选择 IRC 振荡器;
*                  clksrc = 1,选择主时钟;
*                  lksrc = 2,选择看门狗时钟
* EntryParameter : None
* ReturnValue    : None
************************************************/
void WDT_CLK_Setup(void)
```

```
{
    CLR_BIT(LPC_SYSCON,PDRUNCFG,6);    //看门狗振荡器时钟上电(bit6)
    LPC_SYSCON - >WDTOSCCTRL = (0x1<<5);    //DIVSEL = 0,FREQSEL = 1
    WDT_OSC_CLK = 250KHz
    LPC_SYSCON - >WDTCLKSEL = 0x2;    //选择看门狗时钟源
    LPC_SYSCON - >WDTCLKUEN = 0x01;    //更新时钟源
    LPC_SYSCON - >WDTCLKUEN = 0x00;    //先写 0 再写 1 达到更新的目的
    LPC_SYSCON - >WDTCLKUEN = 0x01;
    while ( !GET_BIT(LPC_SYSCON,WDTCLKUEN,0) );    //等待更新成功
    LPC_SYSCON - >WDTCLKDIV = 1;    //设置看门狗分频值为1
    return;
}

/ *****************************************
* FunctionName   : WDT_Enable
* Description     : 使能看门狗
* EntryParameter : None
* ReturnValue     : None
***************************************** */
void WDT_Enable(void)
{
    WDT_CLK_Setup();
    SET_BIT(LPC_SYSCON,SYSAHBCLKCTRL,15);    //允许 WDT 时钟,这个时钟是配置寄存器用的
    LPC_WDT - >TC = 80000;    //给看门狗定时器赋值,定时时间约 1 s(这是在 wdt_clk =
                              //250 kHz 时)
    LPC_WDT - >MOD |= 0x03;    //写值 0x03:不喂狗产生复位;写值 0x01:不喂狗发生中断
    LPC_WDT - >FEED = 0xAA;    //喂看门狗,开启
    LPC_WDT - >FEED = 0x55;
    return;
}

/ *******************************************
* FunctionName   : WDT_IRQHandler
* Description     : 看门狗中断函数。当 MOD 值设置为 0x01 时,如果没有及时喂狗,
*                   将会进入这个中断函数
* EntryParameter : None
* ReturnValue     : None
******************************************* */
void WDT_IRQHandler(void)
{
    CLR_BIT(LPC_WDT,MOD,2);    //清看门狗超时标志位 WDTOF
    //在下面可以写入当看门狗中断发生时你想要做的事情
```

```
}
/**************************************************
* FunctionName  : WDTFeed
* Description   : 看门狗喂狗
* EntryParameter : None
* ReturnValue   : None
**************************************************/
void WDTFeed(void)
{
    LPC_WDT - >FEED = 0xAA;  //喂狗
    LPC_WDT - >FEED = 0x55;
    return;
}
```

4. 实验效果

编译通过后下载程序,可看到 Mini LPC11XX DEMO 开发板上红色的滚动条从左向右延伸到底。图 18 - 2 为 WDT 喂狗的实验照片。

图 18 - 2　WDT 喂狗的实验照片

18.3.2　停止喂狗实验

1. 实验要求

激活看门狗后,在程序中不插入喂狗指令,使程序复位。

2. 实验电路原理

参考 Mini LPC11XX DEMO 开发板电路原理图：无外部连接，因为 WDT 为芯片内部看门狗。

3. 源程序文件及分析

这里只分析 main.c 文件，完整程序请登录北京航空航天大学出版社网站下载。

新建一个文件目录 WDT_test2，在 Real View MDK 集成开发环境中创建一个工程项目 WDT_test2.uvproj 于此目录中。

在 File 菜单下新建如下源文件 main.c，编写源程序代码后保存在 User 文件夹下，再把 main.c 文件添加到 User 组中。

```c
# include "config.h"
# include "ili9325.h"
# include "ssp.h"
# include "w25Q16.h"
# include "wdt.h"

/ * * * * * * * * * * * * * * * * * * * * * * * * * * * * * * * * * * * * * *
* FunctionName    : Init
* Description     : 初始化系统
* EntryParameter  : None
* ReturnValue     : None
* * * * * * * * * * * * * * * * * * * * * * * * * * * * * * * * * * * * * * */
void Init(void)
{
    SystemInit();          //系统初始化

    LCD_Init();            //液晶显示器初始化
    W25Q16_Init();         //W25Q16 初始化
}

/ * * * * * * * * * * * * * * * * * * * * * * * * * * * * * * * * * * * * *
* FunctionName    : main
* Description     : 主函数
* EntryParameter  : None
* ReturnValue     : None
* * * * * * * * * * * * * * * * * * * * * * * * * * * * * * * * * * * * */
int main()
{
    uint8 i;
    uint16 xpos = 0, ypos = 50;   //定义液晶显示器初始化 XY 坐标
```

```
Init();

LCD_Clear(WHITE);   //整屏显示白色

POINT_COLOR = BLACK;

BACK_COLOR = WHITE;

for(i = 0;i<192;i = i + 24) LCD_Fill(i,ypos,i + 24,ypos + 24,BLUE);

LCD_ShowString(2,5,"看门狗演示"不喂狗"实验");

WDT_Enable();        //看门狗初始化,1 s 之内喂狗

xpos = 0,ypos = 100;

while(1)
{
    LCD_Fill(xpos,ypos,xpos + 24,ypos + 24,RED);
    delay_ms(200);   xpos + = 24;
    LCD_Fill(xpos,ypos,xpos + 24,ypos + 24,RED);
    delay_ms(200);   xpos + = 24;
    LCD_Fill(xpos,ypos,xpos + 24,ypos + 24,RED);
    delay_ms(200);   xpos + = 24;
    LCD_Fill(xpos,ypos,xpos + 24,ypos + 24,RED);
    delay_ms(200);   xpos + = 24;
    LCD_Fill(xpos,ypos,xpos + 24,ypos + 24,RED);
    delay_ms(200);   xpos + = 24;
    LCD_Fill(xpos,ypos,xpos + 24,ypos + 24,RED);
    delay_ms(200);   xpos + = 24;
    LCD_Fill(xpos,ypos,xpos + 24,ypos + 24,RED);
    delay_ms(200);   xpos + = 24;
    LCD_Fill(xpos,ypos,xpos + 24,ypos + 24,RED);
    delay_ms(200);

    xpos = 0;ypos = 100;
    for(i = 0;i<192;i = i + 24) LCD_Fill(i,ypos,i + 24,ypos + 24,WHITE);
    delay_ms(200);
}
}
```

4. 实验效果

编译通过后下载程序,可看到 Mini LPC11XX DEMO 开发板上红色的滚动条从左向右延伸,但未到底即复位。原因是由于主函数的大循环中未插入 WDT 喂狗指令,因此 WDT 溢出使系统复位。图 18 - 3 为 WDT 不喂狗的实验照片。

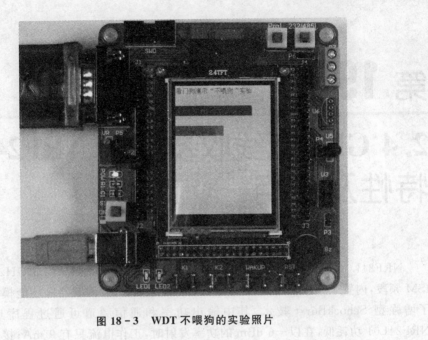

图 18 - 3　WDT 不喂狗的实验照片

第 **19** 章

2.4 GHz 无线收发模块 NRF24L01
特性及应用

NRF24L01 是一款新型单片射频收发器件,工作于 2.4～2.5 GHz 世界通用 ISM 频段,内置了频率合成器、功率放大器、晶体振荡器、调制器等功能模块,并融合了增强型 SchockBurst 技术,其中输出功率和通信频道可通过程序进行配置。NRF24L01 功耗低,在以 -6 dBm 的功率发射时,工作电流只有 9 mA;接收时,工作电流只有 12.3 mA,多种低功率工作模式(掉电模式和空闲模式)电流消耗更低。

NRF24L01 主要特性:

- GFSK 调制;
- 硬件集成 OSI 链路层;
- 具有自动应答和自动再发射功能;
- 片内自动生成报头和 CRC 校验码;
- 数据传输率为 1 Mb/s 或 2Mb/s;
- SPI 速率为 0～10 Mb/s;
- 125 个频道;
- 能够与其他 NRF24 系列射频器件兼容;
- QFN20 引脚,4 mm×4 mm 封装;
- 供电电压为 1.9～3.6 V。

19.1　NRF24L01 结构及引脚功能

NRF24L01 的结构框图如图 19 - 1 所示,其封装及引脚排列如图 19 - 2 所示。各引脚功能如下:

CE:使能发射或接收。

CSN,SCK,MOSI,MISO:SPI 引脚端,微处理器可通过此引脚配置 nRF24L01。

IRQ:中断标志位。

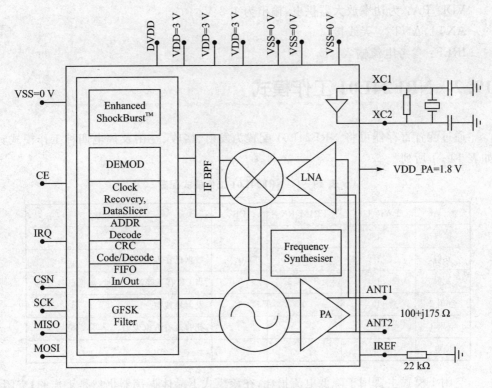

图 19 - 1　NRF24L01 的结构框图

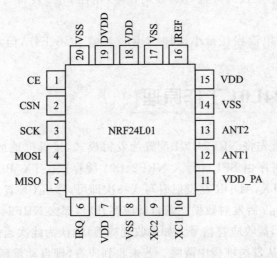

图 19 - 2　NRF24L01 封装引脚排列

VDD：电源输入端。

VSS：电源地。

XC2,XC1：晶体振荡器引脚。

VDD_PA：为功率放大器供电，输出为 1.8 V。

ANT1，ANT2：天线接口。

IREF：参考电流输入。

19.2　NRF24L01 工作模式

通过配置寄存器可将 NRF24L01 配置为发射、接收、空闲及掉电四种工作模式，如表 19-1 所列。

表 19-1　NRF24L01 工作模式配置

模式	PWR_UP	PRIM_RX	CE	FIFO 状态
接收	1	1	1	—
发射	1	0	1	数据已在发射堆栈里
发射	1	0	1-0	当 CE 有下降沿跳变时，数据已经发射
空闲 2	1	0	1	发射堆栈空
空闲 1	1	—	0	此时没有数据发射
掉电	0	—	—	

空闲 1 模式主要用于降低电流损耗，在该模式下晶体振荡器仍然是工作的；空闲 2 模式则是在当发射堆栈为空且 CE=1 时发生（用在 PTX 设备）。在空闲模式下，配置字仍然保留。

在掉电模式下电流损耗最小，同时 NRF24L01 也不工作，但其所有配置寄存器的值仍然保留。

19.3　NRF24L01 工作原理

发射数据时，首先将 NRF24L01 配置为发射模式，接着把地址 TX_ADDR 和数据 TX_PLD 按照时序由 SPI 口写入 NRF24L01 缓存区。TX_PLD 必须在 CSN 为低时连续写入，而 TX_ADDR 在发射时写入一次即可，然后 CE 置为高电平并保持至少 10 μs，延迟 130 μs 后发射数据。若自动应答开启，那么 NRF24L01 在发射数据后立即进入接收模式，接收应答信号。如果收到应答，则认为此次通信成功，TX_DS 置高，同时 TX_PLD 从发送堆栈中清除。若未收到应答，则自动重新发射该数据（自动重发已开启），若重发次数（ARC_CNT）达到上限，MAX_RT 置高，TX_PLD 不会被清除。MAX_RT 或 TX_DS 置高时，使 IRQ 变低，以便通知 MCU。最后当发射成功时，若 CE 为低则 NRF24L01 进入空闲 1 模式；若发送堆栈中有数据且 CE 为高，则进入下一次发射；若发送堆栈中无数据且 CE 为高，则进入空闲 2 模式。

接收数据时,首先将 NRF24L01 配置为接收模式,接着延迟 130 μs 进入接收状态等待数据的到来。当接收方检测到有效的地址和 CRC 时,就将数据包存储在接收堆栈中,同时中断标志位 RX_DR 置高,IRQ 变低,以便通知 MCU 去取数据。若此时自动应答开启,接收方则同时进入发射状态回传应答信号。最后接收成功时,若 CE 变低,则 NRF24L01 进入空闲 1 模式。

19.4　NRF24L01 配置字

SPI 口为同步串行通信接口,最大传输速率为 10 Mb/s,传输时先传送低位字节,再传送高位字节。但针对单个字节而言,要先送高位再送低位。与 SPI 相关的指令共有 8 个,使用时这些控制指令由 NRF24L01 的 MOSI 输入。相应的状态和数据信息是从 MISO 输出给 MCU。

NRF24L01 所有的配置字都由配置寄存器定义,这些配置寄存器可通过 SPI 口访问。NRF24L01 的配置寄存器共有 25 个,常用的配置寄存器如表 19 - 2 所列。

表 19 - 2　NRF24L01 的配置寄存器

地址(H)	寄存器名称	描　　　述
00	CONFIG	可用来设置 NRF24L01 的工作模式
01	EN_AA Enhanced	用于接收通道的设置,使能接收通道的自动应答功能
02	EN_RXADDR	使能接收通道地址
03	SETUP_AW	设置地址宽度(适合所有通道)
04	SETUP_RETR	设置自动重发射
07	STATUS	状态寄存器
0A~0F	RX_ADDR_P0~P5	设置接收通道的地址
10	TX_ADDR	设置发射机地址
11~16	RX_PW_P0~P5	设置接收通道的数据长度

19.5　NRF24L01 通信实验

1. 实验要求

本实验需要 2 块实验板。按下 K1 键后可以将一块实验板工作模式设置为发送;另一块实验板按下 K2 键后可以将工作模式设置为接收。发送模式下的实验板,按动触摸屏的发送图标后,可以将信号发送出去;接收模式下的实验板,收到信号后,其屏幕的对应图标发生变化。

2. 实验电路原理

参考 Mini LPC11XX DEMO 开发板电路原理图：

P3.4——NRF24L01_IRQ；

P3.5——NRF24L01_CE；

P0.3——NRF24L01_CS；

P0.6——SCK0；

P0.8——MISO0；

P0.9——MOSI0。

3. 源程序文件及分析

这里只分析 main.c 文件和 NRF24L01.c 文件，完整程序请登录北京航空航天大学出版社网站下载。

在 File 菜单下新建如下源文件 main.c，编写源程序代码后保存在 User 文件夹下。

```
# include "config.h"
# include "gui.h"
# include "ili9325.h"
# include "w25Q16.h"
# include "ssp.h"
# include "xpt2046.h"
# include "nrf24l01.h"
# include "gpio.h"

uint16 DrawPenColor;              //画笔颜色
uint8 txbuf[1];                   //无线传输发送缓冲区
uint8 rxbuf[1];                   //无线传输接收缓冲区

/*************************************************************
 * FunctionName   : Init
 * Description    :初始化系统
 * EntryParameter : None
 * ReturnValue    : None
 *************************************************************/
void Init(void)
{
    SystemInit();                 //系统初始化
    GPIO_Init();                  //按键初始化

    W25Q16_Init();                // W25Q16 初始化
    NRF24L01_Init();              //初始化无线通信芯片 NRF24L01
    LCD_Init();                   //液晶显示器初始化
```

```
    Touch_Init();                    //触摸屏初始化
}

/ * * * * * * * * * * * * * * * * * * * * * * * * * * * * * * * * * * * * * * * * * * * * * * * *
 * FunctionName   : main
 * Description    : 主函数
 * EntryParameter : None
 * ReturnValue    : None
 * * * * * * * * * * * * * * * * * * * * * * * * * * * * * * * * * * * * * * * * * * * * * * * */
int main(void)
{
    uint8 key_sign;   //按键信号值;0 = 未选择;1 = 选择发送模式;2 = 选择接收模式
    Init();

    LCD_Clear(LGRAY);                //整屏显示浅灰色
    POINT_COLOR = BLUE;              //定义笔的颜色为蓝色
    BACK_COLOR = LGRAY;              //定义背景色为浅灰色
    LCD_ShowString(25, 5, "NRF24L01 无线通信演示");

    Draw_Frame(6,60,233,280," 按键测试区 ");      //显示"按键测试区"Frame
    Draw_Button(20,100,80,130);
    Draw_Button(90,100,150,130);
    Draw_Button(160,100,220,130);

    POINT_COLOR = BLACK;
    BACK_COLOR = LGRAY;
    LCD_ShowString(35,107,"哈哈");
    LCD_ShowString(105,107,"嘻嘻");
    LCD_ShowString(175,107,"呵呵");
    LCD_ShowString(20,170,"请先选择模式：");
    LCD_ShowString(20,190,"按键 KEY1：发送模式");
    LCD_ShowString(20,210,"按键 KEY2：接收模式");
    key_sign = 0;
    while(key_sign == 0)
    {
        if(GET_BIT(LPC_GPIO1,DATA,0) == 0)          //如果是 KEY1 被按下
        {
            NRF24L01_TX_Mode();                     //设置为发送模式
            while(GET_BIT(LPC_GPIO1,DATA,0) == 0);//等待按键释放
            //while((GPIO1 - >DATA&(1<<0))!= (1<<0));   //等待按键释放
            key_sign = 1;                           //1 代表已按下键
            POINT_COLOR = RED;
            LCD_ShowString(20,170,"您选择了发送模式");
        }
```

```
        else if(GET_BIT(LPC_GPIO1,DATA,1)== 0)        //如果是 KEY2 被按下
        {
            NRF24L01_RX_Mode();                        //设置为接收模式
            while(GET_BIT(LPC_GPIO1,DATA,1)== 0);//等待按键释放
            key_sign = 2;
            POINT_COLOR = RED;
            LCD_ShowString(20,170,"您选择了接收模式");
        }
    }
    LCD_Fill(20, 190, 164, 226,LGRAY);                 //区域为浅灰色

    while(key_sign== 1)                                //在发送模式下循环
    {
        if(Pen_Point.Pen_Sign== Pen_Down)             //如果按下触摸屏
        {
            Pen_Int_Disable;                           //关闭笔中断
            if(Read_Continue()== 0)   //如果发生"触摸屏被按下事件"(产生 xy 坐标)
            {
                //
                if((Pen_Point.Y_Coord>100)&&(Pen_Point.Y_Coord<130))
                                                       //y 在此区域内
                {
                    if((Pen_Point.X_Coord>20)&&(Pen_Point.X_Coord<80))
                                                       //x 坐标= "哈哈"按钮
                    {
                        SetButton(20,100,80,130);  //显示按钮被按下状态
                        LCD_Fill(24, 104, 76, 126,LGRAY);  //按钮填充浅灰色
                        POINT_COLOR = BLACK;
                        BACK_COLOR = LGRAY;
                        LCD_ShowString(36,108,"哈哈");  //按钮上显示"哈哈"
                        txbuf[0] = 0x11;   //将 0x11 送入发送缓冲区
                        NRF24L01_TxPacket(txbuf);  //发送
                        while((LPC_GPIO2 ->DATA&0x1)== 0);
                                                       //如果按钮被一直按着,等待
                        EscButton(20,100,80,130);  //放开按钮,显示按钮被放开状态
                        LCD_Fill(24, 104, 76, 126,LGRAY);//清除按钮上的字
                        POINT_COLOR = BLACK;
                        BACK_COLOR = LGRAY;
                        LCD_ShowString(35,107,"哈哈"); //按钮上显示"哈哈"
                        txbuf[0] = 0x22;         //将 0x22 送入发送缓冲区
                        NRF24L01_TxPacket(txbuf);//发送
                    }
```

```
        if((Pen_Point.X_Coord>90)&&(Pen_Point.X_Coord<150))
                                    //x 坐标 = "嘻嘻"按钮
    {
        SetButton(90,100,150,130); //显示按钮被按下状态
        LCD_Fill(94, 104, 146, 126,LGRAY);
        POINT_COLOR = BLACK;
        BACK_COLOR = LGRAY;
        LCD_ShowString(106,108,"嘻嘻");
        txbuf[0] = 0x33;              //将 0x33 送入发送缓冲区
        NRF24L01_TxPacket(txbuf);  //发送
        while((LPC_GPIO2->DATA&0x1) == 0);
                                    //如果按钮被一直按着,等待
        EscButton(90,100,150,130);   //放开按钮,显示按钮被放开状态
        LCD_Fill(94, 104, 146, 126,LGRAY);  //清除按钮上的字
        POINT_COLOR = BLACK;
        BACK_COLOR = LGRAY;
        LCD_ShowString(105,107,"嘻嘻");
        txbuf[0] = 0x44;              //将 0x44 送入发送缓冲区
        NRF24L01_TxPacket(txbuf);  //发送
    }
        if((Pen_Point.X_Coord>160)&&(Pen_Point.X_Coord<220))
                                    //x 坐标 = "呵呵"按钮
    {
        SetButton(160,100,220,130);  //显示按钮被按下状态
        LCD_Fill(164, 104, 216, 126,LGRAY);
        POINT_COLOR = BLACK;
        BACK_COLOR = LGRAY;
        LCD_ShowString(176,108,"呵呵");
        txbuf[0] = 0x55;              //将 0x55 送入发送缓冲区
        NRF24L01_TxPacket(txbuf);  //发送
        while((LPC_GPIO2->DATA&0x1) == 0);
                                    //如果按钮被一直按着,等待
        EscButton(160,100,220,130);  //放开按钮,显示按钮被放开状态
        LCD_Fill(164, 104, 216, 126,LGRAY);  //清除按钮上的字
        POINT_COLOR = BLACK;
        BACK_COLOR = LGRAY;
        LCD_ShowString(175,107,"呵呵");
        txbuf[0] = 0x66;              //将 0x66 送入发送缓冲区
        NRF24L01_TxPacket(txbuf);  //发送
    }
    }
}
```

```
                Pen_Int_Enable;  //开启中断
         }
    }
    while(key_sign == 2)    //在接收模式下循环
    {
         if(NRF24L01_RxPacket(rxbuf) == 0)   //如果接收到数据
         {
             switch(rxbuf[0])
             {
                 case 0x11:                    //如果接收到 0x11
                         SetButton(20,100,80,130);  //显示按钮被按下状态
                         LCD_Fill(24, 104, 76, 126,LGRAY);
                         POINT_COLOR = BLACK;
                         BACK_COLOR = LGRAY;
                         LCD_ShowString(36,108,"哈哈");//显示"哈哈"
                         break;
                 case 0x22:                    //如果接收到 0x22
                         EscButton(20,100,80,130);  //放开按钮,显示按钮被放开状态
                         LCD_Fill(24, 104, 76, 126,LGRAY);  //清除按钮上的字
                         POINT_COLOR = BLACK;
                         BACK_COLOR = LGRAY;
                         LCD_ShowString(35,107,"哈哈");//显示"哈哈"
                         break;
                 case 0x33:                    //如果接收到 0x33
                         SetButton(90,100,150,130);   //显示按钮被按下状态
                         LCD_Fill(94, 104, 146, 126,LGRAY);
                         POINT_COLOR = BLACK;
                         BACK_COLOR = LGRAY;
                         LCD_ShowString(106,108,"嘻嘻");//显示"嘻嘻"
                         break;
                 case 0x44:                    //如果接收到 0x44
                         EscButton(90,100,150,130);  //放开按钮,显示按钮被放开状态
                         LCD_Fill(94, 104, 146, 126,LGRAY);  //清除按钮上的字
                         POINT_COLOR = BLACK;
                         BACK_COLOR = LGRAY;
                         LCD_ShowString(105,107,"嘻嘻");//显示"嘻嘻"
                         break;
                 case 0x55:                    //如果接收到 0x55
                         SetButton(160,100,220,130);  //显示按钮被按下状态
                         LCD_Fill(164, 104, 216, 126,LGRAY);
                         POINT_COLOR = BLACK;
                         BACK_COLOR = LGRAY;
```

```
                    LCD_ShowString(176,108,"呵呵");   //显示"呵呵"
                    break;
            case 0x66:                      //如果接收到 0x66
                    EscButton(160,100,220,130);   //放开按钮,显示按钮被放开状态
                    LCD_Fill(164, 104, 216, 126,LGRAY);   //清除按钮上的字
                    POINT_COLOR = BLACK;
                    BACK_COLOR = LGRAY;
                    LCD_ShowString(175,107,"呵呵");   //显示"呵呵"
                    break;

            default:break;
        }
    }
    else delay_ms(5);
    }
}
```

在 File 菜单下新建如下源文件 NRF24L01.c,编写完成后保存在 Drive 文件夹下。

```
# include "config.h"
# include "nrf24l01.h"
# include "ili9325.h"
# include "ssp.h"

const uint8 TX_ADDRESS[TX_ADR_WIDTH] = {0x68,0x86,0x66,0x88,0x28}; //发送地址
const uint8 RX_ADDRESS[RX_ADR_WIDTH] = {0x68,0x86,0x66,0x88,0x28}; //发送地址

/ **************************************************************
* FunctionName   : NRF24L01_Init
* Description    : NRF24L01 初始化
* EntryParameter : None
* ReturnValue    : None
************************************************************** /
void NRF24L01_Init(void)
{
    # ifndef SSP0INIT            //如果没有初始化过 SPIO
    SPIO_Init();                 //初始化 SPIO
    # define SSP0INIT            //告诉编译器已经初始化过 SPIO
    # endif
    SET_BIT(LPC_GPIO0,DIR,3); //P0.3 引脚为输出,用做 CSN
    CSN_High;                    //CSN = 1;
    CLR_BIT(LPC_GPIO3,DIR,4); //NRF24L01_IRQ 连接 P3.4 引脚,设置 P3.4 引脚为输入引脚
    SET_BIT(LPC_GPIO3,DIR,5); //NRF24L01_CE 连接 P3.5 引脚,设置 P3.5 引脚为输出引脚
    CE_Low;                      //CE 置低,使能 24L01
```

```
    }

/* **************************************************
 * FunctionName  : NRF24L01_Write_Reg
 * Description   : NRF24L01 初始化
 * EntryParameter : reg—要写的寄存器地址；value—给寄存器写的值
 * ReturnValue   : None
 ************************************************** */
uint8 NRF24L01_Write_Reg(uint8 reg,uint8 value)
{
    uint8 status;

    CSN_Low;   //CSN = 0;
      status = SPI0_communication(reg);   //发送寄存器地址,并读取状态值
    SPI0_communication(value);
    CSN_High;    //CSN = 1;

    return status;
}
/* **************************************************
 * FunctionName  : NRF24L01_Read_Reg
 * Description   : 读 24L01 的寄存器值(一个字节)
 * EntryParameter : reg—要读的寄存器地址
 * ReturnValue   : 读出寄存器的值
 ************************************************** */
uint8 NRF24L01_Read_Reg(uint8 reg)
{
    uint8 value;

    CSN_Low;   //CSN = 0;
    SPI0_communication(reg);   //发送寄存器值(位置),并读取状态值
    value = SPI0_communication(NOP);
    CSN_High;   //CSN = 1;

    return value;
}
/* **************************************************
 * FunctionName  : NRF24L01_Read_Buf
 * Description   : 读 24L01 的寄存器值(多个字节)
 * EntryParameter : reg—寄存器地址;
 *                  pBuf—读出寄存器值的存放数组;
 *                  len—数组字节长度
 * ReturnValue   : 状态值
 ************************************************** */
uint8 NRF24L01_Read_Buf(uint8 reg,uint8 * pBuf,uint8 len)
{
```

```
    uint8 status,u8_ctr;

    CSN_Low;   //CSN = 0

    status = SPI0_communication(reg);   //发送寄存器地址,并读取状态值

    for(u8_ctr = 0;u8_ctr＜len;u8_ctr ++ )

    pBuf[u8_ctr] = SPI0_communication(0XFF);   //读出数据

    CSN_High;  //CSN = 1

    return status;   //返回读到的状态值

}

/ * * * * * * * * * * * * * * * * * * * * * * * * * * * * * * * * * * * * * * * * * * * * * *
 * FunctionName    : NRF24L01_Write_Buf
 * Description     : 给 24L01 的寄存器写值(多个字节)
 * EntryParameter  : reg—要写的寄存器地址;
 *                   pBuf—值的存放数组;
 *                   len—数组字节长度
 * ReturnValue     : 状态值
 * * * * * * * * * * * * * * * * * * * * * * * * * * * * * * * * * * * * * * * * * * * * * */
uint8 NRF24L01_Write_Buf(uint8 reg, uint8 * pBuf, uint8 len)
{

    uint8 status,u8_ctr;

    CSN_Low;

    status = SPI0_communication(reg);   //发送寄存器值(位置),并读取状态值

    for(u8_ctr = 0; u8_ctr＜len; u8_ctr ++ )

    SPI0_communication( * pBuf ++ );   //写入数据

    CSN_High;

    return status;   //返回读到的状态值

}

/ * * * * * * * * * * * * * * * * * * * * * * * * * * * * * * * * * * * * * * * * * * * * * *
 * FunctionName    : NRF24L01_Check
 * Description     : 检测 24L01 是否存在
 * EntryParameter  : None
 * ReturnValue     : 0—存在;1—不存在
 * * * * * * * * * * * * * * * * * * * * * * * * * * * * * * * * * * * * * * * * * * * * * */
uint8 NRF24L01_Check(void)
{

    uint8 check_in_buf[5] = {0x11,0x22,0x33,0x44,0x55};

    uint8 check_out_buf[5] = {0x00};

    NRF24L01_Write_Buf(WRITE_REG + TX_ADDR, check_in_buf, 5);

    NRF24L01_Read_Buf(READ_REG + TX_ADDR, check_out_buf, 5);

    if((check_out_buf[0] == 0x11)&&\
       (check_out_buf[1] == 0x22)&&\
       (check_out_buf[2] == 0x33)&&\
```

```
        (check_out_buf[3] == 0x44)&&\
        (check_out_buf[4] == 0x55))return 0;
    else return 1;
}

/*******************************************************
* FunctionName  : NRF24L01_RX_Mode
* Description   : 设置 24L01 为接收模式
* EntryParameter : None
* ReturnValue   : None
*******************************************************/
void NRF24L01_RX_Mode(void)
{
    CE_Low;  //CE 拉低,使能 24L01 配置

    NRF24L01_Write_Buf(WRITE_REG + RX_ADDR_P0,(uint8 *)RX_ADDRESS,RX_ADR_
                    WIDTH);  //写 RX 接收地址

    NRF24L01_Write_Reg(WRITE_REG + EN_AA,0x01);  //开启通道 0 自动应答
    NRF24L01_Write_Reg(WRITE_REG + EN_RXADDR,0x01);  //通道 0 接收允许
    NRF24L01_Write_Reg(WRITE_REG + RF_CH,40);  //设置 RF 工作通道频率
    NRF24L01_Write_Reg(WRITE_REG + RX_PW_P0,RX_PLOAD_WIDTH);
                    //选择通道 0 的有效数据宽度
    NRF24L01_Write_Reg(WRITE_REG + RF_SETUP,0x0f);
                    //设置 TX 发射参数,0 dB 增益,2 Mb/s,低噪声增益开启
    NRF24L01_Write_Reg(WRITE_REG + CONFIG, 0x0f);
                    //配置基本工作模式的参数;PWR_UP,EN_CRC,16BIT_CRC,接收模式
    NRF24L01_Write_Reg(FLUSH_RX,0xff);  //清除 RX FIFO 寄存器
    CE_High;  //CE 置高,使能接收
}

/*******************************************************
* FunctionName  : NRF24L01_TX_Mode
* Description   : 设置 24L01 为发送模式
* EntryParameter : None
* ReturnValue   : None
*******************************************************/
void NRF24L01_TX_Mode(void)
{
    CE_Low;  //CE 拉低,使能 24L01 配置
    NRF24L01_Write_Buf(WRITE_REG + TX_ADDR,(uint8 *)TX_ADDRESS,TX_ADR_WIDTH);
                    //写 TX 节点地址
    NRF24L01_Write_Buf(WRITE_REG + RX_ADDR_P0,(uint8 *)RX_ADDRESS,RX_ADR_
                    WIDTH);  //设置 TX 节点地址,主要为了使能 ACK
    NRF24L01_Write_Reg(WRITE_REG + EN_AA,0x01);  //使能通道 0 的自动应答
    NRF24L01_Write_Reg(WRITE_REG + EN_RXADDR,0x01);  //使能通道 0 的接收地址
```

```
        NRF24L01_Write_Reg(WRITE_REG + SETUP_RETR,0x1a);
                            //设置自动重发间隔时间:500 μs + 86 μs;最大自动重发次数:10 次
        NRF24L01_Write_Reg(WRITE_REG + RF_CH,40);  //设置 RF 通道为 40
        NRF24L01_Write_Reg(WRITE_REG + RF_SETUP,0x0f);
                            //设置 TX 发射参数,0 dB 增益,2 Mb/s,低噪声增益开启
        NRF24L01_Write_Reg(WRITE_REG + CONFIG,0x0e);
                    //配置基本工作模式的参数;PWR_UP,EN_CRC,16BIT_CRC,接收模式,开启所有中断
        CE_High;  //CE 置高,使能发送
}


/ * * * * * * * * * * * * * * * * * * * * * * * * * * * * * * * * * * * * * * * *
* FunctionName    : NRF24L01_RxPacket
* Description     : 24L01 接收数据
* EntryParameter  : rxbuf 接收数据数组
* ReturnValue     : 0—成功收到数据;1—没有收到数据
* * * * * * * * * * * * * * * * * * * * * * * * * * * * * * * * * * * * * * * * */
uint8 NRF24L01_RxPacket(uint8 * rxbuf)
{
    uint8 state;

    state = NRF24L01_Read_Reg(STATUS);  //读取状态寄存器的值
    NRF24L01_Write_Reg(WRITE_REG + STATUS,state);  //清除 TX_DS 或 MAX_RT 中断标志
    if(state&RX_OK)//接收到数据
    {
        NRF24L01_Read_Buf(RD_RX_PLOAD,rxbuf,RX_PLOAD_WIDTH);  //读取数据
        NRF24L01_Write_Reg(FLUSH_RX,0xff);  //清除 RX FIFO 寄存器
        return 0;
    }
    return 1;  //没收到任何数据
}


/ * * * * * * * * * * * * * * * * * * * * * * * * * * * * * * * * * * * * * * * *
* FunctionName    : NRF24L01_TxPacket
* Description     : 设置 24L01 为发送模式
* EntryParameter  : txbuf—发送数据数组
* ReturnValue     : 0x10—到达最大重发次数,发送失败;
*                   0x20—成功发送完成;
*                   0xff—发送失败
* * * * * * * * * * * * * * * * * * * * * * * * * * * * * * * * * * * * * * * * */
uint8 NRF24L01_TxPacket(uint8 * txbuf)
{
    uint8 state;

    CE_Low;  //CE 拉低,使能 24L01 配置
    NRF24L01_Write_Buf(WR_TX_PLOAD,txbuf,TX_PLOAD_WIDTH);  //写数据到 TX BUF
```

//32 个字节

```
CE_High;   //CE 置高,使能发送
while((LPC_GPIO3->DATA&(1<<4)) == (1<<4));   //等待发送完成
state = NRF24L01_Read_Reg(STATUS);   //读取状态寄存器的值
NRF24L01_Write_Reg(WRITE_REG + STATUS,state);   //清除 TX_DS 或 MAX_RT 中断标志
if(state&MAX_TX)   //达到最大重发次数
{
    NRF24L01_Write_Reg(FLUSH_TX,0xff);   //清除 TX FIFO 寄存器
    return MAX_TX;
}
if(state&TX_OK)   //发送完成
{
    return TX_OK;
}
return 0xff;   //发送失败
}
```

4. 实验效果

编译通过后下载程序到两块实验板。将其中一块实验板(甲机)设置为发送模式机,另一块实验板(乙机)设置为接收模式机。

甲机发送:分别点按触摸屏上的哈哈、嘻嘻、呵呵图标,信号发送给乙机。

然后将乙机设置为发送模式机,将甲机设置为接收模式机。

甲机接收:收到信号后,触摸屏上相应位置的哈哈、嘻嘻、呵呵图标会动作。

图 19-3、图 19-4 分别为无线通信的实验照片。

图 19-3 甲机发送乙机接收无线通信的实验照片

图 19 - 4　乙机发送甲机接收无线通信的实验照片

第20章
FatFS 文件系统及电子书实验

目前常用文件系统主要有微软公司的 FAT12、FAT16、FAT32、NTES 文件系统，以及 Linux 系统的 EXT2、EXT3 等。

由于 Windows 操作系统的广泛应用，当前很多嵌入式产品中用的最多的还是 FAT 文件系统。所以，选择一款容易移植和使用，并且占用资源少而功能全面的文件系统就显得非常重要了。

FatFS 是一个为小型嵌入式系统设计的通用 FAT(File Allocation Table)文件系统模块。FatFs 的编写遵循 ANSI C，并且完全与磁盘 I/O 层分开。因此，它不依赖于硬件架构。它可以被嵌入到低成本的微控制器中，如 AVR、8051、PIC、ARM、Z80、68000 等，而不需要做任何修改。图 20-1 为 FatFS 文件系统组成示意图。

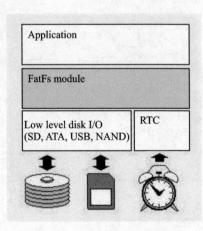

图 20-1　FatFS 文件系统组成示意图

FatFS 文件系统特点如下：

- Windows 兼容的 FAT 文件系统；
- 支持 FAT、FAT16、FAT32；
- 不依赖于平台，易于移植；
- 代码和工作区占用空间非常小；
- 支持多扇区读写，效率更高；
- 支持长文件名读写；
- 支持中文；
- 多种配置选项。

20.1　FatFS 文件系统分析

从 http://elm-chan.org/fsw/ff/00index_e.html 下载 FatFS 文件系统源文

件,只有 800 多 K,版本为 R0.08a。

打开 doc 文件夹下的"00index_e. html"英文网页文档,里面有 FatFS 文件系统的全部 API 函数说明,相对应的应用实例和如何编写硬件接口程序的说明。

src 文件夹存放有 FatFS 文件系统源码,下面是该文件夹下各个文件或文件夹存放的内容说明:

ff. h 文件:FatFS 文件系统的配置和 API 函数声明。

ff. c 文件:FatFS 源码。

diskio. h 文件:FatFS 与存储设备接口函数的声明。

diskio. c 文件:FatFS 与存储设备接口函数。

integer. h 文件:FatFS 用到的所有变量类型的定义。

option 文件夹:存放一些外接函数。

00readme. txt 文件:FatFS 版本及相关信息说明。

FatFS 文件系统提供下面的应用函数:

f_mount:注册/注销一个工作区域。

f_open:打开/创建一个文件。

f_close:关闭一个文件。

f_read:读文件。

f_write:写文件。

f_lseek:移动文件读写指针。

f_truncate:截断文件。

f_sync:冲洗缓冲数据。

f_opendir:打开一个目录。

f_readdir:读取目录条目。

f_getfree:获取空闲簇。

f_stat:获取文件状态。

f_mkdir:创建一个目录。

f_unlink:删除一个文件或目录。

f_chmod:改变属性。

f_utime:改变时间戳。

f_rename:重命名/移动一个文件或文件夹。

f_mkfs:在驱动器上创建一个文件系统。

f_forward:直接转移文件数据到一个数据流。

f_gets:读一个字符串。

f_putc:写一个字符。

f_puts:写一个字符串。

f_printf:写一个格式化的字符磁盘 I/O 接口。

移植时需要修改的文件主要包括 ffconf. h 和 diskio. c。下面分析 diskio. c 文件中各函数的功能：

① DSTATUS disk_initialize（BYTE drv） 存储媒介的初始化函数。

由于我们使用的是 SD 卡，所以实际上是对 SD 卡的初始化。

② DSTATUS disk_status（BYTE drv） 状态检测函数。

检测是否支持当前的存储设备，支持则返回 0。

③ DRESULT disk_read（BYTE drv, BYTE * buff, DWORD sector, BYTE count） 读扇区函数。

drv 为要读扇区的存储媒介号，* buff 为存储读取的数据，sector 是读数据的开始扇区，count 是要读的扇区数。在 SD 卡的驱动程序中，分别提供了读一个扇区和读多个扇区的函数。当 count＝＝1 时，要读一个扇区函数；当 count＞1 时，要读多个扇区的函数，这样可以提高文件系统读效率。操作成功则返回 0。

④ DRESULT disk_write（BYTE drv, BYTE * buff, DWORD sector, BYTE count） 写扇区函数。

drv 是要写扇区的存储媒介号，* buff 为存储写入的数据，sector 是写开始扇区，count 是要写的扇区数。同样在 SD 卡的驱动程序中，分别提供了写一个扇区和写多个扇区的函数。当 count＝＝1 时，要写一个扇区函数；当 count＞1 时，要写多个扇区的函数，这样可以提高文件系统写效率。操作成功则返回 0。

⑤ DRESULT disk_ioctl（BYTE drv, BYTE ctrl, void * buff） 存储媒介控制函数。

drv 是存储媒介号，ctrl 是控制代码，* buff 为存储控制数据，可以在此函数中编写自己需要的功能代码。比如，获得存储媒介的大小，检查存储媒介上电与否，读取存储媒介的扇区数等。在我们的系统中没有用到，直接返回 0。

⑥ 在 ff. c 文件中，需要用户提供一个 get_fattime 实时时钟函数，要求返回一个 32 位无符号整数，时钟信息包含如下：

Bit31:25，年(0..127)，从 1980 年到现在的年数；

Bit24:21，月(1..12)；

Bit20:16，日(1..31)；

Bit15:11，时(0..23)；

Bit10:5，分(0..59)；

Bit4:0，秒/2(0..29)。

如果没有用到实时时钟，可以直接返回 0。

20.2 FatFS 文件系统移植

移植时需要对上面的几个函数进行修改，修改完成后如下：

```
/ * ------------------------------------------------------- * /
/ * Inidialize a Drive                                      * /
/ * ------------------------------------------------------- * /
DSTATUS disk_initialize (
    BYTE drv                 / * Physical drive nmuber (0..) * /
)
{
    SD_Error res = SD_RESPONSE_FAILURE;
    res = SD_Init(); //用户直接初始化 SD
    return ((DSTATUS)res);
}

/ * ------------------------------------------------------- * /
/ * Return Disk Status                                      * /
/ * ------------------------------------------------------- * /
DSTATUS disk_status (
    BYTE drv          / * Physical drive nmuber (0) * /
)
{
    if (drv) return STA_NOINIT;       / * Supports only single drive * /
    return 0;
}

/ * ------------------------------------------------------- * /
/ * Read Sector(s)                                          * /
/ * ------------------------------------------------------- * /
DRESULT disk_read (
    BYTE drv,          / * Physical drive nmuber (0..) * /
    BYTE * buff,       / * Data buffer to store read data * /
    DWORD sector,      / * Sector address (LBA) * /
    BYTE count         / * Number of sectors to read (1..255) * /
)
{
    SD_ReadBlock(buff, sector << 9, 512);
    return RES_OK;
}

/ * ------------------------------------------------------- * /
/ * Write Sector(s)                                         * /
/ * ------------------------------------------------------- * /
/ * The FatFs module will issue multiple sector transfer request
/  (count > 1) to the disk I/O layer. The disk function should process
/  the multiple sector transfer properly Do. not translate it into
/  multiple single sector transfers to the media, or the data read/write
```

```
/   performance may be drasticaly decreased.  * /
# if _READONLY == 0
DRESULT disk_write (
    BYTE drv,               / * Physical drive nmuber (0..) * /
    const BYTE * buff,      / * Data to be written * /
    DWORD sector,           / * Sector address (LBA) * /
    BYTE count              / * Number of sectors to write (1..255) * /
)
{
    SD_WriteBlock((BYTE * )buff, sector << 9,512);

    return RES_OK;
}
# endif / * _READONLY * /

/ * ------------------------------------------------------------ * /
/ * Miscellaneous Functions                                      * /
/ * ------------------------------------------------------------ * /
DRESULT disk_ioctl (
    BYTE drv,          / * Physical drive nmuber (0..) * /
    BYTE ctrl,         / * Control code * /
    void * buff        / * Buffer to send/receive control data * /
)
{
        DRESULT res = RES_OK;
        switch (ctrl) {
        case GET_SECTOR_COUNT :      //Get number of sectors on the disk (DWORD)
            * (DWORD * )buff = 131072;    //4 × 1 024 × 32 = 131 072
            res = RES_OK;
            break;
        case GET_SECTOR_SIZE :       //Get R/W sector size (WORD)
            * (WORD * )buff = 512;
            res = RES_OK;
            break;
        case GET_BLOCK_SIZE : // Get erase block size in unit of sector (DWORD)
            * (DWORD * )buff = 32;
            res = RES_OK;
        }

        return res;
}
/ * ------------------------------------------------------------ * /
```

```
/* Get current time                                                    */
/* -------------------------------------------------------------------- */
DWORD get_fattime()
{
    return    ((2006UL - 1980) << 25)  // Year = 2006
            | (2UL << 21)              // Month = Feb
            | (9UL << 16)              // Day = 9
            | (22U << 11)              // Hour = 22
            | (30U << 5)               // Min = 30
            | (0U >> 1)                // Sec = 0
            ;
    //return  0; //如果我们没有用到实时时钟,可以直接返回 0
}
```

get_fattime 函数可以放在 ff.c 文件中,也可以放在 diskio.c 文件中。

为了让文件系统支持长文件名,需要修改 ffconf.h 中的参数。在 ffconf.h 文件中找到:

```
#define   _USE_LFN   0/* 0 to 3 */
```

改成:

```
#define   _USE_LFN   1/* 0 to 3 */
```

为了让文件系统支持中文,还需要把 ffconf.h 中的_CODE_PAGE 参数改成:

```
#define _CODE_PAGE   936
```

打开 cc936.c 文件,删除 GBK 和 Unicode 这两个数组(这是 GBK 和 Unicode 编码的相互转换表)。

对 WCHAR ff_convert 函数进行修改,修改完成后如下所示:

```
WCHAR ff_convert (  /* Converted code, 0 means conversion error */
    WCHAR src,      /* Character code to be converted */
    UINT dir        /* 0: Unicode to OEMCP, 1: OEMCP to Unicode */
)
{
    WCHAR c;
    uint32_t offset;    //W25X16 地址偏移
    uint8_t GBKH,GBKL;  //GBK 码高位与低位
    uint8_t unigbk[2];  //暂存 GBK 高位与低位字节
    uint8_t gbkuni[2];  //暂存 UNICODE 高位与低位字节

    if (src < 0x80) {   /* ASCII */
        c = src;
    }
```

```
        else
        {
            if(dir == 0)  /* Unicode to OEMCP */
            {
                switch(src)
                {
                    case 0x3001: c = 0xA1A2;break;  //支持符号、(中文顿号)
                    case 0x300A: c = 0xA1B6;break;  //支持符号《
                    case 0x300B: c = 0xA1B7;break;  //支持符号》
                    case 0x201C: c = 0xA1B0;break;  //支持符号"(中文左双引号)
                    case 0x201D: c = 0xA1B1;break;  //支持符号"(中文右双引号)
                    case 0x2606: c = 0xA1EE;break;  //支持符号☆
                    case 0x2605: c = 0xA1EF;break;  //支持符号★
                    case 0x2018: c = 0xA1AE;break;  //支持符号'(中文左单引号)
                    case 0x2019: c = 0xA1AF;break;  //支持符号'(中文右单引号)
                    case 0x3010: c = 0xA1BE;break;  //支持符号【
                    case 0x3011: c = 0xA1BF;break;  //支持符号】
                    case 0x3016: c = 0xA1BC;break;  //支持符号〖
                    case 0x3017: c = 0xA1BD;break;  //支持符号〗
                    case 0x2299: c = 0xA1D1;break;  //支持符号⊙
                    case 0x2116: c = 0xA1ED;break;  //支持符号№
                    case 0x2236: c = 0xA1C3;break;  //支持符号∶
                    case 0x203B: c = 0xA1F9;break;  //支持符号※
                    case 0x221E: c = 0xA1DE;break;  //支持符号∞
                    default:
                    if( (src > 0x4DFF) && (src < 0x9FA6))  //汉字区
                    {
                        offset = (((((uint32_t)src - 0x4E00) * 2) + 0x0C0000);
                        /* 得到 W25X16 的 UTG 地址 */
                        SPI_FLASH_BufferRead(unigbk,offset,2); /* 获取 GBK 码 */
                        c = (((uint16_t)unigbk[0])<<8) + (uint16_t)unigbk[1];
                        /* 把 GBK 码给了 c */
                    }
                    else c = 0xA1A1;  //如果是其他符号,都用符号 NULL 代替
                    break;
                }
            }
            else if(dir == 1)  /* OEMCP to Unicode */
            {
                GBKH = (uint8_t)(src>>8);  //获取 GBK 高位字节
                GBKL = (uint8_t)(src);     //获取 GBK 低位字节
                GBKH - = 0x81;
```

```
        GBKL - = 0x40;
        offset = ((uint32_t)192 * GBKH + GBKL) * 2; /* 得到 W25X16 的 GTU 地址 */
        SPI_FLASH_BufferRead(gbkuni,offset + 0x0D0000,2);
        /* 获取 UNICODE 码 */
        c = (((uint16_t)gbkuni[1])<<8) + (uint16_t)gbkuni[0];
        /* 把 UNICODE 码给了 c */
    }
  }
  return c;
}
```

20.3　基于 FatFS 文件系统的 SD 卡实验

1. 实验要求

读出并显示 Mini LPC11XX DEMO 开发板上 TFT‑LCD 模块的 SD 卡文件目录。

2. 实验电路原理

参考 Mini LPC11XX DEMO 开发板电路原理图：

P0.8——MISO0(SD_OUT)；

P0.6——SCK0(SD_SCK)；

P0.9——MOSI0(SD_IN)；

P1.5——SD_CS。

3. 源程序文件及分析

这里只分析 main. c 文件和 sd. c 文件，完整程序请登录北京航空航天大学出版社网站下载。

新建一个文件目录 FatFs_test1，在 Real View MDK 集成开发环境中创建一个工程项目 FatFs_test1. uvproj 于此目录中。

在 File 菜单下新建如下源文件 main. c，编写源程序代码后保存在 User 文件夹下，再把 main. c 文件添加到 User 组中。

```
# include "config.h"
# include "sd.h"
# include "ili9325.h"
# include "ssp.h"
# include "w25Q16.h"
# include "xpt2046.h"
# include "gui.h"
# include "fatapp.h"
```

```c
# include "ff.h"
# include "ffconf.h"
# include "diskio.h"

/ * * * * * * * * * * * * * * * * * * * * * * * * * * * * * * * * * * * * * * * * * * * * * * * * * *
 * FunctionName   : Init
 * Description    : 系统初始化
 * EntryParameter : None
 * ReturnValue    : None
 * * * * * * * * * * * * * * * * * * * * * * * * * * * * * * * * * * * * * * * * * * * * * * * * * */
void Init(void)
{
    SystemInit();          //系统初始化
    LCD_Init();            //液晶显示器初始化
    W25Q16_Init();         //W25Q16 初始化
    Touch_Init();          //使能触摸屏
}

/ * * * * * * * * * * * * * * * * * * * * * * * * * * * * * * * * * * * * * * * * * * * * * * * * * *
 * FunctionName   : main
 * Description    : 主函数
 * EntryParameter : None
 * ReturnValue    : None
 * * * * * * * * * * * * * * * * * * * * * * * * * * * * * * * * * * * * * * * * * * * * * * * * * */
int main(void)
{
    uint32 sd_size;
    uint8 i,num,numsign,temp1,temp2,next = 0;
    uint16 ypos;

    Init();

    LCD_Clear(WHITE);          //全屏显示白色
    POINT_COLOR = BLACK;       //定义笔的颜色为黑色
    BACK_COLOR = WHITE;        //定义笔的背景色为白色
    LCD_ShowString(5,5,"移植 FatFS 文件系统实验");
    / * ----- 检测并初始化 SD 卡 ------* /
    while(SD_Init()!= 0)       //循环检测 SD 卡是否存在
    {
        LCD_ShowString(20,60,"没有检测到 SD 卡");
        delay_ms(500);
    }

    / * ---- 按钮显示 ----* /
    LCD_ShowString(20,60,"SD 卡容量:      Mb");  //检测到 SD 卡
```

```
sd_size = SD_GetCapacity();
LCD_ShowNum(100,60,(sd_size>>20),4);           //显示 SD 卡容量(M)
Draw_Button(50,280,110,310);                   //显示两个按钮
Draw_Button(130,280,190,310);
POINT_COLOR = BLACK;                           //定义按钮上的字为黑色
BACK_COLOR = LGRAY;                            //定义按钮上的字的背景色为浅灰色
LCD_ShowString(64,287,"上翻");                  //按钮上写字
LCD_ShowString(144,287,"下翻");
BACK_COLOR = WHITE;
/* ---- 先显示一页文件名 ----*/
num = FileScan("");                            //得到 SD 卡中的文件和文件夹总数

if(num>50)num = 50;                            //最多显示 50 个文件
temp1 = num/8;   //计算可以在 TFT 上显示几页,每页显示 8 个;0 代表显示一页,
                 //1 代表显示两页,依次类推
temp2 = num%8;                                 //计算最后一页显示的数目
if(temp1>0)numsign = 8;                        //如果显示不止一页
else numsign = temp2;                          //如果只能显示一页
ypos = 80;                                     //从 TFT Y 坐标的 80 开始显示
for(i = 0;i<numsign;i++)
{
    switch(flag[i])                            //显示文件属性图标
    {
        case 0:TFTBmpDisplay("icon/file.bmp",0,ypos);break;
        case 1:TFTBmpDisplay("icon/bmp.bmp",0,ypos);break;
        case 2:TFTBmpDisplay("icon/txt.bmp",0,ypos);break;
        case 3:TFTBmpDisplay("icon/exe.bmp",0,ypos);break;
        case 4:TFTBmpDisplay("icon/pdf.bmp",0,ypos);break;
        case 5:TFTBmpDisplay("icon/word.bmp",0,ypos);break;
        case 6:TFTBmpDisplay("icon/xls.bmp",0,ypos);break;
        case 7:TFTBmpDisplay("icon/zip.bmp",0,ypos);break;
        default:TFTBmpDisplay("icon/what.bmp",0,ypos);break;
    }
    FileNameShow(25,ypos+4,(uint8 *)FileN[i]);   //显示文件名
    ypos += 24;    //下移
}
/* ---- 开始检测触摸屏上的动作 ---*/
while(1)
{
    if(Pen_Point.Pen_Sign == Pen_Down)         //如果触摸屏被按下
    {
```

```
Pen_Int_Disable;                    //关闭中断
if(Read_Continue() == 0)            //如果发生"触摸屏被按下事件"
{
    //上翻按钮处理
    if((Pen_Point.X_Coord>50)&&(Pen_Point.X_Coord<110)&&(Pen_Point.
    Y_Coord>280)&&(Pen_Point.Y_Coord<310))
    {
        SetButton(50,280,110,310);          //显示按钮被按下状态
        LCD_Fill(55, 284, 105, 305,LGRAY); //清除按钮上的字
        POINT_COLOR = BLACK;
        BACK_COLOR = LGRAY;
        LCD_ShowString(65,288,"上翻");        //显示字被按下的状态
        while((LPC_GPIO2 - >DATA&0x1) == 0); //如果按钮被一直按着,等待
        EscButton(50,280,110,310);           //放开按钮显示按钮被放开状态
        LCD_Fill(55, 284, 105, 305,LGRAY);  //清除按钮上的字
        POINT_COLOR = BLACK;
        BACK_COLOR = LGRAY;
        LCD_ShowString(64,287,"上翻");         //显示按钮上的字被恢复状态
        BACK_COLOR = WHITE;                    //恢复写字的背景色为白色

        if(next>0) //如果已经下翻过了,才能上翻
        {
            LCD_Fill(0,80,239,275,WHITE); //清除刚才显示的8个文件
            temp1 ++ ;                     //下翻次数加1
            next = next - 8;
            ypos = 80;                     //从 TFT Y 坐标的80开始显示
            for(i=0;i<8;i++)                //上一页的文件数一定是8个
            {
                switch(flag[i+next])        //显示文件属性图标
                {
                case 0:TFTBmpDisplay("icon/file.bmp",0,ypos);break;
                case 1:TFTBmpDisplay("icon/bmp.bmp",0,ypos);break;
                case 2:TFTBmpDisplay("icon/txt.bmp",0,ypos);break;
                case 3:TFTBmpDisplay("icon/exe.bmp",0,ypos);break;
                case 4:TFTBmpDisplay("icon/pdf.bmp",0,ypos);break;
                case 5:TFTBmpDisplay("icon/word.bmp",0,ypos);break;
                case 6:TFTBmpDisplay("icon/xls.bmp",0,ypos);break;
                case 7:TFTBmpDisplay("icon/zip.bmp",0,ypos);break;
                default:TFTBmpDisplay("icon/what.bmp",0,ypos);break;
                }
                FileNameShow(25,ypos+4,(uint8 * )FileN[i+next]);
                //显示文件名
```

```
            ypos + = 24;    //下移
        }
    }
}
//下翻按钮处理
else if((Pen_Point.X_Coord>130)&&(Pen_Point.X_Coord<190)&&(Pen_
        Point.Y_Coord>280)&&(Pen_Point.Y_Coord<310))
{
    SetButton(130,280,190,310);            //显示按钮被按下状态
    LCD_Fill(135, 284, 185, 305,LGRAY); //清除按钮上的字
    POINT_COLOR = BLACK;
    BACK_COLOR = LGRAY;
    LCD_ShowString(145,288,"下翻");        //显示字被按下的状态
    while((LPC_GPIO2->DATA& 0x1)== 0);//如果按钮被一直按着,等待
    EscButton(130,280,190,310);    //放开按钮显示按钮被放开状态
    LCD_Fill(135, 284, 185, 305,LGRAY); //清除按钮上的字
    POINT_COLOR = BLACK;
    BACK_COLOR = LGRAY;
    LCD_ShowString(144,287,"下翻");//显示按钮上的字被恢复状态
    BACK_COLOR = WHITE;    //恢复写字的背景色为白色

    if(temp1>0) //如果文件数大于 8 个
    {
        LCD_Fill(0,80,239,275,WHITE);
        temp1 -- ; //显示次数减 1
        next = next + 8;
        if(temp1>0)numsign = 8;    //如果显示不止一页
        else numsign = temp2;    //如果只能显示一页
        ypos = 80;        //从 TFT Y 坐标的 80 开始显示
        for(i = 0;i<numsign;i++)
        {
            switch(flag[i+next])        //显示文件属性图标
            {
                case 0:TFTBmpDisplay("icon/file.bmp",0,ypos);break;
                case 1:TFTBmpDisplay("icon/bmp.bmp",0,ypos);break;
                case 2:TFTBmpDisplay("icon/txt.bmp",0,ypos);break;
                case 3:TFTBmpDisplay("icon/exe.bmp",0,ypos);break;
                case 4:TFTBmpDisplay("icon/pdf.bmp",0,ypos);break;
                case 5:TFTBmpDisplay("icon/word.bmp",0,ypos);break;
                case 6:TFTBmpDisplay("icon/xls.bmp",0,ypos);break;
                case 7:TFTBmpDisplay("icon/zip.bmp",0,ypos);break;
                default:TFTBmpDisplay("icon/what.bmp",0,ypos);break;
```

```
                                }
                FileNameShow(25,ypos + 4,(uint8 * )FileN[i + next]);
                //显示文件名
                ypos + = 24;     //下移
            }
        }
    }
}
Pen_Int_Enable;//开启中断
    }
  }
}
```

在 File 菜单下新建如下源文件 sd. c,编写完成后保存在 Drive 文件夹下,随后将文件 sd. c 添加到 Drive 组中。

```
# include "config. h"
# include "sd. h"
# include "ssp. h"
# include "w25Q16. h"

uint8   SD_Type = 0;  //SD 卡的类型

/* **************************************************
* FunctionName   : SD_GetResponse
* Description    : 等待 SD 卡回应
* EntryParameter : 要得到的回应值
* ReturnValue    : 0—成功得到了该回应值;
*                  其他—得到回应值失败
************************************************** */
uint8 SD_GetResponse(uint8 Response)
{
    uint16 Count = 0xFFF;   //等待次数
    while ((SPI0_communication(0XFF)! = Response)&&Count)Count -- ;   //等待得到准确
                                                            //的回应
    if (Count == 0)return MSD_RESPONSE_FAILURE;   //得到回应失败
    else return MSD_RESPONSE_NO_ERROR;   //正确回应
}

/* **********************************************
* FunctionName   : SD_SendCommand
* Description    : 向 SD 卡发送命令
* EntryParameter : cmd—命令;arg—命令参数;crc—校验值
* ReturnValue    : SD 卡返回的响应
********************************************** */
```

```
uint8 SD_SendCommand(uint8 cmd, uint32 arg, uint8 crc)
{
    uint8 r1;
    uint8 repeat = 0;
    SD_CS_High;
    SPI0_communication(0xff);    //高速写命令延时
    SPI0_communication(0xff);
    SPI0_communication(0xff);
    //片选端置低,选中 SD 卡
    SD_CS_Low;
    //发送
    SPI0_communication(cmd | 0x40);    //分别写入命令
    SPI0_communication(arg >> 24);
    SPI0_communication(arg >> 16);
    SPI0_communication(arg >> 8);
    SPI0_communication(arg);
    SPI0_communication(crc);
    //等待响应,或超时退出
    while((r1 = SPI0_communication(0xFF)) == 0xFF)
    {
        repeat ++ ;
        if(repeat>200)break;
    }
    //关闭片选
    SD_CS_High;
    //在总线上额外增加 8 个时钟,让 SD 卡完成剩下的工作
    SPI0_communication(0xFF);
    //返回状态值
    return r1;
}

/ * * * * * * * * * * * * * * * * * * * * * * * * * * * * * * * * * * * * * * * * * *
* FunctionName   : SD_SendCommand_NoDeassert
* Description    : 向 SD 卡发送命令(结束后不失能片选)
* EntryParameter : cmd—命令;arg—命令参数;crc—校验值
* ReturnValue    : SD 卡返回的响应
* * * * * * * * * * * * * * * * * * * * * * * * * * * * * * * * * * * * * * * * * */
uint8 SD_SendCommand_NoDeassert(uint8 cmd, uint32 arg, uint8 crc)
{
    uint8 repeat = 0;
    uint8 r1;
    SPI0_communication(0xff);    //高速写命令延时
    SPI0_communication(0xff);
```

```
    SD_CS_Low;    //片选端置低,选中 SD 卡
    //发送
    SPI0_communication(cmd | 0x40);   //分别写入命令
    SPI0_communication(arg >> 24);
    SPI0_communication(arg >> 16);
    SPI0_communication(arg >> 8);
    SPI0_communication(arg);
    SPI0_communication(crc);
    //等待响应,或超时退出
    while((r1 = SPI0_communication(0xFF)) == 0xFF)
    {
        repeat ++ ;
        if(repeat>200)break;
    }
    //返回响应值
    return r1;
}

/* *******************************************************
* FunctionName    : SD_Init
* Description     : SD 卡初始化
* EntryParameter  : None
* ReturnValue     : 0—NO_ERR; 1—TIME_OUT; 99—NO_CARD
******************************************************** */
uint8 SD_Init(void)
{
    uint8 r1,i;              //存放 SD 卡的返回值
    uint16 repeat = 0;       //用来进行超时计数
    uint8 buff[6];

    /* -------- 配置控制 SD 卡的引脚 ----------*/
    LPC_GPIO1 - >DIR |=(1<<5);    //P1.5 设置为输出,用做 SD_CS
    LPC_GPIO1 - >DATA |=(1<<5);   //SD_CS = 1;
    #ifndef SSP0INIT          //如果没有执行过初始化 SSP0,初始化 SSP0
    SPI0_Init();              //初始化 SPI0
    #define SSP0INIT          //标记 SSP0 执行过初始化(这个条件编译是为了多个外围芯片共
                              //用 SPI 口)
    #endif
    LPC_SSP0 - >CPSR = 0xFE;  //把 SPI0 时钟设置为最低速(初始化 SD 卡的时钟频率
                              //不要超过 500 kHz)

    SD_CS_High;

    /* -------- 初始化 SD 卡到 SPI 模式 -------*/
    //先产生大于 74 个脉冲,让 SD 卡自己初始化完成
```

```
for(i = 0;i<12;i++)SPI0_communication(0xFF);
do
{
    i = SD_SendCommand(CMD0, 0, 0x95);
    repeat++;
}while((i! = 0x01)&&(repeat<200));   //最多发 200 次 CMD0 命令
if(repeat == 200)return 1;   //失败
repeat = 0;   //恢复 repeat 值
/*--------初始化 SD 卡--------*/
//获取卡片的 SD 版本信息
SD_CS_Low;
r1 = SD_SendCommand_NoDeassert(8, 0x1aa, 0x87);
//如果卡片版本信息是 v1.0 版本的,即 r1 = 0x05,则进行以下初始化
if(r1 == 0x05)
{
    //设置卡类型为 SDV1.0,如果后面检测到为 MMC 卡,再修改为 MMC
    SD_Type = SD_TYPE_V1;
    //如果是 V1.0 卡,CMD8 指令后没有后续数据
    //片选置高,结束本次命令
    SD_CS_High;
    //多发 8 个 CLK,让 SD 结束后续操作
    SPI0_communication(0xFF);
    //----------------- SD 卡、MMC 卡初始化开始 -----------------
    //发卡的初始化指令 CMD55 + ACMD41
    //有应答,说明是 SD 卡,且初始化完成
    //没有回应,说明是 MMC 卡,额外进行相应初始化
    repeat = 0;
    do
    {
        //先发 CMD55,应返回 0x01;否则出错
        r1 = SD_SendCommand(CMD55, 0, 0);
        if(r1 == 0XFF)return r1;   //只要不是 0xff,就接着发送
        //得到正确响应后,发 ACMD41,应得到返回值 0x00,否则重试 200 次
        r1 = SD_SendCommand(ACMD41, 0, 0);
        repeat++;
    }while((r1! = 0x00) && (repeat<400));
    //判断是超时还是得到正确回应
    //若有回应,是 SD 卡;没有回应, 是 MMC 卡
    //---------- MMC 卡额外初始化操作开始 ------------
    if(repeat == 400)
    {
        repeat = 0;
```

```
//发送 MMC 卡初始化命令(没有测试)
do
{
    r1 = SD_SendCommand(1,0,0);
    repeat ++ ;
}while((r1 ! = 0x00)&& (repeat<400));
if(repeat == 400)return 1;    //MMC 卡初始化超时
//写入卡类型
SD_Type = SD_TYPE_MMC;
}
//---------- MMC 卡额外初始化操作结束 ------------
//设置 SPI 为高速模式
LPC_SSP0 - >CPSR = 0x04;  //设置 SPI0 为高速模式
SPI0_communication(0xFF);
//禁止 CRC 校验
r1 = SD_SendCommand(CMD59, 0, 0x95);
if(r1 ! = 0x00)return r1;  //命令错误,返回 r1
//设置 Sector Size
r1 = SD_SendCommand(CMD16, 512, 0x95);
if(r1 ! = 0x00)return r1;  //命令错误,返回 r1
//--------------- SD 卡、MMC 卡初始化结束 ---------------
}//SD 卡为 V1.0 版本的初始化结束
//下面是 V2.0 卡的初始化
//其中需要读取 OCR 数据,判断是 SD2.0 还是 SD2.0HC 卡
else if(r1 == 0x01)
{
    //V2.0 的卡,CMD8 命令后会传回 4 字节的数据,要跳过再结束本命令
    buff[0] = SPI0_communication(0xFF);  //should be 0x00
    buff[1] = SPI0_communication(0xFF);  //should be 0x00
    buff[2] = SPI0_communication(0xFF);  //should be 0x01
    buff[3] = SPI0_communication(0xFF);  //should be 0xAA
    SD_CS_High;
    SPI0_communication(0xFF);//the next 8 clocks
    //判断该卡是否支持 2.7~3.6 V 的电压范围
    //if(buff[2] == 0x01 && buff[3] == 0xAA) //不判断,让其支持的卡更多
    {
        repeat = 0;
        //发卡的初始化指令 CMD55 + ACMD41
        do
        {
            r1 = SD_SendCommand(CMD55, 0, 0);
            if(r1! = 0x01)return r1;
```

```
        r1 = SD_SendCommand(ACMD41, 0x40000000, 0);
        if(repeat>200)return r1;    //超时则返回 r1 状态
    }while(r1!=0);
    //初始化指令发送完成,接下来获取 OCR 信息
    //----------- 鉴别 SD2.0 卡版本开始 -----------
    r1 = SD_SendCommand_NoDeassert(CMD58, 0, 0);
    if(r1!=0x00)
    {
        SD_CS_High;//释放 SD 片选信号
        return r1;    //如果命令没有返回正确应答,直接退出,返回应答
    }//读 OCR 指令发出后,紧接着是 4 字节的 OCR 信息
    buff[0] = SPI0_communication(0xFF);
    buff[1] = SPI0_communication(0xFF);
    buff[2] = SPI0_communication(0xFF);
    buff[3] = SPI0_communication(0xFF);
    //OCR 接收完成,片选置高
    SD_CS_High;
    SPI0_communication(0xFF);
    //检查接收到的 OCR 中的 bit30 位(CCS),确定其为 SD2.0 还是 SDHC
    //如果 CCS=1:SDHC    CCS=0:SD2.0
    if(buff[0]&0x40)SD_Type = SD_TYPE_V2HC;    //检查 CCS
    else SD_Type = SD_TYPE_V2;
    //----------- 鉴别 SD2.0 卡版本结束 -----------
        LPC_SSP0 ->CPSR = 0x04;    //设置 SPI0 为高速模式
    }
  }
  return r1;
}

/********************************************************
* FunctionName   : SD_ReceiveData
* Description    : 从 SD 卡中读回指定长度的数据,放置在给定的位置
* EntryParameter : *data—存放读回数据的内存大于 len;
                   len—数据长度;
                   release—传输完成后是否释放总线 CS(0—不释放;1—释放)
* ReturnValue    : 0—NO_ERR; other—错误信息
********************************************************/
uint8 SD_ReceiveData(uint8 * data, uint16 len, uint8 release)
{
    //启动一次传输
    SD_CS_Low;
    if(SD_GetResponse(0xFE))    //等待 SD 卡发回数据起始令牌 0xFE
```

```
    {
        SD_CS_High;
        return 1;
    }
    while(len -- )            //开始接收数据
    {
        * data = SPI0_communication(0xFF);
        data ++ ;
    }
    //下面是 2 个伪 CRC(dummy CRC)
    SPI0_communication(0xFF);
    SPI0_communication(0xFF);
    if(release == RELEASE)    //按需释放总线,将 CS 置高
    {
        SD_CS_High;           //传输结束
        SPI0_communication(0xFF);
    }
    return 0;
}
/* ********************************************************
* FunctionName    : SD_GetCID
* Description     : 获取 SD 卡的 CID 信息
* EntryParameter  : * cid_data(存放 CID 的内存,至少 16 字节)
* ReturnValue     : 0—NO_ERR; 1—TIME_OUT; other—错误信息
********************************************************* */
uint8 SD_GetCID(uint8 * cid_data)
{
    uint8 r1;
    //发 CMD10 命令,读 CID
    r1 = SD_SendCommand(CMD10,0,0xFF);
    if(r1 != 0x00)return r1;  //没返回正确应答,则退出,报错
    SD_ReceiveData(cid_data,16,RELEASE);  //接收 16 字节的数据
    return 0;
}
/* ********************************************************
* FunctionName    : SD_GetCSD
* Description     : 获取 SD 卡的 CSD 信息,包括容量和速度信息等
* EntryParameter  : * cid_data(存放 CID 的内存,至少 16 字节)
* ReturnValue     : 0—NO_ERR; 1—TIME_OUT; other—错误信息
********************************************************* */
uint8 SD_GetCSD(uint8 * csd_data)
```

```
{
    uint8 r1;
    r1 = SD_SendCommand(CMD9,0,0xFF);    //发 CMD9 命令,读 CSD
    if(r1)return r1;    //没返回正确应答,则退出,报错
    SD_ReceiveData(csd_data, 16, RELEASE);    //接收 16 字节的数据
    return 0;
}

/ * * * * * * * * * * * * * * * * * * * * * * * * * * * * * * * * * * * * * * * * * * * * * * * * * * * *
* FunctionName    : SD_GetCapacity
* Description      : 获取 SD 卡的容量(字节)
* EntryParameter   : None
* ReturnValue      : 0—取容量出错;其他—SD 卡的容量(字节)
* * * * * * * * * * * * * * * * * * * * * * * * * * * * * * * * * * * * * * * * * * * * * * * * * * * */
uint32 SD_GetCapacity(void)
{
    uint8 csd[16];
    uint32 Capacity;
    uint16 n;
    uint16 csize;
    //取 CSD 信息,如果期间出错,则返回 0
    if(SD_GetCSD(csd)! = 0) return 0;
    //如果为 SDHC 卡,则按照下面方式计算
    if((csd[0]&0xC0) == 0x40)
    {
        Capacity = ((uint32)csd[8])<<8;
        Capacity + = (uint32)csd[9]+1;
        Capacity = (Capacity) * 1024;//得到扇区数
        Capacity * = 512;//得到字节数
    }
    else
    {
        n = (csd[5] & 0x0F) + ((csd[10] & 0x80)>>7) + ((csd[9] & 0x03)<<1) + 2;
        csize = (csd[8]>>6) + ((uint16)csd[7]<<2) + ((uint16)(csd[6] & 0x03)<<10) + 1;
        Capacity = (uint32)csize<<(n-9);
        Capacity * = 512;
    }
    return (uint32)Capacity;
}

/ * * * * * * * * * * * * * * * * * * * * * * * * * * * * * * * * * * * * * * * * * * * * * * * * * * * *
* FunctionName    : SD_ReadSingleBlock
* Description      : 读 SD 卡的一个 block
```

```
 * EntryParameter : sector—取地址(sector 值,非物理地址)
 *                     * buffer—数据存储地址(大小至少 512 字节)
 * ReturnValue       : 0—成功;other—失败
 ************************************************************/
uint8 SD_ReadSingleBlock(uint32 sector, uint8 * buffer)
{
    uint8 r1;

    LPC_SSP0 ->CPSR = 0x04;   //设置 SPI 为高速模式 24 MHz
    //如果不是 SDHC,给定的是 sector 地址,将其转换成 byte 地址
    if(SD_Type! = SD_TYPE_V2HC)
    {
        sector = sector<<9;
    }
    r1 = SD_SendCommand(CMD17, sector, 0);  //读命令
    if(r1 ! = 0x00)return r1;
    r1 = SD_ReceiveData(buffer, 512, RELEASE);
    if(r1 ! = 0)return r1;  //读数据出错!
    else return 0;
}

/ ***********************************************************
 * FunctionName    : SD_WriteSingleBlock
 * Description     : 写入 SD 卡的一个 block
 * EntryParameter : sector—扇区地址(sector 值,非物理地址)
 *                     * buffer—数据存储地址(大小至少 512 字节)
 * ReturnValue       : 0—成功;other—失败
 ************************************************************/
uint8 SD_WriteSingleBlock(uint32 sector, const uint8 * data)
{
    uint8 r1;
    uint16 i;
    uint16 repeat;

    //设置为高速模式
    //SPIx_SetSpeed(SPI_SPEED_HIGH);
    //如果不是 SDHC,给定的是 sector 地址,将其转换成 byte 地址
    if(SD_Type! = SD_TYPE_V2HC)
    {
        sector = sector<<9;
    }
    r1 = SD_SendCommand(CMD24, sector, 0x00);
    if(r1 ! = 0x00)
    {
```

```
    return r1;   //应答不正确,直接返回
}

//开始准备数据传输
SD_CS_Low;
//先放 3 个空数据,等待 SD 卡准备好
SPIO_communication(0xff);
SPIO_communication(0xff);
SPIO_communication(0xff);
//放起始令牌 0xFE
SPIO_communication(0xFE);

//放一个 sector 的数据
for(i = 0;i<512;i++)
{
    SPIO_communication( * data++);
}
//发 2 个 Byte 的 dummy CRC
SPIO_communication(0xff);
SPIO_communication(0xff);

//等待 SD 卡应答
r1 = SPIO_communication(0xff);
if((r1&0x1F)! = 0x05)
{
    SD_CS_High;
    return r1;
}

//等待操作完成
repeat = 0;
while(!SPIO_communication(0xff))
{
    repeat++;
    if(repeat>0xfffe)         //如果长时间写入没有完成,报错退出
    {
        SD_CS_High;
        return 1;              //写入超时返回 1
    }
}
//写入完成,片选置 1
SD_CS_High;
SPIO_communication(0xff);

return 0;
```

```
}

/***************************************************
* FunctionName    : SD_ReadMultiBlock
* Description     : 读 SD 卡的多个 block
* EntryParameter  : sector—扇区地址(sector 值,非物理地址)
*                   * buffer—数据存储地址(大小至少 512 字节)
*                   count—连续读 count 个 block
* ReturnValue     : 0—成功;other—失败
***************************************************/
uint8 SD_ReadMultiBlock(uint32 sector, uint8 * buffer, uint8 count)
{
    uint8 r1;
    //SPIx_SetSpeed(SPI_SPEED_HIGH);  //设置为高速模式
    //如果不是 SDHC,将 sector 地址转成 byte 地址
    if(SD_Type! = SD_TYPE_V2HC)sector = sector<<9;
    //SD_WaitDataReady();
    //发读多块命令
    r1 = SD_SendCommand(CMD18, sector, 0);  //读命令
    if(r1 ! = 0x00)return r1;
    do  //开始接收数据
    {
        if(SD_ReceiveData(buffer, 512, RELEASE) ! = 0x00)break;
        buffer + = 512;
    } while( -- count);
    //全部传输完毕,发送停止命令
    SD_SendCommand(CMD12, 0, 0);
    //释放总线
    SD_CS_High;
    SPI0_communication(0xFF);
    if(count ! = 0)return count;    //如果没有传完,返回剩余个数
    else return 0;
}

/***************************************************
* FunctionName    : SD_WriteMultiBlock
* Description     : 写入 SD 卡的 N 个 block
* EntryParameter  : sector—扇区地址(sector 值,非物理地址)
*                   * buffer—数据存储地址(大小至少 512 字节)
*                   count—写入的 block 数目
* ReturnValue     : 0—成功;other—失败
***************************************************/
uint8 SD_WriteMultiBlock(uint32 sector, const uint8 * data, uint8 count)
```

```
{
    uint8 r1;

    uint16 i;

    uint16 repeat;

    //设置为高速模式
    //SPIx_SetSpeed(SPI_SPEED_HIGH);
    //如果不是 SDHC,给定的是 sector 地址,将其转换成 byte 地址
    if(SD_Type! = SD_TYPE_V2HC)
    {
        sector = sector<<9;
    }
    r1 = SD_SendCommand(CMD25, sector, 0x00);
    if(r1 ! = 0x00)
    {
        return r1;    //应答不正确,直接返回
    }

    //开始准备数据传输
    SD_CS_Low;
    //先放 3 个空数据,等待 SD 卡准备好
    SPIO_communication(0xff);
    SPIO_communication(0xff);
    //SPIO_communication(0xff);
    do{
        //放起始令牌 0xFE
        SPIO_communication(0xFC);

        //放一个 sector 的数据
        for(i = 0;i<512;i ++ )
        {
            SPIO_communication( * data ++ );
        }
        //发 2 个 Byte 的 dummy CRC
        SPIO_communication(0xff);
        SPIO_communication(0xff);

        //等待 SD 卡应答
        r1 = SPIO_communication(0xff);

        if((r1&0x1F)! = 0x05)
        {
            SD_CS_High;
            return r1;
        }
```

```
    //等待操作完成
    repeat = 0;
    while(!SPIO_communication(0xff))
    {
        repeat ++ ;
        if(repeat>0xfffe)   //如果长时间写入没有完成,报错退出
        {
            SD_CS_High;
            return 1;   //写入超时返回 1
        }
    }
}while( -- count);
//写入完成,片选置 1
r1 = SPIO_communication(0xFD);
SD_CS_High;
SPIO_communication(0xff);
delay_ms(6);   //写完多个块以后,延时稳定! 否则不能从 SD 卡读数据!
return 0;
}
```

4. 实验效果

编译通过后下载程序,然后在 TFT - LCD 液晶模组背面的卡座上插入 SD 卡,可看到液晶上显示出文件目录。如果文件目录超过一页,可以按"上翻"、"下翻"图标进行翻页。图 20 - 2 为文件系统的实验照片。

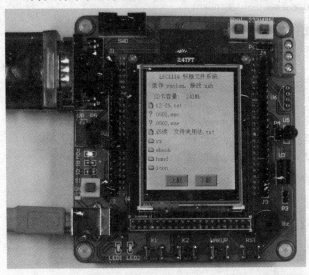

图 20 - 2 文件系统的实验照片

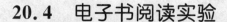

20.4　电子书阅读实验

目前电子书在小型手持式电子设备上(例如平板电脑、手机等)使用非常广泛,因此做一个基于 FatFS 文件系统的电子书阅读实验很有必要。本实验仅支持 TXT 文本文档。

1. 实验要求

读出并显示 SD 卡的 TXT 文本文档内容。

2. 实验电路原理

参考 Mini LPC11XX DEMO 开发板电路原理图:

P0.8——MISO0(SD_OUT);

P0.6——SCK0(SD_SCK);

P0.9——MOSI0(SD_IN);

P1.5——SD_CS。

3. 源程序文件及分析

这里只分析 main.c 文件,完整程序请登录北京航空航天大学出版社网站下载。

新建一个文件目录 Ebook_test1,在 Real View MDK 集成开发环境中创建一个工程项目 Ebook_test1.uvproj 于此目录中。

在 File 菜单下新建如下源文件 main.c,编写源程序代码后保存在 User 文件夹下,再把 main.c 文件添加到 User 组中。

```
# include "config.h"
# include "ili9325.h"
# include "w25Q16.h"
# include "sd.h"
# include "diskio.h"
# include "FatApp.h"
# include "ff.h"
# include "gui.h"
# include "xpt2046.h"
# include "gpio.h"
# include "string.h"

uint8 down_sign = 0,back_sign = 0;   //down_sign 为"文本下翻页"标志;back_sign 为"文本
                                     //浏览"退出标志

/*******************************************************
* FunctionName  : TXTViewer
* Description   : txt 文本浏览
```

```
*  EntryParameter : * fileName—文件名称(可带路径)
*  ReturnValue    :成功或其他信息
*************************************************************/
FRESULT TXTViewer(const TCHAR * fileName)
{
    FATFS fs;                    //建立一个文件系统
    FIL file;                    //暂存文件
    UINT  br;                    //字节计数器
    FRESULT res;                 //存储函数执行结果
    uint16 x = 6,y = 33;         //TFT 横纵坐标
    uint16 i = 0;                //Buffer 计数器,在 512 范围内,表示已经显示了多少个字节
    uint8 zbuf[2];               //双字节缓存
    uint8 tbuf[2];               //中文半字节处理暂存

    f_mount(0,&fs);              //加载文件系统
    res = f_open(&file, fileName, FA_OPEN_EXISTING|FA_READ);  //打开文件
    if(res != FR_OK) return res;  //如果没有正确打开文件,则返回错误状态
    while(1)
    {
        res = f_read(&file, Buffer, 512, &br);  //读取文件内容,每次 512 字节
        if(res||br == 0)break;  //如果打开文件错误或者已经读完了数据,则跳出 while
                                //循环

        next: down_sign = 0;  //清除文本下翻命令
        while(i<br)
        {
            while((Buffer[i] == 13)&&(Buffer[i + 1] == 10))  //判断回车符和换行符
            {
                y = y + 20;  //纵坐标换行,加行间距 4
                x = 6;       //横坐标
                i = i + 2;   //跳过回车符和换行符(在文本文件中,回车符和换行符是
                             //同时出现的)
            }
            while(y>265)  //纵坐标超出范围,换页
            {
                if(down_sign == 1)  //判断"下"按键
                {
                    y = 33;
                    x = 6;
                    LCD_Fill(5,31,234,278,WHITE);  //清除原来的文本显示区
                    goto next;                      //继续显示
                }
                if(back_sign == 1)goto re;          //判断"返回"键
```

```
        }
        zbuf[0] = Buffer[i];                    //每两字节缓存
        zbuf[1] = Buffer[i + 1];
        if(Buffer[i]>0x80)                       //如果是中文
        {
            if(i == 511)                         //最后一个字节处理
            {
                tbuf[0] = Buffer[i];             //扇区末尾半字节存储
                break;                           //跳出 while(i<br)循环
            }
            if(!tbuf[0])                          //如果没有进行过半字节处理
            {
                LCD_Show_hz(x, y, zbuf);          //正常显示
                i = i + 2;
                x + = 16;                          //横坐标加 16
            }
            else                                  //如果进行过半字节处理
            {
                tbuf[1] = Buffer[i];              //另外半字节
                zbuf[0] = tbuf[0];
                zbuf[1] = tbuf[1];
                LCD_Show_hz(x, y, zbuf);
                i ++ ;
                x + = 16;
                tbuf[0] = 0;                       //半字节处理清零
            }
            if(x>220)                             //横坐标超出范围
            {
                x = 6;
                y + = 20;
            }
        }
        else                                      //英文字符显示
        {
            LCD_ShowChar(x, y, * zbuf);
            i = i + 1;
            x + = 8;
            if(x>227)                             //横坐标超出范围,换行
            {
                x = 6;
                y + = 20;
            }
```

```
        }
      }
    i = 0;    //512 个数据显示完,i 清零
  }
  while(!back_sign);    //这条语句的作用是当读完了文本文件最后一页后,等待退出命
                        //令,否则你将看不到最后一页的内容了
  re: back_sign = 0;    //清除退出标志
  f_close(&file);       //关闭文件,必须和 f_open 函数成对出现
  f_mount(0,0);         //卸载文件系统

  return FR_OK;
}

/************************************************
* FunctionName  : Init
* Description   : 初始化系统
* EntryParameter : None
* ReturnValue   : None
************************************************/
void Init(void)
{
  SystemInit();       //系统初始化
  GPIO_Init();        //GPIO 初始化
  LCD_Init();         //液晶显示器初始化
  W25Q16_Init();      //W25Q16 初始化
  Touch_Init();
}

/************************************************
* FunctionName  : main
* Description   : 主函数
* EntryParameter : None
* ReturnValue   : None
************************************************/
int main(void)
{
  uint8 filePath[40];      //40 个字节的路径,其中 ebook/和.txt 占了 10 个字节,
                           //剩余 30 个字节,可支持 40 个英文或 20 个汉字的文件名
  uint8 tempPath[10];      //暂存路径,用来存放路径 ebook/
  uint8 filebuf[50];       //记录 TXT 文件号
  uint8 num,txtnum,pagenum; //分别为文件总数、TXT 文件数、目录页码
  uint8 count;             //计数器
  uint16 i,j = 0;          //计数器
  uint16 ypos;             // TFT 纵坐标
```

```
uint8 temp1,temp2;              //暂存
Init();                         //系统初始化
LCD_Clear(WHITE);               //全屏显示白色
/* -----    检测并初始化 SD 卡    ------*/
while(SD_Init()!=0)             //循环检测 SD 卡是否存在
{
    LCD_ShowString(20,60,"没有检测到 SD 卡");
    delay_ms(500);
}
Draw_Window(0,0,239,283,"文本浏览器 -- ration");  //显示浏览器窗口
LCD_Fill(0,284,239,285,GRAYBLUE);    //增加 WINDOW 桌面效果
Draw_Button(0,286,239,319);          //显示任务栏
Draw_Button(50,289,124,316);         //显示"目录上翻"按钮
Draw_Button(134,289,208,316);        //显示"目录下翻"按钮
POINT_COLOR = BLACK;                 //定义按钮上的字为黑色
BACK_COLOR = LGRAY;                  //定义按钮上的字的背景色为浅灰色
LCD_ShowString(55,294,"目录上翻");   //按钮上写字
LCD_ShowString(139,294,"目录下翻");
Draw_Button(4,289,32,316);           // "瑞"图标的按钮背景
TFTBmpDisplay("ebook/ruigui.bmp", 6, 291);  //显示"瑞"图标
strcpy((char *)tempPath, "ebook/"); //把文件名路径给了 tempPath 暂存
num = FileScan("ebook");            //扫描 ebook 文件
if(num>50)num = 50;                 //最多 50 个文件
for(i = 0; i<num; i++)       //扫描所有文件类型把 txt 文件号码存储到 filebuf 中
{
    if(flag[i]==2)                   //如果是 txt 文件
    {
        filebuf[j]=i;                //记录,把 txt 文件号存放到 filebuf 里面
        j++;
    }
}
txtnum = j;
temp1 = (txtnum-1)/4;                //计算可以在 TFT 上显示几页,每页显示 4 个;
                                     //0 代表显示一页,1 代表两页,依次类推
temp2 = (txtnum-1)%4+1;              //计算最后一页显示的数目
dir:pagenum = 1;
ypos = 35;
POINT_COLOR = BLACK;
BACK_COLOR = WHITE;
if(txtnum>4)count = 4;
```

```
        else count = txtnum;
        for(i = 0;i<count;i++)
        {
            TFTBmpDisplay("ebook/txt.bmp", 10, ypos);        //显示图标
            FileNameShow_HH(58, ypos+10,(uint8 *)FileN[filebuf[i]]);   //显示文件名
            ypos += 58;
        }

        while(1)
        {
            if(Pen_Point.Pen_Sign == Pen_Down)   //如果触摸屏被按下
            {
                Pen_Int_Disable;    //关闭中断
                if(Read_Continue() == 0)   //如果发生"触摸屏被按下事件"
                {
                    //上翻按钮处理
                    if((Pen_Point.X_Coord>50)&&(Pen_Point.X_Coord<124)&&(Pen_Point.
                        Y_Coord>289)&&(Pen_Point.Y_Coord<316))
                    {
                        /* 按钮动画处理 */
                        SetButton(50,289,124,316);   //显示按钮被按下状态
                        LCD_Fill(54,293,120,313,LGRAY);   //擦除按钮上的字
                        POINT_COLOR = BLACK;
                        BACK_COLOR = LGRAY;
                        LCD_ShowString(56,295,"目录上翻");  //显示按钮上的字被按下
                                                          //状态
                        while(GET_BIT(LPC_GPIO2,DATA,0) == 0);   //如果按钮被一直按着,
                                                                 //则等待
                        EscButton(50,289,124,316);   //放开按钮显示按钮被放开状态
                        LCD_Fill(54,293,120,313,LGRAY);   //清除按钮上的字
                        POINT_COLOR = BLACK;
                        BACK_COLOR = LGRAY;
                        LCD_ShowString(55,294,"目录上翻");   //显示按钮上的字被恢复
                                                          //状态
                        POINT_COLOR = BLACK;   //恢复笔的颜色和背景色
                        BACK_COLOR = WHITE;
                        /* 目录文件显示处理 */
                        if(pagenum!=1)   //如果不是第一页
                        {
                            pagenum--;
                            j = (pagenum-1)*4;
                            LCD_Fill(5,31,234,278,WHITE);   //清除原来的文本显示
```

```
        ypos = 35;
        for(i = 0;i<4;i++)   //上翻的显示文件数一定是 4 个
        {
            TFTBmpDisplay("ebook/txt.bmp", 10, ypos);  //显示图标
            FileNameShow_HH(58, ypos + 10,(uint8 * )FileN[filebuf
            [j]]);  //显示文件名
            j++;
            ypos + = 58;
        }
    }
}
//下翻按钮处理
else if((Pen_Point.X_Coord>134)&&(Pen_Point.X_Coord<208)&&(Pen_
        Point.Y_Coord>289)&&(Pen_Point.Y_Coord<316))
{
    /*按钮动画处理*/
    SetButton(134,289,208,316);  //显示按钮被按下状态
    LCD_Fill(138,293,204,313,LGRAY);  //擦除按钮上的字
    POINT_COLOR = BLACK;  //定义按钮上字的颜色和背景色
    BACK_COLOR = LGRAY;
    LCD_ShowString(140,295,"目录下翻");//显示按钮上的字被按下状态
    while(GET_BIT(LPC_GPIO2,DATA,0) == 0);  //如果按钮被一直按着,
                                            //等待
    EscButton(134,289,208,316);  //放开按钮显示按钮被放开状态
    LCD_Fill(138,293,204,313,LGRAY);  //清除按钮上的字
    POINT_COLOR = BLACK;
    BACK_COLOR = LGRAY;
    LCD_ShowString(139,294,"目录下翻");  //显示按钮上的字被恢复
                                        //状态
    POINT_COLOR = BLACK;  //恢复笔的颜色和背景色
    BACK_COLOR = WHITE;
    /*目录文件显示处理*/
    if(pagenum<(temp1 + 1))  //如果已经显示的页数没有超过总共的
                             //页数
    {
        pagenum++;  //显示下一页;
        LCD_Fill(5,31,234,278,WHITE);  //清除原来的文本显示区
        ypos = 35;
        if(pagenum! = (temp1 + 1))count = 4;  //如果不是最后一页
        else count = temp2;  //如果是最后一页
        j = (pagenum - 1)* 4;
        for(i = 0;i<count;i++)
```

```
                    {
                        TFTBmpDisplay("ebook/txt.bmp", 10, ypos);   //显示图标
                        FileNameShow_HH(58, ypos + 10,(uint8 * )FileN[filebuf
                        [j]]);   //显示文件名
                        j++;
                        ypos += 58;
                    }
                }
            }
            //阅读位于第一栏文件
            else if((Pen_Point.Y_Coord>35)&&(Pen_Point.Y_Coord<93))
            {
                i = (pagenum - 1) * 4;
                if(i<txtnum)
                {
                    strcpy((char * )(filePath),(char * )(tempPath));
                    strcat((char * )filePath, (char * )(FileN[filebuf[i]]));
                    for(i = 0;i<512;i++)      //清除缓存
                    {
                        Buffer[i] = '\0';
                    }
                    LCD_Fill(5,31,234,278,WHITE);   //清除原来的文本显示区
                    NVIC_EnableIRQ(EINT1_IRQn);      //使能 GPIO1 中断
                    TXTViewer((const TCHAR * )filePath);   //进入电子书浏览
                    NVIC_DisableIRQ(EINT1_IRQn);   //禁能 GPIO1 中断
                    Pen_Int_Enable;   //开启中断
                    LCD_Fill(5,31,234,278,WHITE);   //清除原来的文本显示
                    goto dir;
                }
            }
            //阅读位于第二栏文件
            else if((Pen_Point.Y_Coord>92)&&(Pen_Point.Y_Coord<150))
            {
                i = (pagenum - 1) * 4 + 1;
                if(i<txtnum)
                {
                    strcpy((char * )(filePath),(char * )(tempPath));
                    strcat((char * )filePath, (char * )(FileN[filebuf[i]]));
                    for(i = 0;i<512;i++)      //清除缓存
                    {
                        Buffer[i] = '\0';
                    }
```

```
        LCD_Fill(5,31,234,278,WHITE);  //清除原来的文本显示区
        NVIC_EnableIRQ(EINT1_IRQn);  //使能 GPIO1 中断
        TXTViewer((const TCHAR *)filePath);  //进入电子书浏览
        NVIC_DisableIRQ(EINT1_IRQn);  //禁能 GPIO1 中断
        Pen_Int_Enable;  //开启中断
        LCD_Fill(5,31,234,278,WHITE);  //清除原来的文本显示
        goto dir;
    }
}
//阅读位于第三栏文件
else if((Pen_Point.Y_Coord>149)&&(Pen_Point.Y_Coord<207))
{
    i = (pagenum - 1) * 4 + 2;
    if(i<txtnum)
    {
        strcpy((char *)(filePath),(char *)(tempPath));
        strcat((char *)filePath,(char *)(FileN[filebuf[i]]));
        for(i = 0;i<512;i++)   //清除缓存
        {
            Buffer[i] = '\0';
        }
        LCD_Fill(5,31,234,278,WHITE);  //清除原来的文本显示区
        NVIC_EnableIRQ(EINT1_IRQn);  //使能 GPIO1 中断
        TXTViewer((const TCHAR *)filePath);  //进入电子书浏览
        NVIC_DisableIRQ(EINT1_IRQn);  //禁能 GPIO1 中断
        Pen_Int_Enable;  //开启中断
        LCD_Fill(5,31,234,278,WHITE);  //清除原来的文本显示
        goto dir;
    }
}
//阅读位于第四栏文件
else if((Pen_Point.Y_Coord>206)&&(Pen_Point.Y_Coord<264))
{
    i = (pagenum - 1) * 4 + 3;
    if(i<txtnum)
    {
        strcpy((char *)(filePath),(char *)(tempPath));
        strcat((char *)filePath,(char *)(FileN[filebuf[i]]));
        for(i = 0;i<512;i++)     //清除缓存
        {
            Buffer[i] = '\0';
        }
```

```
                    LCD_Fill(5,31,234,278,WHITE);   //清除原来的文本显示区
                    NVIC_EnableIRQ(EINT1_IRQn);   //使能 GPIO1 中断
                    TXTViewer((const TCHAR * )filePath);   //进入电子书浏览
                    NVIC_DisableIRQ(EINT1_IRQn);   //禁能 GPIO1 中断
                    Pen_Int_Enable;   //开启中断
                    LCD_Fill(5,31,234,278,WHITE);   //清除原来的文本显示
                    goto dir;
                }
            }
        }
        Pen_Int_Enable;   //开启中断
    }
}


/ * * * * * * * * * * * * * * * * * * * * * * * * * * * * * * * * * * * * * * * * * *
* FunctionName    : PIOINT1_IRQHandler
* Description     : GPIO1 口外中断函数
* EntryParameter  : None
* ReturnValue     : None
* * * * * * * * * * * * * * * * * * * * * * * * * * * * * * * * * * * * * * * * * * */
void PIOINT1_IRQHandler(void)
{
    if((LPC_GPIO1 - >MIS&0x001) == 0x001)         //检测是不是 P1.0 引脚产生的中断
    {
        CLR_BIT(LPC_GPIO1,DATA,9);                //开 LED1
        while((LPC_GPIO1 - >DATA&(1<<0))! = (1<<0));   //等待按键释放
        SET_BIT(LPC_GPIO1,DATA,9);                //关 LED1
        down_sign = 1;                            //下翻页使能
    }
    else if((LPC_GPIO1 - >MIS&0x002) == 0x002)    //检测是不是 P1.1 引脚产生的中断
    {
        CLR_BIT(LPC_GPIO1,DATA,10);               //开 LED2
        while((LPC_GPIO1 - >DATA&(1<<1))! = (1<<1));   //等待按键释放
        SET_BIT(LPC_GPIO1,DATA,10);               //关 LED2
        back_sign = 1;                            //退出使能
    }
    LPC_GPIO1 - >IC = 0x3FF;                      //清除 GPIO1 上的中断
}
```

4. 实验效果

编译通过后下载程序。在 Mini LPC11XX DEMO 开发板上的 TFT - LCD 液晶

模组背面的卡座上插入带有 txt 文本内容的 SD 卡,上电后液晶显示出一个文本浏览器,里面为电子书的目录(书名图标)。触摸屏底栏为"目录上翻"、"目录下翻"图标。

　　用手机笔点按"目录上翻"或"目录下翻"图标即可实现目录查找。找到喜欢的图书书名目录图标后,点击该图标,即可进入图书内容观看。如果按动 KEY1 则可实现图书向下翻页,按动 KEY2 可退出当前图书内容,回到电子书的目录。图 20 - 3、图 20 - 4 为电子书的实验照片。

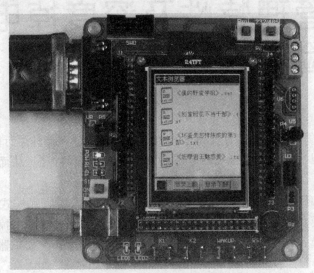

图 20 - 3　电子书的实验照片 1

图 20 - 4　电子书的实验照片 2

第 21 章

电源管理特性及深度掉电与唤醒实验

    LPC11XX 系列 ARM 芯片支持多种电源控制方式。在器件运行时,用户可以根据实际运行情况对器件中各模块的电源和时钟进行合理的控制,从而优化整个系统的功耗。

    此外,器件还有 3 种特殊的节能模式:睡眠模式、深度睡眠模式和深度掉电模式。电源管理模块可以控制器件所进入的模式,即睡眠模式或深度掉电模式。如果器件进入睡眠模式,则 ARM 内核时钟停止,外设仍继续运行。如果器件进入深度睡眠模式,则用户可以配置哪个 Flash 和振荡器继续上电或要掉电。

    CPU 的时钟速率也可以通过改变时钟源、重置 PLL 值和/或改变系统时钟分频值来调整。这样就使得处理器速率和处理器所消耗的功率达到平衡,满足应用的需求。

    器件运行时用户可以对片内的外设进行单独控制,把应用中不需要用到的外设关闭,避免不必要的动态功耗,从而更好地降低系统的功耗。为了方便控制电源,外设(UART、SSP、ARM 跟踪时钟、SysTick 定时器、看门狗定时器和 USB)都有自己的时钟分频器。

    注意:器件处于节能模式的时候不能进行调试。表 21-1 为 LPC11XX 电源和时钟控制选项。

表 21-1 LPC11XX 电源和时钟控制选项

电源控制	电源/时钟控制功能	应用的模式
PDRUNCFG	控制模拟模块的电源(振荡器、PLL、ADC、Flash 和 BOD)。在运行模式上可以通过该寄存器来改变电源的配置。 提示:为了确保在运行模式下能正常运行,该寄存器的第 9 位必须为 0	运行模式

续表 21 - 1

电源控制	电源/时钟控制功能	应用的模式
PDSLEEPCFG	选择在深度睡眠模式中停止的模拟模块。当器件进入深度睡眠模式时,该寄存器中的内容会自动加载到 PDRUNCFG 中。 提示:为了降低深度睡眠模式中的功耗,该寄存器中的第 9 位必须为 1	深度睡眠模式
PDAWAKECFG	选择从深度睡眠模式唤醒后需要上电的模拟模块。当器件离开深度睡眠模式以后,该寄存器中的内容就会自动加载到 PDRUNCFG 中。 提示:为了确保在运行模式下能正常运行,该寄存器的第 9 位必须为 0	运行模式

21.1　运行模式

　　在运行模式下,ARM Cortex - M0 内核、存储器和外设都由系统时钟来计时。寄存器 AHBCLKCTRL 负责选择要运行的存储器和外设。系统时钟的频率由寄存器 AHBCLKDIV 来决定。

　　选定的外设(UART、SSP、ARM 跟踪时钟、USB、WDT 和 SysTick 定时器)除了有系统时钟计时以外,还有单独的外设时钟和它们自己的时钟分频器。外设时钟可以通过时钟分频寄存器来关闭。

　　各模拟模块(PLL、振荡器、ADC、USB PHY、BOD 电路和闪存模块)的电源可以通过寄存器 PDRUNCFG 来单独控制。

　　提示:在运行模式下寄存器 PDRUNCFG 中的第 9 位必须为 0。

21.2　睡眠模式

　　在睡眠模式下,ARM Cortex - M0 内核时钟停止。在复位或中断出现之前都不能执行指令。

　　进入睡眠模式的步骤如下:

　　① 向 ARM Cortex - M0 SCR 寄存器中的位 SLEEPDEEP 写 0。

　　② 通过使用 ARM Cortex - M0 等待中断(WFI)指令进入睡眠模式。

　　当中断到达处理器时自动退出睡眠模式。

　　在睡眠模式下外设的功能继续进行,并可产生中断使处理器重新运行。睡眠模式不使用处理器自身的动态电源、存储器系统和相关控制器和内部总线。处理器的状态和寄存器、外设寄存器和内部 SRAM 的值都会保留,引脚的逻辑电平也会保留。

21.3　深度睡眠模式

在深度睡眠模式下,芯片处于睡眠模式,系统时钟停止,PDSLEEPCFG 选择的模拟模块也掉电。在进入睡眠模式时,用户可以配置哪个模块掉电,以及哪个模块可以从深度睡眠模式中唤醒时运行。

进入深度睡眠模式的步骤如下:

① 通过 PDSLEEPCFG 寄存器,选择在深度睡眠模式下要掉电的模拟模块(振荡器、PLL、ADC、闪存和 BOD)。PDSLEEPCFG 中的第 9 位必须为 1。

② 通过 PDAWAKECFG 寄存器,选择从深度睡眠模式唤醒后要上电的模拟模块。PDAWAKECFG 中的第 9 位必须为 0。

③ 向 ARM Cortex – M0 SCR 寄存器写 1。

④ 通过使用 ARM WFI 指令进入深度睡眠模式。

LPC11XX 可以不通过中断直接通过监控起始逻辑的输入从深度睡眠模式中唤醒。大部分的 GPIO 引脚都可以用作起始逻辑的输入引脚。起始逻辑不需要任何时钟信号,而且从深度睡眠模式唤醒后也不会产生中断。

在深度睡眠模式期间,处理器的状态和寄存器、外设寄存器以及内部 SRAM 的值都保留,而且引脚的逻辑电平也不变。

深度睡眠的优点在于可以使时钟产生模块(例如振荡器和 PLL)掉电,这样深度睡眠模式所消耗的动态功耗就比一般的睡眠模式消耗的要少得多。另外,在深度睡眠模式中 Flash 可以掉电,这样静态漏电流就会减少。但消耗在的唤醒 Flash 存储器的时间就更多。

21.4　深度掉电模式

在深度掉电模式下,整个芯片的电源和时钟都关闭(通过 WAKEUP 引脚)。

进入深度掉电模式的步骤如下:

① 设置 PCON 寄存器中的 DPDEN 位。

② 向 ARM Cortex – M0 SCR 寄存器中的 SLEEPDEEP 位写 1。

③ 确保 IRC 上电,可以通过将寄存器 PDRUNCFG 中的 IRCOUT_PD 和 IRC_PD 位都设为 0 来实现。

④ 通过使用 ARM WFI 指令进入深度掉电模式。

给 WAKEUP 引脚(即 P1.4)一个脉冲信号就可以使 LPC11XX 从深度掉电模式中唤醒。在深度掉电模式期间,SRAM 中的内容会被保留。器件可以将数据保存在 4 个通用寄存器中。

从运行模式进入深度掉电模式的步骤如下:

① 将数据保存到通用寄存器中的数据位(可选)。

② 将寄存器 PCON 中的 DPDEN 位置 1,从而使能深度掉电模式。

③ 通过使用 ARM WFI/WFE 指令使器件进入深度掉电模式。

离开深度掉电模式的步骤如下:

① WAKEUP 引脚的电平从高到低跳变。PMU 会开启片内电压调节器。当内核电压达到上电复位的触发值时,系统就会复位,芯片将重新导入。除了 GPREG0~4 以外的所有寄存器和 PCON 都会处于复位状态。

② 一旦芯片重新导入之后,就可以读取 PCON 中的深度掉电模式标记,看看器件复位是由唤醒事件(从深度掉电模式唤醒)引起的还是由冷复位引起的。

③ 清除 PCON 中的深度掉电标记。

④ 读取保存在通用寄存器中的数据(可选)。

⑤ 为下一次进入深度掉电模式设置 PMU。

21.5　电源管理相关寄存器

表 21-2 为与电源管理相关的寄存器。

表 21-2　与电源管理相关的寄存器(基址 0x4003 8000)

名　称	访　问	地址偏移	描　述	复位值
PCON	R/W	0x000	电源控制寄存器	0x0
GPREG0	R/W	0x004	通用寄存器 0	0x0
GPREG1	R/W	0x008	通用寄存器 1	0x0
GPREG2	R/W	0x00C	通用寄存器 2	0x0
GPREG3	R/W	0x010	通用寄存器 3	0x0
GPREG4	R/W	0x014	通用寄存器 4	0x0

1. 电源控制寄存器(PCON)

电源控制寄存器可以使用 ARM WFI 指令让器件进入节能模式的时候选择要进入的模式:睡眠模式或深度睡眠模式。表 21-3 为 PCON 位描述。

表 21-3　PCON 位描述(地址 0x4003 8000)

位	符　号	描　述	复位值
0	—	保留。不能向该位写 1	0x0
1	DPDEN	深度掉电模式的使能位。 1:通过使用 ARM WFI 指令使器件进入深度掉电模式(ARM Cortex-M0 内核掉电); 0:通过使用 ARM WFI 指令使器件进入睡眠模式(ARM Cortex-M0 内核时钟停止)	0x0

位	符 号	描 述	复位值
10:2	—	保留。不能向这些位写1	0x0
11	DPDFLAG	深度掉电标记。 1：读：进入深度掉电模式； 　写：清除深度掉电标记。 0：读：不进入深度掉电模式； 　写：没有作用	0x0
31:12	—	保留。不能向这些位写1	0x0

2. 通用寄存器 0～3(GPREG0～3)

当引脚上仍有电源(VDD)但器件已经进入到深度掉电模式的时候,数据就暂时由通用寄存器来保存,这就是通用寄存器的作用。只有在芯片的所有电源都关断的情况下,"冷"引导程序才能将通用寄存器复位。表 21 - 4 为 GPREG0～3 的位描述。

表 21 - 4　GPREG0～3 位描述(地址 0x4003 8004～0x4003 8010)

位	符 号	描 述	复位值
31:0	GPDATA	在器件处于深度掉电模式下保存数据	0x0

3. 通用寄存器 4(GPREG4)

当引脚上仍有电源(VDD)但器件已经进入到深度掉电模式的时候,数据就暂时由通用寄存器来保存,这就是通用寄存器 4 的作用。只有在芯片的所有电源都关断的情况下,"冷"引导程序才能将通用寄存器复位。

提示：如果 VDD(3V3)引脚上的电压值降到某个规定值以下,WAKEUP 输入引脚上就不会有时滞,器件直接从深度掉电模式唤醒。表 21 - 5 为 GPREG4 位描述。

表 21 - 5　GPREG4 位描述(地址 0x4003 8014)

位	符 号	描 述	复位值
9:0	—	保留。不能向这些位写1	0x0
10	WAKEUPHYS	WAKEUP 引脚滞后的使能位。 1：WAKEUP 引脚滞后使能； 0：WAKEUP 引脚滞后禁能	0x0
31:0	GPDATA	在器件处于深度掉电模式下保存数据	0x0

21.6 进入深度掉电与唤醒实验

1. 实验要求

液晶显示计数 5 次后进入深度掉电模式。

2. 实验电路原理

参考 Mini LPC11XX DEMO 开发板电路原理图：P1.4——WAKUP。

3. 源程序文件及分析

这里只分析 main. c 文件与 pmu. c 文件，完整程序请登录北京航空航天大学出版社网站下载。

新建一个文件目录 WAKUP_test1，在 Real View MDK 集成开发环境中创建一个工程项目 WAKUP_test1. uvproj 于此目录中。

在 File 菜单下新建如下源文件 main. c，编写源程序代码后保存在 User 文件夹下，再把 main. c 文件添加到 User 组中。

```
# include "config. h"
# include "W25Q16. h"
# include "ssp. h"
# include "ILI9325. h"
# include "pmu. h"

/* ************************************************
* FunctionName  : Init
* Description    : 初始化系统
* EntryParameter : None
* ReturnValue    : None
************************************************ */
void Init(void)
{
    SystemInit();        //系统初始化
    LCD_Init();          //液晶显示器初始化
    W25Q16_Init();       //W25X16 初始化
}

/* ************************************************
* FunctionName  : main
* Description    : 主函数
* EntryParameter : None
* ReturnValue    : None
************************************************ */
```

```
int main(void)
{
    uint8 i = 0,cnt = 0;
    uint16 xpos,ypos = 200;
    Init();

    LCD_Clear(WHITE);   //整屏显示白色
    POINT_COLOR = BLACK;
    BACK_COLOR = WHITE;

    LCD_ShowString(22, 5, "WAKUP 深度掉电演示");
    POINT_COLOR = DARKBLUE;
    LCD_ShowString(34, 30, "计数 5 次后,进入深度掉电模式,此时 RESET 引脚也失效! 只
                 能通过 WAKUP 唤醒单片机");
    LCD_ShowString(24, 100, "计数: ");

    while(1)
    {
        for(i = 0;i<240;i + = 24)
        {
            cnt ++ ;
            LCD_ShowNum(72, 100, cnt, 2);

            CPL_BIT(LPC_GPIO1,DATA,9);
            CPL_BIT(LPC_GPIO1,DATA,10);

            xpos = i;
            LCD_Fill(xpos,ypos,xpos + 24,ypos + 24,RED);
            delay_ms(500);
            delay_ms(500);
            if(cnt>4)PMU_PowerDown();   //第 5 次计数进入深度掉电
        }
    }
}
```

在 File 菜单下新建如下源文件 pmu. c,编写完成后保存在 Drive 文件夹下,随后将文件 pmu. c 添加到 Drive 组中。

```
# include "config. h"
# include "pmu. h"

/* *********************************************
* FunctionName   : PMU_PowerDown
* Description    : 选择深度掉电或低功耗模式
* EntryParameter : None
* ReturnValue    : None
********************************************* */
```

```
void PMU_PowerDown(void)
{
    SCB->SCR |= 0x4;    //选择"深度掉电"低功耗模式(注意：系统默认"睡眠"低功耗模式)
    LPC_PMU->PCON = (0x1<<11);    //清除深度掉电模式
    LPC_PMU->PCON = 0x2;    //DPDEN = 1;
    __wfi();    //写 wfi 指令进入深度掉电模式
}
```

注意：若去掉语句"SCB->SCR |=0x4;"，则执行 void PMU_PowerDown
(void)函数后，将进入睡眠模式，而不是深度掉电模式。在睡眠模式下，可以通过
RESET 引脚复位唤醒，WAKUP 引脚不起作用；而进入深度掉电模式后，可以通过
WAKUP 引脚唤醒，RESET 引脚不起作用。

4. 实验效果

编译通过后下载程序。Mini LPC11XX DEMO 开发板上的 TFT-LCD 液晶显
示计数 5 次后进入深度掉电模式，此时除了 WAKUP 按键外的所有按键均不起作
用，只有按下 WAKUP 按键才能唤醒。图 21-1 为深度掉电与唤醒的实验照片。

图 21-1　深度掉电与唤醒的实验照片

第 **22** 章
数码相框显示及 **GUI** 实验

随着数码相机及 Internet 网络的普及，传统的相框由于自身的局限性已经不能解决人们开始面临如何更有效的储存和分享越来越多的照片的问题，于是数码相框应运而生。它既拥有传统相框的精致和轻便、随意摆放的功能，又改变了传统相框纸质静态照片的单一展示方式，成为了时尚的电子消费品和家庭必备的装饰品。

22.1　数码相框的构成和图像文件的处理

简易数码相框主要由 ARM 处理器、SD/MMC 卡、液晶屏构成。它是基于 Windows 的图像文件存储的位图文件格式的原理，利用 FatFS 文件系统对 FAT32 图像文件进行管理和读取，从而把 BMP 格式的图片从 SD/MMC 卡读出并在 TFT‑LCD 液晶屏上显示出来。设备的核心部分是 SD 卡、TFT 液晶屏以及信号处理芯片 LPC11XX，前两者实现图像的存储、传送和显示，后者控制整个电路工作，一方面控制从 SD/MMC 卡中读取 BMP 文件，另一方面控制 ILI9325 图像驱动芯片对 BMP 文件进行正常的显示。数码相框具体组成电路参考 Mini LPC11XX DEMO 开发板电路原理图。

FAT32 文件系统由结构信息、文件分配表及数据区组成。

结构信息：保存 FAT32 的结构内容。

文件分配表：以 4 字节的大小记录簇的链式关系。

数据区：记录文件真正的数据。

读取第一扇区 512 字节的内容后，我们可以知道"文件分配表的起始地址"，"每簇多少扇区"和"分配表的大小"。通过计算，我们可以得知根目录的扇区地址，也就是簇的扇区地址。

根目录则用 32 字节大小记录文件名和首簇地址等信息。文件存放都是以簇为单位进行存储的。任何扇区地址（记录簇号减 2）乘以每簇多少扇区等于根目录的扇区地址。

知道了以上信息,就可以将文件的簇地址转换成扇区地址。

但文件的存放是链式结构,我们还要读下一个簇号,直到簇号为结束簇号:0x0fffffff。

bin 文件:bin 的文件是纯数据文件,一般用图像取模软件,对图像取模,就可以得到相应的 *.bin 文件。它保存了图像信息,如:0xf800,表示一个像素为红色(16 位 $r-g-b\ 5-6-5$)。

BMP 文件:BMP 文件由文件头数据组成。数据是以液晶的开始显示这一行内容的开始,一行一行,从左向右,从下向上保存的。读取 bmp 文件并不难,就是有点麻烦。

程序处理图像时,首先通过 FAT32 文件系统读取,得到根目录地址,再读取根目录的文件记录,得到指定文件的首簇地址。经过地址转换,转换成扇区地址。读取相应数据,控制 ILI9325 图像驱动芯片,在 TFT-LCD 上显示图像。显示完一幅图像后,延迟一段时间,继续显示下一幅。

22.2　数码相框设计实验

1. 实验要求

在 Mini LPC11XX DEMO 开发板上,设计一个简易的自动翻页显示的彩色数码相框。

2. 实验电路原理

参考 Mini LPC11XX DEMO 开发板电路原理图:

TFT-LCD 液晶屏连接:

P3.0——LCD_RS,命令/数据选择(0 为读写命令,1 为读写数据);

P3.1——LCD_CS;

P3.2——LCD_WR,向 TFT-LCD 写入数据;

P3.3——LCD_RD,从 TFT-LCD 读取数据;

P2.11~P2.4——DB[15:8],8 位双向数据线,分两次传送 16 位数据;

P0.0——RESET,复位信号。

SD 卡连接:

P0.8——MISO0(SD_OUT);

P0.6——SCK0(SD_SCK);

P0.9——MOSI0(SD_IN);

P1.5——SD_CS。

3. 源程序文件及分析

这里只分析 main. c 文件，完整程序请登录北京航空航天大学出版社网站下载。

新建一个文件目录 DigPic_test1，在 Real View MDK 集成开发环境中创建一个工程项目 DigPic_test1. uvproj 于此目录中。

在 File 菜单下新建如下源文件 main. c，编写源程序代码后保存在 User 文件夹下，再把 main. c 文件添加到 User 组中。

```c
# include "config. h"
# include "W25Q16. h"                //W25X16
# include "ssp. h"                   //ssp
# include "ILI9325. h"               //ILI9325
# include "sd. h"
# include "gui. h"

// FATFS 文件系统
# include "ff. h"                    //文件操作
# include "integer. h"               //数据类型
# include "ffconf. h"                //系统配置
# include "diskio. h"                //接口函数
# include "fatApp. h"                //API 函数的应用

/*************************************************
 * FunctionName   : Init
 * Description    : 初始化系统
 * EntryParameter : None
 * ReturnValue    : None
 ************************************************/
void Init(void)
{
    SystemInit();                    //系统初始化,时钟配置
    LCD_Init();                      //液晶显示器初始化
    W25Q16_Init();                   // W25Q16 初始化

}

/*************************************************
 * FunctionName   : main
 * Description    : 主函数
 * EntryParameter : None
 * ReturnValue    : None
 ************************************************/
int main(void)
{
    uint8 i,num;
    uint8 filePath[30];
```

```
uint8 tempPath[10];

Init();                          //初始化系统

LCD_Clear(WHITE);                //全屏显示白色

/* -----    检测并初始化 SD 卡     ------*/
while(SD_Init()!=0)              //循环检测 SD 卡是否存在
{
    LCD_ShowString(20,60,"没有检测到 SD 卡");
    delay_ms(500);
}

num = FileScan("picture");       //扫描 picture 文件
if(num>50)num = 50;              //最多 50 个文件
strcpy((char *)tempPath, "picture/");  //把文件名路径给了 tempPath 暂存

/* 间隔显示 SD 卡中 PICTURE 文件夹的图片 */
while(1)
{
    for(i = 0; i<num; i++)       //循环扫描文件得到哪个是 BMP 文件
    {
        if(flag[i]==1)           //检测如果是 BMP 图片
        {
            strcpy((char *)(filePath),(char *)(tempPath));
            //把文件名路径给 filePath 以便查找文件
            strcat((char *)filePath,(char *)(FileN[i]));
            //把 FileN 所指字符串(图片文件)添加到 filePath 结尾处(覆盖 file-
            //Path 结尾处的"\0"),并添加"\0"。返回指向 filePath 的指针
            TFTBmpDisplay((uint8 *)filePath,0,0);
            //显示 filePath 路径指向的图片,坐标 x = 0,y = 0
            delay_ms(600);
            delay_ms(600);
            delay_ms(600);
            delay_ms(600);
            delay_ms(600);   //注意:delay_ms 延时函数最大值为 699
        }
    }
}
```

4. 实验效果

编译通过后下载程序,在 Mini LPC11XX DEMO 开发板的液晶模组背面的卡座上插入带有 BMP 类型的 24 位图片内容的 SD 卡,上电后 TFT - LCD 上依次显示出彩色数码照片(见图 22 - 1)。

图 22－1　数码相框的实验照片

22.3　GUI 图形界面设计实验

GUI 即图形用户界面(Graphical User Interface),是指采用图形方式显示的计算机操作用户界面。

GUI 的广泛应用是当今计算机发展的重大成就之一,它极大地方便了非专业用户的使用。人们从此不再需要死记硬背大量的命令,只需通过窗口、菜单、按键等方式就可以方便地进行操作。而嵌入式 GUI 具有下面几个方面的基本要求:轻型、占用资源少、高性能、高可靠性、便于移植、可配置等特点。

随着 Internet 网络的迅速发展并向家庭领域不断扩展,使消费电子、计算机、通信(3C)一体化趋势日趋明显,嵌入式系统再度成为研究与应用的热点。嵌入式实时Linux 操作系统以价格低廉、功能强大又易于移植而正在被广泛采用,成为新兴的力量,如今随着 3G 手机、平板电脑等的迅速普及,用户对这些手持式设备的 GUI 提出了更高的要求,希望能看到像 PC 机才拥有的华丽美观的 GUI,GUI 已经成为了人与机器沟通的桥梁,而这一切均要求有一个轻型、占用资源少、高性能、高可靠、可配置及美观的 GUI 支持。这里我们进行一个简单型 GUI 实验。

1. 实验要求

在 Mini LPC11XX DEMO 开发板上设计一个时尚美观的 GUI 图形界面。

2. 实验电路原理

参考 Mini LPC11XX DEMO 开发板电路原理图。

液晶屏连接：

P3.0——LCD_RS,命令/数据选择(0 为读写命令,1 为读写数据)；

P3.1——LCD_CS；

P3.2——LCD_WR,向 TFT - LCD 写入数据；

P3.3——LCD_RD,从 TFT - LCD 读取数据；

P2.11～P2.4——DB[15:8],8 位双向数据线,分两次传送 16 位数据；

P0.0——RESET,复位信号。

SD 卡连接：

P0.8——MISO0(SD_OUT)；

P0.6——SCK0(SD_SCK)；

P0.9——MOSI0(SD_IN)；

P1.5——SD_CS。

3. 源程序文件及分析

这里只分析 main. c 文件,完整程序请登录北京航空航天大学出版社网站下载。

新建一个文件目录 GUI_test1,在 Real View MDK 集成开发环境中创建一个工程项目 GUI_test1. uvproj 于此目录中。

在 File 菜单下新建如下源文件 main. c,编写源程序代码后保存在 User 文件夹下,再把 main. c 文件添加到 User 组中。

```
# include "config. h"
# include "W25Q16. h"
# include "ssp. h"
# include "ILI9325. h"
# include "sd. h"
# include "gui. h"
# include "xpt2046. h"
# include "play. h"

// FATFS 文件系统
# include "ff. h"              //文件操作
# include "integer. h"        //数据类型
# include "ffconf. h"          //系统配置
# include "diskio. h"          //接口函数
# include "fatApp. h"          // API 函数的应用

/ ************************************************
* FunctionName   : Init
* Description     :初始化系统
* EntryParameter : None
* ReturnValue     : None
```

```
    *******************************************/
    void Init(void)
    {
        SystemInit();                   //系统初始化,时钟配置
        LCD_Init();                     //液晶显示器初始化
        W25Q16_Init();                  //W25Q16 初始化
        Touch_Init();
    }

    /*************************************************
    * FunctionName   : main
    * Description    : 主函数
    * EntryParameter : None
    * ReturnValue    : None
    *************************************************/
    int main(void)
    {
        Init();                         //系统初始化

        LCD_Clear(WHITE);               //全屏显示白色

        /*-----检测并初始化 SD 卡 ------*/
        while(SD_Init()!= 0)            //循环检测 SD 卡是否存在
        {
            LCD_ShowString(20,60,"没有检测到 SD 卡");
            delay_ms(500);
        }

        MenuShow();                     //显示菜单

        while(1)
        {
            if(Pen_Point.Pen_Sign == Pen_Down)  //如果发生"触摸屏被按下事件"
            {
                Pen_Int_Disable;        //关闭中断
                if(Read_Continue() == 0)  //如果发生"触摸屏被按下事件"
                {
                    // "看门狗狗"选项
                    if((Pen_Point.X_Coord>15)&&(Pen_Point.X_Coord<75)&&(Pen_Point.Y
                        _Coord>15)&&(Pen_Point.Y_Coord<75))
                    {
                        if(SelectMenuNow != 0)     //如果之前有按过按键
                        {
                            if(SelectMenuNow == 1)    //如果是第二次按了这个键
                            {
                                WDT_Play();
```

```
                MenuShow();
            }
        else  //如果之前按的不是这个键
            {
                SelectMenu(SelectMenuNow, 0);  //取消之前的菜单选项
                SelectMenuNow = 1;
                SelectMenu(SelectMenuNow, 1);  //选中现在的菜单选项
            }
    }
    else  //如果之前没有按过按键
    {
        SelectMenuNow = 1;
        SelectMenu(SelectMenuNow, 1);  //选中现在的菜单选项
    }
}
// "电子图书"选项
else if((Pen_Point.X_Coord>90)&&(Pen_Point.X_Coord<150)&&(Pen_
        Point.Y_Coord>15)&&(Pen_Point.Y_Coord<75))
{
    if(SelectMenuNow != 0)  //如果之前有按过按键
    {
        if(SelectMenuNow == 2)  //如果第二次按了这个键
        {
            EBOOK_Play();
            MenuShow();
        }
        else  //如果之前按的不是这个键
            {
                SelectMenu(SelectMenuNow, 0); //取消之前的菜单选项
                SelectMenuNow = 2;
                SelectMenu(SelectMenuNow, 1); //选中现在的菜单选项
            }
    }
    else  //如果之前没有按过按键
    {
        SelectMenuNow = 2;
        SelectMenu(SelectMenuNow, 1); //选中现在的菜单选项
    }
}
// "数码相框"选项
else if((Pen_Point.X_Coord>165)&&(Pen_Point.X_Coord<225)&&(Pen_
        Point.Y_Coord>15)&&(Pen_Point.Y_Coord<75))
{
```

```
        if(SelectMenuNow != 0)  //如果之前有按过按键
        {
            if(SelectMenuNow == 3)  //如果是第二次按了这个键
            {
                EPHOTO_Play();
                MenuShow();
            }
            else  //如果之前按的不是这个键
            {
                SelectMenu(SelectMenuNow,0);  //取消之前的菜单选项
                SelectMenuNow = 3;
                SelectMenu(SelectMenuNow,1);  //选中现在的菜单选项
            }
        }
        else  //如果之前没有按过按键
        {
            SelectMenuNow = 3;
            SelectMenu(SelectMenuNow,1);  //选中现在的菜单选项
        }
    }
    // "触摸画板"选项
    else if((Pen_Point.X_Coord>15)&&(Pen_Point.X_Coord<75)&&(Pen_
            Point.Y_Coord>115)&&(Pen_Point.Y_Coord<175))
    {
        if(SelectMenuNow != 0)  //如果之前有按过按键
        {
            if(SelectMenuNow == 4)  //如果是第二次按了这个键
            {
                EPEN_Play();
                MenuShow();
            }
            else  //如果之前按的不是这个键
            {
                SelectMenu(SelectMenuNow,0);  //取消之前的菜单选项
                SelectMenuNow = 4;
                SelectMenu(SelectMenuNow,1);  //选中现在的菜单选项
            }
        }
        else  //如果之前没有按过按键
        {
            SelectMenuNow = 4;
            SelectMenu(SelectMenuNow,1);  //选中现在的菜单选项
        }
```

```
    }
//  "PWM 输出"选项
else if((Pen_Point. X_Coord>90)&&(Pen_Point. X_Coord<150)&&(Pen_
        Point. Y_Coord>115)&&(Pen_Point. Y_Coord<175))
    {
        if(SelectMenuNow ! = 0)        //如果之前有按过按键
        {
            if(SelectMenuNow == 5)        //如果是第二次按了这个键
            {
                PWM_Play();
                MenuShow();
            }
            else    //如果之前按的不是这个键
            {
                SelectMenu(SelectMenuNow, 0);    //取消之前的菜单选项
                SelectMenuNow = 5;
                SelectMenu(SelectMenuNow, 1);    //选中现在的菜单选项
            }
        }
        else    //如果之前没有按过按键
        {
            SelectMenuNow = 5;
            SelectMenu(SelectMenuNow, 1);    //选中现在的菜单选项
        }
    }
//  "深度掉电"选项
else if((Pen_Point. X_Coord>165)&&(Pen_Point. X_Coord<225)&&(Pen_
        Point. Y_Coord>115)&&(Pen_Point. Y_Coord<175))
    {
        if(SelectMenuNow ! = 0)    //如果之前有按过按键
        {
            if(SelectMenuNow == 6)    //如果是第二次按了这个键
            {
                PMU_Play();
                MenuShow();
            }
            else    //如果之前按的不是这个键
            {
                SelectMenu(SelectMenuNow, 0);    //取消之前的菜单选项
                SelectMenuNow = 6;
                SelectMenu(SelectMenuNow, 1);    //选中现在的菜单选项
            }
        }
```

```
        else   //如果之前没有按过按键
        {
            SelectMenuNow = 6;
            SelectMenu(SelectMenuNow, 1);   //选中现在的菜单选项
        }
    }
// "I2C 通信"选项
else if((Pen_Point.X_Coord>15)&&(Pen_Point.X_Coord<75)&&(Pen_
        Point.Y_Coord>215)&&(Pen_Point.Y_Coord<275))
    {
        if(SelectMenuNow != 0)   //如果之前有按过按键
        {
            if(SelectMenuNow == 7)   //如果是第二次按了这个键
            {
                I2C_Play();
                MenuShow();
            }
            else   //如果之前按的不是这个键
            {
                SelectMenu(SelectMenuNow, 0);   //取消之前的菜单选项
                SelectMenuNow = 7;
                SelectMenu(SelectMenuNow, 1);   //选中现在的菜单选项
            }
        }
        else   //如果之前没有按过按键
        {
            SelectMenuNow = 7;
            SelectMenu(SelectMenuNow, 1); //选中现在的菜单选项
        }
    }
// "串口通信"选项
else if((Pen_Point.X_Coord>90)&&(Pen_Point.X_Coord<150)&&(Pen_
        Point.Y_Coord>215)&&(Pen_Point.Y_Coord<275))
    {
        if(SelectMenuNow != 0)   //如果之前有按过按键
        {
            if(SelectMenuNow == 8)   //如果是第二次按了这个键
            {
                UART_Play();
                MenuShow();
            }
            else   //如果之前按的不是这个键
            {
```

```
                    SelectMenu(SelectMenuNow, 0);  //取消之前的菜单选项
                    SelectMenuNow = 8;
                    SelectMenu(SelectMenuNow, 1);  //选中现在的菜单选项
                }
            }
            else  //如果之前没有按过按键
            {
                SelectMenuNow = 8;
                SelectMenu(SelectMenuNow, 1);  //选中现在的菜单选项
            }
        }
        // "按键测试"选项
        else if((Pen_Point.X_Coord>165)&&(Pen_Point.X_Coord<225)&&(Pen_
                Point.Y_Coord>215)&&(Pen_Point.Y_Coord<275))
        {
            if(SelectMenuNow != 0)      //如果之前有按过按键
            {
                if(SelectMenuNow == 9)      //如果是第二次按了这个键
                {
                    KEY_Play();
                    MenuShow();
                }
                else  //如果之前按的不是这个键
                {
                    SelectMenu(SelectMenuNow, 0);  //取消之前的菜单选项
                    SelectMenuNow = 9;
                    SelectMenu(SelectMenuNow, 1);  //选中现在的菜单选项
                }
            }
            else  //如果之前没有按过按键
            {
                SelectMenuNow = 9;
                SelectMenu(SelectMenuNow, 1); //选中现在的菜单选项
            }
        }
    }
    Pen_Int_Enable;
  }
 }
}
```

4. 实验效果

编译通过后下载程序。上电后 Mini LPC11XX DEMO 开发板上的 TFT - LCD

显示一个漂亮的 GUI 界面。上面有"看门狗狗"、"电子图书"、"数码相框"、"触摸画板"、"PWM 输出"、"深度掉电"、"I2C 通信"、"串口通信"及"按键测试"共 9 个触摸图标,见图 22 - 2。

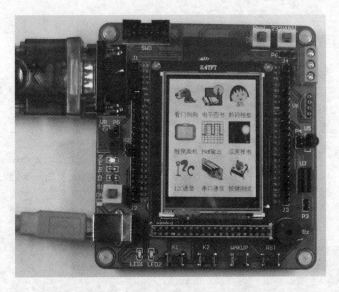

图 22 – 2 漂亮的 GUI 图形界面

用一支手机的触摸笔点按这些图标菜单,则可打开其使用功能。实验结果令人满意。图 22 - 3 为打开数码相框菜单的实验照片。

图 22 – 3 GUI 图形界面的实验照片

第 **23** 章

Flash 存储器 W25Q16 的图片
存取及显示实验

前面章节介绍了字库制作及存储在 Flash 存储器 W25Q16 的方法,本章介绍 W25Q16 中存储图片及读取显示的实验。

W25Q16 中存储图片及读取显示的主要步骤:

① 将 240 * 320 像素的图片用 Image2Lcd 软件取模并生成二进制文件。

② Mini LPC11XX DEMO 开发板上的 LPC11XX 处理器烧入 Download_pic. hex 应用程序,然后使用串口调试软件将图片二进制文件发送到 W25Q16 中。

③ Mini LPC11XX DEMO 开发板上的 LPC11XX 处理器烧入 Show_PIC. hex 程序,根据图片大小(长与宽),开辟显示缓冲区,然后逐步从 W25Q16 中读出图片并显示到 TFT – LCD 上。

23.1 对图片取模生成二进制文件

使用 Image2Lcd 软件对图片取模生成二进制文件,其操作见图 23 – 1、图 23 – 2。

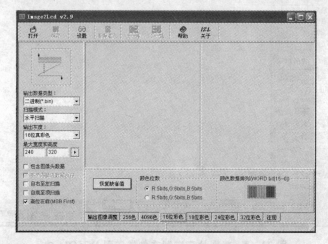

图 23 – 1 使用 Image2Lcd 软件对图片取模生成二进制文件(一)

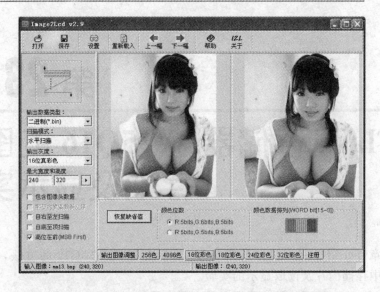

图 23 – 2　使用 Image2Lcd 软件对图片取模生成二进制文件(二)

23.2　将图片二进制文件发送到 W25Q16 中

先将 Download_pic. hex 应用程序烧入 LPC11XX 处理器,然后使用串口调试软件将图片二进制文件发送到 W25Q16 中,见图 23 – 3。注意:如果之前已经存储了图片,则需要按 K1 键先擦除,否则无法下载图片。在擦除过程中,LED1 会点亮。由于 W25Q16 中之前已经存储了字库,因此图片从 0x0f0000 地址开始存放,避免对字库造成影响。

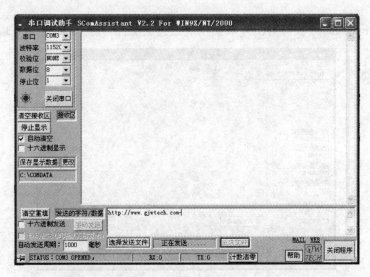

图 23 – 3　将图片二进制文件发送到 W25Q16 中

23.3　DownLoad_PIC 源程序文件及分析

这里只分析 main.c 文件,完整程序请登录北京航空航天大学出版社网站下载。

新建一个文件目录 DownLoad_PIC,在 Real View MDK 集成开发环境中创建一个工程项目 DownLoad_PIC.uvproj 于此目录中。

在 File 菜单下新建如下源文件 main.c,编写源程序代码后保存在 User 文件夹下,再把 main.c 文件添加到 User 组中。

```
# include "config.h"
# include "w25Q16.h"
# include "ssp.h"
# include "ili9325.h"
# include "gpio.h"
# include "uart.h"

uint32 flash_addr;

/ * * * * * * * * * * * * * * * * * * * * * * * * * * * * * * * * * * * * * * * * * *
* FunctionName   : Init
* Description    :系统初始化
* EntryParameter : None
* ReturnValue    : None
* * * * * * * * * * * * * * * * * * * * * * * * * * * * * * * * * * * * * * * * * * */
void Init(void)
{
    SystemInit();                       //系统初始化
    GPIO_Init();
    LCD_Init();                         //液晶显示器初始化
    UART_Init(115200);                  //初始化串口,波特率 115 200
    LPC_UART->IER = 0x01;               //只允许接收中断,关闭其他中断
    NVIC_EnableIRQ(UART_IRQn);          //开启串口中断
    W25Q16_Init();                      // W25Q16 初始化
    W25Q16_Write_Enable();              //允许写 W25X16,然后就可以通过串口发送
                                        //数据给 W25X16 了
}

/ * * * * * * * * * * * * * * * * * * * * * * * * * * * * * * * * * * * * * * * * * *
* FunctionName   : main
* Description    :主函数
* EntryParameter : None
* ReturnValue    : None
* * * * * * * * * * * * * * * * * * * * * * * * * * * * * * * * * * * * * * * * * * */
```

```
int main(void)
{
    Init();

    LCD_Clear(WHITE);                       //整屏显示白色
    POINT_COLOR = BLACK;                    //定义笔的颜色为黑色
    BACK_COLOR = WHITE;                     //定义笔的背景色为白色

    flash_addr = 0x0F0000;                   //从 W25X16 的地址 0x0F0000 开始存放图片数据

    while(1)
    {
        if(GET_BIT(LPC_GPIO1,DATA,0) == 0)          //如果是 KEY1 被按下
        {
            CLR_BIT(LPC_GPIO1,DATA,9);               //开 LED1
            while(GET_BIT(LPC_GPIO1,DATA,0) == 0);   //等待按键释放
            /* 一张 240 * 320 的图片大小为 150K,占用了两个半 BLOCK,所以要擦除存放
               的整张图片需要擦除 3 个扇区 */
            W25Q16_Erase_Block(15);   //擦除第 15 个扇区,即 0x0F0000 开始的一个 BLOCK
            W25Q16_Erase_Block(16);   //擦除第 16 个扇区,即 0x100000 开始的一个 BLOCK
            W25Q16_Erase_Block(17);   //擦除第 17 个扇区,即 0x110000 开始的一个 BLOCK

            SET_BIT(LPC_GPIO1,DATA,9);   //关 LED1
        }
    }
}

// =============================
void UART_IRQHandler(void)
{
    uint32 IRQ_ID;                  //定义读取中断 ID 号变量
    uint8 buf[1] = {0x00};          //定义接收数据变量数组

    IRQ_ID = LPC_UART->IIR;         //读中断 ID 号
    IRQ_ID = ((IRQ_ID>>1)&0x7);     //检测 bit[4:1]
    if(IRQ_ID == 0x02 )             //检测是不是接收数据引起的中断
    {
        buf[0] = LPC_UART->RBR;     //从 RXFIFO 中读取接收到的数据
        W25Q16_Write_Page(buf,flash_addr,1);   //把数据写到 W25X16 中
        flash_addr ++ ;
    }
    return;
}
```

23.4　Show_PIC 图片读取及显示源程序文件

这里只分析 main.c 文件,完整程序请登录北京航空航天大学出版社网站下载。

新建一个文件目录 Show_PIC,在 Real View MDK 集成开发环境中创建一个工程项目 Show_PIC.uvproj 于此目录中。

在 File 菜单下新建如下源文件 main.c,编写源程序代码后保存在 User 文件夹下,再把 main.c 文件添加到 User 组中。

```
#include "config.h"
#include "w25Q16.h"
#include "ssp.h"
#include "ili9325.h"

/**************************************************
* FunctionName   : Init
* Description    : 系统初始化
* EntryParameter : None
* ReturnValue    : None
**************************************************/
void Init(void)
{
    SystemInit();              //系统初始化
    LCD_Init();                //液晶显示器初始化
    W25Q16_Init();             //初始化字库芯片 W25Q16
}

/**************************************************
* FunctionName   : main
* Description    : 主函数
* EntryParameter : None
* ReturnValue    : None
**************************************************/
int main(void)
{
    Init();

    LCD_Clear(WHITE);              //整屏显示白色

    LCD_ShowPic(0,0,239,319,0x0f0000);  //显示一张存放在 W25Q16 地址 0x0F0000 开始
                                        //的图片,图片大小 240 * 320

    while(1)
    {
        ;
```

```
}
}
```

23.5　实验效果

编译通过后下载程序，在 Mini LPC11XX DEMO 开发板的 TFT – LCD 上显示我们需要的图片，如图 23 – 4 所示。

图 23 – 4　W25Q16 显示的实验照片

第 **24** 章
RTX Kernel 实时操作系统

24.1 概　述

RTX Kernel 是一个实时操作系统（RTOS）内核，ARM 公司将其无缝整合在 Real View MDK 编译器中，广泛应用于 ARM7、ARM9 和 Cortex 内核设备中。它可以灵活解决多任务调度、维护和时序安排等问题。基于 RTX Kernel 的程序可由标准的 C 语言编写，由 Real View MDK 编译器进行编译。操作系统依附于 C 语言使声明函数更容易，不需要复杂的堆栈和变量结构配置，大大简化了复杂的软件设计，缩短了项目开发周期。

RTX Kernel 在任务管理方面不仅支持抢先式任务切换，而且支持时间片轮转切换。在基于时间片的轮转任务机制下，CPU 的执行时间被划分为若干时间片，由 RTX Kernel 分配一个时间片给每个任务，在该时间片内只执行这个任务。当时间片到时，在下一个时间片中无条件地执行另外一个任务。所有任务都轮询一次后，再回头执行第一个任务。

RTX Kernel 最多可以定义 256 个任务，所有任务都可以同时激活成为就绪态。

一般情况下，任务切换由时间片控制，但有时需要用事件控制任务切换。RTX Kernel 事件主要有超时（Timeout）、间隔（Interval）和信号（Signal）三种。

Timeout：挂起运行任务指定数量的时钟周期。调用 OS_DLY_WAIT 函数的任务将被挂起，直到延时结束才返回到 Ready 状态，并可被再次执行。延时时间由 SysTick 衡量，可以设置从 1 至 0xFFFE 的任何值。

Interval：时间间隔。任务在该时间间隔中不运行，该时间间隔与任务执行时间独立。

Signal：用于任务间通信，可以用系统函数进行置位或复位。如果一个任务调用了 wait 函数等待 Signal 未置位，则该任务被挂起直到 Signal 置位才返回 Ready 状态，可再被执行。

RTX_Kernel 为每个任务都分配了一个单独的堆栈区,各任务所用堆栈位置是动态的,用 task_id 记录各堆栈栈底位置。有多个嵌套子程序调用或使用大量的动态变量时,自由空间会被用完。使能栈检查(Stack Checking),系统会执行 OS_STK_OVERFLOW()堆栈错误函数进行堆栈出错处理。

RTX Kernel 选择 Cortex 内核上定时器 1 产生周期性中断,相邻中断之间的时间就是时间片的长度。在其中断服务程序中进行任务调度,并判断执行了延迟函数的任务的延时时间是否到。这种周期性的中断形成了 RTX Kernel 的时钟节拍。系统推荐的时间片为 1~100 ms。

使用 RTX Kernel 包含以下几个步骤:

① 由于 RTX Kernel 集成在 Real View MDK 开发环境中,在使用 Real View MDK 创建工程项目后,需要在项目中添加 RTX Kernel 内核选项。选择 Project→Options for Target 命令,在 Operating 下拉框中选择 RTX Kernel 内核,加入在编译时 RTX Kernel 所需的库。

② 在嵌入式应用程序的开发中使用 RTX Kernel 内核,须对其进行配置。复制 C:\Keil\Backup. 001\ARM\Startup 目录下 RTX_Conf_CM. c 文件到工程文件夹下并添加到工程项目的 Startup 组中。该文件中,其图形化的配置参数说明如图 24 - 1 所示(其中中文注解为笔者所加)。

Option	Ualve	
Task Configuration	任务配置	
|---Number of concurrent running tasks	4	并发运行的任务数量
|---Number of tasks with user-provided stack	0	任务号及用户提供的堆栈
|---tasks stack size [bytes]	200	任务堆栈深度
|---Check for the stack overflow	√	堆栈溢出检查
|---Run in privileged mode	×	特权方式运行
|		
SysTick Timer Configration	系统节拍定时器配置	
|---Timer clock value [Hz]	48000000	定时器时钟频率
|---Timer tike value [us]	10000	节拍定时器周期
|		
System Configuration	系统配置	
|---Round-Robin Task switching	√	循环任务切换(v),时间片轮转任务调度
|---Round-Robin Timerout[ticks]	5	循环溢出[节拍],时间片的大小
|---Number of user timers	0	用户定时器数量,系统根据这个参数保留相应的资源
|---ISR FIFO Queue size	16 entries	中断先入先出队列长度

图 24 - 1   RTX Kernel 配置参数

RTX Kernel 实时操作系统特性:

● 任务数量:最大 256;

● 邮箱数量:软件无限制,取决于硬件资源;

● 信号量数量:软件无限制;

● 互斥信号量数量:软件无限制;

● 信号数量:每任务 16 个事件标志;

- 用户定时器：软件无限制；
- RAM 空间需求：最小 500 字节；
- CODE 空间需求：小于 5 KB；
- 硬件要求：一个片上定时器；
- 任务优先级：1～255；
- 上下文切换时间：在 60 MHz,0 等待时间小于 5 μs；
- 中断锁定时间：60 MHz,0 等待时间为 1.8 μs。

24.2　RTX Kernel 实时操作系统的基本功能及进程间的通信

RTX Kernel 组成框图如图 24-2 所示,分为互斥量、内存池、邮箱、延时及间隔、事件及信号量 5 个部分。

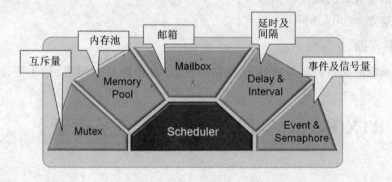

图 24-2　RTX Kernel 组成框图

RTX Kernel 基本功能：
- 创建任务；
- 开始/停止任务执行；
- 从一个任务到另一个任务的转换；
- 实现任务间的通信；
- 实时执行任务。

RTX Kernel 提供了任务间的通信机制:事件、邮箱、互斥和信号量。

1. 事　件

让一个进程等待一个事件,这个事件可以由其他进程和中断触发。

库函数包括 os_evt_wait_and()、os_evt_wait_or()、os_evt_set() 和 isr_evt_set()。

2. 邮　箱

建立一个邮箱,里面可以存放一定数目的消息(比如 20 条)。进程可以等待邮箱

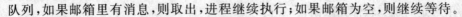

队列,如果邮箱里有消息,则取出,进程继续执行;如果邮箱为空,则继续等待。

库函数包括 os_mbx_declare()、os_mbx_init()、os_mbx_wait()、os_mbx_send()和 isr_mbx_send()。

3. 互 斥

进程独占的资源,进行锁定,别的进程需要等待。

库函数包括 os_mut_init()、os_mut_wait()和 os_mut_release()。

4. 信号量

信号量与事件类似,进程等待的信号量大于 0 时,进程继续执行,信号量减 1;发送信号量时,信号量加 1。

库函数包括 os_sem_init()、os_sem_send()、os_sem_wait()和 isr_sem_send()。

5. 延 时

延时指定数目的系统节拍事件。

库函数为 os_dly_wait()。

6. 中 断

中断函数的编写过程与常规 C 程序一样,注意中断后及时返回,不要发生意外嵌套。

24.3 RTX Kernel 实时操作系统的任务管理

24.3.1 计时中断及系统定时任务

RTX Kernel 需要使用一个硬件的定时器产生周期性的中断,可在 RTX_Conf_CM.c 中配置。

系统定时任务(系统时钟任务)在每一次系统定时中断产生时被执行,其具有最高的优先级,且不可被抢占,系统定时任务基本上可以说是一个任务切换器。

RTX Kernel 给每个任务分配一个时间片,其时间的长短可以在 RTX_Conf_CM.c 中进行配置,由于时间片很短(默认为 10 ms),使得任务看上去像是在同时运行。任务在自己分得的时间片内运行时,可通过 os_tsk_pass()或一些 wait 函数放弃对 CPU 的控制权,然后 RTX Kernel 将切换到下一个已经就绪的任务继续运行。

24.3.2 任务状态

RTX Kernel 任务可处于下列状态之一:RUNNING、READY、WAIT_DLY、

WAIT_ITV、WAIT_OR、WAIT_AND、WAIT_SEM、WAIT_MUT、WAIT_MBX、
INACTIVE。

- RUNNING：表示当前任务正在运行,且同一时刻只有一个任务处于这一状态,当前 CPU 处理的正是这个任务。
- READY：表示任务处于准备运行状态。
- INACTIVE：表示任务还没有被执行或者任务已经取消。
- WAIT_DLY：表示任务等待延时后再执行。
- WAIT_ITV：表示任务等待设定的时间间隔到后再执行。
- WAIT_OR：表示任务等待最近的事件标志。
- WAIT_AND：表示任务等待所有设置事件标志。
- WAIT_SEM：表示任务等待从同步信号发来的"标志"。
- WAIT_MUT：表示任务等待可用的互斥量。
- WAIT_MBX：表示任务等待信箱消息或者等待可用的信箱空间来传送消息。

当无任务运行时,RTX Kernel 调度函数 os_idle_demon()进入运行状态,可在该函数中添加代码使系统休眠,从而降低系统功耗,具体可以在 RTX_Conf_CM.c 中配置。

24.3.3　系统资源管理

1. 任务控制管理

RTX Kernel 的任务有任务控制(TCB)管理。这是一个可动态分配的内存池,保存着所有任务的控制和状态变量。TCB 可通过 os_tsk_create()或 os_tsk_create_user()于运行时分配。

TCB 内存池的大小可以在 RTX_Conf_CM.c 中根据系统中任务的状况进行配置,不仅是任务的数量,还有实际任务的实例数,原因在于 RTX Kernel 支持一个任务(函数)的多个实例。任务有自己的堆栈,也于运行时被分配,然后栈指针被记录到任务的 TCB 中。

可在 RTX_Conf_CM.c 中进行图形化配置的系统资源有:

① 当前运行的任务数量;

② 用户定义栈的任务数量;

③ 默认的栈空间;

④ 用户定时器的数量;

⑤ 节拍定时器周期;

⑥ 循环任务切换;

⑦ 时间片的大小；

⑧ 中断先入先出队列长度；

2. 协同任务调度

如果禁止了轮转(Round - Robin)方式的任务调度,则用户必须使得任务可以协同调度,例如：调用函数 os_dly_wait() 或 os_tsk_pass() 通知 RTX Kernel 进行任务的切换。

3. 轮转任务调度

RTX Kernel 可配置为轮转调度方式,任务将在一个分配的时间片内运行。任务可连续运行时间片长度的时间(除非任务本身放弃时间片),然后,RTX Kernel 将会切换到下一个就绪且优先级相同的任务运行。如果没有相同优先级的任务就绪,则当前任务会继续运行。

4. 抢占式任务调度

RTX Kernel 是一个抢占式的多任务调度系统。如果一个高优先级的任务就绪,它将打断当前任务的运行,使高优先级任务可以立即运行。

抢占式任务切换发生于：

① 在系统定时中断中,如果某一个高优先级任务的延时时间到达,将使得当前任务被挂起而高优先级任务被运行。

② 如果挂起中的高优先级的任务接收到当前任务或中断发来的特定事件,将会挂起当前任务,切换到高优先级任务运行。

③ 高优先级任务等待到了所需的信号量。

④ 一个高优先级任务正在等待的互斥信号量被释放。

⑤ 一个高优先级任务等待的消息被发往信箱。

⑥ 信箱已满,而一个高优先级的任务等待往信箱发送一个消息,则当前任务或中断函数从信箱中取走一个消息时,将使得该高优先级任务被激活,并立即投入运行。

⑦ 当前任务的优先级下降,而有相对高优先级任务就绪时。

5. 中断函数

RTX Kernel 支持中断平行处理,但是仍建议不要使用中断嵌套。最好使用短的中断函数,发时间标志到 RTOS 的任务,这样一来,中断嵌套也就不必要了。中断函数的写法与普通 C 程序开发 ARM 系统相同,但必须注意中断函数名应该符合系统的约定。

24.4　RTX Kernel 实时操作系统的库函数

24.4.1　事　件

让一个进程等待一个事件,这个事件可以由其他进程和中断触发。

● os_evt_wait_and()　等待至少所有的事件标志被设置。

函数原型:

```
OS_RESULT os_evt_wait_and (    //返回值参考 RL－ARM 用户手册
        U16 wait_flags,        //等待设置的事件标志
        U16 timeout );         //等待事件的时间长度
```

例如:

```
__task void task1 (void) {
    OS_RESULT result;
    result = os_evt_wait_and (0x0003, 500);   //等待一个事件标志
    if (result == OS_R_TMO) {
        printf("Event wait timeout.\n");
    }
    else {
        printf("Event received.\n");
    }
    ⋮
}
```

● os_evt_wait_or()　等待至少一个事件标志被设置。

函数原型:

```
OS_RESULT os_evt_wait_or (    //返回值参考 RL－ARM 用户手册
        U16 wait_flags,        //等待设置的事件标志
        U16 timeout );         //等待事件的时间长度
```

例如:

```
os_evt_wait_or (0x1234, 500);   //在 500 节拍内等待事件,如果没有,则继续往下运行
```

例如:

```
__task void task1 (void) {
    OS_RESULT result;
    result = os_evt_wait_or (0x0003, 500);   //等待一个事件标志
    if (result == OS_R_TMO) {
```

```
        printf("Event wait timeout. \n");
    }
    else {
        printf("Event received. \n");
    }
    ⋮
}
```

● os_evt_set() 设置至少一个事件标志。

函数原型：

```
void os_evt_set (
    U16 event_flags,      //需设置的事件标志
    OS_TID task );        //需处理事件标志的任务
```

例如：

```
os_evt_set (0x1234, id[7]);  //发送事件的标志(这里取 0x1234)给其他任务
```

例如：

```
__task void task1 (void) {
    ⋮
    os_evt_set (0x0003, tsk2);//向任务 tsk2 设置 0x0003 标志
    ⋮
}
```

● isr_evt_set() 在中断函数中设置至少一个事件标志。

函数原型：

```
void isr_evt_set (
    U16 event_flags,         //需设置的事件标志
    OS_TID task );           //需处理事件标志的任务
```

例如：

```
void timer1 (void) __irq {
    ⋮
    isr_evt_set (0x0008, tsk1);  //向任务 tsk1 设置 0x0008 标志
    ⋮
}
```

● os_evt_clr() 清除一个或更多的事件标志。

函数原型：

```
void os_evt_clr (
    U16    clear_flags,          //需清除的事件标志
```

```
        OS_TID task );                   //需处理事件标志的任务
```

例如：

```
__task void task1 (void) {
    ⋮
    os_evt_clr (0x0002, tsk2);    //清除任务 2 的事件标志 0x0002
    ⋮
    }
```

● os_evt_get() 获取事件标志。

函数原型：

```
U16 os_evt_get (void);
```

例如：

```
__task void task1 (void) {
    U16 ret_flags;  //定义局部变量
    if (os_evt_wait_or (0x0003, 500) == OS_R_EVT) {
        ret_flags = os_evt_get();      //获取事件标志
        printf("Events % 04x received.\n", ret_flags);
        }
    ⋮
    }
```

24.4.2　邮　箱

　　建立一个邮箱，里面可以存放一定数目的消息（比如 20 条）。进程可以等待邮箱队列，如果邮箱里有消息，则取出，进程继续执行；如果邮箱为空，则继续等待。

　　邮箱可以视为存储消息的内存空间，RTX Kernel 对消息的大小和内容不关心，只管理指向消息的指针。注意：是发送消息到邮箱，而不是任务。一个任务可以有一个以上的邮箱。消息通过地址传送而不是值传送。

　　由于 RTX Kernel 只是将指针从消息发送任务发送到消息接收的任务，因此可以使用指针本身来传递一个简单的消息，比如串口中断接收到的一个字符，可在 Keil 安装目录自带的例程 Traffic example 中的 Serial.c 找到如下代码：

```
os_mbx_send (send_mbx, (void * )c, 0xffff);
```

　　对于 8 位和 16 位的消息，可以直接使用指针本身来传递。

　　对于发送确定尺寸的消息，必须在内存池中获得相应的存储空间，将消息保存在此，然后将指针发往邮箱。接收任务根据该指针获取相应的消息并释放该内存块。

　　● os_mbx_check() 检测消息数，可再加入邮箱的消息数。

函数原型：

```
OS_RESULT os_mbx_check (      //返回值参考例程
        OS_ID mailbox );    //检测邮箱的剩余空间
```

例如：

```
os_mbx_declare (mailbox1, 20);  //创建邮箱
__task void task1 (void) {
    ⋮
    if (os_mbx_check (mailbox1) == 0) {
        printf("Mailbox is full.\n");
        }
    ⋮
    }
```

● os_mbx_declare()　创建一个 RTX 邮箱。

函数原型：

```
#define os_mbx_declare(
        name,         //邮箱名
        cnt )         //消息数量
        U32 name [4 + cnt]
```

例如：创建一个 20 条消息的邮箱。

```
os_mbx_declare (mailbox1, 20);
__task void task1 (void) {
    ⋮
    os_mbx_init (mailbox1, sizeof(mailbox1));
    ⋮
    }
```

● os_mbx_init()　初始化邮箱。

函数原型：

```
void os_mbx_init (
    OS_ID mailbox,            //邮箱名
    U16 mbx_size );           //邮箱大小(字节数)
```

例如：

```
os_mbx_init (MsgBox, sizeof(MsgBox));
```

例如：创建一个 20 条消息的邮箱。

```
os_mbx_declare (mailbox1, 20);
__task void task1 (void) {
    ⋮   //初始化邮箱 mailbox1,计算出其大小
```

```
    os_mbx_init (mailbox1, sizeof(mailbox1));
    ⋮
    }
```

● os_mbx_wait() 取下一条消息,或是在邮箱空时等待接收消息。

函数原型:

```
OS_RESULT os_mbx_wait (        //返回值参考 RL－ARM 用户手册
        OS_ID mailbox,         //等待取消息的邮箱
        void** message,        //指针用于指向消息存放的内存区
        U16 timeout );         //等待消息的时间长度
```

例如:创建一个 20 条消息的邮箱。

```
os_mbx_declare (mailbox1, 20);
__task void task1 (void){        //任务 1
    void * msg;  //指向空类型的指针
    ⋮
    if (os_mbx_wait (mailbox1, &msg, 10) == OS_R_TMO) {
        printf ("Wait message timeout!\n");
        }
    else {
        //在这里可以处理消息的内容
        free (msg);  //然后释放 msg 指向的内存区
        }
    ⋮
    }
```

例如:

```
os_mbx_wait (MsgBox, (void * * )&rptr, 0xffff);//等待消息
```

● os_mbx_send() 给邮箱发送一条消息。

函数原型:

```
OS_RESULT os_mbx_send (        //返回值参考 RL－ARM 用户手册
        OS_ID mailbox,         //发送消息给目标邮箱
        void * message_ptr,    //指针指向需发送的消息
        U16 timeout );         //等待发送消息的时间长度
```

例如:

```
os_mbx_declare (mailbox1, 20); //创建一个 20 条消息邮箱
OS_TID tsk1, tsk2;             //任务变量(ID)
__task void task1 (void);      //函数任务声明
__task void task2 (void);
```

```
__task void task1 (void) {          //任务 1
    void * msg;//指向空类型的指针
    ⋮
    tsk2 = os_tsk_create (task2, 0);   //创建任务 2
    os_mbx_init (mailbox1, sizeof(mailbox1));   //邮箱初始化
    msg = alloc();
    //这里可以设置消息内容
    //发送一条消息指针给 mailbox1 邮箱，消息存放在 msg 指向的内存区
    os_mbx_send (mailbox1, msg, 0xFFFF);   //发送一条消息
    ⋮
}

__task void task2 (void) {   //任务 2
    void * msg;   //指向空类型的指针
    ⋮
    //等待取一条消息指针，从 mailbox1 等待取 msg 指向的内存区
    os_mbx_wait (mailbox1, &msg, 0xffff);   //等待取一条消息
    //在这里可以处理消息的内容
    free (msg);   //然后释放 msg 指向的内存区
    ⋮
}
```

● isr_mbx_ check() 在中断函数中检测消息数，可再加入邮箱的消息数。

函数原型：

```
OS_RESULT isr_mbx_check (      //返回值参考例程
        OS_ID mailbox );      //检测邮箱的剩余空间
```

例如：

```
os_mbx_declare (mailbox1, 20);   //创建一个 20 条消息邮箱
void timer1 (void) __irq {   //定时器 1 中断函数
    ⋮
    if (isr_mbx_check (mailbox1)! = 0){   //检测 mailbox1 剩余空间! = 0
        //发送一条消息指针给 mailbox1 邮箱，消息存放在 msg 指向的内存区
        isr_mbx_send (mailbox1, msg);
    }
    ⋮
}
```

例如：

```
os_mbx_declare (mailbox1, 20);   //创建一个 20 条消息邮箱
void timer1 (void) __irq {   //定时器 1 中断函数
    int i,free;   //局部变量
```

```
        ⋮
    free = isr_mbx_check (mailbox1);  //检测 mailbox1 剩余空间
    for (i = 0; i < 16; i++){
        if (free > 0){//如果还有消息
            free--;
            //依次将消息指针发给 mailbox1 邮箱,消息存放在 msg 指向的内存区
            isr_mbx_send (mailbox1, msg);
            }
        }
        ⋮
    }
```

● isr_mbx_send()   在中断函数中给邮箱发送消息。

函数原型:

```
void isr_mbx_send (
    OS_ID mailbox,          //发送消息给目标邮箱
    void * message_ptr );   //指针用以指向消息存放的内存区
```

例如:

```
os_mbx_declare (mailbox1, 20);  //创建一个 20 条消息邮箱
void timer1 (void) __irq {   //定时器 1 中断函数
    ⋮
    //将消息指针发给 mailbox1 邮箱,消息存放在 msg 指向的内存区
    isr_mbx_send (mailbox1, msg);
    ⋮
}
```

● isr_mbx_receive()   中断函数从邮箱取出下一条消息。

函数原型:

```
OS_RESULT isr_mbx_receive (   //返回值参考 RL - ARM 用户手册
        OS_ID mailbox,        //等待取消息的邮箱
        void** message );     //指针用以指向消息存放的内存区
```

例如:

```
os_mbx_declare (mailbox1, 20);  //创建一个 20 条消息邮箱
void * msg;  //指向空类型的指针
void EtherInt (void) __irq {   //以太网中断函数中进行接收
    ⋮
    if (isr_mbx_receive (mailbox1, &msg) == OS_R_MBX) {
        //这里发送以太网信号
        }
```

```
    else {
        //没有消息,停止发送以太网信号
        }
    ⋮
    }
```

22.4.3 内存分配

● _declare_box() 采用 4 字节队列方式创建固定大小块的内存池。
函数原型:

```
#define _declare_box(
        pool,              //内存池名
        size,              //每个块大小
        cnt )              //内存池中的块数量
U32 pool[((size+3)/4) * (cnt) + 3];
```

例如: 预定一个 32 个块(每个块 20 个字节)的内存池。

```
_declare_box(mpool,20,32);
void membox_test (void) {          //内存池测试函数
    U8 * box;                      //指针
    U8 * cbox;                     //指针
    _init_box (mpool, sizeof (mpool), 20);  //初始化内存池
    box = _alloc_box (mpool);      //重新分配内存池的一个块
    cbox = _calloc_box(mpool);     //重新分配内存池的一个块并初始化为 0
    ⋮
    _free_box (mpool, box);        //释放 mpool 内存池中的 box 块
    _free_box (mpool, cbox);       //释放 mpool 内存池中的 cbox 块
    }
```

例如:

```
_declare_box (mpool,sizeof(T_MEAS),16);
```

● _declare_box8() 采用 8 字节队列方式创建固定大小块的内存池。
函数原型:

```
#define _declare_box8(
        pool,              //内存池名
        size,              //每个块大小
        cnt )              //内存池中的块数量
U64 pool[((size+7)/8) * (cnt) + 2]
```

例如：预定一个 25 个块(每个块 30 个字节)的内存池。

```
_declare_box8(mpool,30,25);
void membox_test (void) {   //内存池测试函数
    U8 * box;               //指针
    U8 * cbox;              //指针
    _init_box8 (mpool, sizeof (mpool), 30);   //初始化内存池
    box = _alloc_box (mpool);   //重新分配内存池的一个块
    cbox = _calloc_box(mpool);  //重新分配内存池的一个块并初始化为 0
    ⋮
    _free_box (mpool, box);     //释放 mpool 内存池中的 box 块
    _free_box (mpool, cbox);    //释放 mpool 内存池中的 cbox 块
    }
```

● _init_box()　初始化 4 位队列块的内存池。

函数原型：

```
int _init_box  (   //返回值参考 RL－ARM 用户手册
    void * box_mem,         //定义一个指向空的指针
    U32   box_size,         //内存池大小
    U32   blk_size );       //内存池中的每个块大小
```

例如：预定一个 32 个块(每个块 20 个字节)的内存池。

```
_declare_box(mpool,20,32);
void membox_test (void) {     //内存池测试函数
    U8 * box;                 //指针
    U8 * cbox;                //指针
    _init_box (mpool, sizeof (mpool), 20);   //初始化内存池
    box = _alloc_box (mpool);     //从内存池中重新分配一个内存块
    cbox = _calloc_box(mpool);    //重新分配内存池的一个块并初始化为 0
    ⋮
    _free_box (mpool, box);       //释放 mpool 内存池中的 box 块
    _free_box (mpool, cbox);      //释放 mpool 内存池中的 cbox 块
    }
```

例如：

```
_init_box (mpool, sizeof(mpool),      //初始化内存池
                 sizeof(T_MEAS));     //内存池的大小
```

例如：

```
_init_box (mpool, sizeof(mpool), 4);   //32 位值,被当做 4 字节块,固定大小的消息
```

例如：

```
_init_box (mpool, sizeof(mpool), sizeof(struct message));   //任意大小的消息
```

● _init_box8() 初始化 8 位队列块的内存池。

函数原型：

```
int _init_box8 (            //返回值参考 RL - ARM 用户手册
    void * box_mem,    //指向空的指针
    U32   box_size,    //内存池大小
    U32   blk_size );  //内存池中的每一个块大小
```

例如：预定一个 25 个块（每个块 30 个字节）的内存池。

```
_declare_box8(mpool,30,25);
void membox_test (void) {       //内存池测试函数
    U8 * box;                   //指针
    U8 * cbox;                  //指针
    _init_box8 (mpool, sizeof (mpool), 30); //初始化内存池
    box = _alloc_box (mpool);   //从内存池中重新分配一个内存块
    cbox = _calloc_box (mpool); //重新分配内存池的一个块并初始化为 0
    ⋮
    _free_box (mpool, box);     //释放 mpool 内存池中的 box 块
    _free_box (mpool, cbox);    //释放 mpool 内存池中的 cbox 块
}
```

● _alloc_box() 从内存池中分配一个内存块（可重入）。

函数原型：

```
void * _alloc_box ( void * box_mem );   //指向空的指针
```

例如：预定一个 32 个块（每个块 20 个字节）的内存池。

```
U32 mpool[32 * 5 + 3];
void membox_test (void) {   //内存池测试函数
    U8 * box;               //指针
    U8 * cbox;              //指针
    _init_box (mpool, sizeof (mpool), 20);  //初始化内存池
    box = _alloc_box (mpool);   //重新分配内存池中的一个块
    cbox = _calloc_box(mpool); //重新分配内存池的一个块并初始化为 0
    ⋮
    _free_box (mpool, box);     //释放 mpool 内存池中的 box 块
    _free_box (mpool, cbox);    //释放 mpool 内存池中的 cbox 块
}
```

例如：

```
mptr = _alloc_box (mpool);   //分配一个内存块给消息
```

● _calloc_box() 从内存池中分配一个内存块并初始化其值为 0(可重入)。

函数原型：

void * _calloc_box (void * box_mem)； //将指向内存池的指针

例如：预定一个 32 个块(每个块 20 个字节)的内存池。

```
U32 mpool[32 * 5 + 3];
void membox_test (void) {      //内存池测试函数
    U8 * box;               //指针
    U8 * cbox;              //指针
    _init_box (mpool, sizeof (mpool), 20);  //初始化内存池的块
    box = _alloc_box (mpool);  //重新分配内存池中的一个块
    cbox = _calloc_box(mpool); //重新分配内存池的一个块并初始化为 0
    ⋮
    _free_box (mpool, box);    //释放 mpool 内存池中的 box 块
    _free_box (mpool, cbox);   //释放 mpool 内存池中的 cbox 块
}
```

● _free_box() 释放内存块(可重入)。

函数原型：

```
int _free_box (              //返回值参考 RL - ARM 用户手册
    void * box_mem,          //内存池的开始地址
    void * box );            //指向 void 型的块
```

例如：预定一个 32 个块(每个块 20 个字节)的内存池。

```
U32 mpool[32 * 5 + 3];
void membox_test (void) {  //内存池测试函数
    U8 * box;             //指针
    U8 * cbox;            //指针
    _init_box (mpool, sizeof (mpool), 20);  //初始化内存池的块
    box = _alloc_box (mpool);  //重新分配内存池中的一个块
    cbox = _calloc_box(mpool); //重新分配内存池的一个块并初始化为 0
    ⋮
    _free_box (mpool, box);    //释放 mpool 内存池中的 box 块
    _free_box (mpool, cbox);   //释放 mpool 内存池中的 cbox 块
}
```

例如：

_free_box (mpool, rptr)； //释放内存块

24.4.4 互 斥

进程独占的资源,进行锁定,别的进程需要等待。

● os_mut_init() 初始化互斥量。

函数原型：

```
void os_mut_init ( OS_ID mutex );  //互斥量
```

例如：

```
OS_MUT mutex1;  //创建一个互斥量 mutex1
__task void task1 (void) {
    ⋮
    os_mut_init (mutex1);//将互斥量 mutex1 初始化
    ⋮
    }
```

● os_mut_wait() 等待一个互斥量。

函数原型：

```
OS_RESULT os_mut_wait (      //返回值参考 RL - ARM 用户手册
        OS_ID mutex,         //互斥量 mutex
        U16   timeout );     //等待事件的时间长度
```

例如：

```
OS_MUT mutex1;  //创建一个互斥量 mutex1
void f1 (void) {  //函数 1
    os_mut_wait (mutex1, 0xffff);  //f1()等待互斥量 mutex1 到来
    ⋮
    f2 ();  //调用函数 f2()
    os_mut_release (mutex1);  //释放互斥量 mutex1
    }
void f2 (void) {
    os_mut_wait (mutex1, 0xffff);  //f2()等待互斥量 mutex1 到来
    ⋮
    os_mut_release (mutex1);  //释放互斥量 mutex1
    }
__task void task1 (void) {  //任务 1
    ⋮
    os_mut_init (mutex1);  //互斥量 mutex1 初始化
    f1 ();  //调用函数 f1(),f1()中执行 f2()
    ⋮
    }
__task void task2 (void) {  //任务 2
    ⋮
    f2 ();//调用函数 f2(),
```

⋮

　　　}

● os_mut_release()　释放一个互斥量。

函数原型：

OS_RESULT os_mut_release (　　//返回值参考 RL－ARM 用户手册
　　　　 OS_ID mutex)；　　　//互斥量 mutex

例如：

OS_MUT mutex1；　//创建一个互斥量 mutex1

void f1 (void) {　//函数 1

　　os_mut_wait (mutex1, 0xffff)；　//f1()等待互斥量 mutex1 到来

　　⋮

　　f2 ()；　//调用函数 f2()

　　os_mut_release (mutex1)；　//释放互斥量 mutex1

　　}

void f2 (void) {　//函数 2

　　os_mut_wait (mutex1, 0xffff)；　//f2()等待互斥量 mutex1 到来

　　⋮

　　os_mut_release (mutex1)；　//释放互斥量 mutex1

　　}

__task void task1 (void) {　//任务 1

　　⋮

　　os_mut_init (mutex1)；//初始化互斥量 mutex1

　　f1 ()；　//调用函数 1,f1()中执行 f2()

　　⋮

　　}

__task void task2 (void) {　//任务 2

　　⋮

　　f2 ()；//调用函数 2

　　⋮

　　}

24.4.5　信号量

　　信号量与事件类似,进程等待的信号量大于 0 时,进程继续执行,信号量－1;发送信号量时,信号量＋1。

● os_sem_init   初始化信号量对象。

函数原型：

```
void os_sem_init (
    OS_ID semaphore,          //初始化信号量
    U16 token_count );        //初始化编号
```

例如：

```
OS_SEM semaphore1;  //创建一个信号量
__task void task1 (void) {
    ⋮
    os_sem_init(semaphore1, 0);  //信号量 semaphore1 初始化,编号 0
    os_sem_send (semaphore1);    //向信号量 semaphore1 发送信号
    ⋮
    }
```

● os_sem_send   发送一个信号(标志)给信号量。

函数原型：

```
OS_RESULT os_sem_send (        //返回值参考 RL – ARM 用户手册
        OS_ID semaphore );  //发送一个信号,同时信号增加 1
```

例如：

```
OS_SEM semaphore1;  //创建一个信号量
__task void task1 (void) {
    ⋮
    os_sem_init(semaphore1,0);  //信号量 semaphore1 初始化,编号 0
    os_sem_send (semaphore1);    //向信号量 semaphore1 发送信号
    ⋮
    }
```

● os_sem_wait   等待来自信号量的信号(标志)。

函数原型：

```
OS_RESULT os_sem_wait (    //返回值参考 RL – ARM 用户手册
        OS_ID semaphore,  //semaphore 信号量等待信号到来
        U16 timeout );     //等待信号的时间长度
```

例如：

```
OS_SEM semaphore1;  //创建一个信号量
__task void task1 (void) {
    ⋮
    os_sem_wait (semaphore1,0xffff);  //等待信号量 semaphore1 的信号
    ⋮
```

```
        }
```

● isr_sem_send　中断函数中发送一个信号(标志)给信号量。

函数原型:

```
void isr_sem_send (
    OS_ID semaphore );   //发送一个信号,同时信号增加 1
```

例如:

```
OS_SEM semaphore1;   //创建一个信号量
void timer1 (void) __irq {   //定时器 1 中断函数
    ⋮
    isr_sem_send (semaphore1);   //向信号量 semaphore1 发送信号
    ⋮
    }
```

24.4.6　延　时

● os_dly_wait()　延时指定数目的系统节拍事件。

函数原型:

```
void os_dly_wait (
    U16 delay_time );   //暂时停止 delay_time 个节拍
```

例如:

```
__task void task1 (void) {
    ⋮
    os_dly_wait (20);   //告诉操作系统暂时停止 20 个节拍
    ⋮
    }
```

24.4.7　用户定时器

用户定时器可以创建、取消、挂起、重启。用户定时器在设定时间到达以后,可以调用用户提供的返回函数 os_tmr_call(),完成后将之删除。注意,有不同类型的定时器,如单个短定时器(用户定时器)和周期定时器等。

● os_tmr_create()　创建用户定时器。

函数原型:

```
OS_ID os_tmr_create (
    U16 tcnt,        //定时长度
```

```
        U16 info );     //定时器编号
```

例如：

```
OS_TID tsk1;  //任务号 tsk1
OS_ID tmr1;   //任务号 tmr1
__task void task1 (void) {
    ⋮
    tmr1 = os_tmr_create (10,1);  //创建 1 号用户定时器,时长 10
    if (tmr1 == NULL){  //创建成功则返回 ID 号,不成功则返回 NULL
        printf ("Failed to create user timer.\n");  //显示创建失败
        }
    ⋮
    }
```

● os_tmr_kill() 删除用户定时器。

函数原型：

```
OS_ID os_tmr_kill (
    OS_ID timer );  //用户定时器的 ID 号
```

例如：

```
OS_TID tsk1;  //任务号 tsk1
OS_ID tmr1;   //任务号 tmr1
__task void task1 (void) {
    ⋮
    if (os_tmr_kill (tmr1) != NULL) {  //如果删除用户定时器成功则返回 NULL,
                                       //不成功则返回定时值
        printf ("\nThis timer is not on the list.");//显示信息
        }
    else {
        printf ("\nTimer killed.");//显示已删除
        }
    ⋮
    }
```

● os_tmr_call 调用用户定时器。

函数原型：

```
void os_tmr_call (
    U16 info );  //定时器标识
```

例如：

```
void os_tmr_call (U16 info) {
    switch (info) {
```

```
    case 1：        //执行某些工作
        break;
    case 2：        //执行其他某些工作
        break;
        ⋮
    }
}
```

可以在 isr_ system 中断函数中调用，但不能在 os_ system 函数中调用。

第 **25** 章

RTX Kernel 实时操作系统实验

25.1 延时——时间间隔延迟实验

1. 实验要求

建立两个任务,分别控制 LED1、LED2 的亮灭。LED1 的亮灭各为 10 个节拍,LED2 的亮灭各为 50 个节拍。

2. 实验电路原理

参考 Mini LPC11XX DEMO 开发板电路原理图:

P1.9——LED1;

P1.10——LED10。

3. 源程序文件及分析

这里只分析 main.c 文件,完整程序请登录北京航空航天大学出版社网站下载。

新建一个文件目录 RTX_Delay_test1,在 Real View MDK 集成开发环境中创建一个工程项目 RTX_Delay_test1.uvproj 于此目录中。

在 File 菜单下新建如下源文件 main.c,编写源程序代码后保存在 User 文件夹下,再把 main.c 文件添加到 User 组中。

```
# include <RTL.h>        //RTX 操作系统头文件
# include "config.h"
# include "GPIO.h"

OS_TID id1;              //全局变量
OS_TID id2;

// =======任务 1,点亮/熄灭 LED1 分别为 10 个节拍(100 ms)
```

```
__task void task1 (void) {
    for (;;) {
        CLR_BIT(LPC_GPIO1,DATA,9);              //开 LED1
        os_dly_wait (10);
        SET_BIT(LPC_GPIO1,DATA,9);              //关 LED1
        os_dly_wait (10);
    }
}
```

// ======任务 2,点亮/熄灭 LED2 分别为 50 个节拍(500 ms)

```
__task void task2 (void) {
    for (;;) {
        CLR_BIT(LPC_GPIO1,DATA,10);             //开 LED2
        os_dly_wait (50);
        SET_BIT(LPC_GPIO1,DATA,10);             //关 LED2
        os_dly_wait (50);
    }
}
```

// =====操作系统初始化任务(创建任务 1,2),然后删除自己的任务

```
__task void init_task (void) {

    id1 = os_tsk_create (task1, 0);  /* start task phaseA */
    id2 = os_tsk_create (task2, 0);  /* start task phaseB */
    os_tsk_delete_self ();
}
```

```
/* *************************************************************
 * FunctionName   : Init()
 * Description    : 初始化系统
 * EntryParameter : None
 * ReturnValue    : None
 *************************************************************/
void Init(void)
{
    SystemInit();                    //调用系统初始化

    GPIOInit();                      //调用 GPIO 初始化
    os_sys_init (init_task);         //调用操作系统初始化任务
}
/* *************************************************************
 * FunctionName   : main()
 * Description    : 主函数
 * EntryParameter : None
 * ReturnValue    : None
```

```
**********************************************/
int main(void)
{
    Init();            //主函数只进行初始化,随后将控制权交给操作系统
}
/**********************************************
*                    End Of File
**********************************************/
```

4. 实验结果

编译通过后下载程序,Mini LPC11XX DEMO 开发板上的 LED1 和 LED2 都在闪烁,但闪烁频率不一样,LED1 亮灭各为 10 个节拍,LED2 亮灭各为 50 个节拍,实验照片见图 25 - 1。

图 25 - 1　RTX_Delay_test1 的实验照片

25.2　事件——信号标志发送/接收实验

25.2.1　实验 1

1. 实验要求

按下 K1 键,进入单步运行状态,按下 K2 键可以复位。本实验适合设计手动测试设备。

2. 实验电路原理

参考 Mini LPC11XX DEMO 开发板电路原理图:

P3.0——LCD_RS,命令/数据选择(0 为读写命令,1 为读写数据);

P3.1——LCD_CS,TFT – LCD 片选;

P3.2——LCD_WR,向 TFT – LCD 写入数据;

P3.3——LCD_RD,从 TFT – LCD 读取数据;

P2.11~P2.4——DB[15:8],8 位双向数据线,分两次传送 16 位数据;

P0.0——RESET,复位信号。

3. 源程序文件及分析

这里只分析 main.c 文件,完整程序请登录北京航空航天大学出版社网站下载。

新建一个文件目录 RTX_HandStep_test1,在 Real View MDK 集成开发环境中创建一个工程项目 RTX_HandStep_test1.uvproj 于此目录中。

在 File 菜单下新建如下源文件 main.c,编写源程序代码后保存在 User 文件夹下,再把 main.c 文件添加到 User 组中。

```
# include <RTL.h>          //RTX 操作系统头文件
# include "config.h"
# include "W25Q16.h"        //
# include "ssp.h"           //ssp
# include "ILI9325.h"       //ILI9325
# include "gpio.h"

OS_TID tsk0,tsk_key,tsk1,tsk2,tsk3,tsk4,tsk5,tsk6,tsk7,tsk8,tsk9;
   //全局变量
uint8 i,cnt;
uint16 xpos = 0,ypos = 50;   //定义液晶显示器初始化 X、Y 坐标
uint16 tsk_flag[10] = {0x0000,0x0001,0x0002,0x0004,0x0008,
                       0x0010,0x0020,0x0040,0x0080,0x0100};
// ********************************
// =======任务 key
   __task void key (void)
   {
   while(1)
   {

   if(GET_BIT(LPC_GPIO1,DATA,9) == 0)   //如果是 KEY1 被按下
   {   if(cnt<9)cnt ++ ;
       switch(cnt)
       {
          case 1: os_evt_set (tsk_flag[cnt], tsk1);break;//发送事件的标志给任务 1
```

```
                    case 2: os_evt_set (tsk_flag[cnt], tsk2);break;//发送事件的标志给任务 2

                    case 3: os_evt_set (tsk_flag[cnt], tsk3);break;//发送事件的标志给任务 3

                    case 4: os_evt_set (tsk_flag[cnt], tsk4);break;//发送事件的标志给任务 4

                    case 5: os_evt_set (tsk_flag[cnt], tsk5);break;//发送事件的标志给任务 5

                    case 6: os_evt_set (tsk_flag[cnt], tsk6);break;//发送事件的标志给任务 6

                    case 7: os_evt_set (tsk_flag[cnt], tsk7);break;//发送事件的标志给任务 7

                    case 8: os_evt_set (tsk_flag[cnt], tsk8);break;//发送事件的标志给任务 8

                    default:break;

                }

            while(GET_BIT(LPC_GPIO1,DATA,9) == 0);    //等待释放 KEY1

        }
        else if(GET_BIT(LPC_GPIO1,DATA,10) == 0)    //如果是 KEY2 被按下

        {

            os_evt_set (tsk_flag[9], tsk9);    //发送事件的标志给任务 9

            while(GET_BIT(LPC_GPIO1,DATA,10) == 0);    //等待释放 KEY2

        }

        os_dly_wait (10);    //每 10 个节拍(100 ms)检测一次按键

    }

}


// ***************************************
// =======任务 1

    __task void task1 (void)

    {

    while(1)

        {

        os_evt_wait_or (0x0001, 0xffff);    //在预定时间内等待一个事件标志 0x0001 到来

        xpos = 0; ypos = 50;

        LCD_Fill(xpos,ypos,xpos + 24,ypos + 24,RED);


        }

    }


// ***************************************
// =======任务 2

    __task void task2 (void)

    {

    while(1)

        {

        os_evt_wait_or (0x0002, 0xffff);    //在预定时间内等待一个事件标志 0x0002 到来

        xpos = 24;

        LCD_Fill(xpos,ypos,xpos + 24,ypos + 24,RED);
```

```
    }

  }

// ***************************************
// =======任务 3
  __task void task3 (void)
  {

  while(1)
  {

    os_evt_wait_or (0x0004, 0xffff);  //在预定时间内等待一个事件 0x0004 到来
    xpos = 48;
    LCD_Fill(xpos,ypos,xpos + 24,ypos + 24,RED);

  }

  }

// ***************************************
// =======任务 4
  __task void task4 (void)
  {

  while(1)
  {

    os_evt_wait_or (0x0008, 0xffff);  //在预定时间内等待一个事件 0x0008 到来
    xpos = 72;
    LCD_Fill(xpos,ypos,xpos + 24,ypos + 24,RED);

  }

  }

// ***************************************
// =======任务 5
  __task void task5 (void)
  {

  while(1)
  {

    os_evt_wait_or (0x0010, 0xffff);  //在预定时间内等待一个事件 0x0010 到来
    xpos = 96;
    LCD_Fill(xpos,ypos,xpos + 24,ypos + 24,RED);

  }

  }

// ***************************************
// =======任务 6
  __task void task6 (void)
  {
```

```
    while(1)
    {
        os_evt_wait_or (0x0020, 0xffff);    //在预定时间内等待一个事件 0x0020 到来
        xpos = 120;
        LCD_Fill(xpos,ypos,xpos + 24,ypos + 24,RED);

    }
}


// *****************************************
// ========任务 7
    __task void task7 (void)
    {
    while(1)
    {
        os_evt_wait_or (0x0040, 0xffff);    //在预定时间内等待一个事件 0x0040 到来
        xpos = 144;
        LCD_Fill(xpos,ypos,xpos + 24,ypos + 24,RED);

    }
}


// *****************************************
// ========任务 8
    __task void task8 (void)
    {
    while(1)
    {
        os_evt_wait_or (0x0080, 0xffff);    //在预定时间内等待一个事件 0x0080 到来
        xpos = 168;
        LCD_Fill(xpos,ypos,xpos + 24,ypos + 24,RED);

    }
}

// ========任务 9
    __task void task9 (void)
    {
    while(1)
    {
        os_evt_wait_or (0x0100, 0xffff);    //在预定时间内等待一个事件 0x0100 到来
        for(i = 0;i<192;i = i + 24) LCD_Fill(i,ypos,i + 24,ypos + 24,BLUE);
        xpos = 0;ypos = 50;
        cnt = 0;

    }
}
```

```
//*****************************************
//=====操作系统初始化任务（创建任务），然后删除自己的任务
    __task void init_task (void)
    {
        tsk_key = os_tsk_create (key, 0);     //任务 key,
        tsk1 = os_tsk_create (task1, 0);      //任务 1,
        tsk2 = os_tsk_create (task2, 0);      //任务 2,
        tsk3 = os_tsk_create (task3, 0);      //任务 3,
        tsk4 = os_tsk_create (task4, 0);      //任务 4,
        tsk5 = os_tsk_create (task5, 0);      //任务 5,
        tsk6 = os_tsk_create (task6, 0);      //任务 6,
        tsk7 = os_tsk_create (task7, 0);      //任务 7,
        tsk8 = os_tsk_create (task8, 0);      //任务 8,
        tsk9 = os_tsk_create (task9, 0);      //任务 9,
        tsk0 = os_tsk_delete_self ();         //删除自己的初始化任务
    }

//********** 面板初始化内容框架 ************
void PANEL_Init(void)
{

    LCD_Clear(WHITE);//整屏显示白色
    POINT_COLOR = BLACK;
    BACK_COLOR = WHITE;

    for(i = 0;i<192;i = i + 24) LCD_Fill(i,ypos,i + 24,ypos + 24,BLUE);

    LCD_ShowString(2, 5, "操作系统"单步步进测试"演示实验");

}

/*************************************************************
* FunctionName  : Init()
* Description    : 初始化系统
* EntryParameter : None
* ReturnValue    : None
*************************************************************/
void Init(void)
{
    SystemInit();                          //调用系统初始化
    LCD_Init();                            //液晶显示器初始化
    W25Q16_Init();                         //W25Q16 初始化
    PANEL_Init();                          //面板初始化内容
    os_sys_init (init_task);               //调用操作系统初始化任务
}
```

```
/***********************************************************
* FunctionName   : main()
* Description    : 主函数
* EntryParameter : None
* ReturnValue    : None
***********************************************************/
int main(void)
{
    Init();              //主函数只进行初始化,随后将控制权交给操作系统
}

/***********************************************************
*                    End Of File
***********************************************************/
```

4. 实验结果

编译通过后下载程序,运行后,每按动一下 K1,Mini LPC11XX DEMO 开发板液晶上的滚动条移动一格,说明设备可以根据按键次数进行单步控制运行。按下 K2复位,则回到初始状态。实验照片见图 25 - 2。

图 25 - 2   RTX_HandStep_test1 的实验照片

25.2.2　实验 2

1. 实验要求

按动 K1,进入自动单步运行状态,按下 K2 可以复位。本实验适合设计自动的

测试设备。

2. 实验电路原理

参考 Mini LPC11XX DEMO 开发板电路原理图：

P3.0——LCD_RS,命令/数据选择(0 为读写命令,1 为读写数据);

P3.1——LCD_CS,TFT‐LCD 片选;

P3.2——LCD_WR,向 TFT‐LCD 写入数据;

P3.3——LCD_RD,从 TFT‐LCD 读取数据;

P2.11～P2.4——DB[15:8],8 位双向数据线,分 2 次传送 16 位数据;

P0.0——RESET,复位信号。

3. 源程序文件及分析

这里只分析 main.c 文件,完整程序请登录北京航空航天大学出版社网站下载。

新建一个文件目录 RTX_Event_test1,在 Real View MDK 集成开发环境中创建一个工程项目 RTX_Event_test1.uvproj 于此目录中。

在 File 菜单下新建如下源文件 main.c,编写源程序代码后保存在 User 文件夹下,再把 main.c 文件添加到 User 组中。

```
# include <RTL.h>           //RTX 操作系统头文件
# include "config.h"
# include "W25Q16.h"         //W25Q16
# include "ssp.h"            //ssp
# include "ILI9325.h"        //ILI9325
# include "gpio.h"

OS_TID tsk0,tsk1,tsk2,tsk3,tsk4,tsk5,tsk6,tsk7,tsk8,tsk9;   //全局变量
uint8 i;

uint16 xpos = 0,ypos = 50;         //定义液晶显示器初始化 XY 坐标

// * * * * * * * * * * * * * * * * * * * * * * * * * * * * * * * * * *
// =======任务 1
    __task void task1 (void)
    {
    while(1)
    {
    os_evt_wait_or (0x0001, 0xffff);   //在预定时间内等待一个事件标志 0x0001 到来
    xpos = 0;ypos = 50;
    LCD_Fill(xpos,ypos,xpos + 24,ypos + 24,RED);
    os_dly_wait (100);                 //等待 100 个节拍(1000 ms)
    os_evt_set (0x0002, tsk2);         //发送事件的标志(这里取 0x0002)给任务 2
    }
    }
```

```
// ****************************************
// ========任务 2
    __task void task2 (void)
    {
    while(1)
    {
      os_evt_wait_or (0x0002, 0xffff);    //在预定时间内等待一个事件标志 0x0002 到来
      xpos = 24;
      LCD_Fill(xpos,ypos,xpos + 24,ypos + 24,RED);
      os_dly_wait (100);                  //等待 100 个节拍(1000 ms)
      os_evt_set (0x0003, tsk3);          //发送事件的标志(这里取 0x0003)给任务 3
    }
    }

// ****************************************
// ========任务 3
    __task void task3 (void)
    {
    while(1)
    {
      os_evt_wait_or (0x0003, 0xffff);    //在预定时间内等待一个事件 0x0003 到来
      xpos = 48;
      LCD_Fill(xpos,ypos,xpos + 24,ypos + 24,RED);
      os_dly_wait (100);                  //等待 100 个节拍(1000 ms)
      os_evt_set (0x0004, tsk4);          //发送事件的标志(这里取 0x0004)给任务 4
    }
    }

// ****************************************
// ========任务 4
    __task void task4 (void)
    {
    while(1)
    {
      os_evt_wait_or (0x0004, 0xffff);    //在预定时间内等待一个事件 0x0004 到来
      xpos = 72;
      LCD_Fill(xpos,ypos,xpos + 24,ypos + 24,RED);
      os_dly_wait (100);                  //等待 100 个节拍(1000 ms)
      os_evt_set (0x0005, tsk5);          //发送事件的标志(这里取 0x0005)给任务 5
    }
    }

// ****************************************
```

```
//=======任务 5
    __task void task5 (void)
    {
    while(1)
    {
    os_evt_wait_or (0x0005, 0xffff);//在预定时间内等待一个事件 0x0005 到来
    xpos = 96;
    LCD_Fill(xpos,ypos,xpos + 24,ypos + 24,RED);
    os_dly_wait (100);              //等待 100 个节拍(1000 ms)
    os_evt_set (0x0006, tsk6);      //发送事件的标志(这里取 0x0006)给任务 6
    }
    }

//***************************************
//=======任务 6
    __task void task6 (void)
    {
    while(1)
    {
    os_evt_wait_or (0x0006, 0xffff);//在预定时间内等待一个事件 0x0006 到来
    xpos = 120;
    LCD_Fill(xpos,ypos,xpos + 24,ypos + 24,RED);
    os_dly_wait (100);              //等待 100 个节拍(1000 ms)
    os_evt_set (0x0007, tsk7);      //发送事件的标志(这里取 0x0007)给任务 7
    }
    }

//***************************************
//=======任务 7
    __task void task7 (void)
    {
    while(1)
    {
    os_evt_wait_or (0x0007, 0xffff);//在预定时间内等待一个事件 0x0007 到来
    xpos = 144;
    LCD_Fill(xpos,ypos,xpos + 24,ypos + 24,RED);
    os_dly_wait (100);              //等待 100 个节拍(1000 ms)
    os_evt_set (0x0008, tsk8);      //发送事件的标志(这里取 0x0008)给任务 8
    }
    }

//***************************************
//=======任务 8
```

```
    __task void task8 (void)
    {
    while(1)
    {
      os_evt_wait_or (0x0008, 0xffff); //在预定时间内等待一个事件 0x0008 到来
      xpos = 168;
      LCD_Fill(xpos,ypos,xpos + 24,ypos + 24,RED);
      os_dly_wait (100);              //等待 100 个节拍(1000 ms)
      os_evt_set (0x0009, tsk9);      //发送事件的标志(这里取 0x0009)给任务 9
    }
    }

// =======任务 9
    __task void task9 (void)
    {
    while(1)
    {
      os_evt_wait_or (0x0008, 0xffff); //在预定时间内等待一个事件 0x0008 到来
      for(i = 0;i<192;i = i + 24) LCD_Fill(i,ypos,i + 24,ypos + 24,BLUE);
      os_dly_wait (100);              //等待 100 个节拍(1000 ms)
      os_evt_set (0x0001, tsk1);      //发送事件的标志(这里取 0x0001)给任务 1
    }
    }

// *****************************************
// =====操作系统初始化任务 ===创建任务 1~6,然后删除自己的任务
    __task void init_task (void)
    {
    tsk1 = os_tsk_create (task1, 0); //任务 1,
    tsk2 = os_tsk_create (task2, 0); //任务 2,
    tsk3 = os_tsk_create (task3, 0); //任务 3,
    tsk4 = os_tsk_create (task4, 0); //任务 4,
    tsk5 = os_tsk_create (task5, 0); //任务 5,
    tsk6 = os_tsk_create (task6, 0); //任务 6,
    tsk7 = os_tsk_create (task7, 0); //任务 7,
    tsk8 = os_tsk_create (task8, 0); //任务 8,
    tsk9 = os_tsk_create (task9, 0); //任务 8,
    os_evt_set (0x0001, tsk1);       //发送事件的标志(这里取 0x0001)给任务 1
    tsk0 = os_tsk_delete_self ();     //删除自己的初始化任务
    }

// *********** 面板初始化内容框架 *************
void PANEL_Init(void)
```

```
{
    LCD_Clear(WHITE);   //整屏显示白色
    POINT_COLOR = BLACK;
    BACK_COLOR = WHITE;

    for(i = 0;i<192;i = i + 24) LCD_Fill(i,ypos,i + 24,ypos + 24,BLUE);

    LCD_ShowString(2, 5, "操作系统"程序自动步进执行"演示实验");
}
/**********************************************************
* FunctionName  : Init()
* Description   : 初始化系统
* EntryParameter : None
* ReturnValue   : None
**********************************************************/
void Init(void)
{
    SystemInit();                    //调用系统初始化
    LCD_Init();                      //液晶显示器初始化
    W25Q16_Init();                   //W25Q16 初始化
    PANEL_Init();                    //面板初始化内容
    os_sys_init (init_task);         //调用操作系统初始化任务
}
/**********************************************************
* FunctionName  : main()
* Description   : 主函数
* EntryParameter : None
* ReturnValue   : None
**********************************************************/
int main(void)
{
    Init();            //主函数只进行初始化,随后将控制权交给操作系统
}
/**********************************************************
*                       End Of File
**********************************************************/
```

4. 实验结果

编译通过后下载程序,运行后,按一下 K1 键,液晶上的滚动条自动步进移动,直到完成,说明设备已经进入自动运行。按下 K2 复位,则回到初始状态。实验照片见图 25 - 3。

图 25 - 3　RTX_Event_test2 的实验照片

25.3　邮箱——内存池及邮箱实验

25.3.1　实验 1

1. 实验要求

① 按下 K1 后,数据存入内存池的块中,同时显示于 TFT - LCD 上。

② 按下 K2 后,将消息(内存池的块地址)发到邮箱。

③ 接收任务收到消息后,读出内存池的数据并于 TFT - LCD 上显示。

2. 实验电路原理

参考 Mini LPC11XX DEMO 开发板电路原理图:

P3.0——LCD_RS,命令/数据选择(0 为读写命令,1 为读写数据);

P3.1——LCD_CS,TFT - LCD 片选;

P3.2——LCD_WR,向 TFT - LCD 写入数据;

P3.3——LCD_RD,从 TFT - LCD 读取数据;

P2.11~P2.4——DB[15:8],8 位双向数据线,分两次传送 16 位数据;

P0.0——RESET,复位信号。

3. 源程序文件及分析

这里只分析 main.c 文件,完整程序请登录北京航空航天大学出版社网站下载。

新建一个文件目录 RTX_Mail_test1,在 Real View MDK 集成开发环境中创建一个工程项目 RTX_Mail_test1. uvproj 于此目录中。

在 File 菜单下新建如下源文件 main. c,编写源程序代码后保存在 User 文件夹下,再把 main. c 文件添加到 User 组中。

```c
# include <RTL. h>                //RTX 操作系统头文件
# include "config. h"
# include "GPIO. h"
# include "ssp. h"
# include "w25Q16. h"
# include "ili9325. h"

OS_TID tsk0,tsk1,tsk2;           //全局变量

uint16 xpos = 0,ypos = 50;        //定义液晶显示器初始化 XY 坐标

/ * * * * * * * * * * * * * * 创建数据块的大小 * * * * * * * * * * * * * * * * * * * * * * * /
typedef struct                   //数据块的构成
{
    U32 a;                       //成员变量起码在 4 字节以上
    U32 b;
    U32 c;
    U32 d;
    //float voltage;             //4 字节长度
    //float current;             //4 字节长度
} MEAS;                          //结构体类型

MEAS * mptr;                     //指向结构体类型的指针(存数据时使用)
MEAS * rptr;                     //指向结构体类型的指针(取数据时使用)

/ * * * * * * * * * * * * * * * * * * 创建邮箱及内存池 * * * * * * * * * * * * * * * * * * * * * /
os_mbx_declare (MsgBox,16);      //创建一个邮箱,可存放 16 条消息

//创建 4 字节队列的固定大小块的内存池 mpool,每个块 sizeof(MEAS)字节大小,共有 16 个块
_declare_box (mpool,sizeof(MEAS),16);   //内存池名 mpool,16 个块,每个块 sizeof(MEAS)
                                        //大小

/ * * * * * * * * * * * * * * * * * * * * 按键任务 key * * * * * * * * * * * * * * * * * * * * * /
    __task void key (void)
    {
        while(1)
        {
            if(GET_BIT(LPC_GPIO1,DATA,9) == 0)   //如果是 KEY1 被按下
            {
                mptr - >a = 123456;   //设置数据内容(数据存放于内存池的这个块中)
                mptr - >b = 234567;
```

```
                        mptr - >c = 345678;
                        mptr - >d = 456789;

                        POINT_COLOR = BLACK;
                        BACK_COLOR = YELLOW;

                        LCD_ShowString(0, 60, "已将以下数据存入内存池：");
                        xpos = 0;    //显示存入内存池的数据
                        LCD_ShowNum(0,80,mptr - >a,6);
                        LCD_ShowNum(0,100,mptr - >b,6);
                        LCD_ShowNum(0,120,mptr - >c,6);
                        LCD_ShowNum(0,140,mptr - >d,6);

                        CLR_BIT(LPC_GPIO1,DATA,0);   //LED1 点亮表明已将数据存入内存池

                        LCD_ShowString(0, 170, "按下 KEY2 将消息发到邮箱！");
                   while(GET_BIT(LPC_GPIO1,DATA,9) == 0);   //等待释放 KEY1
            }
        else if(GET_BIT(LPC_GPIO1,DATA,10) == 0)   //如果是 KEY2 被按下
        {
            os_mbx_send (MsgBox, mptr, 0xffff);   //将 mptr 指向的地址（消息）发到邮箱
            CLR_BIT(LPC_GPIO1,DATA,1);   //LED2 点亮表明发送消息完成
            while(GET_BIT(LPC_GPIO1,DATA,10) == 0);   //等待释放 KEY2
        }
        os_dly_wait (10);   //每 10 个节拍(100 ms)检测一次按键
    }
  }
/* ================接收消息的任务 ====================*/
    __task void rev (void)
    {
    while(1)
    {
    os_mbx_wait (MsgBox, (void * * )&rptr, 0xffff);
                                //等待取下一条消息,或是在邮箱空时等待
    SET_BIT(LPC_GPIO1,DATA,9); SET_BIT(LPC_GPIO1,DATA,10);
                                //LED1、LED2 熄灭表明已收到消息

    POINT_COLOR = BLACK;
    BACK_COLOR = YELLOW;
    xpos = 0;   //显示收到的数据(在内存池中)
    LCD_ShowString(0, 200, "下面是收到的数据内容：");
    LCD_ShowNum(0,220,rptr - >a,6);
    LCD_ShowNum(0,240,rptr - >b,6);
    LCD_ShowNum(0,260,rptr - >c,6);
    LCD_ShowNum(0,280,rptr - >d,6);
```

```
        _free_box (mpool, rptr);    //释放 mpool 内存池中 rptr 指向的块
    }
}

/******* 操作系统初始化任务 ===创建任务,然后删除自己的任务 **********/
__task void init_task (void)
{

    os_mbx_init(MsgBox, sizeof(MsgBox));    //初始化 MsgBox 邮箱大小
    _init_box (mpool, sizeof (mpool), sizeof(MEAS));
                                //初始化 mpool 内存池(内存池大小,块大小)
    mptr = _alloc_box (mpool);    //从内存池 mpool 中分配出一个内存块,其地址给 mptr

    tsk1 = os_tsk_create (key, 0);      //创建发送任务 key
    tsk2 = os_tsk_create (rev, 0);      //创建接收任务 rev

    POINT_COLOR = BLACK;
    BACK_COLOR = YELLOW;
    LCD_ShowString(0, 30, "按下 KEY1 将数据存入内存池!");

    tsk0 = os_tsk_delete_self ();       //删除自己的初始化任务
}

//********** 面板初始化内容框架 ************
void PANEL_Init(void)
{
    LCD_Clear(WHITE);    //整屏显示白色
    POINT_COLOR = RED;
    BACK_COLOR = YELLOW;

    LCD_ShowString(0, 5, ""内存池-邮箱测试"演示实验 1");
}

/********************************************************
* FunctionName    : Init()
* Description     : 初始化系统
* EntryParameter  : None
* ReturnValue     : None
********************************************************/
void Init(void)
{
    SystemInit();                   //调用系统初始化
    LCD_Init();                     //液晶显示器初始化
    W25Q16_Init();                  //W25Q16 初始化
    PANEL_Init();                   //面板初始化内容
    GPIO_Init();                    //端口初始化
    os_sys_init (init_task);        //调用操作系统初始化任务
```

```
}
/ *********************************************************
 * FunctionName    : main()
 * Description     : 主函数
 * EntryParameter  : None
 * ReturnValue     : None
 *********************************************************/
int main(void)
{
    Init();              //主函数只进行初始化,随后将控制权交给操作系统
}
/ *********************************************************
 *                            End Of File
 *********************************************************/
```

4. 实验结果

编译通过后下载程序到 Mini LPC11XX DEMO 开发板上。

按下 K1 后,数据 123456、234567、345678、456789 存入内存池的块中,同时显示于 TFT - LCD 上。

按下 K2 后,将消息(内存池的块地址)发到邮箱。

接收任务收到消息后,读出内存池的数据并于 TFT - LCD 上显示 123456、234567、345678、456789。

实验照片见图 25 - 4。

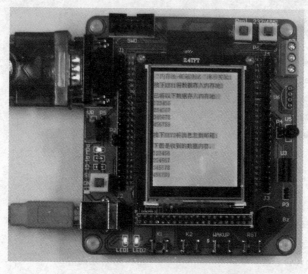

图 25 - 4　RTX_Mail_test1 的实验照片

25.3.2 实验 2

1. 实验要求

① 本实验上电后,数据自动存入内存池的块中,同时显示于 TFT－LCD 上。

② 按下 K1 后,将消息(内存池的块地址)发到邮箱。

③ 接收任务收到消息后,读出内存池的数据并显示于 TFT－LCD 上。

2. 实验电路原理

参考 Mini LPC11XX DEMO 开发板电路原理图:

P3.0——LCD_RS,命令/数据选择(0 为读写命令,1 为读写数据);

P3.1——LCD_CS,TFT－LCD 片选;

P3.2——LCD_WR,向 TFT－LCD 写入数据;

P3.3——LCD_RD,从 TFT－LCD 读取数据;

P2.11~P2.4——DB[15:8],8 位双向数据线,分两次传送 16 位数据;

P0.0——RESET,复位信号。

3. 源程序文件及分析

这里只分析 main.c 文件,完整程序请登录北京航空航天大学出版社网站下载。

新建一个文件目录 RTX_Mail_test2,在 Real View MDK 集成开发环境中创建一个工程项目 RTX_Mail_test2.uvproj 于此目录中。

在 File 菜单下新建如下源文件 main.c,编写源程序代码后保存在 User 文件夹下,再把 main.c 文件添加到 User 组中。

```
# include <RTL.h>              //RTX 操作系统头文件
# include "config.h"
# include "GPIO.h"
# include "ssp.h"
# include "w25Q16.h"
# include "ili9325.h"

OS_TID tsk0,tsk1,tsk2;         //全局变量
uint16 xpos = 0,ypos = 50;     //定义液晶显示器初始化 XY 坐标

/ * * * * * * * * * * * * * 创建数据块的大小 * * * * * * * * * * * * * * * * * * * * * * * /
typedef struct                 //数据块的构成
{
    U32 a;                     //成员变量起码在 4 字节以上
    U32 b;
    U32 c;
```

```
    U32 d;
    //float voltage;                    //4 字节长度
    //float current;                    //4 字节长度
} MEAS;                                  //结构体类型

MEAS * mptr;                             //指向结构体类型的指针(存数据时使用)
MEAS * rptr;                             //指向结构体类型的指针(取数据时使用)
```

/* ****************** 创建邮箱及内存池 *******************/

```
os_mbx_declare (MsgBox,16);    //创建一个邮箱,可存放 16 条消息
```

//创建 4 字节队列的固定大小块的内存池 mpool,每个块 sizeof(MEAS)字节大小,共有 16 个块
```
_declare_box (mpool,sizeof(MEAS),16);
                    //内存池名 mpool,16 个块,每个块 sizeof(MEAS)大小
```

/* ==================按键任务 key ==================*/

```
    __task void key (void)
    {
        while(1)
        {
            if(GET_BIT(LPC_GPIO1,DATA,9) == 0)            //如果是 KEY1 被按下
            {
                os_mbx_send (MsgBox, mptr, 0xffff);  //将 mptr 指向的地址(消息)发到邮箱
                CLR_BIT(LPC_GPIO1,DATA,0);              //LED1 点亮表明发送消息完成
                while(GET_BIT(LPC_GPIO1,DATA,9) == 0);//等待释放 KEY1
            }
            os_dly_wait (10);                            //每 10 个节拍(100 ms)检测一次按键
        }
    }
```

/* ================接收消息的任务 ==================*/

```
    __task void rev (void)
    {
        while(1)
        {
        os_mbx_wait (MsgBox, (void * * )&rptr, 0xffff);
                                    //等待取下一条消息,或是在邮箱空时等待
        CLR_BIT(LPC_GPIO1,DATA,1);    //LED2 点亮表明已收到消息

        POINT_COLOR = BLACK;
        BACK_COLOR = YELLOW;
        xpos = 0;    //显示收到的数据(在内存池中)
        LCD_ShowString(0, 170, "下面是收到的数据内容:");
        LCD_ShowNum(0,190,rptr - >a,6);
```

```
        LCD_ShowNum(0,210,rptr->b,6);

        LCD_ShowNum(0,230,rptr->c,6);

        LCD_ShowNum(0,250,rptr->d,6);

        _free_box (mpool, rptr);    //释放 mpool 内存池中 rptr 指向的块

    }

}

/* ====操作系统初始化任务 ===创建任务,然后删除自己的任务 ========*/
    __task void init_task (void)

    {

        os_mbx_init(MsgBox, sizeof(MsgBox));    //初始化 MsgBox 邮箱大小

        _init_box (mpool, sizeof (mpool), sizeof(MEAS));

                                        //初始化 mpool 内存池(内存池大小,块大小)

        mptr = _alloc_box (mpool);    //从内存池 mpool 中分配出一个内存块,其地址给 mptr

        mptr->a = 123456;    //设置数据内容(数据存放于内存池的这个块中)

        mptr->b = 234567;

        mptr->c = 345678;

        mptr->d = 456789;

        POINT_COLOR = BLACK;

        BACK_COLOR = YELLOW;

        xpos = 0;    //显示存入内存池的数据

        LCD_ShowString(0, 30, "下面是存入内存池内的数据内容:");

        LCD_ShowNum(0,50,mptr->a,6);

        LCD_ShowNum(0,70,mptr->b,6);

        LCD_ShowNum(0,90,mptr->c,6);

        LCD_ShowNum(0,110,mptr->d,6);

        LCD_ShowString(0, 140, "按下 KEY1 将消息发到邮箱!");    //提示下一步操作

        tsk1 = os_tsk_create (key, 0);      //创建发送任务 key

        tsk2 = os_tsk_create (rev, 0);      //创建接收任务

        tsk0 = os_tsk_delete_self ();       //删除自己的初始化任务

    }

// ********** 面板初始化内容框架 **********
void PANEL_Init(void)

{

    LCD_Clear(WHITE);    //整屏显示白色

    POINT_COLOR = RED;

    BACK_COLOR = YELLOW;

    LCD_ShowString(2, 5, ""内存池 - 邮箱测试"演示实验 2");

}
```

```
/******************************************************************
*  FunctionName   : Init()
*  Description    : 初始化系统
*  EntryParameter : None
*  ReturnValue    : None
******************************************************************/
void Init(void)
{
    SystemInit();                    //调用系统初始化
    LCD_Init();                      //液晶显示器初始化
    W25Q16_Init();                   //W25Q16 初始化
    PANEL_Init();                    //面板初始化内容
    GPIO_Init();
    os_sys_init (init_task);         //调用操作系统初始化任务
}

/******************************************************************
*  FunctionName   : main()
*  Description    : 主函数
*  EntryParameter : None
*  ReturnValue    : None
******************************************************************/
int main(void)
{
    Init();   //主函数只进行初始化,随后将控制权交给操作系统
}


/******************************************************************
*                        End Of File
******************************************************************/
```

4. 实验结果

编译通过后下载程序到 Mini LPC11XX DEMO 开发板上。

上电后,数据 123456、234567、345678、456789 存入内存池的块中,同时显示于 TFT - LCD 上。

按下 K1 后,将消息(内存池的块地址)发到邮箱。

接收任务收到消息后,读出内存池的数据并于 TFT - LCD 上显示 123456、234567、345678、456789。

实验照片见图 25 - 5。

图 25 - 5　RTX_Mail_test2 的实验照片

25.3.3　实验 3

1. 实验要求

① 建立数组格式的数据。一条数组数据(一个块)的发送/接收。

② 上电后,数据自动存入内存池的块中,同时显示于 TFT - LCD 上。

③ 按下 K1 后,将消息(内存池的块地址)发到邮箱。

④ 接收任务收到消息后,读出数据并显示于 TFT - LCD 上。

2. 实验电路原理

参考 Mini LPC11XX DEMO 开发板电路原理图:

P3.0——LCD_RS,命令/数据选择(0 为读写命令,1 为读写数据);

P3.1——LCD_CS,TFT - LCD 片选;

P3.2——LCD_WR,向 TFT - LCD 写入数据;

P3.3——LCD_RD,从 TFT - LCD 读取数据;

P2.11～P2.4——DB[15:8],8 位双向数据线,分两次传送 16 位数据;

P0.0——RESET,复位信号。

3. 源程序文件及分析

这里只分析 main.c 文件,完整程序请登录北京航空航天大学出版社网站下载。

新建一个文件目录 RTX_Mail_test3,在 Real View MDK 集成开发环境中创建一个工程项目 RTX_Mail_test3. uvproj 于此目录中。

在 File 菜单下新建如下源文件 main. c,编写源程序代码后保存在 User 文件夹下,再把 main. c 文件添加到 User 组中。

```
# include <RTL.h>              //RTX 操作系统头文件
# include "config. h"
# include "GPIO. h"
# include "ssp. h"
# include "w25Q16. h"
# include "ili9325. h"

OS_TID tsk0,tsk1,tsk2;         //全局变量
uint16 xpos = 0,ypos = 50;     //定义液晶显示器初始化 X、Y 坐标
/* * * * * * * * * * * * * * 创建单个数据块的大小 * * * * * * * * * * * * * * * * * * * */
U8 array[12];   //定义一个 12 个元素的数组(数据块),可存放 3 组 4 字节的数据

U32 * mptr;     //指向 4 字节类型的指针(存数据时使用)
U32 * rptr;     //指向 4 字节类型的指针(取数据时使用)
/* * * * * * * * * * * * * * * * * * * 创建邮箱及内存池 * * * * * * * * * * * * * * * * * * */
os_mbx_declare (MsgBox,16);   //创建一个邮箱,可存放 16 条消息

//创建 4 字节队列的固定大小块的内存池 mpool,每个块 sizeof(array)字节大小,共有 3 个块
_declare_box (mpool,sizeof(array),5);   //内存池名 mpool,5 个块,每个块 sizeof(array)
                                        //字节大小
/* =================按键任务 key =================*/
    __task void key (void)
    {
     while(1)
     {
       if(GET_BIT(LPC_GPIO1,DATA,9) == 0)       //如果是 KEY1 被按下
       {
           os_mbx_send (MsgBox, mptr, 0xffff);  //将 mptr 指向的地址(消息)发到邮箱

           CLR_BIT(LPC_GPIO1,DATA,0);           //LED1 点亮表明发送消息完成
           while(GET_BIT(LPC_GPIO1,DATA,9) == 0);  //等待释放 KEY1
       }
       os_dly_wait (10);                         //每 10 个节拍(100 ms)检测一次按键
     }
    }

/* =================接收消息的任务 ===================*/
    __task void rev (void)
    {
     while(1)
```

```
    {
        os_mbx_wait (MsgBox, (void * * )&rptr, 0xffff);
                                //等待取下一条消息,或是在邮箱空时等待
        CLR_BIT(LPC_GPIO1,DATA,1);    //LED2 点亮表明已收到消息

        POINT_COLOR = BLACK;
        BACK_COLOR = YELLOW;
        xpos = 0;    //显示收到的数据(在内存池中)
        LCD_ShowString(0, 170, "下面是收到的数据内容:");
        LCD_ShowNum(0,190, * rptr,6);
        LCD_ShowNum(0,210, * (rptr + 1),6);
        LCD_ShowNum(0,230, * (rptr + 2),6);

        _free_box (mpool, rptr);    //释放 mpool 内存池中 rptr 指向的块
    }
}

/ * =====操作系统初始化任务 ===创建任务,然后删除自己的任务 ========* /
    __task void init_task (void)
    {
        os_mbx_init(MsgBox, sizeof(MsgBox));    //初始化 MsgBox 邮箱大小
        _init_box (mpool, sizeof (mpool), sizeof(array[12]));
                                //初始化 mpool 内存池(内存池大小,块大小)

        mptr = _alloc_box (mpool);    //从内存池 mpool 中分配出一个内存块,其地址给 mptr

        * mptr = 123456;    //设置数据内容(数据存放于内存池的这个块中)
        * (mptr + 1) = 234567;
        * (mptr + 2) = 345678;

        POINT_COLOR = BLACK;
        BACK_COLOR = YELLOW;
        xpos = 0;    //显示存入内存池的数据
        LCD_ShowString(0, 30, "下面是存入内存池内的数据内容:");
        LCD_ShowNum(0,50, * mptr,6);
        LCD_ShowNum(0,70, * (mptr + 1),6);
        LCD_ShowNum(0,90, * (mptr + 2),6);

        LCD_ShowString(0, 140, "按下 KEY1 将消息发到邮箱!");    //提示下一步操作

        tsk1 = os_tsk_create (key, 0);    //创建发送任务 key
        tsk2 = os_tsk_create (rev, 0);    //创建接收任务

        tsk0 = os_tsk_delete_self ();    //删除自己的初始化任务
    }

// ********** 面板初始化内容框架 *************
void PANEL_Init(void)
```

```
{
    LCD_Clear(WHITE);    //整屏显示白色
    POINT_COLOR = RED;
    BACK_COLOR = YELLOW;
    LCD_ShowString(2, 5, ""内存池-邮箱测试"演示实验3");
}

/ * * * * * * * * * * * * * * * * * * * * * * * * * * * * * * * * * * * * * * * * *
 *  FunctionName   : Init()
 *  Description    : 初始化系统
 *  EntryParameter : None
 *  ReturnValue    : None
 * * * * * * * * * * * * * * * * * * * * * * * * * * * * * * * * * * * * * * * * */
void Init(void)
{
    SystemInit();                   //调用系统初始化
    LCD_Init();                     //液晶显示器初始化
    W25Q16_Init();                  //W25Q16 初始化
    PANEL_Init();                   //面板初始化内容
    GPIO_Init();
    os_sys_init (init_task);        //调用操作系统初始化任务
}

/ * * * * * * * * * * * * * * * * * * * * * * * * * * * * * * * * * * * * * * * *
 *  FunctionName   : main()
 *  Description    : 主函数
 *  EntryParameter : None
 *  ReturnValue    : None
 * * * * * * * * * * * * * * * * * * * * * * * * * * * * * * * * * * * * * * * */
int main(void)
{
    Init();               //主函数只进行初始化,随后将控制权交给操作系统
}
/ * * * * * * * * * * * * * * * * * * * * * * * * * * * * * * * * * * * * * * * *
 *                          End Of File
 * * * * * * * * * * * * * * * * * * * * * * * * * * * * * * * * * * * * * * * */
```

4. 实验结果

编译通过后下载程序到 Mini LPC11XX DEMO 开发板上。

上电后,数据 123456、234567、345678 存入内存池的块中,同时显示于 TFT-LCD 上。

按下 K1 后,将消息(内存池的块地址)发到邮箱。

接收任务收到消息后,读出内存池的数据并于 TFT-LCD 上显示 123456、

234567、345678。

实验照片见图 25 - 6。

图 25 - 6　RTX_Mail_test3 实验照片

25.3.4　实验 4

1. 实验要求

① 多个数据块的消息发送/接收。

② 在结构体类型中建立数组,可以一次传输多个数据块。

③ 上电后,数据自动存入内存池的块中。

④ 按下 K1 后,将多个数据块的消息(内存池的块地址)发到邮箱。

⑤ 接收任务收到消息后,按序读出数据并于 TFT - LCD 上显示。

2. 实验电路原理

参考 Mini LPC11XX DEMO 开发板电路原理图:

P3.0——LCD_RS,命令/数据选择(0 为读写命令,1 为读写数据);

P3.1——LCD_CS,TFT - LCD 片选;

P3.2——LCD_WR,向 TFT - LCD 写入数据;

P3.3——LCD_RD,从 TFT - LCD 读取数据;

P2.11～P2.4——DB[15:8],8 位双向数据线,分两次传送 16 位数据;

P0.0——RESET,复位信号。

3. 源程序文件及分析

这里只分析 main.c 文件,完整程序请登录北京航空航天大学出版社网站下载。

新建一个文件目录 RTX_Mail_test4,在 Real View MDK 集成开发环境中创建一个工程项目 RTX_Mail_test4.uvproj 于此目录中。

在 File 菜单下新建如下源文件 main.c,编写源程序代码后保存在 User 文件夹下,再把 main.c 文件添加到 User 组中。

```
# include <RTL.h>                       //RTX 操作系统头文件
# include "config.h"
# include "GPIO.h"
# include "ssp.h"
# include "w25Q16.h"
# include "ili9325.h"

OS_TID tsk0,tsk1,tsk2;                   //全局变量
uint16 xpos = 0,ypos = 50;               //定义液晶显示器初始化 XY 坐标

/* ************** 创建单个数据块的大小 ********************/
typedef struct              //数据块的构成
{
    U32 array[3];                        //成员变量起码在 4 字节以上
    //float voltage;                     //4 字节长度
    //float current;                     //4 字节长度
} MEAS;                                  //结构体类型

MEAS * mptr1, * mptr2, * mptr3, * mptr4;   //指向结构体类型的指针(存数据时使用)
MEAS * rptr;   //指向 4 字节类型的指针(取数据时使用)

/* ******************** 创建邮箱及内存池 *********************/
os_mbx_declare (MsgBox,16); //创建一个邮箱,可存放 16 条消息

//创建 4 字节队列的固定大小块的内存池 mpool,每个块 sizeof(MEAS)字节大小,共有 16 个块
_declare_box (mpool,sizeof(MEAS),16);   //内存池名 mpool,16 个块,每个块 sizeof(MEAS)大小

U8 cnt = 0;   //软件计数器,用于识别接收数据的次数

/* ==================按键任务 key ==================*/
    __task void key (void)
    {
    while(1)
    {
        if(GET_BIT(LPC_GPIO1,DATA,9) == 0)         //如果是 KEY1 被按下
        {
            os_mbx_send(MsgBox, mptr1, 0xffff);//将 mptr1 指向的地址(消息)发到邮箱
            os_mbx_send(MsgBox, mptr2, 0xffff);//将 mptr2 指向的地址(消息)发到邮箱
```

```
        os_mbx_send(MsgBox, mptr3, 0xffff);//将 mptr2 指向的地址(消息)发到邮箱
        os_mbx_send(MsgBox, mptr4, 0xffff);//将 mptr2 指向的地址(消息)发到邮箱
        CLR_BIT(LPC_GPIO1,DATA,0);         //LED1 点亮表明发送消息完成
        while(GET_BIT(LPC_GPIO1,DATA,9) == 0);   //等待释放 KEY1
    }
    os_dly_wait (10);                        //每 10 个节拍(100 ms)检测一次按键
    }
}

/* ================接收消息的任务 ==================*/
    __task void rev (void)
    {
    while(1)
    {
        os_mbx_wait (MsgBox, (void * *)&rptr, 0xffff);
                                //等待取下一条消息,或是在邮箱空时等待
        CLR_BIT(LPC_GPIO1,DATA,1);        //LED2 点亮表明已收到消息
    cnt ++ ;
        POINT_COLOR = BLACK;
        BACK_COLOR = YELLOW;
        xpos = 0;  //显示收到的数据(在内存池中)
        if(cnt == 1)  //取第 1 次数据内容
        {
            LCD_ShowNum(0,60,rptr->array[0],6);
            LCD_ShowNum(0,80,rptr->array[1],6);
            LCD_ShowNum(0,100,rptr->array[2],6);
        }
        else if(cnt == 2)  //取第 2 次数据内容
        {
            LCD_ShowNum(100,60,rptr->array[0],6);
            LCD_ShowNum(100,80,rptr->array[1],6);
            LCD_ShowNum(100,100,rptr->array[2],6);
        }
        else if(cnt == 3)  //取第 3 次数据内容
        {
            LCD_ShowNum(0,140,rptr->array[0],6);
            LCD_ShowNum(0,160,rptr->array[1],6);
            LCD_ShowNum(0,180,rptr->array[2],6);
        }
        else if(cnt == 4)  //取第 4 次数据内容
        {
            cnt = 0;
```

```
                LCD_ShowNum(100,140,rptr - >array[0],6);
                LCD_ShowNum(100,160,rptr - >array[1],6);
                LCD_ShowNum(100,180,rptr - >array[2],6);
        }

            _free_box (mpool, rptr);   //每次取完数据内容后释放 mpool 内存池中 rptr
                                       //指向的块
    }
}
/* ===== 操作系统初始化任务(创建任务),然后删除自己的任务 ========*/
    __task void init_task (void)
    {
        os_mbx_init(MsgBox, sizeof(MsgBox));   //初始化 MsgBox 邮箱大小
        _init_box (mpool, sizeof (mpool), sizeof(MEAS));
                                   //初始化 mpool 内存池(内存池大小,块大小)
        mptr1 = _alloc_box (mpool);   //从内存池 mpool 中分配出一个内存块,其地址给 mptr1
        mptr1 - >array[0] = 111111;   //设置数据内容 1(数据存放于内存池的这个块中)
        mptr1 - >array[1] = 222222;
        mptr1 - >array[2] = 333333;

        mptr2 = _alloc_box (mpool);   //从内存池 mpool 中分配出一个内存块,其地址给 mptr2
        mptr2 - >array[0] = 444444;   //设置数据内容 2(数据存放于内存池的这个块中)
        mptr2 - >array[1] = 555555;
        mptr2 - >array[2] = 666666;

        mptr3 = _alloc_box (mpool);   //从内存池 mpool 中分配出一个内存块,其地址给 mptr3
        mptr3 - >array[0] = 777777;   //设置数据内容 3(数据存放于内存池的这个块中)
        mptr3 - >array[1] = 888888;
        mptr3 - >array[2] = 999999;

        mptr4 = _alloc_box (mpool);   //从内存池 mpool 中分配出一个内存块,其地址给 mptr4
        mptr4 - >array[0] = 555555;   //设置数据内容 4(数据存放于内存池的这个块中)
        mptr4 - >array[1] = 888888;
        mptr4 - >array[2] = 666666;

        tsk1 = os_tsk_create (key, 0);   //创建发送任务 key
        tsk2 = os_tsk_create (rev, 0);   //创建接收任务
        tsk0 = os_tsk_delete_self ();   //删除自己的初始化任务
    }
// ********** 面板初始化内容框架 ***********
void PANEL_Init(void)
{
    LCD_Clear(WHITE);   //整屏显示白色
    POINT_COLOR = RED;
```

```
    BACK_COLOR = YELLOW;

    LCD_ShowString(2, 5, """内存池 - 邮箱测试"演示实验 3");
    LCD_ShowString(0, 30, "按下 KEY1 将消息发到邮箱!"); //提示下一步操作
}

/ * * * * * * * * * * * * * * * * * * * * * * * * * * * * * * * * * * * * * * *
* FunctionName    : Init()
* Description      : 初始化系统
* EntryParameter   : None
* ReturnValue      : None
* * * * * * * * * * * * * * * * * * * * * * * * * * * * * * * * * * * * * * * /
void Init(void)
{
    SystemInit();                     //调用系统初始化
    LCD_Init();                       //液晶显示器初始化
    W25Q16_Init();                    //W25Q16 初始化
    PANEL_Init();                     //面板初始化内容
    GPIO_Init();
    os_sys_init (init_task);          //调用操作系统初始化任务
}

/ * * * * * * * * * * * * * * * * * * * * * * * * * * * * * * * * * * * * * * *
* FunctionName    : main()
* Description      : 主函数
* EntryParameter   : None
* ReturnValue      : None
* * * * * * * * * * * * * * * * * * * * * * * * * * * * * * * * * * * * * * * /
int main(void)
{
    Init();            //主函数只进行初始化,随后将控制权交给操作系统
}
/ * * * * * * * * * * * * * * * * * * * * * * * * * * * * * * * * * * * * * * *
*                        End Of File
* * * * * * * * * * * * * * * * * * * * * * * * * * * * * * * * * * * * * * * /
```

4. 实验结果

编译通过后下载程序到 Mini LPC11XX DEMO 开发板上。

上电后,数据 111111、222222、333333 存入内存池的一个块中;数据 444444、555555、666666 存入内存池的一个块中;数据 777777、888888、999999 存入内存池的一个块中;数据 555555、888888、666666 存入内存池的一个块中;同时这些数据显示于 TFT - LCD 上。

按下 K1 后,将消息(内存池的块地址)发到邮箱。

接收任务收到消息后,按序读出数据并于 TFT - LCD 上显示 4 组数据。

111111,222222,333333

444444,555555,666666

777777,888888,999999

555555,888888,666666

实验照片见图 25 - 7。

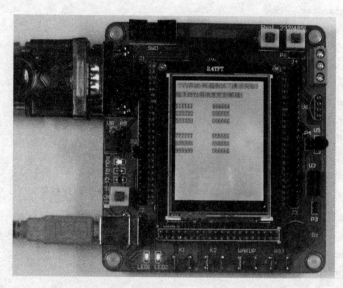

图 25 - 7　RTX_Mail_test4 的实验照片

25.4　互斥——互斥体实验

25.4.1　实验 1

1. 实验要求

以互斥体的方式使用任务 1 和任务 2。

2. 实验电路原理

参考 Mini LPC11XX DEMO 开发板电路原理图:

P3.0——LCD_RS,命令/数据选择(0 为读写命令,1 为读写数据);

P3.1——LCD_CS,TFT - LCD 片选;

P3.2——LCD_WR,向 TFT - LCD 写入数据;

P3.3——LCD_RD,从 TFT‐LCD 读取数据;

P2.11～P2.4——DB[15:8],8 位双向数据线,分两次传送 16 位数据;

P0.0——RESET,复位信号。

3. 源程序文件及分析

这里只分析 main. c 文件,完整程序请登录北京航空航天大学出版社网站下载。

新建一个文件目录 RTX_Mutex_test1,在 Real View MDK 集成开发环境中创建一个工程项目 RTX_Mutex_test1. uvproj 于此目录中。

在 File 菜单下新建如下源文件 main. c,编写源程序代码后保存在 User 文件夹下,再把 main. c 文件添加到 User 组中。

```
# include <RTL.h>   //RTX 操作系统头文件
# include "config. h"
# include "GPIO. h"
# include "ssp. h"
# include "w25Q16. h"
# include "ili9325. h"

OS_TID tsk0,tsk1,tsk2;   //全局变量
uint8 i;
uint16 xpos = 0,ypos = 50;   //定义液晶显示器初始化 XY 坐标

uint16 color_val;
// ********************************
 OS_MUT mutex1;   //创建一个互斥锁 mutex1
// ********************************
// =======任务 1
    __task void task1 (void)
    {
        while(1)
        {
            os_mut_wait (mutex1, 0xffff);   //等待互斥体 mutex1 可用(加把锁)
            color_val = RED;
            xpos = 0;ypos = 50;
            LCD_Fill(xpos,ypos,xpos + 24,ypos + 24,color_val);
            os_dly_wait (50);
            os_mut_release (mutex1);   //释放互斥体 mutex1(解锁)
        }
    }

// ********************************
// =======任务 2
    __task void task2 (void)
```

```
    {
        while(1)
        {
            os_mut_wait (mutex1, 0xffff);   //等待互斥体 mutex1 可用(加把锁)
            color_val = GREEN;
            xpos = 0;ypos = 50;
            LCD_Fill(xpos,ypos,xpos + 24,ypos + 24,color_val);
            os_dly_wait (50);
            os_mut_release (mutex1);    //释放互斥体 mutex1(解锁)
        }
    }

// ************************************
// =====操作系统初始化任务(创建任务),然后删除自己的任务
    __task void init_task (void)
    {
        tsk1 = os_tsk_create (task1, 0);   //任务 1
        tsk2 = os_tsk_create (task2, 0);   //任务 2
        os_mut_init (mutex1);   //将互斥锁 mutex1 初始化
        tsk0 = os_tsk_delete_self ();    //删除自己的初始化任务
    }
// ********** 面板初始化内容框架 ************
void PANEL_Init(void)
{
    LCD_Clear(WHITE);   //整屏显示白色
    POINT_COLOR = BLACK;
    BACK_COLOR = WHITE;

    for(i = 0;i<192;i = i + 24) LCD_Fill(i,ypos,i + 24,ypos + 24,BLUE);

    LCD_ShowString(2, 5, "操作系统"互斥量测试"演示实验");
}
/ ***************************************************
* FunctionName    : Init()
* Description     : 初始化系统
* EntryParameter  : None
* ReturnValue     : None
*************************************************** /
void Init(void)
{
    SystemInit();                   //调用系统初始化
    LCD_Init();                     //液晶显示器初始化
    W25Q16_Init();                  //W25Q16 初始化
```

```
    PANEL_Init();                    //面板初始化内容
    os_sys_init (init_task);         //调用操作系统初始化任务
}

/ *********************************************
*  FunctionName   : main()
*  Description     : 主函数
*  EntryParameter  : None
*  ReturnValue     : None
*********************************************/
int main(void)
{
    Init();                //主函数只进行初始化,随后将控制权交给操作系统
}

/ *********************************************
*                    End Of File
*********************************************/
```

4. 实验结果

编译通过后下载程序到 Mini LPC11XX DEMO 开发板上。

可以观察到,任务 1 在 TFT - LCD 上显示红色时,任务 2 不能显示绿色,而任务 2 显示绿色时,任务 1 不能显示红色。实现了互斥体的功能。

实验照片见图 25 - 8。

图 25 - 8　RTX_Mutex_test1 的实验照片

25.4.2　实验 2

1. 实验要求

① 用互斥体的方法加锁(互锁)控制多个任务。

② 动用任务 1 置红色时,任务 2、任务 3 不能置绿色、蓝色。

③ 动用任务 2 置绿色时,任务 1、任务 3 不能置红色、蓝色。

④ 动用任务 3 置蓝色时,任务 1、任务 2 不能置红色、绿色。

⑤ 任务 4 独立显示于 TFT - LCD 上(不受互斥体影响)。

2. 实验电路原理

参考 Mini LPC11XX DEMO 开发板电路原理图:

P3.0——LCD_RS,命令/数据选择(0 为读写命令,1 为读写数据);

P3.1——LCD_CS,TFT - LCD 片选;

P3.2——LCD_WR,向 TFT - LCD 写入数据;

P3.3——LCD_RD,从 TFT - LCD 读取数据;

P2.11～P2.4——DB[15:8],8 位双向数据线,分两次传送 16 位数据;

P0.0——RESET,复位信号。

3. 源程序文件及分析

这里只分析 main.c 文件,完整程序请登录北京航空航天大学出版社网站下载。

新建一个文件目录 RTX_Mutex_test2,在 Real View MDK 集成开发环境中创建一个工程项目 RTX_Mutex_test2.uvproj 于此目录中。

在 File 菜单下新建如下源文件 main.c,编写源程序代码后保存在 User 文件夹下,再把 main.c 文件添加到 User 组中。

```
# include <RTL.h>    //RTX 操作系统头文件
# include "config.h"
# include "GPIO.h"
# include "ssp.h"
# include "w25Q16.h"
# include "ili9325.h"

OS_TID tsk0,tsk1,tsk2,tsk3,tsk4;    //全局变量

uint8 i;

uint16 xpos = 0,ypos = 50;    //定义液晶显示器初始化 X、Y 坐标

uint16 color_val;

//*****************************
 OS_MUT mutex1; //创建一个互斥体 mutex1
```

```
// ****************************************
// =======任务 1
    __task void task1 (void)
    {
        while(1)
        {
            os_mut_wait (mutex1，0xffff)；  //等待互斥体 mutex1 可用(加把锁)
            color_val = RED；  //置红色,此时置绿色、蓝色功能失效
            os_dly_wait (100)；
            os_mut_release (mutex1)；//释放互斥体 mutex1(解锁)
        }
    }

// ****************************************
// =======任务 2
    __task void task2 (void)
    {
        while(1)
        {
            os_mut_wait (mutex1，0xffff)；  //等待互斥体 mutex1 可用(加把锁)
            color_val = GREEN；  //置绿色,此时置红色、蓝色功能失效
            os_dly_wait (200)；
            os_mut_release (mutex1)；  //释放互斥体 mutex1(解锁)
        }
    }

// ****************************************
// =======任务 3
    __task void task3 (void)
    {
        while(1)
        {
            os_mut_wait (mutex1，0xffff)；  //等待互斥体 mutex1 可用(加把锁)
            color_val = BLUE；  //置蓝色,此时置红色、绿色功能失效
            os_dly_wait (300)；
            os_mut_release (mutex1)；  //释放互斥体 mutex1(解锁)
        }
    }

// ****************************************
// =======任务 4
    __task void task4 (void)
    {
        while(1)
```

```
        {
            xpos = 0;ypos = 50;
            LCD_Fill(xpos,ypos,xpos + 24,ypos + 24,color_val);   //TFT 显示,不受禁止
            os_dly_wait (10);
        }
    }

// *****************************************
// =====操作系统初始化任务(创建任务),然后删除自己的任务
    __task void init_task (void)
    {
        tsk1 = os_tsk_create (task1, 0);   //任务 1
        tsk2 = os_tsk_create (task2, 0);   //任务 2
        tsk3 = os_tsk_create (task3, 0);   //任务 3
        tsk4 = os_tsk_create (task4, 0);   //任务 4

        os_mut_init (mutex1);   //将互斥体 mutex1 初始化

        tsk0 = os_tsk_delete_self ();   //删除自己的初始化任务
    }

// ********** 面板初始化内容框架 **********
void PANEL_Init(void)
{
    LCD_Clear(WHITE);   //整屏显示白色
    POINT_COLOR = BLACK;
    BACK_COLOR = WHITE;

    for(i = 0;i<192;i = i + 24) LCD_Fill(i,ypos,i + 24,ypos + 24,ORANGE);

    LCD_ShowString(2, 5, "操作系统"互斥体测试"演示实验");
}

/ ***************************************************
 * FunctionName   : Init()
 * Description    : 初始化系统
 * EntryParameter : None
 * ReturnValue    : None
 ***************************************************/
void Init(void)
{
    SystemInit();                    //调用系统初始化
    LCD_Init();                      //液晶显示器初始化
    W25Q16_Init();                   //W25Q16 初始化
    PANEL_Init();                    //面板初始化内容
    os_sys_init (init_task);         //调用操作系统初始化任务
```

```
}
/******************************************************
* FunctionName   : main()
* Description    : 主函数
* EntryParameter : None
* ReturnValue    : None
******************************************************/
int main(void)
{
    Init();             //主函数只进行初始化,随后将控制权交给操作系统
}
/* ****************************************************
*                      End Of File
******************************************************/
```

4. 实验结果

编译通过后下载程序到 Mini LPC11XX DEMO 开发板上。

我们在液晶显示屏上观察到:

任务 1 置红色时,任务 2、任务 3 不能置绿色、蓝色;

任务 2 置绿色时,任务 1、任务 3 不能置红色、蓝色;

任务 3 置蓝色时,任务 1、任务 2 不能置红色、绿色;

而任务 4 为独立显示(不受互斥体影响)。

实验照片见图 25 - 9。

图 25 - 9　RTX_Mutex_test2 的实验照片

25.5　信号量——信号量的传送与接收实验

1. 实验要求

① 发送信号量时,信号量的值加 1 并被发送。

② 信号量的值必须大于 0 才能接收,接收一次,其值减 1。

2. 实验电路原理

参考 Mini LPC11XX DEMO 开发板电路原理图:

P3.0——LCD_RS,命令/数据选择(0 为读写命令,1 为读写数据);

P3.1——LCD_CS,TFT - LCD 片选;

P3.2——LCD_WR,向 TFT - LCD 写入数据;

P3.3——LCD_RD,从 TFT - LCD 读取数据;

P2.11～P2.4——DB[15:8],8 位双向数据线,分两次传送 16 位数据;

P0.0——RESET,复位信号。

3. 源程序文件及分析

这里只分析 main.c 文件,完整程序请登录北京航空航天大学出版社网站下载。

新建一个文件目录 RTX_Sem_test1,在 Real View MDK 集成开发环境中创建一个工程项目 RTX_Sem_test1.uvproj 于此目录中。

在 File 菜单下新建如下源文件 main.c,编写源程序代码后保存在 User 文件夹下,再把 main.c 文件添加到 User 组中。

```
# include <RTL.h>              //RTX 操作系统头文件
# include "config.h"
# include "gpio.h"             //GPIO
# include "W25Q16.h"           //W25Q16
# include "ssp.h"              //ssp
# include "ILI9325.h"          //ILI9325

OS_TID tsk_key,tsk1;           //任务号
OS_SEM semaphore1;             //定义信号量 semaphore1

uint8 i;
uint16 xpos = 0,ypos = 50;     //定义液晶显示器初始化 XY 坐标

// ===================== 任务 key =====================
__task void key (void)
{
    while(1)
    {
```

```
        if(GET_BIT(LPC_GPIO1,DATA,9) == 0)    //如果是 KEY1 被按下
        {
            os_sem_send (semaphore1);    //发送信号量,信号量的值增加 1 并被发送
            while(GET_BIT(LPC_GPIO1,DATA,9) == 0);    //等待释放 KEY1
        }
        os_dly_wait (10);    //每 10 个节拍(100 ms)检测一次按键
    }
}

//*************************************
__task void task1 (void)            //任务 1
{
    OS_RESULT ret;                   //信号量的结果变量

    while (1)
    {   //信号量的值必须大于 0 才能接收,接收一次,其值减 1
        ret = os_sem_wait (semaphore1,1000);   //在 1000 个节拍内等待信号量 semaphore1
        if (ret != OS_R_TMO)        //在 1000 个节拍内接收到信号量,其值减 1
        {
            LCD_Fill(xpos,ypos,xpos + 24,ypos + 24,RED);   //红色进程条增加
            xpos + = 24;ypos = 50;
            os_dly_wait(50);         //等待 50 个节拍
            //os_dly_wait(50);       //等待 50 个节拍后回发
            //os_sem_send (semaphore1);   //回发信号量 semaphore1,其值加 1
        }
        else                         //在 1000 个节拍内未收到信号量 semaphore1
        {
            for(i = 0;i<192;i = i + 24) LCD_Fill(i,ypos,i + 24,ypos + 24,BLUE);
                                //进程条恢复蓝色
        }
    }
}

//*************************************
// =====操作系统初始化任务(创建任务),然后删除自己的任务
__task void init_task (void)
{
    //os_sem_init (semaphore1, 0);     //初始化信号量 semaphore1,值为 0
    os_sem_init (semaphore1, 3);       //初始化信号量 semaphore1,值为 3
    tsk_key = os_tsk_create (key, 0);
    tsk1 = os_tsk_create (task1, 10);  //创建任务 1,优先级为 0
    os_tsk_delete_self ();             //删除自身的任务
}
```

```
// ********** 面板初始化内容框架 ************
void PANEL_Init(void)
{
    LCD_Clear(WHITE);   //整屏显示白色
    POINT_COLOR = BLACK;
    BACK_COLOR = WHITE;

    for(i = 0;i<192;i = i + 24) LCD_Fill(i,ypos,i + 24,ypos + 24,BLUE);

    LCD_ShowString(2, 5, "操作系统"信号量测试"演示实验");
}

/* *******************************************
 * FunctionName   : Init()
 * Description    : 初始化系统
 * EntryParameter : None
 * ReturnValue    : None
 ********************************************/
void Init(void)
{
    SystemInit();                   //调用系统初始化
    LCD_Init();                     //液晶显示器初始化
    W25Q16_Init();                  //W25Q16 初始化
    GPIO_Init();
    PANEL_Init();                   //面板初始化内容
    os_sys_init (init_task);        //对 init 任务初始化,随后启动操作系统
                                    //调用操作系统初始化任务
}

/* *******************************************
 * FunctionName   : main()
 * Description    : 主函数
 * EntryParameter : None
 * ReturnValue    : None
 ********************************************/
int main(void)
{
    Init();              //主函数只进行初始化,随后将控制权交给操作系统
}

/* *******************************************
 *                  End Of File
 ********************************************/
```

4. 实验结果

编译通过后下载程序到 Mini LPC11XX DEMO 开发板上。

按 K1 键,信号量的值增加 1 并被发送。接收任务在 1 000 个节拍内接收到信号量后,其值减 1,红色进程条增加。如果在 1 000 个节拍内未收到信号量则进程条变蓝色。

实验照片见图 25 - 10。

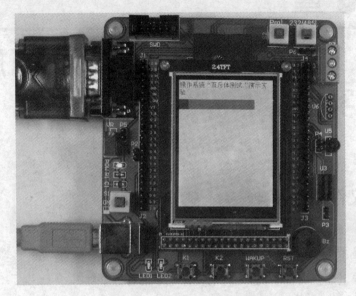

图 25 - 10　RTX_Sem_test1 的实验照片

第26章

RTX Kernel 实时操作系统应用设计实践

26.1 文件系统实验

1. 实验要求

在 SD 卡上建立文件系统,为将来设计电子书打好基础。

2. 实验电路原理

参考 Mini LPC11XX DEMO 开发板电路原理图:

P3.0——LCD_RS,命令/数据选择(0 为读写命令,1 为读写数据);

P3.1——LCD_CS,TFT – LCD 片选;

P3.2——LCD_WR,向 TFT – LCD 写入数据;

P3.3——LCD_RD,从 TFT – LCD 读取数据;

P2.11～P2.4——DB[15:8],8 位双向数据线,分两次传送 16 位数据;

P0.0——RESET,复位信号。

3. 源程序文件及分析

这里只分析 main.c 文件,完整程序请登录北京航空航天大学出版社网站下载。

新建一个文件目录 RTX_FatFs_test1,在 Real View MDK 集成开发环境中创建一个工程项目 RTX_FatFs_test1.uvproj 于此目录中。

在 File 菜单下新建如下源文件 main.c,编写源程序代码后保存在 User 文件夹下,再把 main.c 文件添加到 User 组中。

```
# include <RTL.h>   //RTX 操作系统头文件
# include "config.h"
# include "ili9325.h"
```

```
# include "w25Q16.h"
# include "xpt2046.h"
# include "ssp.h"
# include "gui.h"
# include "sd.h"
# include "diskio.h"
# include "ff.h"
# include "fatapp.h"

OS_TID tsk0,tsk1,tsk2,tsk3;

uint32 sd_size;
uint8 i,num,numsign,temp1,temp2,next = 0;
uint16 ypos;

/*************************************************/
__task void task1 (void)    //任务 1,读出坐标,发送标志
{
    while(1)
    {
        os_evt_wait_or (0x000A, 0xffff);    //在预定时间内等待一个事件 0x000A 到来
        Pen_Int_Disable;    //关闭中断

        if(Read_Continue() == 0)    //如果发生"触摸屏被按下事件"
        {
            //上翻按钮处理
            if((Pen_Point.X_Coord>50)&&(Pen_Point.X_Coord<110)&&(Pen_Point.Y_
                Coord>280)&&(Pen_Point.Y_Coord<310))
            {   os_evt_set (0x0001, tsk2);}    //发送事件的标志给任务 2
            //下翻按钮处理
            else if((Pen_Point.X_Coord>130)&&(Pen_Point.X_Coord<190)&&(Pen_
                    Point.Y_Coord>280)&&(Pen_Point.Y_Coord<310))
            {   os_evt_set (0x0002, tsk3);}    //发送事件的标志给任务 3
        }
        Pen_Int_Enable;//重新开启中断
    }
}

//*******************************************
__task void task2 (void) //任务 2
{
    while(1)
    {
        os_evt_wait_or (0x0001, 0xffff);         //在预定时间内等待一个事件 0x0001 到来
        SetButton(50,280,110,310);               //显示按钮被按下状态
```

```
        LCD_Fill(55, 284, 105, 305,LGRAY);    //清除按钮上的字
        POINT_COLOR = BLACK;
        BACK_COLOR = LGRAY;
        LCD_ShowString(65,288,"上翻");          //显示字被按下的状态
        while((LPC_GPIO2->DATA&0x1) == 0);//如果按钮被一直按着,等待
        EscButton(50,280,110,310);              //放开按钮显示按钮被放开状态
        LCD_Fill(55, 284, 105, 305,LGRAY);     //清除按钮上的字
        POINT_COLOR = BLACK;
        BACK_COLOR = LGRAY;
        LCD_ShowString(64,287,"上翻");          //显示按钮上的字被恢复状态
        BACK_COLOR = WHITE;                     //恢复写字的背景色为白色
        if(next>0)                              //如果已经下翻过了,才能上翻
        {
            LCD_Fill(0,80,239,275,WHITE);       //清除刚才显示的 8 个文件
            temp1 ++ ;                          //下翻次数加一
            next = next - 8;
            ypos = 80;                          //从 TFT Y 坐标的 80 开始显示
            for(i = 0;i<8;i ++ )                //上一页的文件数一定是 8 个
            {
                switch(flag[i + next])          //显示文件属性图标
                {
                    case 0:TFTBmpDisplay("icon/file.bmp",0,ypos);break;
                    case 1:TFTBmpDisplay("icon/bmp.bmp",0,ypos);break;
                    case 2:TFTBmpDisplay("icon/txt.bmp",0,ypos);break;
                    case 3:TFTBmpDisplay("icon/exe.bmp",0,ypos);break;
                    case 4:TFTBmpDisplay("icon/pdf.bmp",0,ypos);break;
                    case 5:TFTBmpDisplay("icon/word.bmp",0,ypos);break;
                    case 6:TFTBmpDisplay("icon/xls.bmp",0,ypos);break;
                    case 7:TFTBmpDisplay("icon/zip.bmp",0,ypos);break;
                    default:TFTBmpDisplay("icon/what.bmp",0,ypos);break;
                }
                FileNameShow(25,ypos + 4,(uint8 *)FileN[i + next]);  //显示文件名
                ypos + = 24;  //下移
            }
        }
        os_dly_wait (5);
    }
}

/************************************************/
__task void task3 (void)  //任务 3
```

```
{
    while(1)
    {
        os_evt_wait_or(0x0002,0xffff);      //在预定时间内等待一个事件 0x0002 到来
        SetButton(130,280,190,310);         //显示按钮被按下状态
        LCD_Fill(135, 284, 185, 305,LGRAY); //清除按钮上的字
        POINT_COLOR = BLACK;
        BACK_COLOR = LGRAY;
        LCD_ShowString(145,288,"下翻");      //显示字被按下的状态

        while((LPC_GPIO2 ->DATA&0x1) == 0); //如果按钮被一直按着,等待

        EscButton(130,280,190,310);         //放开按钮显示按钮被放开状态
        LCD_Fill(135, 284, 185, 305,LGRAY); //清除按钮上的字
        POINT_COLOR = BLACK;
        BACK_COLOR = LGRAY;
        LCD_ShowString(144,287,"下翻");      //显示按钮上的字被恢复状态
        BACK_COLOR = WHITE;                 //恢复写字的背景色为白色

        if(temp1>0)                         //如果文件数大于 8 个
        {
            LCD_Fill(0,80,239,275,WHITE);
            temp1 -- ;                      //显示次数减 1
            next = next + 8;
            if(temp1>0)numsign = 8;         //如果显示不止一页
            else numsign = temp2;           //如果只能显示一页

            ypos = 80;                      //从 TFT Y 坐标的 80 开始显示
            for(i = 0;i<numsign;i++ )
            {
                switch(flag[i+next])        //显示文件属性图标
                {
                    case 0:TFTBmpDisplay("icon/file.bmp",0,ypos);break;
                    case 1:TFTBmpDisplay("icon/bmp.bmp",0,ypos);break;
                    case 2:TFTBmpDisplay("icon/txt.bmp",0,ypos);break;
                    case 3:TFTBmpDisplay("icon/exe.bmp",0,ypos);break;
                    case 4:TFTBmpDisplay("icon/pdf.bmp",0,ypos);break;
                    case 5:TFTBmpDisplay("icon/word.bmp",0,ypos);break;
                    case 6:TFTBmpDisplay("icon/xls.bmp",0,ypos);break;
                    case 7:TFTBmpDisplay("icon/zip.bmp",0,ypos);break;
                    default:TFTBmpDisplay("icon/what.bmp",0,ypos);break;
                }
                FileNameShow(25,ypos+4,(uint8 *)FileN[i+next]); //显示文件名
                ypos+ = 24;  //下移
```

```
        }
    }

        os_dly_wait (5);
    }
}

// ====操作系统初始化任务(创建任务),然后删除自己的任务
__task void init_task (void)
{
    tsk1 = os_tsk_create (task1, 0); //任务 1,
    tsk2 = os_tsk_create (task2, 0); //任务 2,
    tsk3 = os_tsk_create (task3, 0); //任务 3,
    tsk0 = os_tsk_delete_self ();       //删除自己的初始化任务
}

/*****************************************/
void PANEL_Init(void)           //面板初始化内容
{
    POINT_COLOR = BLACK;        //定义笔的颜色为黑色
    BACK_COLOR = WHITE;         //定义笔的背景色为白色
    LCD_ShowString(5, 5, "LPC1114 移植文件系统");
    LCD_ShowString(15, 30,"原作 ration,修改 zxh" );

    /* -----检测并初始化 SD 卡 ------*/
    while(SD_Init()!= 0)        //循环检测 SD 卡是否存在
    {
        LCD_ShowString(20,60,"没有检测到 SD 卡");
        ddelay_ms(500);
    }

    /* ---- 按钮显示 ----*/
    LCD_ShowString(20,60,"SD 卡容量:   Mb");  //检测到 SD 卡
    sd_size = SD_GetCapacity();
    LCD_ShowNum(100,60,(sd_size>>20),4);  //显示 SD 卡容量,单位 M
    Draw_Button(50,280,110,310);   //显示两个按钮
    Draw_Button(130,280,190,310);
    POINT_COLOR = BLACK;   //定义按钮上的字为黑色
    BACK_COLOR = LGRAY;   //定义按钮上的字的背景色为浅灰色
    LCD_ShowString(64,287,"上翻");   //按钮上写字
    LCD_ShowString(144,287,"下翻");
    BACK_COLOR = WHITE;

    /* ---- 先显示一页文件名 ----*/
    num = FileScan("");         //得到 SD 卡中的文件和文件夹总数
```

```
    if(num>50)num = 50;              //最多显示 50 个文件
    temp1 = num/8;                   //计算可以在 TFT 上显示几页,每页显示 8 个;0 代表显示
                                     //1 页,1 代表两页,依次类推
    temp2 = num % 8                  //计算最后一页显示的数目
    if(temp1>0)numsign = 8;          //如果显示不止一页
    else numsign = temp2;            //如果只能显示一页

    ypos = 80;                       //从 TFT Y 坐标的 80 开始显示
    for(i = 0;i<numsign;i++)
    {
        switch(flag[i])              //显示文件属性图标
        {
            case 0:TFTBmpDisplay("icon/file.bmp",0,ypos);break;
            case 1:TFTBmpDisplay("icon/bmp.bmp",0,ypos);break;
            case 2:TFTBmpDisplay("icon/txt.bmp",0,ypos);break;
            case 3:TFTBmpDisplay("icon/exe.bmp",0,ypos);break;
            case 4:TFTBmpDisplay("icon/pdf.bmp",0,ypos);break;
            case 5:TFTBmpDisplay("icon/word.bmp",0,ypos);break;
            case 6:TFTBmpDisplay("icon/xls.bmp",0,ypos);break;
            case 7:TFTBmpDisplay("icon/zip.bmp",0,ypos);break;
            default:TFTBmpDisplay("icon/what.bmp",0,ypos);break;
        }
        FileNameShow(25,ypos + 4,(uint8 * )FileN[i]);  //显示文件名
        ypos + = 24;  //下移
    }
}


/**********************************************************
* FunctionName   : Init()
* Description    : 系统初始化
* EntryParameter : None
* ReturnValue    : None
**********************************************************/
void Init(void)
{
    SystemInit();                //系统初始化
    LCD_Init();                  //液晶显示器初始化
    W25Q16_Init();               //W25Q16 初始化
    Touch_Init();                //使能触摸屏
    LCD_Clear(WHITE);            //全屏显示白色
    PANEL_Init();                //面板初始化
    os_sys_init (init_task);     //调用操作系统初始化任务
}
```

```
/***************************************************
* FunctionName   : main()
* Description    : 主函数
* EntryParameter : None
* ReturnValue    : None
***************************************************/
int main(void)
{
    Init();
}

/***************************************************
* FunctionName   : ddelay_us()
* Description    : 延时 1 ms
* EntryParameter : None
* ReturnValue    : None
***************************************************/
void ddelay_us(void)
{
    uint8 i,t = 20;

    while (t -- )
    {
        for (i = 0; i < 98; i ++ ) ;
    }
}

/***************************************************
* FunctionName   : ddelay_ms()
* Description    : 延时
* EntryParameter : N—时间参数
* ReturnValue    : None
***************************************************/
void ddelay_ms(uint16 N)
{
    while (N -- )
    {
        ddelay_us();
    }
}

/***************************************************
* FunctionName   : PIOINT2_IRQHandler()
* Description    : 外部中断函数
```

```
 * EntryParameter : None
 * ReturnValue    : None
 ***********************************************************/
void PIOINT2_IRQHandler(void)
{
    isr_evt_set (0x000A, tsk1);         //中断函数中发送事件的标志给任务 1
    //Pen_Point.Pen_Sign = Pen_Down;    //按键按下
    LPC_GPIO2 - >IC |= 0x3FF;           //清除 P2 口上的中断
}
```

4. 实验结果

编译通过后下载程序到 Mini LPC11XX DEMO 开发板上。上电后我们能在 TFT-LCD 上看到建立文件系统成功的提示。

26.2　手写画板实验

1. 实验要求

设计一个简单的手写画板,可以用多种颜色画画、写字。

2. 实验电路原理

参考 Mini LPC11XX DEMO 开发板电路原理图:

P3.0——LCD_RS,命令/数据选择(0 为读写命令,1 为读写数据);

P3.1——LCD_CS,TFT-LCD 片选;

P3.2——LCD_WR,向 TFT-LCD 写入数据;

P3.3——LCD_RD,从 TFT-LCD 读取数据;

P2.11~P2.4——DB[15:8],8 位双向数据线,分两次传送 16 位数据;

P0.0——RESET,复位信号。

3. 源程序文件及分析

这里只分析 main.c 文件,完整程序请登录北京航空航天大学出版社网站下载。

新建一个文件目录 RTX_Touch_test1,在 Real View MDK 集成开发环境中创建一个工程项目 RTX_Touch_test1.uvproj 于此目录中。

在 File 菜单下新建如下源文件 main.c,编写源程序代码后保存在 User 文件夹下,再把 main.c 文件添加到 User 组中。

```
# include <RTL.h>   //RTX 操作系统头文件
# include "config.h"
# include "xpt2046.h"
# include "w25Q16.h"
```

```
# include "ssp.h"
# include "ili9325.h"
# include "gpio.h"
# include "gui.h"

uint16 DrawPenColor;

OS_TID tsk0,tsk1,tsk2,tsk3;

__task void task1 (void)  //任务1,读出坐标,如果写字,则执行,否则发送标志
{
    while(1)
    {
        os_evt_wait_or (0x000A, 0xffff);  //在预定时间内等待一个事件0x000A到来
        Pen_Int_Disable;  //关闭中断
        if(Read_Continue() == 0)  //如果发生"触摸屏被按下事件"(读出xy坐标)
        {   //坐标在画布上 ================================
            if((Pen_Point. X_Coord>20)&&(Pen_Point. X_Coord<220)&&(Pen_Point. Y_
                Coord>100)&&(Pen_Point. Y_Coord<270))

            {
                while((LPC_GPIO2 - >DATA&0x1) == 0)  //观察中断引脚P2.0电平(等待
                                                      //笔释放)
                {
                    if(Read_Continue() == 0)  //(读出xy坐标)
                    {   //在规定区域内读取到坐标
                        if((Pen_Point. X_Coord>20)&&(Pen_Point. X_Coord<220)&&
                        (Pen_Point. Y_Coord>100)&&(Pen_Point. Y_Coord<270))
                        LCD_Draw5Point(Pen_Point. X_Coord, Pen_Point. Y_Coord, Draw-
                        PenColor);  //画出一个大的圆点
                    }
                }
            }



            //坐标为擦除画布按钮 ===========================
            if((Pen_Point. X_Coord>83)&&(Pen_Point. X_Coord<157)&&(Pen_Point. Y_
                Coord>285)&&(Pen_Point. Y_Coord<310))
            {  os_evt_set (0x0002, tsk2);  }  //发送事件的标志给任务2
        }


        //坐标为沾墨 ================================
        if((Pen_Point. Y_Coord>30)&&(Pen_Point. Y_Coord<60))
                                          //如果点下5个墨盒中的一个
        {  os_evt_set (0x0004, tsk3);  }  //发送事件的标志给任务3
```

```
    }
        Pen_Int_Enable;    //重新开启中断
    }
}

// *****************************************
__task void task2 (void) //任务 2,擦除画布
{
    while(1)
    {
        os_evt_wait_or (0x0002, 0xffff);     //在预定时间内等待一个事件 0x0002 到来
        SetButton(83,285,157,310);           //显示按钮被按下状态
        LCD_Fill(85, 288, 154, 307,LGRAY);   //清除按钮上的字
        POINT_COLOR = BLACK;
        BACK_COLOR = LGRAY;
        LCD_ShowString(89,290,"擦除画布");   //显示按钮上的字被按下状态
        while((LPC_GPIO2 - >DATA&0x1) == 0); //如果按钮被一直按着,等待
        EscButton(83,285,157,310);                //放开按钮显示按钮被放开状态
        LCD_Fill(85, 288, 154, 307,LGRAY);   //清除按钮上的字
        POINT_COLOR = BLACK;
        BACK_COLOR = LGRAY;
        LCD_ShowString(88,289,"擦除画布"); //显示按钮上的字被恢复状态
        LCD_Fill(20, 100, 220, 270, WHITE); //把画布填充白色
    }
}

// ********************************************
__task void task3 (void)  //任务 3,沾墨
{
    while(1)
    {
        os_evt_wait_or (0x0004, 0xffff);  //在预定时间内等待一个事件 0x0002 到来
        if((Pen_Point.X_Coord>20)&&(Pen_Point.X_Coord<50))  //沾蓝色墨
        {
            DrawPenColor = BLUE;
        }
        if((Pen_Point.X_Coord>60)&&(Pen_Point.X_Coord<90))  //沾红色墨
        {
            DrawPenColor = RED;
        }
        if((Pen_Point.X_Coord>100)&&(Pen_Point.X_Coord<130)) //沾黄色墨
        {
            DrawPenColor = YELLOW;
```

```
    }

        if((Pen_Point.X_Coord>140)&&(Pen_Point.X_Coord<170))   //沾绿色墨

        {

            DrawPenColor = GREEN;

        }

        if((Pen_Point.X_Coord>180)&&(Pen_Point.X_Coord<210))  //沾粉色墨

        {

            DrawPenColor = PINK;

        }

    }

}


// ********************************************
void PANEL_Init(void)   //面板初始化

{

    LCD_Clear(LGRAY);   //整屏显示浅灰色

    POINT_COLOR = RED;

    BACK_COLOR = LGRAY;

    LCD_ShowString(10,289,"Touch");

    LCD_ShowString(175,289,"& Draw");

    Draw_Frame(10,15,230,65," 墨盒 ");   //显示"墨盒"Frame

    LCD_Fill(20, 30, 50, 60, BLUE);         //墨盒填充蓝色

    LCD_Fill(60, 30, 90, 60, RED);          //墨盒填充红色

    LCD_Fill(100, 30, 130, 60, YELLOW);     //墨盒填充黄色

    LCD_Fill(140, 30, 170, 60, GREEN);      //墨盒填充绿色

    LCD_Fill(180, 30, 210, 60, PINK);       //墨盒填充粉红色

    Draw_Frame(10,80,230,280," 画布 ");   //显示"画布"Frame

    LCD_Fill(20, 100, 220, 270, WHITE);    //把画布填充成白色

    Draw_Button(83,285,157,310);           //显示"擦除画布"按钮

    POINT_COLOR = BLACK;

    BACK_COLOR = LGRAY;

    LCD_ShowString(88,289,"擦除画布");

    DrawPenColor = BLUE;                   //默认画笔颜色蓝色

}

// =====操作系统初始化任务（创建任务），然后删除自己的任务
__task void init_task (void)

{

    tsk1 = os_tsk_create (task1, 0);   //任务 1

    tsk2 = os_tsk_create (task2, 0);   //任务 2

    tsk3 = os_tsk_create (task3, 0);   //任务 3

    tsk0 = os_tsk_delete_self ();       //删除自己的初始化任务
```

```
}

/***********************************************
 * FunctionName   : Init()
 * Description    : 初始化系统
 * EntryParameter : None
 * ReturnValue    : None
 ***********************************************/
void Init(void)
{
    SystemInit();                    //系统初始化
    LCD_Init();                      //液晶显示器初始化
    W25Q16_Init();                   //W25Q16 初始化
    Touch_Init();                    //触摸芯片初始化
    PANEL_Init();                    //面板初始化内容
    GPIO_Init();
    os_sys_init (init_task);         //调用操作系统初始化任务
}

/***********************************************
 * FunctionName   : main()
 * Description    : 主函数
 * EntryParameter : None
 * ReturnValue    : None
 ***********************************************/
int main()
{
    Init();
    while(1)
    {

    }
}

/***********************************************
 * FunctionName   : ddelay_us()
 * Description    : 延时 1 ms
 * EntryParameter : None
 * ReturnValue    : None
 ***********************************************/
void ddelay_us(void)
{
    uint8 i,t = 20;

    while (t--)
```

```
    {
        for ( i = 0; i<98; i++ );
    }
}

/********************************************
 *  FunctionName   : Delay()
 *  Description    : 延时
 *  EntryParameter : N—时间参数
 *  ReturnValue    : None
 ********************************************/
void ddelay_ms(uint16 N)
{
    while ( N-- )
    {
        ddelay_us();
    }
}

/********************************************
 *  FunctionName   : PIOINT2_IRQHandler()
 *  Description    : 外部中断函数
 *  EntryParameter : None
 *  ReturnValue    : None
 ********************************************/
void PIOINT2_IRQHandler(void)            //笔中断函数
{
    isr_evt_set (0x000A, tsk1);          //中断函数中发送事件的标志给任务1
    //Pen_Point.Pen_Sign = Pen_Down;    //按键按下
    LPC_GPIO2 - >IC |= 0x3FF;            //清除 P2 口上的中断
}
```

4. 实验结果

编译通过后下载程序到 Mini LPC11XX DEMO 开发板上。我们可以使用手机笔在画图板上写/画各种颜色的文字或图案。

26.3 数码相框实验

1. 实验要求

设计一个自动播放的数码相框。

2. 实验电路原理

参考 Mini LPC11XX DEMO 开发板电路原理图：

P3.0——LCD_RS,命令/数据选择(0 为读写命令,1 为读写数据)；

P3.1——LCD_CS,TFT – LCD 片选；

P3.2——LCD_WR,向 TFT – LCD 写入数据；

P3.3——LCD_RD,从 TFT – LCD 读取数据；

P2.11~P2.4——DB[15:8],8 位双向数据线,分两次传送 16 位数据；

P0.0——RESET,复位信号。

3. 源程序文件及分析

这里只分析 main.c 文件,完整程序请登录北京航空航天大学出版社网站下载。

新建一个文件目录 RTX_DigPic_test1,在 Real View MDK 集成开发环境中创建一个工程项目 RTX_DigPic_test1.uvproj 于此目录中。

在 File 菜单下新建如下源文件 main.c,编写源程序代码后保存在 User 文件夹下,再把 main.c 文件添加到 User 组中。

```
# include <RTL.h>    //RTX 操作系统头文件
# include "config.h"
# include "ili9325.h"
# include "w25Q16.h"
# include "xpt2046.h"
# include "ssp.h"
# include "gui.h"
# include "gpio.h"
# include "sd.h"
# include "diskio.h"
# include "ff.h"
# include "fatapp.h"

OS_TID tsk0,tsk1;

uint32 sd_size;

uint8 i,num,numsign,temp1,temp2,next = 0;

uint16 ypos;

uint8 filePath[30];

uint8 tempPath[10];

/ ************************************************/
__task void task1 (void) //任务 1,
{
    while(1)
    {
```

```
        i ++ ; if(i >= num)i = 0;    //自动显示
        strcpy((char * )(filePath), (char * )(tempPath));
            //把文件名路径给 filePath 以便查找文件
        strcat((char * )filePath, (char * )(FileN[i]));
            //把 FileN 所指字符串(图片文件)添加到 filePath 结尾处,(覆盖 filePath
            //结尾处的"\0")并添加"\0"。返回指向 filePath 的指针
        TFTBmpDisplay((uint8 * )filePath,0,0);
            //显示 filePath 路径指向的图片,坐标 x = 0;y = 0
        os_dly_wait (100);    //等待 1 s
    }
}

// = = = = =操作系统初始化任务 = = =创建任务,然后删除自己的任务
__task void init_task (void)
{
    tsk1 = os_tsk_create (task1, 0);    //任务 1
    tsk0 = os_tsk_delete_self ();        //删除自己的初始化任务
}

/ * * * * * * * * * * * * * * * * * * * * * * * * * * * * * * * * * * * * * * * *
 * FunctionName   : Init()
 * Description    : 初始化系统
 * EntryParameter : None
 * ReturnValue    : None
 * * * * * * * * * * * * * * * * * * * * * * * * * * * * * * * * * * * * * * * * */
void Init(void)
{
    SystemInit();            //系统初始化
    LCD_Init();              //液晶显示器初始化
    W25Q16_Init();           //W25Q16 初始化
    GPIO_Init();
    LCD_Clear(WHITE);        //全屏显示白色
    LCD_ShowString(10,0,"数码相框测试演示");
    / * ----- 检测并初始化 SD 卡 ------ * /
    if(SD_Init()! = 0)  //循环检测 SD 卡是否存在
    {
        while(SD_Init()! = 0)   //循环检测 SD 卡是否存在
        {
            LCD_ShowString(20,60,"没有检测到 SD 卡");
            ddelay_ms(500);
        }
    }
```

```
    else   LCD_ShowString(20,60,"检测到 SD 卡");

    num = FileScan("picture");    //扫描 picture 文件

    if(num>50)num = 50;  //最多 50 个文件
    strcpy((char *)tempPath,"picture/");  //把文件名路径给了 tempPath 暂存

        i = 0;
        strcpy((char *)(filePath),(char *)(tempPath));
            //把文件名路径给 filePath 以便查找文件
        strcat((char *)filePath,(char *)(FileN[i]));
            //把 FileN 所指字符串(图片文件)添加到 filePath 结尾处,(覆盖 filePath
            //结尾处的"\0")并添加"\0"。返回指向 filePath 的指针

        TFTBmpDisplay((uint8 *)filePath,0,0);  //显示 filePath 路径指向的图片,
                                               //坐标 x = 0;y = 0

        ddelay_ms(600);
        ddelay_ms(600);
        ddelay_ms(600);
        ddelay_ms(600);
        ddelay_ms(600);

    os_sys_init (init_task);  //调用操作系统初始化任务
}

/*********************************************
* FunctionName  : main()
* Description   : 主函数
* EntryParameter : None
* ReturnValue   : None
**********************************************/
int main()
{

    Init();
}

/*********************************************
* FunctionName  : ddelay_us()
* Description   : 延时 1 ms
* EntryParameter : None
* ReturnValue   : None
**********************************************/
void ddelay_us(void)
{

    uint8 i,t = 20;

    while (t--)
```

```
    {
        for (i = 0; i<98; i++);
    }
}
/ * * * * * * * * * * * * * * * * * * * * * * * * * * * * * * * * * * * * * * *
 * FunctionName   : Delay()
 * Description    : 延时
 * EntryParameter : N—时间参数
 * ReturnValue    : None
 * * * * * * * * * * * * * * * * * * * * * * * * * * * * * * * * * * * * * * */
void ddelay_ms(uint16 N)
{
    while (N--)
    {
        ddelay_us();
    }
}
```

4. 实验结果

编译通过后下载程序到 Mini LPC11XX DEMO 开发板上。TFT - LCD 上依次显示出 SD 卡中的图片。注意：因 LPC1114 芯片内存较小，只能建立一个任务，堆栈为 800 字，不能检查堆栈溢出。

26.4 外部中断实验

1. 实验要求

设计一个自动测试的模拟机，为设计复杂仪器打下基础。

2. 实验电路原理

参考 Mini LPC11XX DEMO 开发板电路原理图：

P3.0——LCD_RS,命令/数据选择(0 为读写命令,1 为读写数据)；

P3.1——LCD_CS,TFT - LCD 片选；

P3.2——LCD_WR,向 TFT - LCD 写入数据；

P3.3——LCD_RD,从 TFT - LCD 读取数据；

P2.11～P2.4——DB[15:8],8 位双向数据线,分两次传送 16 位数据；

P0.0——RESET,复位信号。

3. 源程序文件及分析

这里只分析 main. c 文件,完整程序请登录北京航空航天大学出版社网站下载。

新建一个文件目录 RTX_Int_test1,在 Real View MDK 集成开发环境中创建一个工程项目 RTX_Int_test1. uvproj 于此目录中。

在 File 菜单下新建如下源文件 main. c,编写源程序代码后保存在 User 文件夹下,再把 main. c 文件添加到 User 组中。

```c
# include <RTL. h>              //RTX 操作系统头文件
# include "config. h"
# include "gpio. h"             //GPIO
# include "W25Q16. h"           //W25Q16
# include "ssp. h"             //ssp
# include "ILI9325. h"          //ILI9325

OS_TID tsk0,tsk_key,tsk1,tsk2,tsk3,tsk4,tsk5,tsk6,tsk7,tsk8,tsk9,tsk10;  //全局变量
uint8 i;
uint16 xpos = 0,ypos = 50;      //定义液晶显示器初始化 XY 坐标

// * * * * * * * * * * * * * * * * * * * * * * * * * * * * * * * *
// = = = = = = =任务 key
__task void key (void)
{
    while(1)
    {
        if(GET_BIT(LPC_GPIO1,DATA,9) == 0)   //如果是 KEY1 被按下
        {
            for(i = 0;i<192;i = i + 24) LCD_Fill(i,ypos,i + 24,ypos + 24,BLUE);
                                        //清除屏幕的进程条
            os_evt_set (0x0001, tsk1);  //发送事件的标志给任务 1
            while(GET_BIT(LPC_GPIO1,DATA,9) == 0);   //等待释放 KEY1
        }
        os_dly_wait (10);        //每 10 个节拍(100 ms)检测一次按键
    }
}

// * * * * * * * * * * * * * * * * * * * * * * * * * * * * * * * *
// = = = = = = =任务 1
__task void task1 (void)
{
    while(1)
    {
        os_evt_wait_or (0x0001, 0xffff);   //在预定时间内等待一个事件标志 0x0001 到来
        xpos = 0;ypos = 50;
        LCD_Fill(xpos,ypos,xpos + 24,ypos + 24,RED);
        os_dly_wait (50);   //延时 50 个节拍
        os_evt_set (0x0002, tsk2);   //发送事件的标志给任务 2
```

```
        }
    }

// * * * * * * * * * * * * * * * * * * * * * * * * * * * * * * * * * *
// = = = = = = =任务 2
__task void task2 (void)
{
    while(1)
    {
        os_evt_wait_or (0x0002, 0xffff);   //在预定时间内等待一个事件标志 0x0002 到来
        xpos = 24;
        LCD_Fill(xpos,ypos,xpos + 24,ypos + 24,RED);
        os_dly_wait (50);   //延时 50 个节拍
        os_evt_set (0x0003, tsk3);   //发送事件的标志给任务 3
    }
}

// * * * * * * * * * * * * * * * * * * * * * * * * * * * * * * * * * *
// = = = = = = =任务 3
__task void task3 (void)
{
    while(1)
    {
        os_evt_wait_or (0x0003, 0xffff);   //在预定时间内等待一个事件 0x0003 到来
        xpos = 48;
        LCD_Fill(xpos,ypos,xpos + 24,ypos + 24,RED);
        os_dly_wait (50);   //延时 50 个节拍
        os_evt_set (0x0004, tsk4);   //发送事件的标志给任务 4
    }
}

// * * * * * * * * * * * * * * * * * * * * * * * * * * * * * * * * * *
// = = = = = = =任务 4
__task void task4 (void)
{
    while(1)
    {
        os_evt_wait_or (0x0004, 0xffff);   //在预定时间内等待一个事件 0x0004 到来
        xpos = 72;
        LCD_Fill(xpos,ypos,xpos + 24,ypos + 24,RED);
        os_dly_wait (50);   //延时 50 个节拍
        os_evt_set (0x0005, tsk5);   //发送事件的标志给任务 5
    }
}
```

```
// ************************************
// =======任务 5
__task void task5 (void)
{
    while(1)
    {
        os_evt_wait_or (0x0005, 0xffff);  //在预定时间内等待一个事件 0x0005 到来
        xpos = 96;
        LCD_Fill(xpos,ypos,xpos + 24,ypos + 24,RED);
        os_dly_wait (50);  //延时 50 个节拍
        os_evt_set (0x0006, tsk6);  //发送事件的标志给任务 6
    }
}

// ****************************************
// =======任务 6
__task void task6 (void)
{
    while(1)
    {
        os_evt_wait_or (0x0006, 0xffff);  //在预定时间内等待一个事件 0x0006 到来
        xpos = 120;
        LCD_Fill(xpos,ypos,xpos + 24,ypos + 24,RED);
        os_dly_wait (50);  //延时 50 个节拍
        os_evt_set (0x0007, tsk7);  //发送事件的标志给任务 7
    }
}

// ******************************************
// =======任务 7
__task void task7 (void)
{
    while(1)
    {
        os_evt_wait_or (0x0007, 0xffff);  //在预定时间内等待一个事件 0x0007 到来
        xpos = 144;
        LCD_Fill(xpos,ypos,xpos + 24,ypos + 24,RED);
        os_dly_wait (50);  //延时 50 个节拍
        os_evt_set (0x0008, tsk8);  //发送事件的标志给任务 8
    }
}

// ******************************************
// =======任务 8
```

```
__task void task8 (void)
{
    while(1)
    {
        os_evt_wait_or (0x0008, 0xffff);   //在预定时间内等待一个事件 0x0008 到来
        xpos = 168;
        LCD_Fill(xpos,ypos,xpos + 24,ypos + 24,RED);
        os_dly_wait (50);   //延时 50 个节拍
        os_evt_set (0x0009, tsk9);   //发送事件的标志给任务 9
    }
}

// ======任务 9
__task void task9 (void)
{
    while(1)
    {
        os_evt_wait_or (0x0009, 0xffff);   //在预定时间内等待一个事件 0x0009 到来
        for(i = 0;i<192;i = i + 24) LCD_Fill(i,ypos,i + 24,ypos + 24,ORANGE);
                                                        //代表测试 OK
    }
}

// =======任务 10
__task void task10 (void)
{
    while(1)
    {
        os_evt_wait_or (0x000A, 0xffff);   //在预定时间内等待一个事件 0x000A 到来
        for(i = 0;i<192;i = i + 24) LCD_Fill(i,ypos,i + 24,ypos + 24,GREEN);
                                        //执行中断标志指示的任务
        //代表突发事件处理
    }
}

// ***********************************
// =====操作系统初始化任务 ===创建任务,然后删除自己的任务
__task void init_task (void)
{
    tsk_key = os_tsk_create (key, 0); //任务 key,
    tsk1 = os_tsk_create (task1, 0); //任务 1,
    tsk2 = os_tsk_create (task2, 0); //任务 2,
    tsk3 = os_tsk_create (task3, 0); //任务 3,
    tsk4 = os_tsk_create (task4, 0); //任务 4,
```

```
    tsk5 = os_tsk_create (task5, 0); //任务 5,
    tsk6 = os_tsk_create (task6, 0); //任务 6,
    tsk7 = os_tsk_create (task7, 0); //任务 7,
    tsk8 = os_tsk_create (task8, 0); //任务 8,
    tsk9 = os_tsk_create (task9, 0); //任务 9,
    tsk10 = os_tsk_create (task10, 1); //任务 10,执行中断标志指示的任务,优先级高
    tsk0 = os_tsk_delete_self ();     //删除自己的初始化任务
    }
// ********** 面板初始化内容框架 *************
void PANEL_Init(void)
{
    LCD_Clear(WHITE);  //整屏显示白色
    POINT_COLOR = BLACK;
    BACK_COLOR = WHITE;

    for(i = 0;i<192;i = i + 24) LCD_Fill(i,ypos,i + 24,ypos + 24,BLUE);

    LCD_ShowString(2, 5, "操作系统"中断快速响应测试"演示实验");
}

/ ***********************************************
 * FunctionName   : Init()
 * Description    : 初始化系统
 * EntryParameter : None
 * ReturnValue    : None
 *********************************************** /
void Init(void)
{

    SystemInit();                 //调用系统初始化
    LCD_Init();                   //液晶显示器初始化
    W25Q16_Init();                //W25Q16 初始化
    PANEL_Init();                 //面板初始化内容
    GPIO_Init();                  //按键(端口)初始化
    os_sys_init (init_task);      //调用操作系统初始化任务
}

/ ***********************************************
 * FunctionName   : main()
 * Description    : 主函数
 * EntryParameter : None
 * ReturnValue    : None
 *********************************************** /
int main(void)
{
```

```
    Init();                //主函数只进行初始化,随后将控制权交给操作系统
}

/ * * * * * * * * * * * * * * * * * * * * * * * * * * * * * * * * * * * *
 * FunctionName   : PIOINT2_IRQHandler()
 * Description    :外部中断函数
 * EntryParameter : None
 * ReturnValue    : None
 * * * * * * * * * * * * * * * * * * * * * * * * * * * * * * * * * * * * * /
void PIOINT1_IRQHandler(void)   //中断函数名不能自己命名
{
    if(GET_BIT(LPC_GPIO1,MIS,10)!=0)   //检测 KEY2(P1.10 引脚)产生的中断
    {
        isr_evt_set (0x000A, tsk10);   //中断函数中发送事件的标志给任务 10
        while(GET_BIT(LPC_GPIO1,DATA,10)==0);   //等待释放 KEY2
    }
    LPC_GPIO1 - >IC = 0x3FF;   //清除 GPIO1 上的中断
}

/ * * * * * * * * * * * * * * * * * * * * * * * * * * * * * * * * * * * * * * * * * * * * * * * * * *
 *                          End Of File
 * * * * * * * * * * * * * * * * * * * * * * * * * * * * * * * * * * * * * * * * * * * * * * * * * * /
```

4. 实验结果

编译通过后下载程序到 Mini LPC11XX DEMO 开发板上。上电后按 K1 键进入测试状态,按下 K2 进入中断,可以在中断中发送事件标志。TFT - LCD 显示测试的进程。

26.5 用户定时器实验

1. 实验要求

按键按下后建立用户定时器,自动控制 LED 亮灭。

2. 实验电路原理

参考 Mini LPC11XX DEMO 开发板电路原理图:

P3.0——LCD_RS,命令/数据选择(0 为读写命令,1 为读写数据);

P3.1——LCD_CS,TFT - LCD 片选;

P3.2——LCD_WR,向 TFT - LCD 写入数据;

P3.3——LCD_RD,从 TFT - LCD 读取数据;

P2.11~P2.4——DB[15:8],8 位双向数据线,分两次传送 16 位数据;

P0.0——RESET,复位信号。

3. 源程序文件及分析

这里只分析 main.c 文件,完整程序请登录北京航空航天大学出版社网站下载。

新建一个文件目录 RTX_UserTimer_test1,在 Real View MDK 集成开发环境中创建一个工程项目 RTX_UserTimer_test1.uvproj 于此目录中。

在 File 菜单下新建如下源文件 main.c,编写源程序代码后保存在 User 文件夹下,再把 main.c 文件添加到 User 组中。

```
# include <RTL.h>                    //RTX 操作系统头文件
# include "config.h"
# include "W25Q16.h"                 //W25Q16
# include "ssp.h"                    //ssp
# include "ILI9325.h"                //ILI9325
# include "gpio.h"

OS_TID tsk0,tsk1,tsk2,tsk3,tsk4;     //全局变量
OS_ID  t1,t2,t3;
uint16 xpos = 0,ypos = 50;           //定义液晶显示器初始化 XY 坐标

uint8 flag = 0;
/* ================== 任务 01 ==================*/
__task void task1 (void)
{
    while(1)
    {
        if(flag == 0)
        {
            if(GET_BIT(LPC_GPIO1,DATA,9) == 0)    //如果是 KEY1 被按下
            {
                while(GET_BIT(LPC_GPIO1,DATA,9) == 0);   //等待释放 KEY1
                flag = 1;
                CLR_BIT(LPC_GPIO1,DATA,0);        //LED1 ON
                t1 = os_tmr_create (150,1);       //启动用户定时器 150 个节拍
                t2 = os_tmr_create (400,2);       //启动用户定时器 400 个节拍
                t3 = os_tmr_create (700,3);       //启动用户定时器 700 个节拍
            }
        }
        os_dly_wait (10);   //每 10 个节拍(100 ms)检测一次按键
    }
}

/* =====操作系统初始化任务(创建任务),然后删除自己的任务 ========*/
__task void init_task (void)
```

```
    {
        tsk1 = os_tsk_create (task1, 0);
        tsk0 = os_tsk_delete_self ();    //删除自己的初始化任务
    }

//*********** 面板初始化内容框架 ***********
void PANEL_Init(void)
    {
        LCD_Clear(WHITE);    //整屏显示白色
        POINT_COLOR = BLACK;
        BACK_COLOR = WHITE;

        LCD_ShowString(2, 5, "操作系统"用户定时器测试 1"演示实验");
    }

/ *********************************************
* FunctionName  : Init()
* Description   : 初始化系统
* EntryParameter : None
* ReturnValue    : None
*********************************************/
void Init(void)
    {
        SystemInit();                    //调用系统初始化
        LCD_Init();                      //液晶显示器初始化
        W25Q16_Init();                   //W25Q16 初始化
        PANEL_Init();                    //面板初始化内容
        GPIO_Init();
        os_sys_init (init_task);         //调用操作系统初始化任务
    }

/ *********************************************
* FunctionName  : main()
* Description   : 主函数
* EntryParameter : None
* ReturnValue    : None
*********************************************/
int main(void)
    {
        Init();          //主函数只进行初始化,随后将控制权交给操作系统
    }

/ *********************************************
*                 End Of File
*********************************************/
```

4. 实验结果

编译通过后下载程序到 Mini LPC11XX DEMO 开发板上。按 K1 键后,系统建立用户定时器,控制 LED1 点亮 1.5 s,然后 LED2 点亮 2.5 s,然后全熄灭 3 s。

26.6　循环定时器实验

1. 实验要求

用循环定时器设计时钟。

2. 实验电路原理

参考 Mini LPC11XX DEMO 开发板电路原理图:

P3.0——LCD_RS,命令/数据选择(0 为读写命令,1 为读写数据);

P3.1——LCD_CS,TFT‐LCD 片选;

P3.2——LCD_WR,向 TFT‐LCD 写入数据;

P3.3——LCD_RD,从 TFT‐LCD 读取数据;

P2.11~P2.4——DB[15:8],8 位双向数据线,分两次传送 16 位数据;

P0.0——RESET,复位信号。

3. 源程序文件及分析

这里只分析 main.c 文件,完整程序请登录北京航空航天大学出版社网站下载。

新建一个文件目录 RTX_LoopTimer_test1,在 Real View MDK 集成开发环境中创建一个工程项目 RTX_LoopTimer_test1.uvproj 于此目录中。

在 File 菜单下新建如下源文件 main.c,编写源程序代码后保存在 User 文件夹下,再把 main.c 文件添加到 User 组中。

```
# include <RTL.h>              //RTX 操作系统头文件
# include "config.h"
# include "W25Q16.h"           //W25Q16
# include "ssp.h"              //ssp
# include "ILI9325.h"          //ILI9325

OS_TID tsk0,tsk1,tsk2;         //全局变量
uint8 sec,min,hour;
uint16 xpos = 0,ypos = 50;     //定义液晶显示器初始化 XY 坐标

// ********************************
// =======任务 1
__task void task1 (void)
{
```

```
    while(1)
    {
        LCD_ShowNum(0,60,hour,2);
        LCD_ShowString(18,60,":");
        LCD_ShowNum(30,60,min,2);
        LCD_ShowString(48,60,":");
        LCD_ShowNum(60,60,sec,2);

            os_dly_wait (10);     //每 10 个节拍(100 ms)
    }
}

// *********************************
// =======任务 2
__task void task2 (void)
{
    os_itv_set (100);   //间隔 100 个节拍(1 s)发送苏醒标志
    while(1)
    {
        if( ++ sec>59){sec = 0;min ++ ;}
        if(min>59){min = 0;hour ++ ;}
        if(hour>23){hour = 0;}
        os_itv_wait ();   //等待苏醒标志到来
    }
}

// *********************************
// =====操作系统初始化任务(创建任务),然后删除自己的任务
__task void init_task (void)
{
    tsk1 = os_tsk_create (task1, 0); //任务 1
    tsk2 = os_tsk_create (task2, 0); //任务 2

    tsk0 = os_tsk_delete_self ();   //删除自己的初始化任务
}

// ********** 面板初始化内容框架 **********
void PANEL_Init(void)
{
    LCD_Clear(WHITE);   //整屏显示白色
    POINT_COLOR = BLACK;
    BACK_COLOR = WHITE;
```

```
    LCD_ShowString(2, 5, "操作系统"循环定时器测试"演示实验");

    POINT_COLOR = BLACK;

    BACK_COLOR = YELLOW;

}

/*************************************************
* FunctionName  : Init()
* Description   : 初始化系统
* EntryParameter : None
* ReturnValue   : None
*************************************************/
void Init(void)
{

    SystemInit();                  //调用系统初始化
    LCD_Init();                    //液晶显示器初始化
    W25Q16_Init();                 //W25Q16 初始化
    PANEL_Init();                  //面板初始化内容
    os_sys_init (init_task);       //调用操作系统初始化任务

}

/*************************************************
* FunctionName  : main()
* Description   : 主函数
* EntryParameter : None
* ReturnValue   : None
*************************************************/
int main(void)
{
    Init();            //主函数只进行初始化,随后将控制权交给操作系统
}
/*************************************************
*                End Of File
*************************************************/
```

4. 实验结果

编译通过后下载程序到 Mini LPC11XX DEMO 开发板上。上电后我们能在
TFT‐LCD 上看到时钟在走动。

实验照片见图 26‐1。

图 26 – 1　RTX_LoopTimer_test1 的实验照片

26.7　综合实验

1. 实验要求

建立 5 个任务,实现较复杂的实验设计。

任务 1:读取按键,得到键值。

① KEY1 被按下一次,LED_Flag 标志置 1;KEY1 被按下两次,LED_Flag 标志置 2;KEY1 被按下三次,LED_Flag 标志置 0。

② KEY2 被按下,发出信号给任务 4,要求 UART 发送一次 ADC 值到 PC 机。

任务 2:根据 LED_Flag 标志,进行点亮/熄灭 LED1、LED2 的操作。

LED_Flag=1,LED1 以 500 ms 间隔闪烁;LED_Flag=2,LED2 以 100 ms 间隔闪烁;LED_Flag=0,LED1、LED2 熄灭。

任务 3:每 200 ms 读取一次 ADC 值。

任务 4:当 KEY2 被按下的信号传来,UART 立刻发送一次 ADC 值到 PC 机。

任务 5:TFT – LCD 每隔 500 ms 刷新显示一次 ADC 值。

2. 实验电路原理

参考 Mini LPC11XX DEMO 开发板电路原理图:

P3.0——LCD_RS,命令/数据选择(0 为读写命令,1 为读写数据);

P3.1——LCD_CS,TFT – LCD 片选;

P3.2——LCD_WR,向 TFT – LCD 写入数据;

P3.3——LCD_RD,从 TFT‐LCD 读取数据;

P2.11～P2.4——DB[15:8],8 位双向数据线,分两次传送 16 位数据;

P0.0——RESET,复位信号。

3. 源程序文件及分析

这里只分析 main.c 文件,完整程序请登录北京航空航天大学出版社网站下载。

新建一个文件目录 RTX_Example_test1,在 Real View MDK 集成开发环境中创建一个工程项目 RTX_Example_test1.uvproj 于此目录中。

在 File 菜单下新建如下源文件 main.c,编写源程序代码后保存在 User 文件夹下,再把 main.c 文件添加到 User 组中。

```c
# include <RTL.h>                      //RTX 操作系统头文件
# include "config.h"
# include "gpio.h"                     //GPIO
# include "UART.h"                     //UART
# include "ADC.h"                      //ADC
# include "W25Q16.h"                   //W25Q16
# include "ssp.h"                      //ssp
# include "ILI9325.h"                  //ILI9325

OS_TID id1,id2,id3,id4,id5,id;         //全局变量,任务的 ID 号

uint8 LED_Flag;                        //LED_Flag 为发光管工作标志,
uint32 num;                            //num 为 AD7 口电压值

// * * * * * * * * * * * * * * * * * * * * * * * * * * * * * * * * * * * *
// =======任务 1,读取按键,得到键值
__task void task1 (void)
{
    while(1)
    {
        if(GET_BIT(LPC_GPIO1,DATA,9) == 0)             //如果是 KEY1 被按下
        {
            LED_Flag++;                                //改变 LED_Flag 标志
            if(LED_Flag>2)LED_Flag = 0;
            while(GET_BIT(LPC_GPIO1,DATA,9) == 0);     //等待释放 KEY1
        }
        else if(GET_BIT(LPC_GPIO1,DATA,10) == 0)       //如果是 KEY2 被按下
        {
            os_evt_set (0x0004, id4);          //发送事件的标志(这里取 0x0004)给任务 4
            while(GET_BIT(LPC_GPIO1,DATA,10) == 0);    //等待释放 KEY2
        }
        os_dly_wait (10);                              //每 10 个节拍(100 ms)检测一次按键
```

```
        }
    }

// *************************************
// =======任务 2,点亮/熄灭 LED1,LED2
__task void task2 (void)
{
    while(1)
    {
        switch(LED_Flag)
        {
            case 0:break;
            case 1:  CLR_BIT(LPC_GPIO1,DATA,0); //状态 1,500 ms 闪烁
                os_dly_wait (50);
                SET_BIT(LPC_GPIO1,DATA,0);
                os_dly_wait (50);
                break;
            case 2:  CLR_BIT(LPC_GPIO1,DATA,1); //状态 2,100 ms 闪烁
                os_dly_wait (10);
                SET_BIT(LPC_GPIO1,DATA,1);
                os_dly_wait (10);
                break;
            default:break;
        }
    }
}

// *************************************
// =======任务 3,读取 ADC 值
__task void task3 (void)
{
    while(1)
    {
        num = ADC_Read();   //读取 AD7 口电压值
        os_dly_wait (20);   //每 200 ms 读取一次 ADC 值(电压,电阻,温度)
    }
}

// *************************************
// =======任务 4,UART 发送到串口
__task void task4 (void)
{
    while(1)
    {
```

```
        if(num/1000)
        {
            UART_send_byte(num/1000 + 0x30);      //发送电压
            UART_send_byte(num/100 % 10 + 0x30);
            UART_send_byte(num/10 % 10 + 0x30);
            UART_send_byte(num % 10 + 0x30);
        }
        else if(num/100 % 10)
        {
            UART_send_byte(num/100 % 10 + 0x30);
            UART_send_byte(num/10 % 10 + 0x30);
            UART_send_byte(num % 10 + 0x30);
        }
        else if(num/10 % 10)
        {
            UART_send_byte(num/10 % 10 + 0x30);
            UART_send_byte(num % 10 + 0x30);
        }
        else UART_send_byte(num % 10 + 0x30);

        UART_send_byte('m');
        UART_send_byte('V');

        UART_send_byte(0x0d);
        UART_send_byte(0x0a);

        os_evt_wait_or (0x0004, 0xffff);    //在预定时间内等待一个事件 0x0004 到来
        //os_evt_wait_or (0x0004, 500);     //在 5 s 内等待事件,如果没有,则 5 s 后进行
                                            //一次 UART 发送

        //os_evt_wait_and(0x0004, 0xffff);   //注: 0 - 0xfffe = 限定时间;
                                            //0xffff = 不限定时间

    }
}


// ****************************************
// ========任务 5,TFT 每隔 500 ms 显示一次 ADC 值
__task void task5 (void)
{
    while(1)
    {
        POINT_COLOR = RED;   //定义笔的颜色为红色
        LCD_ShowNum(100,60,num,4);

        os_dly_wait (50);    //TFT 每隔 500 ms 刷新显示一次 ADC 值

    }
```

```
    }

//  *******************************************
// =====操作系统初始化任务(创建任务 1～5),然后删除自己的任务
__task void init_task (void)
{
    id1 = os_tsk_create (task1, 0); //任务 1,读取按键,得到键值
    id2 = os_tsk_create (task2, 0); //任务 2,点亮/熄灭 LED1、LED2
    id3 = os_tsk_create (task3, 0); //任务 3,读取 ADC 值
    id4 = os_tsk_create (task4, 0); //任务 4,UART 发送到串口
    id5 = os_tsk_create (task5, 0); //任务 5,TFT 每隔 500 ms 显示一次 ADC 值
    id = os_tsk_delete_self ();         //删除自己的初始化任务
    }

// ********** 面板初始化内容框架 *************
void PANEL_Init(void)
{

    LCD_Clear(WHITE);   //整屏显示白色

    POINT_COLOR = BLACK;   //定义笔的颜色为黑色
    BACK_COLOR = YELLOW;   //定义笔的背景色为黄色
    LCD_ShowString(5,12,""RTX Kernel"操作系统测试");
    LCD_ShowString(32,90,"多任务操作系统:建立了 5 个任务");
    LCD_ShowString(32,130,"任务 1:读取按键,得到键值;任务 2:根据 KEY1 按键次数,进
                行点亮/熄灭 LED1,LED2 的操作;任务 3:每 200 ms 读取一次 ADC 值;任
                务 4:当 KEY2 被按下时,UART 即刻发送一次 ADC 值到 PC 机;任务 5:TFT
                每隔 500 ms 刷新 TFT 显示一次 ADC 值。");
    POINT_COLOR = DARKBLUE;   //定义笔的颜色为深蓝色
    BACK_COLOR = WHITE;   //定义笔的背景色为白色
    LCD_ShowString(5,40,"此时 P1.11 引脚上的电压值为:");

    POINT_COLOR = BLUE;
    LCD_ShowString(162,60,"毫伏");
}

/ *************************************************
* FunctionName   : Init()
* Description    :初始化系统
* EntryParameter : None
* ReturnValue    : None
*************************************************/
void Init(void)
{

    SystemInit();                     //调用系统初始化
```

```
    GPIO_Init();                    //调用端口初始化
    ADC_Init();                     //调用 ADC 初始化
    UART_Init(9600);                //调用串口初始化,并设置波特率
    LCD_Init();                     //液晶显示器初始化
    W25Q16_Init();                  //W25Q16 初始化
    PANEL_Init();                   //面板初始化内容
    os_sys_init (init_task);        //调用操作系统初始化任务
}
/ * * * * * * * * * * * * * * * * * * * * * * * * * * * * * * * * * * * * * * *
*  FunctionName   : main()
*  Description    : 主函数
*  EntryParameter : None
*  ReturnValue    : None
        * * * * * * * * * * * * * * * * * * * * * * * * * * * * * * * * * * * * */
int main(void)
{
    Init();               //主函数只进行初始化,随后将控制权交给操作系统
}

/ * * * * * * * * * * * * * * * * * * * * * * * * * * * * * * * * * * * * * * * * * * *
*                    End Of File
        * * * * * * * * * * * * * * * * * * * * * * * * * * * * * * * * * * * * * * * * */
```

4. 实验结果

编译通过后下载程序到 Mini LPC11XX DEMO 开发板上。打开串口调试软件,
可进行 5 个任务的实验。

参考文献

[1] 谭浩强. C 程序设计[M]. 2 版. 北京：清华大学出版社,1999.

[2] 赵俊. ARM Cortex - M0 从这里开始[M]. 北京：北京航空航天大学出版社,2012.

[3] http://www. cn. nxp. com/products/microcontrollers/product_series/lpc1100/.

[4] http://www. zlgmcu. com/nxp/lpc1000/LPC1100. asp.

[5] 周兴华. 手把手教你学单片机 C 程序设计[M]. 北京：北京航空航天大学出版社,2007.